“十二五”普通高等教育本科国家级规划教材

半导体物理学简明教程

第2版

陈治明　雷天民　马剑平　编

机械工业出版社

本书为“十二五”普通高等教育本科国家级规划教材。

本书是在第1版的基础上修订而成，以简明扼要的方式全面地介绍了半导体物理学的基础知识及其新进展，内容包括半导体的物质结构和能带结构、杂质和缺陷，载流子的统计分布及其运动规律，非热平衡状态下的半导体，PN结，金属-半导体接触，异质结和纳米结构、半导体表面与MIS结构，以及半导体效应。

本书适用于本科院校电子科学与技术和微电子学专业，也可供相近专业的研究生和工程技术人员阅读和参考。

本书配有免费电子课件，欢迎选用本书作教材的老师登录 www.cmpedu.com 下载或发邮件到 yu57sh@163.com 索取。

图书在版编目（CIP）数据

半导体物理学简明教程/陈治明，雷天民，马剑平编. —2版. —北京：机械工业出版社，2015.10（2025.12重印）

“十二五”普通高等教育本科国家级规划教材

ISBN 978-7-111-51628-6

Ⅰ.①半… Ⅱ.①陈…②雷…③马… Ⅲ.①半导体物理学—高等学校—教材 Ⅳ.①O47

中国版本图书馆CIP数据核字（2015）第221999号

机械工业出版社（北京市百万庄大街22号 邮政编码100037）

策划编辑：于苏华 责任编辑：于苏华 聂文君

责任校对：张晓蓉 封面设计：张 静

责任印制：单爱军

北京盛通数码印刷有限公司印刷

2025年12月第2版第7次印刷

184mm×260mm · 16.5印张 · 470千字

标准书号：ISBN 978-7-111-51628-6

定价：49.00元

电话服务	网络服务
客服电话：010-88361066	机 工 官 网：www.cmpbook.com
010-88379833	机 工 官 博：weibo.com/cmp1952
010-68326294	金 书 网：www.golden-book.com
封底无防伪标均为盗版	机工教育服务网：www.cmpedu.com

前言

本书是参照教育部高等学校电子科学与技术专业教学指导分委员会提出的电子科学与技术专业和微电子学专业人才培养目标及其对基本课程设置和教学内容的建议，在多年从事半导体物理教学活动的基础上，汇集多位前辈师长的呕心之作编写而成。“半导体物理学”在我国高校独立设课已有半个多世纪，作为半导体与微电子技术这个新兴学科的一门重要基础理论课程，为学科建设和人才培养做出了巨大贡献。就这门课程的教材而言，前有黄昆、谢希德二位大师的开山经典，后有叶良修、刘恩科诸师诠释经典、传承薪火的鸿篇巨制，以及施敏、Neamen 等海外名师及时反映学界最新成就的煌煌名著，讲授此课，自可博采众长，以最容易让学生接受的方式去理解和掌握深奥的理论，为学好后续课程打下坚实基础。

进入新世纪以来，随着我国教育、教学改革的深化和电子与信息产业的迅猛发展，高级专业人才的培养更加侧重素质教育，知识结构开始向多元化方向发展，包括半导体物理学在内，一些传统专业基础课程的学时不得不大幅度削减，而半导体物理的新知识、新理论却在不断涌现，越来越厚的教科书与越来越少的学时形成一种难以化解的冲突。因此，我们不揣冒昧，在多年来讲授半导体物理学时以本书参考文献中所列 12 本教材或专著作为主要参考文献而编写的讲义基础上，加工完善而成这本简明教程。本书在编写时除考虑学时外，更多地还考虑到主要授课对象为高等学校工科高年级学生。

本书是在第 1 版的基础上修订而成，基本保持了传统半导体物理学教材的篇章结构，但有所突破。例如，将半导体光学性质及其应用的一些主要内容合并入讲述非热平衡态半导体的第 3 章等。这样做，主要是为了适应不同计划学时的需要。大体上，讲完全书至少需要 80 学时。学时不足 50 的情况下可只讲前 3 章或前 4 章，学时稍有富余则可依次后延。

本书第 4、5、8 章由西安电子科技大学雷天民教授编写；西安理工大学马剑平教授编写了第 3、7 章；陈治明教授编写了绪论及第 1、2、6 章，并负责策划和全书的统稿。

本书的作者们满怀敬意向参考文献中所列 12 本主要参考与引用书籍的作者和出版社表示最诚挚的感谢，并向为本书选编了大部分习题的西安理工大学杨莺副教授和认真校阅书稿并协助绘制插图的林生晃、刘文涛表示感谢。

编　者

目 录

绪　论

20 世纪后 20 年，高新技术或高技术（High Tech）这个新名词悄然流行于世。在我国国务院 1986 年颁布的《国家高技术研究发展计划纲要》（863 计划）确定的 7 个高科技领域中，信息技术、激光技术和材料技术这三个领域包含有半导体技术；而另外四个领域——航天技术、自动化技术、能源技术和生物技术则以半导体技术作为基础或重要支柱。在国务院 1991 年颁布的《国家高新技术产业开发区高新技术企业认定条件和办法》规定的十大高新技术产业中，同样是要么包含了半导体技术，要么以半导体技术作为重要支撑。可以说，半导体技术已广泛渗透于各个科技领域，因而是最当之无愧的“High Tech”。

半导体工业直至 20 世纪 50 年代才萌芽，仰仗当时科技进步的最新成就而获得惊人进展，反过来又成为所有“High Tech”赖以诞生和发展的基础。半导体技术之所以能称为“High Tech”，还表现在它一方面对人类精神文明和物质文明的进步起着无法估量的积极作用，一方面又难以让常人对其有恰当的认识，尤其不能像导弹和航天器之类的高新技术产品那样给人以感性的了解。在 20 世纪 50 年代，很少有非专业人士知道半导体这个名词，更谈不上对它有正确的理解，以至于到 60 年代半导体收音机进入寻常百姓家时，半导体成了半导体收音机的代名词。其后数十年，人们仍习惯于把这种只装备有为数不多半导体器件的简单装置称为半导体。对具有成千上万乃至难以数计半导体器件的电视机、计算机和移动电话等，反而没有多少人能把它们同半导体自然联系起来。现在，即便是偏远乡村，也鲜有与半导体器件无缘的家庭，拥有数百万以上半导体器件而毫无觉察的家庭已不在少数。据统计，世界人均半导体晶体管占有量在 21 世纪初已超过 1 亿只。世界已经发展到应该用半导体器件的拥有量来评价一个家庭、一个办公室，乃至一个机构的文明程度的阶段。有人把半导体技术在 20 世纪社会与科技进步中起到的作用，与蒸汽机在 19 世纪所起的作用相比，把受半导体技术推动的信息时代的到来称之为第二次工业革命的开始。其实，半导体技术的发展现仍处于上升时期，准确评价其历史作用的时间也许还没有到来。

1. 什么是半导体？

绝大多数教科书习惯于按材料导电能力的高低来区分导体、半导体和绝缘体，把电阻率介于金属和绝缘体之间的材料定义为半导体。这固然是一个非常通俗而容易被广泛接受的定义，但毋庸讳言的是它也比较模糊而欠准确。首先，半导体本来就是一种电阻率易变，且变化范围很宽的材料。某些结构完整且不包含杂质，或杂质浓度极低的高纯结晶态半导体，以及大多数未掺杂的非晶态半导体，室温下也会具有跟绝缘体不相上下的高电阻率；而当它们含有足够高浓度的某些特殊杂质时，其电阻率又会下降到金属的电阻率范畴，甚至比某些导电性欠佳的金属电阻率还低。这种现象被称为电阻率的结构和组分敏感性。最典型的例子就是金刚石。在过去的很多专著和教科书中，金刚石被称为绝缘体，而现在被归入半导体之列。不仅是金刚石，很多半导体在不含杂质的高纯状态都呈高阻如绝缘体，而在有效杂质浓度足够高时又呈低阻如导体。例如，在微波和光电子学领域应用很广的半导体 GaAs（砷化镓），其不含杂质和晶格缺陷时的室温电阻率可达 $10^8\Omega\cdot cm$（$1\Omega\cdot cm = 1\times10^{-2}\Omega\cdot m$），但当其有效杂质含量超过 1/1000 时，其电阻率也会低达 $10^{-4}\Omega\cdot cm$。在这两个极端之间，其电阻率会随着有效杂质浓度的升高而连续下降。这里强调杂质的有效性，是因为并非任何杂质都能改变一种半导体的导电性。

除此之外，半导体的导电能力还与某些外部条件有关。与金属和绝缘体相比，半导体的电阻率对光照、磁场和电场等外部条件的敏感性要强得多。因而从本质上说，半导体是导电性明显依赖于材料的状态和环境，因而可以灵活改变的一类特殊物质。正是因为有这样灵活多变的特点，半导体才可以用来制造如晶体管、二极管那样一些电子器件，而导电性难以明显改变的金属和绝缘体却无此能力。

以上所说针对的是一个不变的温度，而半导体是一种电阻率会随温度改变，且变化趋势与金属截然不同的材料。众所周知，金属的电阻率随着温度的升高而升高，而半导体的电阻率基本上随着温度的升高而下降。也就是说，如果把一种材料的电阻率随温度变化的规律 $\rho(T)$ 表示为如下的线性关系：

$$\rho(T)=\rho_0+\alpha T$$

则式中的温度系数 α 对金属总为正数，对半导体则基本为负数，只在有效杂质浓度较高时的某一段温度区为正数。

金属和半导体的另一显著区别，是在接近绝对零度的极低温下，金属的电阻率普遍会极度下降，有许多金属还会成为电阻率极小的超导体；而半导体的电阻率则一般会极度增大，达到绝缘体的水平。只有极少数按其基本特性可以归类于半导体的材料，如 GeTe 和 ZnTe 等，在 1K 以下的极低温下也会显示出超导性。对半导体而言，这是极少的例外。

金属也有例外，如锑和铋的电阻率跟有效杂质浓度较高的半导体差不多，但并不像半导体那样对温度和光照敏感，因而不属于半导体而被称为半金属。

于是，不妨将半导体定义为这样一类材料：**它们在绝对零度无任何导电能力，但其导电性随温度升高呈总体上升趋势，且对光照等外部条件和材料的纯度与结构完整性等内部条件十分敏感。**

2. 哪些物质是半导体？

半导体这类材料遍及无机物和有机物、晶体和非晶体，但在研究和应用方面都比较成熟的目前只有无机晶体。所以，半导体物理学教科书通常仅限于讨论无机结晶半导体。

无机结晶半导体主要由元素周期表中部的一些元素构成。这些材料按其构成元素分为以下几类。

① 元素半导体：C（金刚石和被称为富勒烯的 C^{60}）、Si、Ge 等；

② Ⅳ族元素化合物：SiC；

③ Ⅲ-Ⅴ族化合物半导体：GaN、GaAs 等；

④ Ⅱ-Ⅵ族化合物半导体：ZnS、CdS 等；

⑤ Ⅳ-Ⅵ族化合物半导体：PbS、PbSe 等；

⑥ 氧化物半导体：ZnO、Cu_2O 等；

⑦ 多元化合物：$CuInSe_2$、$Cu_2CdSnTe_4$ 等；

⑧ 固溶体：主要指用同族元素或同类化合物共熔生成的合金或用薄膜生长技术直接生成的组分可变的薄膜，如 Ge_xSi_{1-x}、$Al_xGa_{1-x}N$、$GaAs_xP_{1-x}$等。

按照材料学的理论预期，无机元素半导体有 8 种，化合物半导体有近千种，固溶体更是难以计数，但囿于材料制备技术等方面的原因，对其有所了解和实际应用的不过数十种。

无机半导体所涉及的主要元素及其在元素周期表中的位置见表 0-1。

3. 半导体科技发展史概要

半导体技术是一种名副其实的新技术，因为从发现半导体的基本物性算起，至今也只有不到 200 年的历史；从半导体技术的最初应用算起则不到 100 年；而半导体产业的形成更是近在眼前的事情，不过 50 多年。

（1）背景

18 世纪中叶，蒸汽机的发明将人类从农业社会带入工业社会；20 世纪中叶，晶体管的发明揭开了信息社会的序幕。世纪之交，美国工程技术界在评说 20 世纪世界最伟大的 20 项工程技术成就时指出：从真空管到晶体管，半导体已成为当代各行各业智能工作的基石。

表 0-1　主要无机半导体的构成元素及其在元素周期表中的位置

周期＼族	ⅠB	ⅡB	ⅢA	ⅣA	ⅤA	ⅥA	ⅦA	ⅧA
1								
2			B^{5}	C^{6}	N^{7}	O^{8}		
3			Al^{13}	Si^{14}	P^{15}	S^{16}		
4	Cu^{29}	Zn^{30}	Ga^{31}	Ge^{32}	As^{33}	Se^{34}		
5	Ag^{47}	Cd^{48}	In^{49}	Sn^{50}	Sb^{51}	Te^{52}		
6		Hg^{80}		Pb^{82}				
7								

1904 年，美国工程师 J. A. Fleming（1849—1945 年）制成二极真空电子管，其功能类似现在的半导体 PN 结二极管，具有整流作用；3 年后，美国的另一位工程师 De Forest（1873—1961 年）发明了三极真空电子管，其功能类似现在的晶体管，具有信号放大和振荡作用。其后 50 年间，各种各样的真空电子管在无线电通信等领域发挥了巨大的作用。但是到 20 世纪六七十年代，在半导体技术蓬勃发展的势头面前，真空电子技术迅速功成身退。目前，只有极少数特殊用途的真空管还在继续展示着它昔日的辉煌。

（2）半导体物理现象的早期发现

若把电阻率的负温度系数看作半导体最典型的特征，则法拉第（Michael Faraday，1791—1867 年）于 1833 年发现硫化银（Ag_2S）电阻率具有负温度系数可算是半导体物性的最早发现。随后，英国物理学家史密斯（W. R. Smith）于 1873 年发现硒（Se）的光电导效应，德国物理学家布劳恩（Karl Ferdinand Braun，1850—1918 年）于 1874 年发现金属探针与硫化铅（PbS）和硫化铁（FeS_2）等晶体的接触具有不对称的伏安特性（即整流特性），英国物理学家亚当斯（W. G. Adams）于 1876 年发现光照能使金属探针与 Se 的点接触产生电动势，福里茨（C. E. Fritts）进而于 1883 年发现这种接触也具有整流特性。1907 年，很少被人提起的英国电子工程师朗德（H. J. Round）在意大利马可尼（Marconi）公司工作期间，发现在碳化硅（SiC）晶体的两点间加上电压时，有黄光从晶体中发出，揭示了半导体的电致发光特性。

（3）半导体技术的早期发明及应用

上述这些早期发现已基本涉及半导体物理效应的主要方面，并很快引发了一些工程师对这类特殊物质开发应用的兴趣。

1904 年，美国电气工程师鲍斯（J. C. Bose）获得使用 Si 和 PbS 制造点接触整流器的专利权；

1906 年，美国电气工程师皮卡德（G. W. Pickard）获得点接触晶体检波器的专利权，这种器件是晶体检波接收机（即矿石收音机）的关键部件；

1920 年，硒（Se）整流器投入应用；

1926 年，氧化亚铜（Cu_2O）点接触整流二极管问世，并在二战中应用于雷达检波。

1932 年，具有阻挡层的 Cu_2O 光电池问世。

半导体整流器和光电池的发明都使用的是现在很少用到的元素半导体 Se 和氧化物半导体 Cu_2O。受材料提纯与晶体生长技术水平不高的限制，在以上史实所经历的近百年间，半导体原始材料及其器件的研究，存在着研究结果的一致性和重复性很差的问题，以致人们，包括一些著名的资深物理学家对半导体的实用性产生怀疑。不凑巧的是，性能优越而稳定的真空电子管恰在此时问世，并很快进入其应用技术的迅猛发展时期，这在一定程度上助长了人们对半导体的不信任，使半导体的这些尚不成熟的早期发明及其应用暂受冷落。

（4）半导体理论的问世

但是，对半导体理论的研究，在这段时间却因为量子力学的问世和发展而逐渐活跃起来。1931年，美籍英国人威尔逊（A. Wilson）发表了关于半导体能带理论的经典论文，提出了本征半导体和掺杂半导体、施主杂质和受主杂质的重要概念，首开半导体理论研究的先河。1938年，德国物理学家肖特基（W. H. Schottky）、英国物理学家莫特（N. F. Mott）和前苏联的达维多夫在能带理论基础上几乎同时指出金属和半导体的接触会形成势垒，因此将此势垒称为肖特基势垒（Schottky Barrier）。此后不久，肖特基和贝蒂（Bethe）分别提出了扩散理论和热电子发射理论，对金属-半导体接触的整流特性作了较好的定性说明，奠定了金属-半导体接触的理论基础。与此同时，美国Bell实验室的固体物理学研究组中，后来作为晶体管的主要发明人闻名于世的肖克莱（W. Shockley）、布拉顿（W. H. Brattain）和巴丁（J. Bardeen）（见图0-1），也一直在执着地进行着对半导体的研究，其中肖克莱和布拉顿关于氧化亚铜整流器的理论研究成效尤其显著。从1939年到1945年，肖克莱还陆续提出过一些场效应晶体管的设计方案，虽然相应的实验一直没有取得成功，但对奠定半导体的理论基础意义重大。

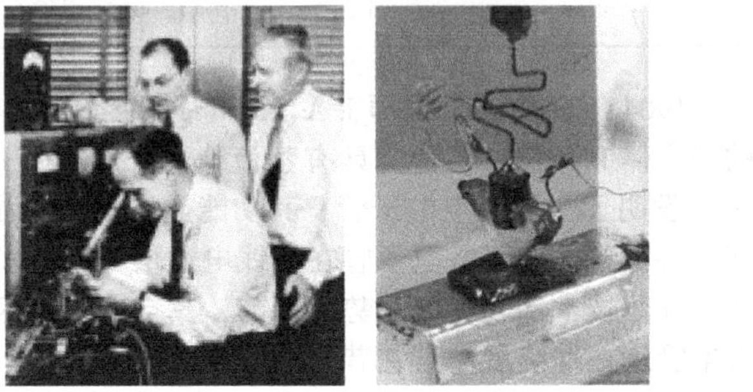

图0-1 晶体管发明人肖克莱（坐者）、布拉顿（右立者）和巴丁及其伟大发明的原始装置

（5）晶体管——第一个里程碑式的发明

1947年11月17日，布拉顿的一个实验终于证明了场效应的作用。紧接着，巴丁和布拉顿又在同年12月16日试制成一个双点接触式晶体管。1947年的这一个月在半导体科技发展史上被称为“神奇之月”，它标志着一个新时代的开始。大约又过了一个月，肖克莱发表了《半导体中的PN结和PN结型晶体管的理论》，并与替尔（G. K. Teal）等人一起，于1950年用晶体Ge成功制成结型晶体管。替尔后来还在美国达拉斯的得克萨斯仪器公司率先制成硅晶体管，而在此之前的晶体管都是锗管。

晶体管的英文名称是transistor，由transfer与resistor组合而成，原意为转移电阻，体现了这种器件的基本特性和功能；中文译名则参照当时对应器件真空管的命名方式，因其所用功能材料是半导体晶体而命名为晶体管。虽然中文译名在词义上与英文原名缺乏对应关系，但更能体现科技的进步，给人一种更新换代的感觉，因而很快被华语社会的科技人士所接受。但是大约30年后，使用非晶态半导体制造这种器件的研究工作取得了极大成功，这多少使沿用成习的晶体管一词面临尴尬。

晶体管具有类似于当时无线电技术最关键器件——真空三极管的电流放大、振荡和开关等功能，而体积和功耗却小得多。这种器件的优越性和重要性立即引起科技界的高度重视——尽管当时谁也没有预见到它后来会对人类进步产生如此巨大的革命性影响——以致被誉为“20世纪的主要发明”。晶体管于1952年开始商业应用，因为体积小，第一批采用晶体管的商业装置是便于随身携带的助听器。4年后，当肖克莱及其主要合作者于1956年因发明晶体管而获得诺贝尔奖时，全世界还只有20家公司在生产晶体管。但其后不久，晶体管即开始向电子管的几乎所有应用领域进军，并用10年左右的时间在大部分领域替代了电子管。这期间，以晶体管的基本结构单元PN结为基础的各种分立器件也雨后春笋般应运而生。这些体积小、功耗低、功能齐全的半导体器件主要包括：PN结型和肖特基势垒型二极管（SBD），PN结型和场效应型晶体管。其中，场效应晶体管又包含结型场效应晶体管（JFET）、金属-氧化物-半导体接触型场效应晶体管（MOSFET）和金属-半导体接触型场效应晶体管（MESFET），以及晶体闸流管（Thyrister）家族的各种器件和绝缘栅双极晶体管（IGBT）等。

(6) 平面工艺——第二个里程碑式的发明

在全世界最早生产晶体管的20家机构中，肖克莱半导体实验室是其中之一。

肖克莱时常对“那些最具创造性的人受雇于他人时都得不到足够的酬劳”这一客观事实耿耿于怀，因而在1955年脱离Bell实验室，从美国东海岸回到西海岸他的故乡Pallo Aldo，创办了属于自己的高科技产业——肖克莱半导体实验室。跟肖克莱一起创办这个实验室的，还有从美国东部的一些著名实验室慕名而来的八个才华横溢的年青人。他们十分仰慕肖克莱在科学界的盛名，但不久就发现很难与之合作共事，随即相继离去。肖克莱当时热衷于开发他的PNPN二极管，而不采纳这些年青人对发展平面工艺、研制集成电路的建议。

所谓平面工艺，就是利用光刻和掩蔽掺杂技术在半导体晶片的表面层制作二极管或晶体管等器件，使其所有电极皆由其表面引出，因而容易在同一块晶片上制作许多不同器件，然后再用光刻技术将金属膜制成互联线，将这些器件联结成一个电路，即集成电路。

这八个年轻人退出肖克莱半导体实验室之后，在工业家谢尔曼·费尔柴尔德（S. Fairchild，IBM公司的最大私人股东，其父是IBM的创始人）的支持下，于1957年创办了费尔柴尔德半导体公司（中译者亦常将之意译为仙童半导体公司）。硅器件是该公司的唯一研究对象和产品，而其他公司还兼营锗器件。肖克莱的半导体实验室则由于他这八个崇拜者的另立门户而一蹶不振，最后以解散告终，未能实现他要为自己的非凡创造能力讨回足够酬劳的梦想。肖克莱1963年重返学术岗位，成为斯坦福大学的终身荣誉教授。

以上这些历史事件发生在人们现在称之为硅谷的地方⊖，在半导体科技发展史中具有举足轻重的地位。肖克莱半导体实验室虽然如流星般转瞬即逝，但它为硅谷的形成与发展揭开了序幕。而且，由肖克莱半导体实验室的青年骨干们创立的费尔柴尔德公司，又进一步加速了硅谷的形成。在硅谷鼎盛时期的近70家半导体公司中，有半数是其直接或间接后裔，在硅谷之外从事半导体研究与开发的人中也有很多曾在那里工作过。因此，肖克莱对半导体事业的贡献，并不仅仅是发明了晶体管。

1959年，这八个人中的诺依斯（R. Noyce，Intel创始人、首任CEO）、穆尔（G. Moore，Intel第二任CEO，也有人译作摩尔）和赫尔尼（J. A. Hoerni）的平面工艺开发成功，为半导体进入集成电路时代奠定了基础。

1960年，世界上第一个集成电路（见图0-2）在美国问世。该电路由八个元器件组成，费尔柴尔德半导体公司出品。

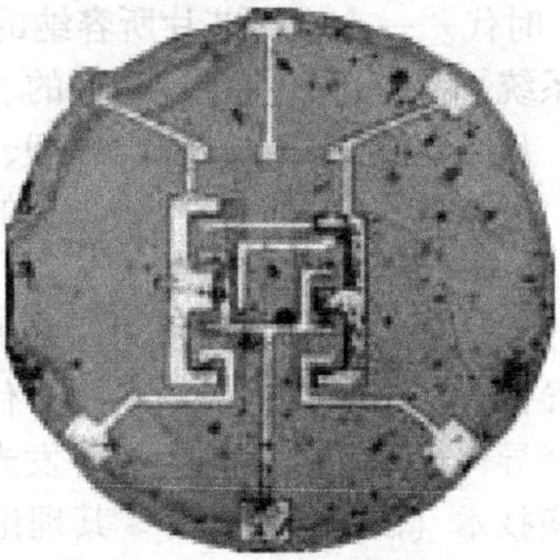

图0-2 世界首个可批量生产的集成电路

如果把晶体管的问世作为半导体工业的起点，平面工艺的问世则是微电子技术的开端，并预示着信息时代的到来。以集成电路（IC）作为典型产品的微电子技术，不仅使以通信技术和计算机技术为代表的电子工业产生了质的飞跃，而且改变了人类的生活方式和工作方式，赋予20世纪的文明社会以新的内涵。

微电子技术发展很快。从1959年诺依斯申请硅集成电路的第一个专利，1961年费尔柴尔德半导体公司批量生产只有八个元器件的第一个集成电路产品开始，只经过了不到10年的时间，就在1970年制成了1kbits DRAM（Dynamic Random Access Memory），进入了大规模集成（LSI）电路时代，然后又经过不到10年，于20世纪70年代末期进入超大规模集成（VLSI）电路时代。

VLSI的完整含义实际上包含了规模和功能两个方面的内容。在规模上，VLSI一般包含百万

⊖ M. 罗杰斯，K. 拉森，《硅谷热》，范国鹰等译. 北京：经济科学出版社，1985。

个以上元器件、线条宽度至少在 2μm 以下。最早被称为 VLSI 电路的是在 1978 年制成的 64kbits DRAM，其集成规模已超过 10 万个元器件，芯片面积 $36mm^2$，线宽 2μm。

1986 年左右问世的 16Mbits DRAM 的集成规模已超过 3000 万个元器件，线条宽度缩小到亚微米。1991 年推出的 64Mbits DRAM 集成了 1.4 亿个元器件，而 1995 年推出的 1Gbits DRAM 的集成元器件数则高达 10 亿。这个发展速度基本符合穆尔 1965 年的预言，即微电子技术领域众所周知的穆尔定律：**集成电路的集成度和存储器的容量平均每 18 个月增长一倍。**

1965 年 4 月 19 日，集成电路发明人之一穆尔应邀为《电子学》杂志 35 周年专刊写了一篇名为《给集成电路植入更多元器件》的观察评论报告。穆尔应这家杂志的要求预测未来 10 年半导体工业的发展。据他推算，到 1975 年，在面积仅为 $1/4in^2$（约合 $0.4cm^2$）的一块硅片上，将有可能密集 65000 个元器件。其原文可译为："最低器件价格下的电路复杂度每年大约增加一倍。可以确信，短期内这一增长率只会增大不会减小，但在更长时期内或许略有波动"。这就是穆尔定律的原版。虽然穆尔本人从不承认作过每 18 个月规模翻番或每两年规模扩大 4 倍的预测，但他对 1975 年芯片集成度相当准确的预测却从 10 年后的测试结果得到了证实。大约是这个原因，人们仍将后来经过修正的每 18 个月翻一番的说法称为穆尔定律。

现在，半导体集成电路已经从 LSI、VLSI、ULSI，进入 GSI 时代。制造集成电路所使用的硅片面积越来越大，集成度越来越高，特征尺寸越来越小，功能日益完善。本世纪初才成为主流的 200mm（8in）硅工艺不到 10 年即进入淘汰期，300mm（12in）工艺成为主流。一些前沿公司已经开始采用 450mm（18in）工艺。集成度的演变在进入新世纪后已逐渐达到一年翻番的速度。12in/45nm 工艺线已在 2009 年投入规模生产，世界最前沿的公司已进入 28nm 工艺的规模生产阶段，对 22nm 工艺的前期研发已在进行之中⊖。目前，集成在一个小小 CPU 芯片中的晶体管数目已高达 10^9 个以上，而 1946 年 2 月诞生于美国莫尔学院的世界首台电子数值积分计算机占地 $100m^2$，重 30 吨，却只有 18000 个电子管。

目前，微电子技术的飞速发展，已将半导体集成电路推进到片上系统集成（System On Chip，SOC）时代。一个小小芯片所容纳的不仅仅是一个具有单一功能的电路，而是由许多电路组成的电子系统，甚至可以将各种物理的、化学的，乃至生物的传感器和执行器与信息处理系统集成在一起，从而完成从信息获取、处理、存储、传输到执行的系统功能。微电子技术从 IC 向 SOC 的发展，意味着集成电路技术概念上的突破，可以认为是半导体技术的又一次革命性变革。

（7）半导体光电子技术

晶体管和半导体平面工艺这两大发明在孕育了集成电路这一高科技时代基石的同时，也孕育了半导体光电子技术这一高科技时代的重要支柱。

半导体光电子技术主要包含发光技术（LED 和 Laser）、光电探测技术（Detector）和光电能量转换技术（Solar cell）等。其理论基础是半导体中电子和光子的高效相互作用。

半导体发光的实际应用主要指利用某些半导体材料的优良电致发光特性制造发光二极管（LED）和半导体激光器。这些发光器件与日常生活中使用的热辐射或白炽光源的主要差别在于光谱的覆盖面大小不同。半导体发光器件的单色性较强。LED 的光谱宽度一般在 10～50nm；半导体激光器的单色性更好，可窄到 0.1nm 以下。

虽然最早发现的具有电致发光特性的半导体材料是碳化硅，但最早进入实用化的却是砷化镓和磷化镓等Ⅲ-Ⅴ族材料。1962 年砷化镓激光二极管的问世，激发了人们对Ⅲ-Ⅴ族半导体，特别是砷化镓、磷化镓和磷化铟及其固溶体等材料的研究开发兴趣，拉开了半导体光电子技术迅速发展的序幕。这些材料被称之为继锗、硅之后的第二代半导体。第三代半导体是指氮化铝、氮化镓、氧化锌以及金刚石和碳化硅之类的宽禁带材料。这些材料在短波光电子器件、半导体照明、

⊖ 中国半导体行业协会，中国电子信息产业发展研究院，《中国半导体产业发展状况报告》，2015。

高频大功率器件以及耐高温器件方面具有远胜于硅与砷化镓的优势，在新世纪之初已形成研发热点。

半导体LED因其较强的单色性而主要应用于显示技术，不适合直接用于照明。但是，利用短波长LED的紫外和蓝光辐射激发红、绿、蓝（RGB）荧光粉可以产生很理想的白光，做成半导体灯，如图0-3所示。作为照明光源，白炽灯的发光效率约为15lm/W，荧光灯的发光效率约为80lm/W，而半导体灯的发光效率可达到白炽灯的20倍，寿命却可长过100倍，是理想的照明光源。1993年，日本旅美科学家中村秀二（Shuji Nakamura）研制出第一只氮化镓高亮度蓝色发光二极管，使人们看到了白光LED的希望，开创了半导体照明技术迅猛发展的新时代。其后不久，随着半导体LED作为交通信号灯和汽车尾灯，以及大屏幕显示应用的迅速推广，半导体灯开始替代白炽灯。同时，半导体白光LED的发光效率也在不断提高。2013年2月，Cree公司宣称以碳化硅为衬底的AlGaN白光LED在350mA驱动电流这个标准测试条件下的室温发光效率已达到276lm/W。

图0-3　高效长寿命的半导体灯

推广半导体照明技术的意义不仅在于节能，其更深远的意义在于环保。据统计，我国电力70%以上依靠燃煤发电，而我国燃煤发电的碳排放率约为1.05kg/kWh，按2009年的发电量计算，年排放二氧化碳60亿吨。按照明用电占总发电量10%以上来估计，半导体照明的节能效果在减排二氧化碳方面也很显著。

半导体对创建低碳社会的另一巨大贡献是利用PN结的光伏（Photovoltaic）效应直接将太阳能转换为电能。人类对其体外能的利用主要有三种途径：①燃烧柴草之类的生物资源；②燃烧煤炭、石油、天然气之类的矿物资源；③直接或通过转换利用水能、风能、地热能和太阳能等自然能。前两种途径都会增加碳的排放，而且会大量消耗自然资源、破坏生态平衡。从战略的角度看，第三种途径应该大力提倡。在各种自然能中，太阳的光能和热能具有相对永恒和普及的特征，是开发和利用的战略重点。特别是太阳光发电（亦称光伏发电），它在太阳热能发电、风力发电、潮汐发电、地热发电等各种自然能发电方式中具有许多无可比拟的优点。所以，当世界上第一块实用硅太阳电池与第一座原子能发电站同时于1954年在美国诞生时，太阳电池理所当然地得到人们的偏爱，并很快在航天技术中发挥了它无可替代的作用。在能源危机和环境保护问题倍受关注的今天，光伏发电首先成为各发达国家能源计划的战略目标。虽然光伏发电的成本目前还很高，但2005年全球太阳电池的产量还是达到了200MW、总装机容量100万kW的水平。应该指出的是，光伏发电的成本是一个相对概念。由于煤、石油和核燃料等自然资源总有耗尽之日，火电和核电的成本只会越来越高，光伏发电的相对成本必然会逐年降低。在这种情况下，美国通过“太阳能先导计划”的实施，将在2015年达到商业化竞争的水平。欧洲光伏协会也提出了在2020年实现光伏发电商业化竞争的目标。在实现这个目标之前，各国政府采取多种激励措施和补助政策扶持光伏产业的发展。2009年全球新增光伏发电容量7.2GW，其中欧盟占了5.8GW，欧盟中的德国占了3.8GW，超过全球新增装机容量的1/2。我国2008年光伏发电的装机总量为40MW，累计装机总量只有140MW，但在2009年颁布的“太阳能光电建筑应用财政补助资金管理暂行办法”和“金太阳示范工程”等政策的激励下，当年一年的装机总量就达到160MW，是2008年的4倍，比历年累计装机总量还要多⊖。

1954年，Chapin、Fuller和Pearson利用硅扩散PN结技术研制成功的世界上第一块实用化太阳电池的转换效率只有6%，而现在单结单晶硅电池的转换效率已能达到20%左右，而化合物叠

⊖ 中投顾问产业研究中心，《2010—2015年中国太阳能光伏发电产业投资分析及前景预测报告》，2010。

层电池的转换效率已在2009年创下了43%的世界纪录。

（8）半导体传感器技术

半导体材料大多具有灵敏的光电、热电、磁电（霍尔效应）、磁阻和压电等物理效应。利用这些效应可以制成各种敏感元器件，借以将光学、热学、磁学、力学、化学、乃至生物学信息转变为电信号，是信号检测和自动化技术的基础。

光电导效应是半导体的基本体效应之一。半导体吸收适当波长的光产生额外载流子，进入电导率较高的非平衡状态。利用光电导效应可以制成通过电阻变化对特定波长的光及其强度作出灵敏反应的元器件，即光敏元器件。前述光伏效应也是一种光电效应，不过是一种界面型的结构效应，而非体效应。利用这种效应制造的器件通常称为光电池，太阳电池只是光电池中特别对太阳光谱有较强响应的一种。采用不同的半导体材料和不同的元器件设计，还可以制成对阳光之外的其他辐射，甚至高能射线有很高灵敏度的敏感元器件。

霍尔效应也是半导体的基本体效应之一，是磁场传感器（磁敏元器件）和电流传感器工作原理的基础。所谓霍尔效应是指磁场中的半导体在通以垂直于磁场方向的电流时，载流子的运动方向会因磁场的存在而偏转，从而在垂直于磁场和电流的方向上形成电荷积累，出现电势差，即霍尔电压。利用霍尔效应制成的霍尔元件，可以用来在设定的磁场条件下根据霍尔电压的大小测定未知电流；或在设定的电流条件下根据霍尔电压的大小测定未知磁场。尽管导体和半导体都有程度不同的霍尔效应，但制造霍尔器件一般采用载流子迁移率较高的某些半导体材料，如锗（电子迁移率 $\mu_n = 3900\text{cm}^2\cdot(\text{V}\cdot\text{s})^{-1}$）、砷化镓（$\mu_n = 8000\text{cm}^2\cdot(\text{V}\cdot\text{s})^{-1}$）、锑化铟（$\mu_n = 75000\text{cm}^2\cdot(\text{V}\cdot\text{s})^{-1}$）和砷化铟（$\mu_n = 30000\text{cm}^2\cdot(\text{V}\cdot\text{s})^{-1}$）等。

磁阻效应是指材料的电阻率在磁场中升高的现象。半导体跟许多磁性金属与合金一样，都具有磁阻效应。利用磁阻效应制造的磁场传感器称为磁敏电阻。磁阻效应虽然从本质上是一种体效应，但也与材料的几何形状有关，即不同几何形状的材料在相同磁场中的电阻并不相同，称为几何磁阻效应。因此，实际应用中的磁敏电阻常常采用特殊的几何结构，以提高元件对磁场的灵敏度。

材料受机械应力（张应力、压应力或切应力）的作用，在产生应变的同时诱发产生介电极化或电场，这种现象称为压电效应。压阻效应则是指材料因承受机械应力或压力而改变其电阻率的现象。大多数半导体都具有明显的压电效应和压阻效应。利用这两个效应可以制成各种压力传感器。

半导体材料的特性和敏感性，无论是立足于体效应的还是依赖于结构的，都很容易受到环境的影响。因此，利用这种特性或敏感性作为中间手段，还可以制成探测环境状态的传感器，如气氛传感器和酸碱度传感器等。例如，a-Si: H 氢气传感器就是利用了含氢非晶半导体硅 MIS 结构的输出特性易受其界面吸附的氢原子影响这一特点。当结构中的 a-SiO: H 表面吸附了氢原子时，钯（Pd）与 a-Si: H 之间的接触电势差就会发生改变，从而使确定电压下的 MIS 二极管输出电流发生变化。选用 Pd 作为这种 MIS 结构的金属层，是因为常温下氢原子在 Pd 中的扩散系数较高，有利于绝缘层 a-SiO: H 对环境中氢原子的吸附。Cu_2O/ZnO 半导体异质结在相同直流偏压下对 CO 和 H_2 有截然不同的交流响应，可以用来制造 CO 探测器。

某些导电聚合物的电阻率会在一些化合物气氛中发生明显变化。例如，具有 P 型半导体特征的聚吡咯（PP）在 NH_3 中电阻率升高，而在 NO_2 中电阻率下降。具有这种效应的材料可以用来制作化学气氛敏感元器件。有一些半导体陶瓷也有类似的功能，如 ZrO_2 陶瓷是制造氧分析器的主要材料，而 SnO_2 陶瓷则可用来制造 CO、CH_4、C_3H_8、乙醇和苯等多种气体传感器。此外，用 Fe_2O_3 可制造检测丙烷的传感器，用 In_2O_3 薄膜可以制造臭氧传感器，用 V_2O_5 可以制造 NO_2 传感器等。

湿度是水蒸汽这种特殊环境物质的浓度表示法，因此，湿度传感器是气氛传感器的一个特例。很多氧化物半导体都可能有某种性质对湿度敏感，如掺锂 ZnO 膜的介电弛豫性质会随湿度变化，是制造湿敏元器件的典型材料。

4. 半导体产业

半导体产业是指以半导体为基本原材料制造各种电子元器件的产业，主要包括集成电路、光电子器件、传感器和其他分立器件四大类，是世界经济近半个世纪以来发展最快的产业。根据国际货币基金组织的统计，从 1980 年到 2010 年，世界国民生产总值的平均增长率为 3%，其中，半导体工业的平均增长率为 15%，比整个电子工业 9% 的增长率还要高很多。半导体产业正是以这样的速度成长为世界经济的主流产业，并直接促使以之为基础的电子信息产业在新世纪初一跃而为世界经济的最大产业。据世界贸易半导体协会（WSTS）的统计，2013 年全球半导体产业的市场规模已突破 3000 亿美元大关，达到 3044 亿美元。其中，集成电路 2507 亿美元，光电子器件 275 亿美元，传感器 80 亿美元，其他分立器件 182 亿美元。光电子器件和传感器这两部分与集成电路相比虽然所占比例甚小，但近年来发展很快，尤其是光电子器件，其增长速率远远超过了半导体产业的总增长率，正处于发展上升阶段，而其他分立器件产业的增长率远低于半导体产业的总增长率，但相对于其他产业来说仍然是很高的。

我国的半导体产业（这里主要指大陆部分，下同）经历了 1978 年以前独立自主、自力更生的初始发展阶段和 1978 年后改革开放初期的重点建设阶段，自 2000 年起进入加速发展阶段。在市场经济的大环境中，在国家政策的引领之下，新世纪最初几年的发展由于起点较低而增幅很大。2004 年我国半导体产业销售额达到了 996.5 亿元（人民币，下同），比 2003 年增长 45%，远远超过世界半导体产业的总增长率，但只占世界半导体市场的 5.64%，也远不能满足国内市场对半导体产品的需求。所以，即使受全球金融危机的影响，我国半导体产品销售额的增幅从 2008 年年底开始有所下降，甚至在 2009 年出现负增长，但在世界市场中的份额仍保持着持续增长的趋势，且很快恢复为正的快速增长。据中国半导体协会（CSIA）的统计，2013 年我国的半导体产业市场规模为 3975 亿元，比 2012 年增长了 12%，而过去 10 年的复合增长率高达 19.2%，远非 6.2% 的全球增长率可比。

5. 努力实现微电子强国的战略目标

随着我国半导体产业的快速发展，世界半导体产业的区域结构发生了巨大变化。我国在世界半导体市场的占比，从 2004 年的 5.64%，提升到 2008 年的 18%，2013 年进一步提升到 26%；而作为全球半导体产业领军者的美国，其 2013 年的全球市场占比也只有 20%，只比其 2008 年的全球占比提升了 5 个百分点。与此同时，电子强国日本的全球半导体市场占比却从 2008 年的 20% 下滑到 2013 年的 11%，其市场规模也在全球半导体产业增长 4.4% 的大环境下大幅度下滑了约 15%。

我国半导体产业的快速发展是改革开放的必然结果。改革开放以来，历届政府对半导体产业不断给予政策支持。2014 年 6 月 24 日，国务院颁布了《国家集成电路产业发展推进纲要》，对集成电路产业链各个环节给出了分阶段逐步实现的发展目标和重点任务。在集成电路方面，2015 年销售收入要超过 3500 亿元，使 2014、2015 两年的复合增长率达到 18.1%，高于 2012 年 11.6% 和 2013 年 16.2% 的增长速度；到 2020 年，集成电路产业销售收入的复合增长率要超过 20%。在集成电路设计领域，2015 年的目标要接近世界一流水平，2020 年达到国际领先水平。在晶圆制造环节的目标是在 2015 年实现 32nm/28nm 晶圆的量产，2020 年实现 16nm/14nm 晶圆的量产。晶圆制造环节曾经是我国集成电路发展最薄弱的环节，上述发展目标的提出有利于产业链的均衡发展。

这些数据表明，我国正在从一个半导体大国发展成半导体强国。

为了尽快实现我们的半导体强国梦，进而实现以半导体科技提升综合国力的微电子强国战略目标，除了要加大科技投入，加快半导体科技前沿领域和大型先进半导体企业的建设和发展之外，更重要的是要迅速提高我国半导体科技队伍的创新能力，加速培养半导体科学与技术领域的专业人才，提高我国半导体科技专业人才在数量与质量上的国际竞争力。

半导体物理作为半导体科学与技术的理论基础，在半导体专业人才的知识结构中占有举足轻重的地位。学好半导体物理，是对一个合格的半导体专业人才的基本要求。

第1章

半导体的物质结构和能带结构

物质结构是物性的根本，共有某种物性的一类物质必在物质结构上具有某种基本的共同特征。半导体是一类有别于金属、绝缘体和离子晶体的物质，其独特的物理性质起源于电子在其中具有独特的能量状态与分布。而任何一种凝聚态物质中的电子，其能量状态及其在不同状态之间的运动规律，则与原子的结合方式和排列规则有关。为此，本章从无机结晶半导体的原子结合出发，简要介绍半导体单晶材料的晶体结构，并据此讨论半导体中电子的能量状态及其在不同状态之间的运动。

晶体结构和研究固态晶体中电子状态的能带理论，都是固体物理学的重要内容，本章对此仅作有针对性的概述，着重介绍一些重要半导体材料的晶体结构、能带结构及其中的杂质和缺陷能级。

1.1　半导体的原子结合与晶体结构

从固体物理学中已经知道，固态晶体具有多种结晶形态，分属 7 大晶系 14 种类型，**而无机结晶半导体大多数属于立方（Cubic）晶系和六方（Hexagon）晶系，且都是四面体（Tetradron）结构，只有少数半导体具有其他类型的结构。**固体中的原子结合归纳为氢键、金属键、共价键、离子键和分子键 5 种，**而半导体中的原子结合以共价键为主，化合物半导体包含有程度不等的离子键成分。**

1.1.1　元素的电负性与原子的结合力

在固体物理学中已经了解到：由于金属元素的原子对其价电子的束缚力很弱，当一种金属众多原子凝聚在一起时，所有原子全部电离而共有全部自由了的价电子，靠这些共有电子形成的电子云将全部离子结合在一起；而当金属原子与很容易接受一个外来电子的卤族元素原子凝聚在一起时，金属原子电离出来的电子则一对一地被卤族原子所接收，从而分别成为正负离子，它们靠离子键结合在一起。Ⅳ族元素的原子既不易失去其价电子也不易接受外来电子，当同种Ⅳ族元素的原子凝聚在一起时，相邻原子靠其共有价电子而结合在一起。分子晶体的组成原子因其外层电子数为 8，是一种具有球对称性的稳定封闭壳层结构，当这些原子靠范德瓦尔斯力凝聚起来时，其价电子的分布不会有什么变化。由此可见，**原子以何种方式结合成固体，完全决定于其得到或失去电子的能力。**原子的这一能力用**电负性**(Electronegativity) 来描述。

1. 电负性

定义：原子吸引其在化学键中与另一原子之共有电子偶的能力称为电负性，其值为原子的电离能与电子亲和能之和。电离能指原子初次电离所需要的能量，电子亲和能则指中性原子获得一个电子所释放的能量。因此，电负性综合反映了一种元素的原子得失电子的能力。元素的电负性目前尚无法直接测定，元素周期表上标出的是 Pauling 根据热化学数据计算的数值，称为 Pauling 尺度，他的计算没有考虑内层电子对价电子的屏蔽，见表 1-1。考虑了屏蔽作用的计算称为 Phillips 尺度，见表 1-2。从表中数据可以看出，不同元素之间的电负性差别有明显的规律：价电子数相同的原子，电子壳层越多，电负性越小；电子壳层数相同的原子，价电子数越多，电负性越大。

表 1-1　一些元素的电负性（Pauling 尺度）

元素	电负性	元素	电负性	元素	电负性	元素	电负性	元素	电负性	元素	电负性	元素	电负性
Li	1.00	Be	1.50	B	2.00	C	2.50	N	3.00	O	3.50	F	4.00
Na	0.9	Mg	1.2	Al	1.5	Si	1.8	P	2.1	S	2.5	Cl	3.0
Cu	1.9	Zn	1.6	Ga	1.6	Ge	1.8	As	2.0	Se	2.4	Br	2.8
Ag	1.9	Cd	1.7	In	1.7	Sn	1.8	Sb	1.9	Te	2.1	I	2.5
Au	2.4	Hg	1.9	Tl	1.8	Pb	1.8	Bi	1.9	Po	2.0	At	2.2

表 1-2　一些元素的电负性（Phillips 尺度）

元素	电负性	元素	电负性	元素	电负性	元素	电负性	元素	电负性	元素	电负性	元素	电负性
Li	1.00	Be	1.50	B	2.00	C	2.50	N	3.00	O	3.50	F	4.00
Na	0.72	Mg	0.95	Al	1.18	Si	1.41	P	1.64	S	1.87	Cl	2.1
Cu	0.79	Zn	0.91	Ga	1.13	Ge	1.35	As	1.57	Se	1.79	Br	2.01
Ag	0.57	Cd	0.83	In	0.99	Sn	1.15	Sb	1.31	Te	1.47	I	1.63
Au	0.64	Hg	0.79	Tl	0.94	Pb	1.09	Bi	1.24				

2. 电负性决定原子的结合力

就同种元素原子的结合而言，电负性小者因易于失去电子而倾向于按金属键结合，如各种金属元素；电负性居中和较大者因较难失去电子但较易得到电子而倾向于按共价键结合，如 C、Si、P、S 等非金属元素。其中，电负性偏大而共价键数目较少者，如 S 等，还需依靠范德瓦尔斯力实现三维的结合。

就化合物的结合而言，电负性差别较大的两种元素因一方易失电子，另一方易得电子而倾向于按离子键结合，如 Na 和 Cl 结合成 NaCl；而电负性差别不大的两种元素则倾向于按共价键结合，如 Si 和 C 结合成 SiC，Ga 和 As 结合成 GaAs。在由电负性差别不大的元素构成的化合物中，共有电子会向电负性较大的一方倾斜，因而具有一定的离子性，相应的键也称混合键。构成混合键的两种元素的电负性差别越大，离子性越强，如Ⅱ-Ⅵ族化合物一般就比Ⅲ-Ⅴ族化合物的离子性强。

1.1.2　共价结合与正四面体结构

正如在绪论中提到的，无机半导体的构成元素集中在元素周期表的中部，其中元素型半导体的构成元素电负性居中，大多数化合物半导体的构成元素电负性差别不大，可见共价键结合是半导体的主要结合形式。原子凝聚为固体，除结合形式有别之外，在结合形式相同的情况下还有相互结合的原子在空间分布的结构形式上的差别，从而导致了形形色色的晶体结构原胞。

1. 原子凝聚为固体的近程三要素

区分不同晶体结构原胞必需也只需三个参数：参与原子成键的原子数或最近邻原子数，两个成键原子之中心距，以及近邻原子空间分布的角度。固体物理学将这三个参数分别称为**配位数、键长和键角**。描述晶体中的原子排列近程有序就是指具有不变的这三个参数。其中，键长对共价晶体而言就是两个成键原子的半径之和，而键角的大小与配位数总有一定的对应关系，所以配位数是描述原子凝聚为固体的近程序的关键参数。

因为原子外层电子的饱和数是 8，元素型共价晶体的配位数遵从**8 − *N* 法则，即在价电子数 *N*≤4 时为 *N*，*N*>4 时为 8 − *N***；化合物型共价晶体的配位数等于其构成元素的**平均价电子数**。二元Ⅲ-Ⅴ族和Ⅱ-Ⅵ族化合物的平均价电子数都是 4，因而与Ⅳ族元素型共价晶体一样都是4配位。

2. 正四面体结构是4配位原子的密排方式

从固体物理学中可以知道，正四面体结构是4配位原子的密排方式。这种结构的特点是：每个原子都与其4个最近邻原子构成一个正四面体（Tetrahedron），参考原子位于正四面体的中心，近邻原子位于正四面体的顶角，如图1-1a所示。这种结构的周期性重复，即每个顶角原子也作为体心原子构成另外4个正四面体，即构成一个晶格点阵，如图1-1b所示。

正四面体的4个键角相等，皆为109°28′。

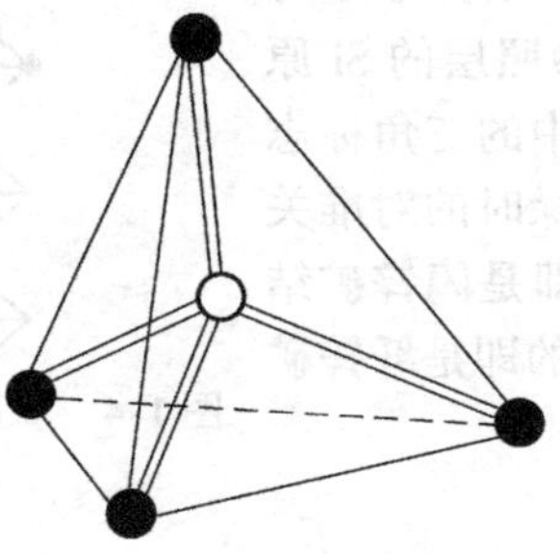

a) 正四面体结构的原胞

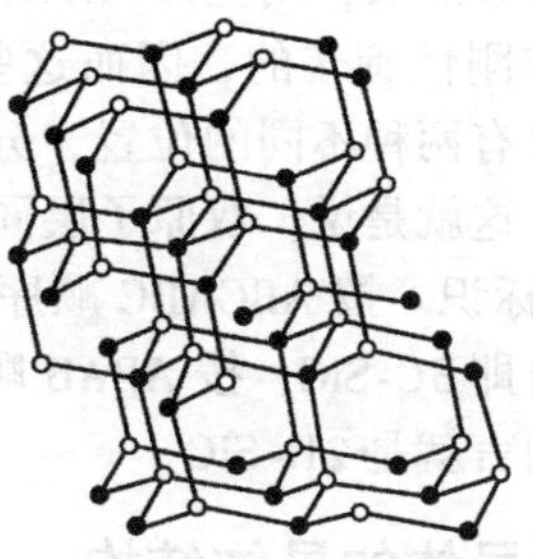

b) 具有正四面体结构的晶格

图1-1 正四面体结构的原胞和晶格

3. 堆垛顺序与晶格结构

同样的正四面体原胞，如果堆垛的顺序不同，就会形成不同的晶格结构。从固体物理学中知道，单一种类原子的最密堆积方式是六角密集。在这种堆积方式下，同一层面的原子均匀分布在一个最小单元为正三角形的点阵中，形成两种不同的原子间隙，一种间隙的尖角向下，另一种间隙的尖角向上，如图1-2中字母a和b处所示。为了实现最密的堆积，相邻的原子层必须以原子对间隙。这样，一个参考原子层的上下两个相邻原子层只有两种对准方式：要么对准同一种间隙，要么各对准一种间隙；而其次近邻原子层也只有两种对准方式：要么隔着近邻原子层与其原子对原子、间隙对间隙，要么对准其近邻原子层空出的另一种间隙。这样，在所有原子层的堆垛中存在且只存在最多三种不同的对准关系。如果分别用A、B和C来标识这样三种具有不同对准关系的原子层，并以A表示参考层及与其原子对原子、间隙对间隙的其他等价原子层，以B和C分别表示以原子对间隙b的原子层和以原子对间隙c的原子层，则整个密堆积空间中的所有密排面都可分别用这三个字母或其中的两个来表示，从而写出密排面的堆垛次序。显然，最简单的两种堆垛次序是ABCABC…和ABAB…。按ABCABC次序堆垛起来的原子排列属立方结构，如金刚石；按ABAB次序堆垛起来的属六方结构，如金属锌。

对二元化合物晶体中的原子排列，需要从双原子层的堆垛顺序，即将双原子层作为一个整体的堆垛顺序来考虑。以SiC为例，其Si-C双原子层的基本结构单元由三个Si原子和位于这三个Si原子围成的正三角形中心正上方的一个C原子构成，如图1-3的下半部所示。这个单元的二维

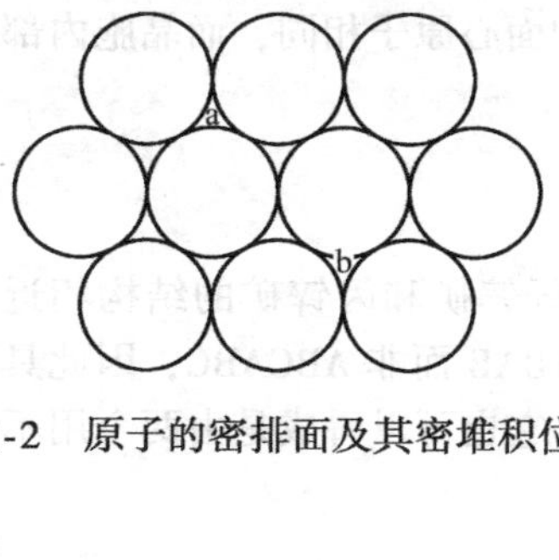

图1-2 原子的密排面及其密堆积位置

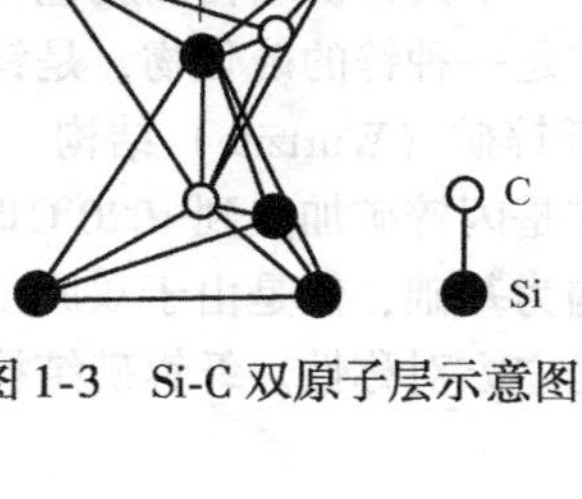

图1-3 Si-C双原子层示意图

周期性延伸即构成一个完整的 Si-C 双原子层。其他各双原子层也应是 Si 原子在下、C 原子在上，且由下面一层的 C 原子与上面一层的 Si 原子成键，将两个双原子层键合在一起。因而单就结构单元的键合而言，就形成了如图 1-3 所示的相向套构在一起的两个正四面体，即上面结构单元的一个 Si 原子与下面结构单元的三个 Si 原子和一个 C 原子构成一个顶角朝上的正四面体；下面结构单元的一个 C 原子则与上面结构单元的三个 C 原子和一个 Si 原子构成一个顶角朝下的正四面体。如果将下面的双原子层作为参照层，则上面的双原子层中的三个 C 原子是可以围绕其对称轴作刚性旋转的，因而这些 C 原子在参照层的 Si 原子平面上的投影可有两种不同的位置，分别如图 1-4 中的三角标志和方块标志所示。这就是说，双原子层同样可以按堆垛时的对准关系用 A、B、C 来标识。按 ABCABC 顺序堆垛而成的即是**闪锌矿**结构，就碳化硅而言即 3C-SiC；按 ABAB 顺序堆垛而成的即是**纤锌矿**结构，对碳化硅而言就是 2H-SiC。

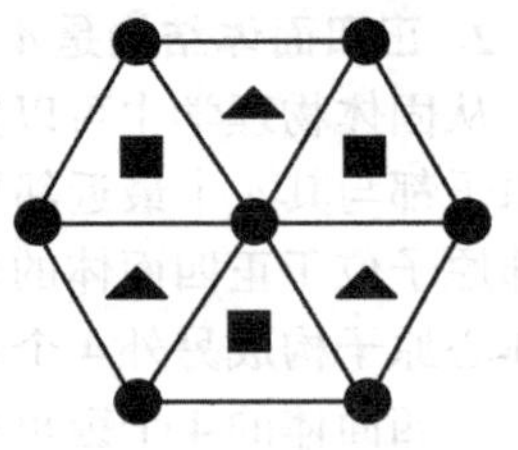

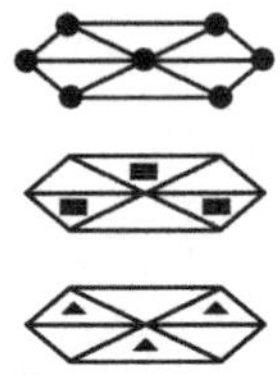

图 1-4 双原子层的 3 种定位

1.1.3 主要半导体的晶体结构

1. 金刚石结构

如前所述，由同一种元素的原子按正四面体结构构成的立方点阵即金刚石（Diamond）结构，其结晶学原胞（晶胞）如图 1-5 所示。这个着重于反映金刚石晶格立方对称性的晶胞，可以看做是由两个面心立方晶胞沿立方体的空间对角线相互位移 1/4 空间对角线长度套构而成的。原子在金刚石晶胞中的排列情况是：八个原子位于立方体的八个角顶上，六个原子位于六个面的中心，晶胞内部还有四个原子。这就是说，一个金刚石结构的晶胞一共包含八个原子。

图 1-5 中，代表原子的小球之间的连接棍代表键合，而立方体的轮廓线什么也不代表，画上它只是为了让立方体更显直观。但立方体的边长被定义为金刚石结构的晶格常数 a。

元素半导体金刚石、硅、锗和灰锡（α-Sn）的晶体结构皆为金刚石型。

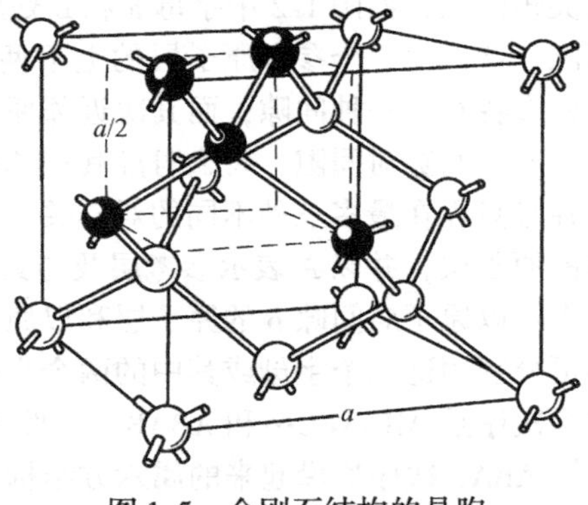

图 1-5 金刚石结构的晶胞
注：涂黑的 5 个代表原子的小球构成一个正四面体，一个金刚石晶胞包含 4 个完整的正四面体

2. 闪锌矿和纤锌矿结构

（1）闪锌矿（Zincblende）结构

如前所述，由两种元素的不同原子构成的正四面体形成的立方点阵即闪锌矿结构，其晶胞的几何结构与图 1-5 所示的金刚石结构完全相同。其主要区别仅在于两个相邻原子性质不同。在这种结构中，不同元素的原子分别占据四面体的体心和顶角位置。闪锌矿结构的晶胞可以看成是由两个用不同原子构成的面心立方晶胞沿立方体的空间对角线相互位移 1/4 空间对角线长度套构而成的。晶胞的顶角和面心原子相同，而晶胞内部是 4 个异类原子，即一个闪锌矿结构晶胞包含两种原子各四个。

闪锌矿是一种锌的硫化物，是锌的主要矿石形态。

（2）纤锌矿（Wurtzite）结构

纤锌矿是闪锌矿加热到 1020℃时的六方对称型变体。纤锌矿和闪锌矿的结构相近，也以正四面体结构为基础，但是由于双原子层的堆垛重复顺序是 ABAB 而非 ABCABC，因此具有六方对称性而不是立方对称性。纤锌矿结构的晶胞如图 1-6 所示。它也可以看成是由两个用不同原子构成的六角密排晶胞沿旋转对称轴（c 轴）移动一个原子间距套构而成的。六方对称型晶格的晶格常数有两个，一个是六方体底的边长 a，一个是六方体的高 c。六方结构的晶面要用四个密勒指数（h，k，l，m）来标识。按惯例，前三个密勒指数分别表示该晶面在互成120°角的三根共面基轴 a_1、a_2、a_3 上的截距分别为 a_1/h、a_2/k、a_3/l，第四个密勒指数则表示该晶面在垂直于 $a_1a_2a_3$ 平面的 c 轴上的截距为 c/m。

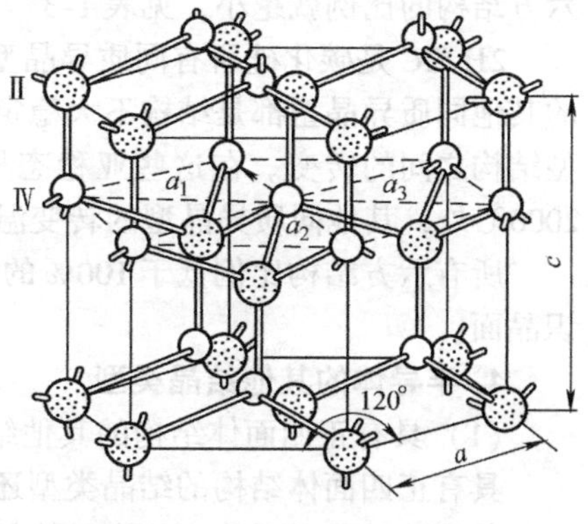

图1-6 纤锌矿结构的晶胞

由Ⅲ族元素硼(B)、铝(Al)、镓(Ga)、铟(In)和Ⅴ族元素氮(N)、磷(P)、砷(As)、锑(Sb)化合而成的16种Ⅲ-Ⅴ族化合物半导体和Ⅳ族化合物碳化硅都具有闪锌矿晶体结构，碳化硅和四种氮化物还同时具有纤锌矿结构。

由Ⅱ族元素锌(Zn)、镉(Cd)、汞(Hg)和Ⅵ族元素硫(S)、硒(Se)、碲(Te)化合而成的Ⅱ-Ⅵ族化合物，除硒化汞、碲化汞是半金属外都是半导体，它们大部分同时具有闪锌矿结构和纤锌矿结构。为了区分，闪锌矿结构通常叫 β 型，纤锌矿结构通常叫 α 型。

3. 碳化硅的同质异晶型

化学组成完全相同的不同晶体结构称为同质异晶型（Polytype）。碳化硅是同质异晶型最多的半导体，据说有200多种，实验证明了的也有170余种。

同质异晶型的命名采取数字加字母的方式，数字代表一个堆垛周期中的双原子层数，字母代表结晶类型。例如，3C表示由三个双原子层构成一个重复周期的立方体（Cubic）结构，6H表示由六个双原子层构成一个重复周期的六方体（Hexagon）结构，15R表示由15个双原子层构成一个重复周期的菱面六方体（Rhombohedron）结构。

对双原子层的堆垛来说，除了相邻两层的键合不可以是同种原子而外，其他对准关系都是有可能的。因而从理论上说，只要将AA、BB、CC这三种情况排除在外，在一个重复周期中包含任意多个A、B、C双原子层的任意组合都是可能的。这将产生许多种同质异晶型，如2H-SiC、4H-SiC和6H-SiC等，见表1-3。在已经观察到的碳化硅同质异晶型中，最长的重复周期已达到594个双原子层。

表1-3 常见碳化硅同质异晶型的结晶类型和堆垛次序

结晶类型	一个重复周期中的Si-C双原子层堆垛顺序	六方结构比例
3C	ABC	0
8H	ABACBABC	25%
21R	ABCACBACABCBACBCABACB	29%
6H	ABCACB	33%
33R	ABCACBACABCBACBCABABCACBACABCBACB	36%
15R	ABACBCACBABCBAC	40%
4H	ABAC	50%
2H	AB	100%

3C-SiC也称 β-SiC，除此以外的所有同质异晶型SiC统称 α-SiC。

因为六方结构的堆垛顺序是ABAB，也即六方结构的基本特征是每个双原子层的两个紧邻层具有相同的对准关系，因此严格说起来，α-SiC中只有堆垛顺序为ABA、CBC、BAB这样的对称部分才属于六方晶体。这就是说，除2H-SiC是100%的六方结构以外，其他形式的 α-SiC都只包含了部分六方结构。对H系列的同质异晶型而言，一个堆垛周期中包含的双原子层数越多，其六方结构的比例就越小，见表1-3。

2H-SiC是碳化硅所有同质异晶型中原子密度最高、自由能最低的一种结晶形态。除此以外的其他同质异晶型都是结构不大稳定的亚稳态，在适当温度下会发生堆垛次序的重排，引起异晶型结构之间的转变。在这些亚稳态异晶型之间的转变中，除3C-SiC向6H-SiC转变的温度高达2000℃外，其他同质异晶型的转变温度都不是很高，有的低达400℃。

所有六方结构比例低于100%的α-SiC都跟2H-SiC一样用四个密勒指数（h，k，l，m）来标识晶面。

4. 半导体的其他结晶类型

（1）具有正四面体结构的其他结晶类型

具有正四面体结构的结晶类型还有黄铜矿（$CuFeS_2$）型。

黄铜矿是三元系化合物半导体的典型，其原子排列的基本重复单元虽然仍是四面体，但已不再像金刚石结构或闪锌矿结构那样具有立方对称性。在黄铜矿结构中，铜为1价，铁为3价，它们总共有四个外层电子，这四个电子与两个硫原子的12个外层电子一起，形成两个各含8个电子的封闭壳层。可以将这种三元系结构看成是两个Ⅱ-Ⅵ族化合物分子之中的Ⅱ族原子分别被一个Ⅲ族原子和一个Ⅰ族原子取代之后的结果。按此规则可形成一系列Ⅰ-Ⅲ-$Ⅵ_2$族三元系化合物。例如，颇受重视的薄膜太阳电池材料$CuInSe_2$，即可看成是两个ZnSe分子中的Zn原子分别被Cu和In取代。

类似地，如果用一个Ⅱ族原子和一个Ⅳ原子取代两个Ⅲ-Ⅴ族化合物分子中的Ⅲ族原子，也会得到一系列Ⅱ-Ⅳ-$Ⅴ_2$族三元系化合物。所有这些三元系化合物都具有与黄铜矿类似的晶体结构。因此人们常统称之为黄铜矿型化合物半导体。

这一类材料一般都具有非常大的非线性光学常数，有可能用来制作高频发生器。许多三元系化合物还是宽禁带直接跃迁型材料，因而在发光二极管和激光器方面也备受重视。

（2）非四面体结构型半导体

还有一些重要的半导体的晶体结构原胞不是正四面体，这主要是Ⅳ-Ⅵ族化合物硫化铅（PbS）、硒化铅（PbSe）和碲化铅（PbTe），其晶体结构为氯化钠型。氯化钠晶格也属立方晶系，但与闪锌矿结构不同，它是典型的离子晶体而非共价晶体。如图1-7所示，可把这种晶格看成是一种由两个面心立方晶格沿［100］方向位移1/2晶胞边长套构而成的复式格子，每一个面心立方晶格分别由一种组分原子构成。

按照共价晶体配位数的$8-N$法则，Ⅵ族元素共价晶体的配位数应为2。这样的原子结合只能形成原子链，原子链与原子链之间再依靠范德瓦尔斯力凝聚在一起构成三维晶格。因此，像硒（Se）和碲（Te）这两种Ⅵ族元素半导体，其晶体结构即为如图1-8所示的螺旋链型。

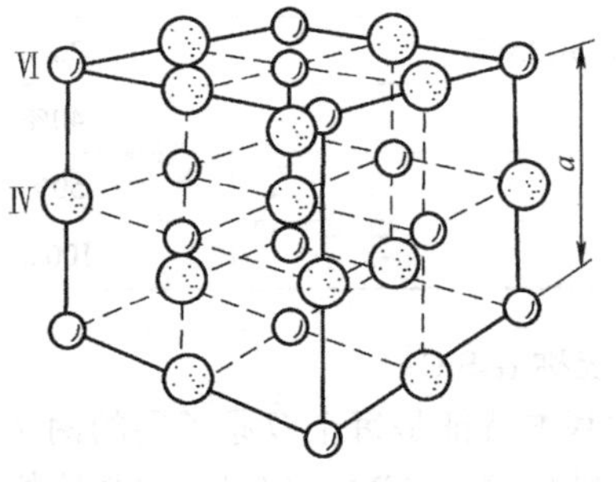

图1-7 氯化钠型晶格

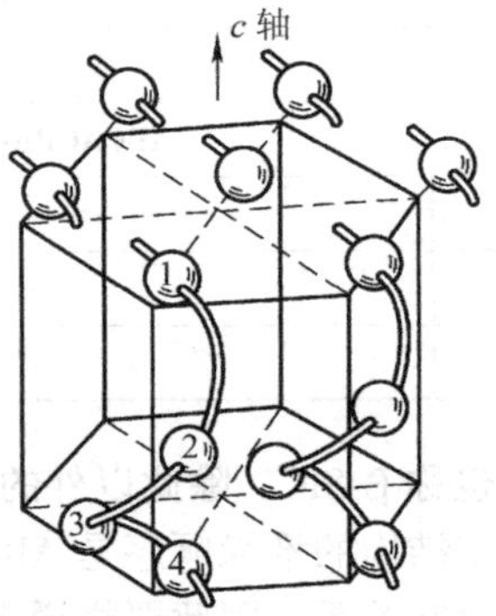

图1-8 螺旋链型晶体结构

Se是比Ge和Si都更早得到实际应用的元素半导体，除作为Ⅱ-Ⅵ族化合物的组分外，单晶Se是早期半导体整流器的主要原料，非晶态Se则大量用于制造复印机的感光元件硒鼓。Te虽然是元素半导体，但应用中主要以化合物面貌出现，如制造半导体制冷器的Be_2Te_3。

1.2 半导体的电子状态和能带

固体中电子的状态以其能量E和动量$\boldsymbol{P}$来表示，而反映其能量随动量变化规律的$E(\boldsymbol{k})$函数即所谓能带。不过，能带也常常指的是在某些能量范围内密集的能级。能带理论是固体物理学最重要的内容之一，这里仅摘其要略加概括，因为它也是认识半导体物理性质的基础。

1.2.1 能级与能带

1. 分立原子的凝聚使其孤立能级分裂成带

固体由分立原子凝聚而成。考虑N个相同的原子，当它们彼此相距甚远时，其相互作用可以忽略。例如，N个孤立原子有着完全相同的能级结构，对这样一个系统，一个原子有几条能级这个系统也只有几条能级；某条能级在孤立原子中是几度简并的，这条能级在这个系统中就是N倍的几度简并。但是，当这些原子因凝聚而相互靠近时，原子间的相互作用就会逐渐增强，首先是外层电子的波函数会有一定程度的交叠，导致外层电子在所有N个原子间产生了共有化运动。根据泡利不相容原理，相应的能级就要解除简并，分裂为能值不同但差别甚小的N条能级（未考虑原子能级的简并度）。由于固体中的原子密度很大，这N条能级形成一个能量准连续的**能带**。

每一个能带包含的能级数（或者说共有化状态数），与孤立原子能级的简并度有关。例如，s能级没有简并（不计自旋），N个原子结合成晶体后，由其s能级分裂而成的能带就有N条能级，即N个共有化状态；p能级是三度简并的，其对应能带由3N条能级组成，有3N个共有化状态。

以上说法不仅限于晶体，也适合于其他凝聚态物质，如非晶态固体和液体。

2. 轨道杂化

在实际情况中，有些晶体的能带与其孤立原子能级之间并无完全的一一对应关系。例如，Ⅳ族元素C、Si、Ge的原子都有两个s电子和两个p电子。当N个C（或Si、Ge）原子凝聚成金刚石结构的晶体时，按说应该形成两个分别与s态能级和p态能级相对应的能带：s能带包含N条能级，容纳$2N$个s电子，处于全满状态；p能带包含$3N$条能级，容纳$2N$个p电子后还有剩余的空状态。但若果真如此，它们就不是半导体而是导体。它们之所以成为半导体，是因为s电子和p电子的波函数在原子凝聚的过程中重新整合成各包含$2N$条能级的两个能带，即所谓轨道杂化。

轨道杂化是共价四面体结构晶体的一个共同特点。在所有四面体结构的共价晶体中，共价电子不可能直接利用孤立原子的四个波函数来描述，因为三个p态的波函数是相互垂直的，不符合正四面体键角为109°28′的原则。因而实际晶体中的四个共价键的波函数应是孤立原子的四个波函数的线性组合。关于这个问题的详细讨论，可参阅文献［3］第15~18页。

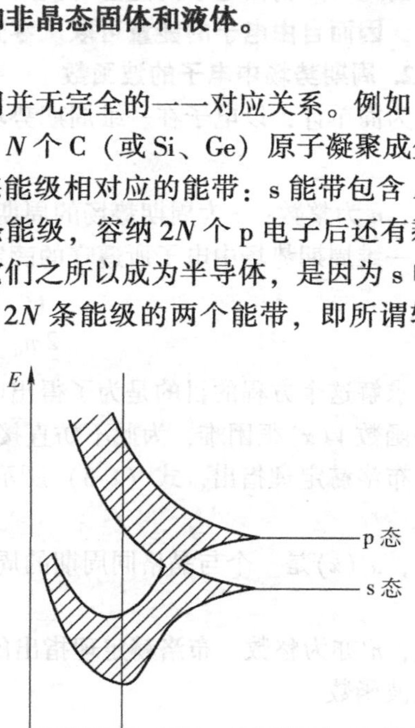

图1-9 金刚石结构中s态和p态的杂化

参照图1-9，当N个C（或Si、Ge）原子凝聚成金刚石结构晶体时，s态能级和p态能级随着原子的聚拢首先各自分裂成带，分别包含N条能级和$3N$条能级。在这些电子随着原子间距缩小至晶格原子的平衡态最近邻距离 a_0 而成为共价电子时，这些能级通过轨道杂化重新组合成上下两个能带，两带之间保持一定间隔。这两个杂化能带平均分配其全部 4N 条能级，因而各有 2N 条能级。根据泡利不相容原理，每带即可容纳 4N 个电子。由 N 个原子结合成的晶体，共有 4N 个价电子。根据电子填充能级先低后高的原则，绝对零度时下面一个能带会恰好被共价电子填满，而上面一个能带则全部空着。绝对零度时全满的能带通常称为满带或价带，而绝对零度时全空的能带则被称为导带。

1.2.2 零势场与周期势场中的电子状态

以上利用原子从自由状态到束缚状态的变化过程，演绎出固体中电子的能量具有带状分布的特征，但未能给出电子状态的具体图像，即能量和动量之间的关系。固体物理学中的单电子近似理论利用电子从自由状态进入周期势场的变化过程，推导出晶体中电子的带状 $E(\boldsymbol{k})$ 关系，从而完成了对半导体晶体中电子状态的完整描述。

1. 零势场中自由电子的能量状态

从量子物理学中已知自由电子的能量 E 和动量 $\boldsymbol{P}$ 与描述其波动性的平面波频率 ν（或 ω，$\omega=2\pi\nu$）和波矢 $\boldsymbol{k}$ 之间的关系分别为

$$E=h\nu=\hbar\omega$$

$$\boldsymbol{P}=h\boldsymbol{k}(k=1/\lambda)\text{或 }\boldsymbol{P}=\hbar\boldsymbol{k}(k=2\pi/\lambda)$$

式中，λ 为波长；$\hbar$ 表示普朗克常数 h 除以 2π。为与其他大多数相关教材和文献资料保持一致，本教材今后取波数与波长的关系为 $k=2\pi/\lambda$。

根据能量和动量之间的经典关系，可将自由电子的能量与其波矢 $\boldsymbol{k}$ 之间的关系表示为

$$E=\frac{\hbar^2|\boldsymbol{k}|^2}{2m_0} \tag{1-1}$$

式中，m_0 表示电子的惯性质量。

由此可知自由电子的能量与波矢的长度之间具有抛物线型的函数关系。**由于波矢 $\boldsymbol{k}$ 可以连续变化，因而自由电子的能量可取从零到无限大的任意值。**

2. 周期势场中电子的波函数

为简单计，以电子在一维周期势场中的情况为例。一维周期势场可表示为

$$V(x)=V(x+na) \tag{1-2}$$

式中，n 为整数；a 为周期势场的周期，即一维晶格的晶格常数。

一维周期势场中电子所遵守的薛定谔方程为

$$-\frac{\hbar^2}{2m_0}\frac{\mathrm{d}^2\psi(x)}{\mathrm{d}x^2}+V(x)\psi(x)=E\psi(x) \tag{1-3}$$

求解这个方程的目的是为了得出电子波函数的具体形式及其能量本征值，但是写出实际晶体的势函数 $V(x)$ 很困难，为此不妨直接利用布洛赫定理。

布洛赫定理指出，式（1-3）所示薛定锷方程的波函数一定具有如下形式：

$$\psi_k(x)=u_k(x)\mathrm{e}^{\mathrm{i}kx} \tag{1-4}$$

式中，$u_k(x)$ 是一个与晶格同周期的周期性函数，即

$$u_k(x)=u_k(x+n'a) \tag{1-5}$$

式中，n' 亦为整数。布洛赫定理指出的波函数即为布洛赫波函数。与描述自由电子波动性的德布洛意波函数

$$\psi(x)=A\mathrm{e}^{\mathrm{i}kx} \tag{1-6}$$

相比可知：

1）周期势场中电子的波函数是一个被周期函数 $u_k(x)$ 调幅的平面波

布洛赫波与德布洛意波在形式上十分相似，都是代表一个波长为 $2\pi/k$ 而与波矢 $\boldsymbol{k}$ 同方向传播的平面波。不同的是，布洛赫波的振幅 $u_k(x)$ 随 x 作周期性变化，其变化周期与晶格周期相同。所以常说晶体中的电子是以一个被调幅的平面波在晶体中传播。

2）周期势场中电子在同胞异位出现的几率不同，而以相同几率出现于异胞同位

根据波函数的含义，在空间某点找到电子的几率与波函数在该点的强度（即 $\psi\psi^*$）成比例。对于自由电子有 $\psi\psi^* = A^2$，即在空间各点出现的几率相同；而对于周期势场中的电子，$\psi\psi^* = u_k(x)u_k^*(x)$。由于 $u_k(x)$ 是与晶格同周期的函数，所以布洛赫波的强度也随晶格周期变化，也即在晶体中发现电子的几率也是周期性变化的，或说周期势场中的电子可以以相同的几率出现于不同原胞的等价位置。这就意味着电子可以在整个晶体的各个原子之间作共有化运动，因而与自由电子也有一定相似之处，常称之为准自由电子。

3）周期势场中电子的 $\hbar\boldsymbol{k}$ 不具有严格的动量含义

布洛赫波的形式说明：**波矢为 $\boldsymbol{k}$ 的状态并不具有确定的动量**，因此 $\hbar\boldsymbol{k}$ 在这里不具有严格的动量含义。但因其具有类似于动量的性质，仍称之为晶体中电子的动量或准动量。

3. 无限周期势场中电子的 $E(\boldsymbol{k})$ 关系

求解一维无限周期势场电子的薛定锷方程得到的另一结果是电子的 $E(\boldsymbol{k})$ 函数，如图 1-10 左边部分中周期变化的实线所示。为了对比，图中用虚线表示出自由电子的抛物线型 $E(\boldsymbol{k})$ 函数曲线。通过比较可以看出：

1）处于无限周期势场中的电子虽然其波矢 $\boldsymbol{k}$ 仍可如自由电子一样连续变化，但其能量已不能像自由电子一样在零到无穷大的范围内连续取值，而只能在一些被能量禁区隔开的有限范围内连续取值。周期势场将整个能量范围分为若干区域，允许电子取值的区域称为允带，禁止电子取值的区域称为禁带或能隙，如图 1-10 所示。

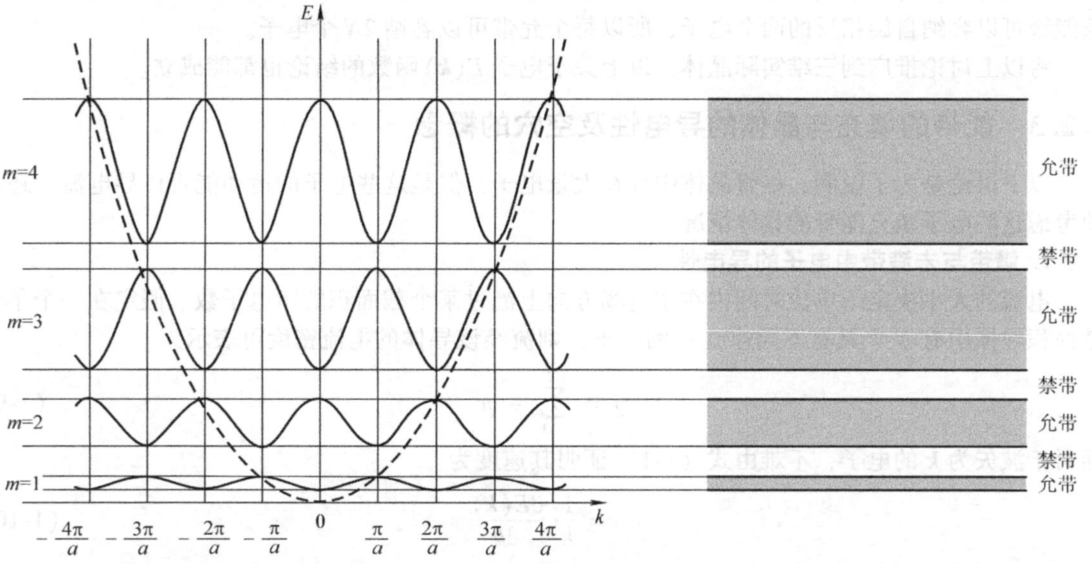

图 1-10　一维周期势场中电子的 $E(\boldsymbol{k})$ 函数及其与自由电子 $E(\boldsymbol{k})$ 函数（虚线）的比较

2）无限周期势场中电子的能量不再像自由电子那样是 $\boldsymbol{k}$ 的单值函数。对应确定的 $\boldsymbol{k}$ 值，薛定锷方程存在一系列分立的能量本征值 E_{mk} 和相应的本征函数 $\psi_{mk}(x)$（$m = 1, 2, 3, \cdots$）。由于能量本征值 E_{mk} 在以 m 为标志的允带内还是连续变化的，所以可写成 $E_m(\boldsymbol{k})$。既然 $E_m(\boldsymbol{k})$ 是 $\boldsymbol{k}$ 的多值函数，在描述电子的状态时，参数 $\boldsymbol{k}$ 和 m 都不可少。

3）在每一个允带内，电子能量的变化不再像自由电子那样是单调的而是周期性的，周期为 $2\pi/a$，即当 $\boldsymbol{k}$ 以此为周期取不同值时，电子具有相同的一组能量本征值，即

$$E_m(\boldsymbol{k}) = E_m\left(\boldsymbol{k} + n\frac{2\pi}{a}\right) \tag{1-7}$$

式中，n 取任意整数，代表 $\boldsymbol{k}$ 的周期数。

4. 布里渊区

$E(\boldsymbol{k})$ 函数的另一特点是具有 $E(\boldsymbol{k}) = E(-\boldsymbol{k})$ 的中心对称性。由于有这样的中心对称性和式（1-7）所反映的周期性，如果将图 1-10 所示一维 $\boldsymbol{k}$ 空间按 $\pm n\pi/a(n=1, 2, 3, \cdots)$ 分成若干区，则称区域 $-\pi/a < k < \pi/a$ 为第一布里渊区，区域 $-2\pi/a < k < -\pi/a$ 和 $\pi/a < k < 2\pi/a$ 为第二布里渊区，区域 $-n\pi/a < k < -(n-1)\pi/a$ 和 $(n-1)\pi/a < k < n\pi/a$ 为第 n 布里渊区。

由于第二布里渊区及其后所有布里渊区中的 $E(\boldsymbol{k})$ 关系都是第一布里渊区 $E(\boldsymbol{k})$ 关系的周期性重复，所以可只取第一布里渊区中的 $\boldsymbol{k}$ 值来表现电子的所有能量状态，因而称其为简约布里渊区。简约布里渊区中的波矢也就相应地称为简约波矢。

5. 有界周期势场中电子的 $E(\boldsymbol{k})$ 关系

仍只考虑一维情形。对于总长度为 L 的有界一维周期势场，若其原胞数为 N，周期为 a，则必有 $L = Na$。周期性边界条件要求波函数在两端即 0 和 L 处有相同的值，即 $\psi_k(0) = \psi_k(L)$。按此边界条件可知波矢 $\boldsymbol{k}$ 只能取分立的数值，即

$$k = n\frac{2\pi}{Na} \qquad (n = 0, \pm 1, \pm 2, \pm 3, \cdots) \tag{1-8}$$

该式表明每个布里渊区中只有 N 个 $\boldsymbol{k}$，而每个 $\boldsymbol{k}$ 值有一组相应的能量状态（能级）。由于 $\boldsymbol{k}$ 值是分立的，所以有限周期势场布里渊区中的能量不再像无限周期势场那样可在允许范围连续取值，但因为能级数目很大且能量范围有限而是准连续的。

由此可知，对一个由 N 个原胞构成的晶体，其每一个允带都由 N 条分立能级组成。因为每条能级可以容纳自旋相反的两个电子，所以每个允带可以容纳 $2N$ 个电子。

将以上讨论推广到三维实际晶体，以上关于电子 $E(\boldsymbol{k})$ 函数的结论也都能成立。

1.2.3 能带的填充与晶体的导电性及空穴的概念

以下讨论是为了说明，尽管晶体中存在大量电子，但是这些电子的运动能否传导电流，还必须考虑这些电子填充能带的具体情况。

1. 满带与未满带中电子的导电性

电流的大小决定于单位时间内在逆电场方向上流过某个截面积的净电子数。假定在一个单位截面积导体中有 N 个具有不同速度 v_i 的电子，则流经该导体的电流密度可表示为

$$j = \sum_{i=1}^{N} -qv_i \tag{1-9}$$

而对于波矢为 $\boldsymbol{k}$ 的电子，不难由式（1-1）证明其速度为

$$v = \frac{1}{\hbar}\frac{\mathrm{d}E(k)}{\mathrm{d}k} \tag{1-10}$$

在允带中的状态全部被电子填充的情况下，由于 $E(\boldsymbol{k})$ 函数的中心对称性，对应于同一个能量总存在两个波矢分别为 $\boldsymbol{k}$ 和 $-\boldsymbol{k}$ 的电子。按式（1-10），它们的速度大小相等方向相反，因而总电流密度为

$$j = -q\sum_{i=1}^{N} v_i = 0 \tag{1-11}$$

虽然这是未加电场的情况，但加上电场的结果也是一样，因为对一个所有状态都已被电子占

据的允带，只要所加电场不足以将其中的一些电子激发到上一个允带而改变其状态满员的现实，这个电场也就无法改变该允带中所有电子的能量状态，任何一个作定向运动的电子都会跟零电场时的情况一样，总有一个与其速率相等、方向相反的电子抵消其运动效果，因而电流密度仍然为零。

但是，当一个允带处于状态未被电子完全占据的未满带状况时，非零电场下的电子分布就会发生很大变化。首先，在零电场情况下，电子按照平衡态能量最低的原则，对称地从下向上占据该允带中能量较低的状态，如图 1-11a 所示。图中，虚线代表未被电子占据的允许状态。由于是对称分布，总电流密度仍然为零。但当有电场施加在这些电子之上时，部分电子会吸收外加电场馈给的能量而激发到较高能量状态，从而改变电子分布的对称性，如图 1-11b 所示。图中，因为外加电场的方向与 $+\boldsymbol{k}$ 方向相同，电子向 $-\boldsymbol{k}$ 方向运动，波矢为 $-\boldsymbol{k}$ 的一些高能状态将被电子占据，而电场为零时一些波矢为 $+\boldsymbol{k}$ 的较高能量状态上的电子，这时将退出对这些状态的占据以保持总电子数不变。这样，那些波数较大的 $-\boldsymbol{k}$ 状态上的电子就不会有与其在速度上大小相等而方向相反的电子来抵消其电流，于是在电场方向上就会产生不为零的电流密度。

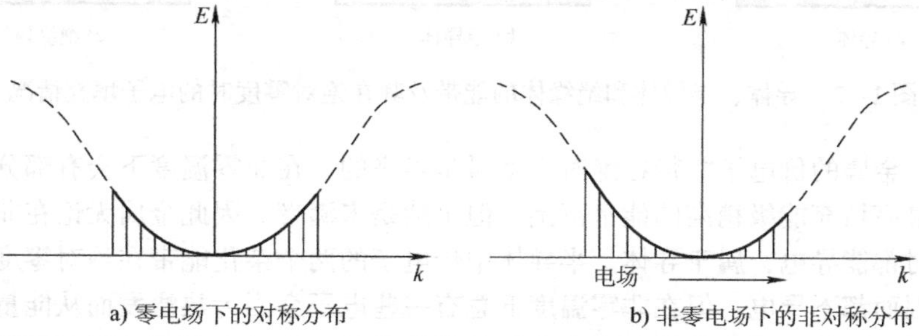

图 1-11 未满带中电子的分布

2. 空穴的概念

未满带有两种极端情况：一种是空状态极多电子极少；另一种是电子极多空状态极少。对前一种情况，以上对未满带的分析是适用的，可以直接通过这少量电子的运动来求出电流密度的大小。但对后一种情况，由于空状态是极少数，或许通过空状态上电子的缺失来反映极大量电子的运动效果更为简便。现在考虑在满带中出现了一个空状态的情况。若该空状态对应的电子速度为 v_n，则此时描述满带电子电流密度的式（1-11）中就应该扣除该状态缺失电子的贡献，即

$$j = -q\sum_{i=1}^{N} v_i - (-q)v_n$$

将式（1-11）带入上式，即得

$$j = qv_n$$

此结果说明，当满带出现一个空状态时，满带电子的总电流密度不再为零，但这 $N-1$ 个电子对电流的贡献只相当于一个速度为 v_n 的正电荷的贡献，而这个正电荷本质上正是那个空状态，因而**将满带中的空状态视为一个荷正电的粒子，称为空穴（Hole）。导带电子和价带空穴统称载流子。**

3. 导体、半导体、绝缘体的能带

以元素周期表上同一周期的钠(Na)、硅(Si)、氩(Ar)三种元素为例来建立导体、半导体和绝缘体的概念性能带模型应该是恰当的，因为它们的结晶状态是典型的导体、半导体和绝缘体。这三种元素的原子都有四条价电子轨道，即一条 s 轨道和三条 p 轨道，但价电子数非常不同，分别为 1、4、8。按紧束缚近似，在它们各自皆由 N 个原子凝聚成晶体时，形成的能带及其填充情况会有很大差别。Na 原子凝聚为晶体时，其 s 轨道分裂为 N 条能级，构成一个 s 能带，能容纳 $2N$

个电子，但它只有 N 个价电子，绝对零度时只能填满能带的下面一半，如图 1-12a 所示。Si 原子的一条 s 轨道和三条 p 轨道在原子凝聚的过程中通过线性组合形成四条杂化轨道，然后分裂成两个各有 $2N$ 条杂化能级的能带，中间由禁带隔开。绝对零度时，Si 原子的 $4N$ 个价电子恰好填满能量较低的一个能带（成键带），能量较高的能带（反键带）空着，如图 1-12b 所示。Ar 原子因为有八个外层电子，无论其四条轨道杂化与否，也无论其分裂能级构成一个带还是两个带，所有的分裂能级都会被电子填满，不会出现空状态，如图 1-12c 所示。

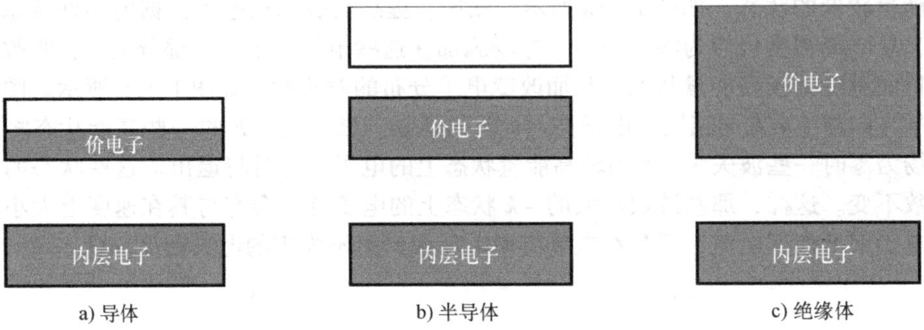

图 1-12 导体、半导体和绝缘体的能带及其在绝对零度时的电子填充情况

按此模型，金属的价电子能带在绝对零度时是半满的，在非零温度下会有部分电子分布在比绝对零度时的最高填充能级稍高的能量范围，但仍然是未满带。因此金属无论在非零温度还是趋近于绝对零度时都能导电，属于导体。半导体中价电子的两个杂化能带在绝对零度时一个是满带一个是空带，因而都不导电；但在非零温度下总有一些电子会因为热激发而从能量较低的满带进入能量较高的空带，使这两个能带分别成为前节所述的两个极端未满带，因而都能导电。但较高能带的导电性直接由电子来表现，此带称为导带；较低能带的导电性是由空穴表现出来，称之为价带。工程实际中还常常采用适当掺杂的方法，单方面在半导体的导带中引入少量电子，或在价带中引入少量空穴，使之成为能导电的未满带。图 1-12c 所示的绝缘体能带无论是在绝对零度还是在非零温度都是满带，因而绝缘体不导电。

有些教材认为绝缘体的能带结构及其在绝对零度时被电子填充的情况与图 1-12b 所示的半导体相似，不同之处仅在于禁带较宽，这样就把现在普遍认可且非常看重的一些宽禁带半导体（如金刚石和氮化铝等）都归类于绝缘体。金刚石和氮化铝确实禁带很宽，都在 5eV 以上，其价带电子在室温乃至相当高温下都难以向导带激发，其导带在室温甚至更高温度下都几乎没有电子，因而它们在纯净状态下的电阻率跟绝缘体一样高。但是，跟硅和砷化镓这些典型半导体一样，适当掺杂也会单方面在其导带中引入电子，或在其价带中引入空穴，使之成为能导电的未满带，因而它们其实是半导体。

导体和绝缘体的价电子带与其他能带之间，半导体的价带与内层能带之间，自然也有禁带相隔。这些能量更低的能带全为满带，但占据它们的是原子的内层电子。它们离导带很远，即使在很高温度下也不会影响导带和价带中的电子分布，一般情况下很少考虑它们的存在。

1.3 半导体中载流子的有效质量

1.3.1 能带极值附近的 $E(k)$ 函数

写出一种真实晶体中电子的 $E(\boldsymbol{k})$ 函数往往十分困难，事实上也没有必要，因为半导体中的导电电子和空穴都分别集中分布在导带底和价带顶，即能带的极值附近，而且是极值附近极小的能量范围，因此不妨用泰勒级数展开一个未知函数的方法来表示半导体中导电电子和空穴的 $E(\boldsymbol{k})$ 关系。

仍以一维情况为例，首先考虑 $E(k)$ 在波数 $k=0$ 处取极小值的情况。将 $E(k)$ 在 $k=0$ 附近按泰勒级数展开，取至二次项，得到

$$E(k)=E(0)+\left.\frac{\mathrm{d}E}{\mathrm{d}k}\right|_{k=0}k+\frac{1}{2}\left.\frac{\mathrm{d}^2E}{\mathrm{d}k^2}\right|_{k=0}k^2+\cdots$$

因为是极值，必有 $(\mathrm{d}E/\mathrm{d}k)_{k=0}=0$，所以得

$$E(k)-E(0)=\frac{1}{2}\left.\frac{\mathrm{d}^2E}{\mathrm{d}k^2}\right|_{k=0}k^2$$

因为是极小值，对确定的 $E(k)$ 曲线，$(\mathrm{d}^2E/\mathrm{d}^2k)_{k=0}$ 应该是一个大于零的定值，于是令

$$\frac{1}{\hbar^2}\left.\frac{\mathrm{d}^2E}{\mathrm{d}k^2}\right|_{k=0}=\frac{1}{m_n^*} \tag{1-12}$$

则可将 $E(k)$ 曲线极小值附近的函数关系表示为与自由电子相似的抛物线形式，即

$$E(k)-E(0)=\frac{\hbar^2k^2}{2m_n^*} \tag{1-13}$$

该式与自由电子 $E(\boldsymbol{k})$ 函数的不同之处仅在于电子的惯性质量 m_0 被 m_n^* 所取代。于是称 m_n^* 为周期势场中电子的有效质量。

对 $E(\boldsymbol{k})$ 在 $k=0$ 处取极大值的情况，用类似的方法也可得到类似的结果。

1.3.2 电子和空穴的有效质量

1. 电子的有效质量

由上述讨论可知，能量状态处于极值附近的电子，其有效质量为

$$m_n^*=\frac{\hbar^2}{(\mathrm{d}^2E/\mathrm{d}k^2)_{k=0}}$$

对 $E(k)$ 曲线的极小值而言，因 $(\mathrm{d}^2E/\mathrm{d}k^2)_{k=0}>0$，所以**电子在能量极小值附近的有效质量为正值**；对 $E(k)$ 曲线的极大值而言，因 $(\mathrm{d}^2E/\mathrm{d}k^2)_{k=0}<0$，所以**电子在能量极大值附近的有效质量为负值**。

在半导体中，导电电子恰好分布于导带极小值附近。用 m_n^* 替代 m_0 后，其 $E(\boldsymbol{k})$ 函数即与自由电子在形式上相同。同时也不难证明，当用有效质量取代惯性质量之后，导带底电子的运动，无论是有外力作用的还是无外力作用的，皆可用描述自由电子的方法来加以描述。例如，导带底电子的平均速度为

$$v=\hbar k/m_n^* \tag{1-14}$$

在受到外力 f 的作用时，其加速度为

$$a=f/m_n^* \tag{1-15}$$

2. 空穴的有效质量

利用式（1-15），在由场强 $\mathcal{E}$ 产生的外力 f 的作用下，**价带顶附近电子**的加速度可表示为

$$a=\frac{\mathrm{d}v(k)}{\mathrm{d}t}=\frac{f}{m_n^*}=\frac{-q\mathcal{E}}{m_n^*} \tag{1-16}$$

注意，式中 m_n^* 是价带顶部附近电子的有效质量，其值为负。

式（1-16）可改写为

$$a=\frac{q\mathcal{E}}{|m_n^*|}=\frac{q\mathcal{E}}{m_p^*} \tag{1-17}$$

式中，

$$m_p^* = -\frac{\hbar^2}{[\mathrm{d}^2E_V(k)/\mathrm{d}k^2]_{k=0}} \tag{1-18}$$

表示空穴的有效质量，其中 $E_V(k)$ 为价带顶附近的能量。此结果表明，外力作用下价带顶电子的运动相当于一个具有正的有效质量的正电荷的运动。

3. 有效质量的物理含义

众所周知，一个函数在其极值点的二阶导数的绝对值乃是其极值处的曲率。由此可见，半导体中导带电子和价带空穴有效质量的大小与其 $E(k)$ 曲线的形状有关。$E(k)$ 曲线在其极值处的曲率越大，此处电子或空穴的有效质量就越小。$E(k)$ 曲线的曲率实际上反映了载流子能量对 $\boldsymbol{k}$ 变化的敏感程度。因此，有效质量越小，$\boldsymbol{k}$ 的微小变化即会引起载流子能量的较大改变。

周期势场中电子与自由电子的区别在于附加了一个周期势场。有效质量犹如一个“黑匣子”，它集中反映了周期势场对运动于其中的电子的复杂作用，而免去对周期势场具体形式的探查。由于 m_n^* 并非晶体中电子的惯性质量，所以 $m_n^* v$ 并非半导体中电子严格意义上的动量，常称之为**准动量**。

由于有效质量是按 $E(\boldsymbol{k})$ 函数在极值点的二阶导数定义的，此概念只适用于极值附近的载流子。

1.3.3 各向异性半导体中载流子的有效质量

对实际晶体，标识其电子的能量和运动状态的全部波矢 $\boldsymbol{k}$ 构成一个三维的 $\boldsymbol{k}$ 空间。若以布里渊区中心为原点建立此空间的直角坐标系（见图1-13），则此空间中任意一个由坐标（$k_x\ k_y\ k_z$）确定的状态，其波数可按下式求出：

$$k^2 = k_x^2 + k_y^2 + k_z^2$$

利用此坐标系可求出三维晶体在导带底位于 $\boldsymbol{k}$ 空间任意点时的电子有效质量，以及导带底附近电子的等能面形状。

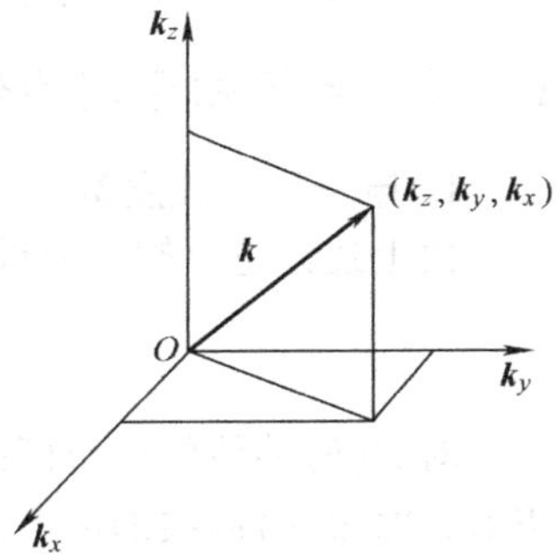

图1-13 $\boldsymbol{k}$ 空间

1. 导带底不在布里渊区中心的一般情况

（1）导带底附近电子的有效质量和等能面

对导带底不在布里渊区中心的 k_0 处的一般情况，仍可用泰勒级数将未知 $E(\boldsymbol{k})$ 函数在 $\boldsymbol{k}_0$ 附近展开，略去高次项后，得

$$E(k) = E(k_0) + \frac{\hbar^2}{2}\left[\frac{(k_x - k_{0x})^2}{m_x^*} + \frac{(k_y - k_{0y})^2}{m_y^*} + \frac{(k_z - k_{0z})^2}{m_z^*}\right] \tag{1-19}$$

式中，m_x^*，m_y^*，m_z^* 分别表示电子沿 $\boldsymbol{k}_x$，$\boldsymbol{k}_y$，$\boldsymbol{k}_z$ 方向的有效质量，其值满足

$$m_x^* = \frac{\hbar^2}{(\mathrm{d}^2E/\mathrm{d}k_x^2)_{k_0}},\ m_y^* = \frac{\hbar^2}{(\mathrm{d}^2E/\mathrm{d}k_y^2)_{k_0}},\ m_z^* = \frac{\hbar^2}{(\mathrm{d}^2E/\mathrm{d}k_z^2)_{k_0}} \tag{1-20}$$

也可将式（1-19）改写成如下形式：

$$\frac{(k_x - k_{0x})^2}{\frac{2m_x^*(E-E_C)}{\hbar^2}} + \frac{(k_y - k_{0y})^2}{\frac{2m_y^*(E-E_C)}{\hbar^2}} + \frac{(k_z - k_{0z})^2}{\frac{2m_z^*(E-E_C)}{\hbar^2}} = 1$$

式中，$E_C = E(k_0)$，表示导带底的能量。

一般情况下 m_x^*、m_y^*、m_z^* 互不相等，反映了有效质量的各向异性。这时，上式就是一个椭球面方程，各项的分母即是椭球各半轴长度的平方。由于 $E - E_C$ 是一个常数，上式表明，满足上式的全部 $\boldsymbol{k}$ 状态具有相同的能量，所以称此闭合曲面为等能面。

上式表明，**对各向异性的有效质量，导带底附近的电子等能面是环绕 $\boldsymbol{k}_0$ 的一系列椭球面。**若式（1-19）中 $m_x^* = m_y^*$ 或 $m_z^* = m_x^*$ 或 $m_y^* = m_z^*$，则等能面为旋转椭球面，沿旋转轴方向的有效质量 m_l 叫纵有效质量，沿垂直于旋转轴方向的两个相等的有效质量 m_t 叫横有效质量。

（2）等价能谷

由于晶体的对称性，$\boldsymbol{k}_0$ 在 $\boldsymbol{k}$ 空间可能有若干个对称的等价点，在这些等价点上必然存在着相同的能量极值及其等能面。例如对于立方晶体，若在 $\boldsymbol{k}$ 空间的［100］方向某点有一导带极小值（能谷），且其附近的等能面是长轴沿［100］方向的旋转椭球面，则六个等价 <100> 方向上的等价点上都应有同样的极值和同样的旋转椭球等能面，如图 1-14 所示。这六个能谷即为等价能谷。这些能谷附近的 $E(\boldsymbol{k})$ 函数皆与［100］方向上这个能谷的 $E(\boldsymbol{k})$ 函数相似，即形如

$$E(k) - E_C = \frac{\hbar^2}{2}\left(\frac{(k_x - k_{x0})^2}{m_l} + \frac{k_y^2 + k_z^2}{m_t}\right) \tag{1-21}$$

式中，k_{x0} 表示能谷在 x 轴上的坐标点。

对图 1-14 所示的长旋转椭球，在沿着旋转对称轴的方向上，能量 E 随波矢 $\boldsymbol{k}$ 的变化比较缓慢，即纵有效质量大于横有效质量。

如果一个立方晶体在 $\boldsymbol{k}$ 空间［111］方向上某点有能谷，由于 $\boldsymbol{k}$ 空间有八个等价的 <111> 方向，其余七个等价 <111> 方向的对应点也应该有相同的 $E(\boldsymbol{k})$ 关系，其等价能谷数为 8。同理，<110> 方向有 12 个等价能谷。

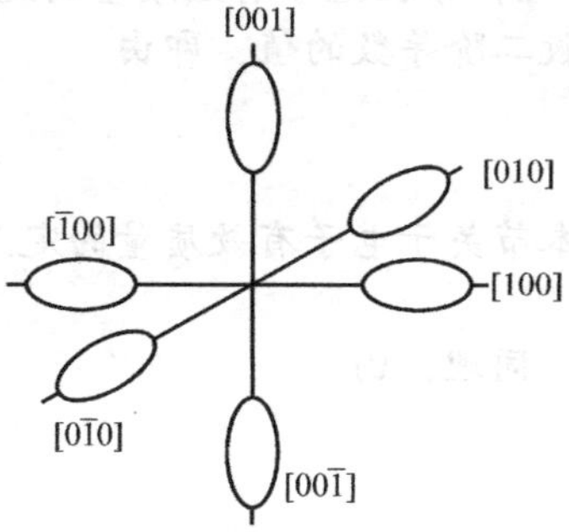

图 1-14　导带底在 <100> 方向时的六个等价能谷及其旋转椭球等能面

2. 导带底 $\boldsymbol{k}=0$ 且有效质量各向同性的特殊情况

设导带底位于布里渊区中心，即 $k=0$，其能值 $E(0)=E_C$，且 $m_x^* = m_y^* = m_z^* = m_n^*$，即有效质量各向同性，则导带底附近的等能面方程变为

$$E(k) - E_C = \frac{\hbar^2}{2m_n^*}(k_x^2 + k_y^2 + k_z^2) \tag{1-22}$$

上式是一个球面方程，其半径

$$k = \sqrt{k_x^2 + k_y^2 + k_z^2} = \frac{1}{\hbar}\sqrt{2m_n^*[E(k) - E_C]} \tag{1-23}$$

即在导带底位于布里渊区中心且有效质量各向同性的情况下，**波数相等的状态，其能量也相等。**

【例 1-1】 设有晶格常数为 $a = 0.314\text{nm}$ 的一维晶格，其导带底附近能量 $E_C(\boldsymbol{k})$ 和价带顶附近能量 $E_V(\boldsymbol{k})$ 分别为

$$E_C(\boldsymbol{k}) = \frac{\hbar^2 k^2}{3m_0} + \frac{\hbar^2(k - k_1)^2}{m_0} \text{和} E_V(\boldsymbol{k}) = \frac{\hbar^2 k_1^2}{6m_0} - \frac{3\hbar^2 k^2}{m_0}$$

式中，m_0 为电子惯性质量；$k_1 = 1/2a$。

试求：①禁带宽度；②导带底电子和价带顶空穴的有效质量；③价带顶电子跃迁到导带底时准动量的变化。

解： 1）求禁带宽度即求导带极小值与价带极大值之差。由

$$\frac{dE_C}{dk} = \frac{2\hbar^2 k}{3m_0} + \frac{2\hbar^2(k - k_1)}{m_0} = 0$$

可知，导带在 $k_C = 3k_1/4 = 3/(8a)$ 处有其唯一的极小值

$$E_{C,\min} = \frac{\hbar^2}{3m_0}\left(\frac{3}{8a}\right)^2 + \frac{\hbar^2\left(\frac{1}{2a} - \frac{3}{8a}\right)^2}{m_0} = \frac{\hbar^2}{16m_0 a^2}$$

同理，由

$$\frac{dE_V}{dk}=-\frac{6\hbar^2 k}{m_0}=0$$

可知，价带在 $k_V=0$ 处有其唯一的极大值

$$E_{V,max}=\frac{\hbar^2}{6m_0}k_1^2=\frac{\hbar^2}{24m_0a^2}$$

于是可得禁带宽度

$$E_g=E_{C,min}-E_{V,max}=\frac{\hbar^2}{16m_0a^2}-\frac{\hbar^2}{24m_0a^2}=\frac{\hbar^2}{48m_0a^2}$$

代入数据 $\hbar=1.054\times10^{-34}$Js，$m_0=9.1\times10^{-31}$kg，$a=0.314nm=3.14\times10^{-10}$m，并利用单位换算 1J$=6.25\times10^{18}$eV，解得

$$E_g=0.16\text{eV}$$

2）根据电子有效质量的定义，欲求导带底电子的有效质量须首先求出导带底附近$E(\boldsymbol{k})$函数二阶导数的值，即由

$$\frac{d^2E_C}{dk^2}=\frac{2\hbar^2}{3m_0}+\frac{2\hbar^2}{m_0}=\frac{8\hbar^2}{3m_0}$$

和本节关于电子有效质量的定义，可得

$$m_n^*=3m_0/8$$

同理，由

$$\frac{d^2E_V}{dk^2}=-\frac{6\hbar^2}{m_0}$$

和本节关于价带顶空穴有效质量的定义，可得

$$m_p^*=m_0/6$$

3）价带顶电子跃迁到导带底时准动量的变化由导带极小值和价带极大值所对应的 k 值之差决定，即

$$\Delta P=\hbar\Delta k=\hbar(k_{C0}-k_{V0})=\frac{3\hbar}{8a}=1.26\times10^{-25}\text{kg}\cdot\text{m/s}$$

1.4 半导体中的杂质和缺陷能级

前面的讨论完全立足于理想化的完美晶格，其中没有杂质也没有缺陷。在这样的前提下，电子的能量本征值构成了一个个允带。但是，半导体的这些允带在绝对零度下要么是满带，要么是空带，毫无导电能力。虽然热激发可以使它们变成未满带，但即便是在室温附近的较高温度下，由于大多数半导体的禁带宽度都在 0.5eV 以上，而室温附近电子的平均能量不超过 0.05eV，热激发在导带中产生的电子和价带中产生的空穴，其密度相对于原子密度而言都极低，不足以产生实际应用所需要的导电能力。不过前面曾经提到，将半导体的满带和空带转化为未满带的主要途径是掺杂，因为杂质和缺陷的存在会改变结晶半导体中的周期势场，从而在禁带中引入电子的允许能级，改变材料的电子特性。可以毫不夸张地说，**没有对杂质和缺陷的精确控制就没有半导体的实用价值。**

本节侧重讨论不同杂质和缺陷在半导体禁带中引入电子能级的微观机理和一般规律，不打算罗列它们的具体能级数据。需要详细了解这些数据的读者可查阅参考文献[3]~[6]。

1.4.1 杂质的施、受主作用及其能级

1. 真实晶体及其中的杂质

晶体虽然都是原子的紧密排列，但也并非“密不透风”。通过习题 1-9 的演算可以知道，金

刚石晶体的原子占空比只有34%，还有近2/3的空隙，这就为杂质的掺入和稳定存在提供了机会。

从固体物理学中可以知道，晶体中的杂质有替位和填隙两种存在方式。填隙杂质占据晶格中的空隙，一般不与主体原子成键，而替位杂质占据主体晶格的格点，与最近邻原子形成共价键结合。半径比主体原子小的杂质一般取填隙式，例如锂（Li）原子电离后的离子半径为0.068nm，在硅、锗、砷化镓等半导体中皆为填隙式杂质。大小和外层电子结构都与主体原子相近的杂质一般取替位式，如Ⅲ族、Ⅴ族元素的原子在硅、锗晶体中都是替位杂质，硅、锗原子在Ⅲ-Ⅴ族化合物中也取替位式。替位杂质对主体晶格的扰动不像填隙杂质那么严重，因而半导体中的大多数杂质原子都取替位式。

杂质在半导体中起什么作用，决定于它与被它替换的主体原子在价电子数和电负性上的差别。

（1）共价环境与杂质原子

半导体中原子的主要结合方式是共价键，杂质原子要溶入这个共价环境，必须适应主体晶格对共价电子数的要求。若主体晶格提供给外来原子的是一个**过配位**的共价环境，它就必须接受其欠缺的电子或释放其多余的电子。所谓过配位就是共价环境的配位数大于杂质原子本身形成共价结合所要求的配位数。例如，硅晶体的共价环境配位数为4，而Ⅲ族元素和Ⅴ族元素的共价结合配位数按前述$8-N$法则都是3，因而这些杂质原子在硅晶体中面对的都是过配位共价环境。过配位意味着杂质原子带来的可参与共价结合的电子数与主体晶体对它所要求的共价电子数不合，有的富余、有的欠缺。富余的要向主体晶格施放多余的电子，被称为施主；欠缺的要从主体晶格接受电子以补其不足，称为受主。

（2）施主杂质

比被其替代的晶格主体原子多一个价电子的替位式杂质，它们在适当的温度下能够施放这个多余的价电子而在半导体中引入非本征自由电子，并使自身电离。

以硅中的磷（P）为例：磷原子有五个价电子。当一个磷原子替代了格点上的一个硅原子，其五个价电子中的四个与周围的四个硅原子形成共价键，剩余一个价电子。这时，磷原子核在所有内层电子和共价键电子的屏蔽下，剩余一个正电荷，形成一个正电中心P^+，将剩余的这个价电子束缚着。不过，这种束缚作用比共价键的束缚作用弱得多，只要很低的能量就可使之电离而在导带中产生一个自由电子，它可以在晶格中自由运动。这时磷原子就成为丢失了一个价电子的磷离子（P^+），它是一个不能移动的正电中心。受到正电中心P^+弱束缚的电子摆脱束缚成为自由电子的过程称为施主杂质电离，电离所需要的能量ΔE_D称为施主电离能。

所有Ⅴ族元素对Ge、Si等Ⅳ族元素半导体和Ⅳ-Ⅳ族化合物半导体而言都是施主杂质。

按此原则，在Ⅲ-Ⅴ族化合物半导体中替换其Ⅲ族原子的Ⅳ族原子，或替换其Ⅴ族原子的Ⅵ族原子（如Si和S）皆为施主杂质；在Ⅱ-Ⅵ族化合物半导体中替换其Ⅱ族原子的Ⅲ族原子，或替换其Ⅵ族原子的卤族元素原子（如Ga和Cl）皆为施主杂质。

（3）受主杂质

比被其替代的晶格主体原子少一个价电子的替位式杂质，它们在适当的温度下能够接受主体晶格价带中的电子而在半导体中引入非本征自由空穴，并使自身电离。

以硅中的硼（B）为例：硼原子只有三个价电子。当一个硼原子替代了格点上的一个硅原子而与四个最近邻硅原子形成共价键时，它欠缺的这个电子只能由邻近的主体原子用共价电子来补充，这相当于在价带中产生了一个空穴。同时，硼原子因为接受了一个电子而电离成为负电中心B^-。由于B^-是不可动的，低温下因硼而生的空穴仍受其束缚而不能作共有化运动。但这种束缚实际很弱，只需要很低的能量就可使之摆脱束缚，成为在晶体中自由运动的导电空穴。当空穴还受着B^-的约束时，其整体仍然处于中性状态，硼原子并没有真正电离。因此，空穴摆脱受主杂质的束缚成为导电空穴的过程也称为杂质电离，所需要的能量 ΔE_A 称为受主电离能。

所有Ⅲ族元素对 Ge、Si 等Ⅳ族元素半导体和Ⅳ-Ⅳ族化合物半导体而言都是受主。

类似地，在Ⅲ-Ⅴ族化合物半导体中替换其Ⅴ族原子的Ⅳ族原子，或替换其Ⅲ族原子的Ⅱ族元素原子（如 Si 和 Zn）皆为受主杂质；在Ⅱ-Ⅵ族化合物半导体中替换其Ⅱ族原子的Ⅰ族元素原子，或替换其Ⅵ族原子的Ⅴ族原子（如 Li 和 P）皆为受主杂质。

2. 杂质能级

（1）类氢模型——杂质电离能的简单计算

电子在半导体晶体中围绕施主正电中心的运动与其在真空中围绕氢原子核的运动十分相似，只要用半导体的电容率 $\varepsilon\varepsilon_0$ 替换真空电容率 ε_0，用电子的有效质量替换惯性质量，就可以利用氢原子电离能的计算方法来估算杂质电离能，此方法称为计算杂质电离能的**类氢模型**。

已知氢原子电子能级 E_n 的表达式为

$$E_n = -\frac{m_0 q^4}{8\varepsilon_0^2 h^2 n^2} \tag{1-24}$$

式中，$n=1, 2, 3, \cdots$，为主量子数。$n=1$ 对应的是氢原子的基态能量 $E_1 = -m_0 q^4/(8\varepsilon_0^2 h^2)$；$n \to \infty$ 对应的是氢原子的电离态，其能级 $E_\infty = 0$。所以，基态氢原子的电离能为

$$E_0 = E_\infty - E_1 = \frac{m_0 q^4}{8\varepsilon_0^2 h^2} = 13.6\text{eV} \tag{1-25}$$

于是，计算半导体中施主、受主杂质电离能的类氢模型可合并表示为

$$\Delta E_{\mathrm{D,A}} = \frac{m_{\mathrm{n,p}}^* q^4}{8\varepsilon^2 \varepsilon_0^2 h^2} = 13.6\,\frac{m_{\mathrm{n,p}}^*}{m_0 \varepsilon^2}\text{eV} \tag{1-26}$$

式中，下标 D、A 分别标识施主和受主；下标 n，p 分别标识电子和空穴。

锗和硅的介电常数 ε㊀分别为 16 和 12，利用相应的 m^*/m_0 值，即可由式（1-26）算出这两种半导体中施、受主杂质的电离能。虽然此计算值对不同的施主和不同的受主没有区别，而实际情况下这个区别是客观存在的，但计算值与实测值的出入都不是很大，见表 1-4，说明类氢模型的使用是合理的。类氢模型也适合于 GaAs 等其他半导体。例如，GaAs 中常用的施主杂质（如 Si、Ge、S、Se 等）的电离能实测值皆为 0.006eV 左右，与用类氢模型算出的 0.008eV 相近。

类氢模型和上述实例说明，半导体中施主和受主杂质的电离能都比室温电子的平均能量小或十分接近，因而它们都能通过热激发有效地将半导体的价带或导带变成能导电的未满带。

表 1-4　Ge、Si 中施、受主杂质电离能的实测值和用类氢模型计算的值（单位：eV）

	施主实测值			施主计算值	受主实测值			受主计算值
	P	As	Sb		B	Al	Ga	
Ge	0.0120	0.0127	0.0096	0.0092	0.010	0.010	0.011	0.0089
Si	0.044	0.049	0.039	0.029	0.045	0.057	0.065	0.034

（2）施主能级和受主能级

被施主杂质弱束缚着的电子获得电离能 ΔE_D 后，就能从束缚态跃迁到导带成为导电电子，所以电子被施主杂质束缚时的能量比导带底 E_C 低 ΔE_D。将电子被施主杂质束缚着的能量状态称为**施主能级**，记为 E_D。$E_C - E_D = \Delta E_D$，如图 1-15 所示。在杂质浓度不高的一般情况下，杂质原子之间的相互作用不强，施主能级犹如分立原子的能级一样。

被受主杂质弱束缚着的空穴获得电离能 ΔE_A 后，就能从束缚态跃迁到价带成为导电空穴，所

㊀ 本书中用介电常数 ε 表示相对介电常数 ε_r。

以空穴被受主杂质束缚时的能量比价带顶 E_V 高 ΔE_A。将空穴被受主杂质束缚着的能量状态称为**受主能级**，记为 E_A。$E_A - E_V = \Delta E_A$，如图1-16所示。在受主杂质密度不高的一般情况下，杂质原子间的相互作用不强，受主能级犹如分立原子的能级一样。当然，受主在价带中产生空穴实际上是价带电子获得能量 ΔE_A 后跃迁到受主能级的过程。

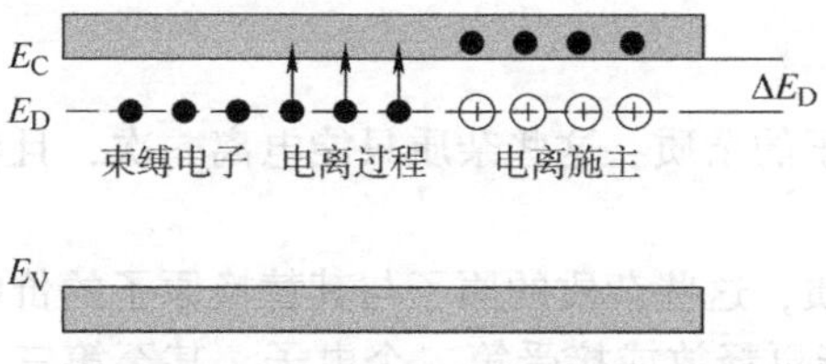

图1-15 施主能级和施主杂质的电离

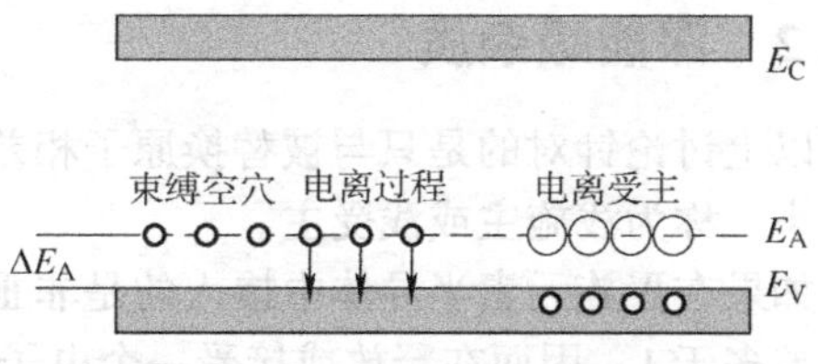

图1-16 受主能级和受主杂质的电离

(3) N型半导体和P型半导体

把因含有一定浓度施主杂质而主要依靠电子导电的半导体称为N型半导体。

把因含有一定浓度受主杂质而主要依靠空穴导电的半导体称为P型半导体。

3. 施主与受主之间的补偿

假如在半导体中同时存在着施主和受主两种杂质，由于受主能级低于施主能级并倾向于接受电子，这时施主杂质参与共价结合之后多余的电子就会首先去占领受主能级，满足受主杂质加入共价结合的需要。这样，施主杂质不再向导带提供电子，受主杂质也不再向价带提供空穴，称此情况为施主被受主补偿。所以，当两种杂质各以浓度 N_A 和 N_D 同时存在时，若 $N_D > N_A$，则施主被受主补偿后还剩下 $N_D - N_A$ 个净施主（有效施主）可以向导带提供电子，材料呈N型；如果 $N_A > N_D$，则受主补偿完施主后还剩下 $N_A - N_D$ 个净受主（有效受主）可以接受价带电子，从而向价带提供空穴，材料呈P型。若杂质浓度控制得当，使 $N_D \approx N_A$，则施主所提供的电子刚好将受主能级填满，即便杂质浓度很高，施主杂质仍不能向导带提供电子，受主杂质也不能向价带提供空穴。这种现象称为杂质的高度补偿。高度补偿的材料容易被误认为是高纯材料，而实际上往往含杂质较多。在杂质浓度很高的情况下，半导体材料的性能很差，一般不能用来制造半导体器件。

杂质补偿降低了掺杂效率，并会加重晶格损伤，在制备高阻材料时要努力避免这种情况的发生，因为高纯材料是高阻，高度补偿的材料也是高阻，但二者的晶格完整性差别很大。不过，杂质补偿也是半导体技术的实用化基础，半导体工艺中的杂质扩散和离子注入等掺杂方法，就是根据杂质补偿原理来改变半导体中某一区域的导电类型，制成各种半导体器件。即便是高度补偿，若能在绝对杂质浓度不是很高的情况下实现，则因其绝缘性好，可作为电绝缘材料使用，如制造微波功率器件所用的**半绝缘GaAs或半绝缘SiC衬底**。

【例1-2】 利用类氢模型计算InSb的施主杂质电离能和施主的弱束缚电子基态轨道半径。

解： 查表知InSb的介电常数 $\varepsilon = 17$，电子有效质量 $m_n^* = 0.015m_0$，代入式（1-26）得

$$\Delta E_D = 0.015 \times \frac{13.6}{17^2}\text{eV} = 0.0007\text{eV}$$

利用氢原子基态电子的轨道半径

$$r_0 = \frac{\varepsilon_0 h^2}{\pi m_0 q^2} = 52.9 \times 10^{-12}\text{m}$$

可将施主杂质弱束缚电子的基态轨道半径表示为

$$r_n = \frac{\varepsilon\varepsilon_0 h^2}{\pi m_n^* q^2} = \varepsilon\frac{m_0}{m_n^*}r_0$$

代入有关数据，得

$$r_n = 17 \times \frac{1}{0.015} \times 52.9 \times 10^{-12}\mathrm{m} = 6 \times 10^{-8}\mathrm{m} = 60\mathrm{nm}$$

此结果表明，施主弱束缚电子的基态轨道半径比晶体中原子间距大两个数量级，可见其约束力之弱。

1.4.2 深能级杂质

以上讨论针对的是只与被替换原子相差一个价电子的杂质。这些杂质只能电离一次，且电离能甚小，称为浅施主或浅受主。

如果在Ⅳ族元素半导体中掺入的是非Ⅲ非Ⅴ族杂质，这些杂质的原子与其替换原子的价电子数之差多于1，因而在释放或接受一个电子后还有可能再释放或接受第二个电子，甚至第三个电子。这类杂质则被称为多重电离杂质。半导体中的这类杂质在行为和相应的能级位置上都与只能电离一次的浅施主、浅受主杂质有很大不同。

1. 价电子数相差较多的杂质及其能级

（1）金刚石结构中的Ⅰ族元素杂质

只有一个价电子的杂质原子取代了4配位的主体原子之后，有两种不同的可能性使自己稳定存在于主体原子的共价环境之中。一种是释放其唯一的价电子而成为正离子，然后与其最近邻的4个原子的一个等效价电子形成类离子键的结合；另一种可能性就是依次接受1个、2个、3个电子，成为1重、2重、3重电离的负离子。

按第一种途径，该杂质起施主作用。但是，这个价电子不同于Ⅴ族元素杂质那个成键后剩余的价电子，它随着杂质原子进入替位状态之后即被共价键所束缚，电离能很大，有可能接近甚至超过禁带宽度（即主体原子的价电子电离能）。因此，这个施主能级一般不是离导带底近，而是离价带顶近，甚至有可能深入价带之中而不能被发现，称为深施主能级。这种杂质被称为深施主。

按第二种途径，该杂质起受主作用，但三种受主状态的能级各不相同，分别用E_{A1}、E_{A2}、E_{A3}表示。该杂质接受第一个电子后即带一个负电荷，相应的受主能级为E_{A1}，其电离能为$E_{A1}-E_V$；接受第二个电子后，带两个负电荷，相应的受主能级为E_{A2}，其电离能为$E_{A2}-E_V$；接受第三个电子后带3个负电荷，相应的受主能级为E_{A3}，其电离能为$E_{A3}-E_V$。由于同种电荷之间的库仑排斥作用，该杂质原子从价带接受第二个电子所需要的电离能比接受第一个电子时的电离能大，接受第三个电子时的电离能又比接受第二个电子时的电离能更大，所以，E_{A2}比E_{A1}离价带远，E_{A3}比E_{A2}离价带更远，甚至有可能深入导带之中而不能被发现。E_{A1}离价带顶相对近一些，但是比Ⅲ族元素杂质引入的受主能级还是深得多。因此，这种杂质的三条受主能级都是深能级。

在半导体Ge和Si中需要引入深能级时常用掺金（Au）的方法。Au是IB族元素，按上述分析应在Ge和Si中都引入一条深施主和三条深受主能级。对Ge的实验测定证明此说不假，但对Si中Au的测试结果只有一条距价带顶0.29eV的深施主能级和一条距导带底0.54eV的深受主能级是肯定的，第三条能级有的说是深受主（见参考文献［5］第53页），有说是深施主（见参考文献［5］第51、52页或参考文献［4］1.10节）。该能级若确实是深施主则可能是填隙式Au原子的所为。另一条预期的深受主能级则始终没有被发现，普遍认为该能级可能已深入到导带之中成为准束缚态（或共振态）（见参考文献［3］第83页）。

（2）金刚石结构中的Ⅱ、Ⅵ族元素杂质

Ⅱ族元素杂质在金刚石结构中的行为与Ⅰ族元素杂质类似，也应产生两条深受主能级和两条深施主能，但深施主能级很少被观察到，大都只观察到两条深受主。这从共价结合的原理上看也不无道理，因为在金刚石结构中替位的Ⅱ族原子，其两个价电子已被结合到共价键中，释放一个也属不易；而此共价环境尚缺两个共价电子，接受电子自然容易些。

Ⅵ族元素杂质在金刚石结构中替代主体原子时，其六个价电子中只需四个用来与近邻原子形成共价键，剩余的两个价电子可以顺次释放，产生两条深度不同的施主能级。原子核对这两个剩余价电子的束缚，有点类似于氦原子。类氦原子释放其第一个价电子所需要克服的束缚能要比类氢原子大得多，因为同壳层的另一个电子对原子核的屏蔽实际是不完全的，因而平均地讲每个电子受到大于一个正电荷的束缚作用，因而第一施主能级已是深能级。第一个电子电离之后，剩下的一个未成键价电子受到两个正电荷的束缚，其电离能更高，相应的施主能级更深。

(3) 化合物半导体中的深能级杂质

在化合物半导体中与被替换原子的价电子数相差不止一个的杂质一般也是深能级杂质，但受电负性不能相差太大的限制，不是任何杂质原子都可以取代某种点阵原子。例如，Ⅲ-Ⅴ族化合物中Ⅰ族元素的原子只能取代Ⅲ族原子而不能取代Ⅴ族原子，因而杂质原子与被其替代的原子之间的电子数相差不会太多。Ⅲ-Ⅴ族化合物中的这类杂质一般指Ⅰ族元素原子和过渡族元素原子。由于化合物半导体包含有一定的离子键成分而非纯粹共价键，Ⅰ族元素原子在其中也不都是深受主。例如，Ag在GaAs中有两条受主能级，分别在价带顶以上0.11eV和0.238eV处，比较深；而Li在GaAs中的受主能级在价带顶以上0.025eV处，比较浅。过渡金属一般在Ⅲ-Ⅴ族化合物中产生深能级，是受主还是施主无明显规律。例如，在GaAs中，钒（V）为深施主，而Cr、Co、Ni均为深受主。另一例外是在Ⅲ-Ⅴ族化合物中替代Ⅴ的价原子的O因其电负性强也是深施主，而按规律它应跟S、Se、Te一样是浅施主。

另外需要说明的一点是：以上所说的规律针对的是替位式杂质。填隙杂质因一般不与主体原子成键，在晶体中起什么作用主要决定于杂质本身的电负性。有的杂质实际测到的能级与根据这些规律作出的预测相差太大，一个可能的原因就是它或许本来就不是替位杂质而是填隙杂质。例如有的Ⅵ族元素在金刚石结构中测出二条或一条深受主能级，就很可能是这种情况。

2. 两性杂质及其能级

两性杂质是指在同一材料中既可起受主作用，也可起施主作用的杂质。这种杂质有两种类型：

(1) 同位异性

如前所述之金刚石结构中的1价元素杂质，这种杂质在晶格中占据同一位置，既能释放电子起施主作用，也能接受电子起受主作用。在这种情况下，施主能级只能位于受主能级之下（对浅能级而言，禁带中施主能级必在受主能级之上），因为只有中性原子和负离子才能起受主作用，**正离子接受一个电子只是施主行为的逆过程**。也就是说，对这种杂质而言，接受1个电子是比释放1个电子更高的能量状态。由此可见，这种双性杂质的施主能级和受主能级都是深能级。

(2) 异位异性

双性杂质的另一种类型是在晶格中占据不同位置时起不同作用的杂质，例如，Si（其他Ⅳ族元素原子一样）在Ⅲ-Ⅴ族化合物中替代Ⅲ族原子时起施主作用，替代Ⅴ族原子时起受主作用。杂质在这种情况下的作用其实与Ⅲ族和Ⅴ族杂质原子在Ⅳ族元素半导体中的行为相似，而与上述同位异性双性原子所受到的约束不同、行为不同，其施主能级和受主能级一般都是浅能级。

3. 等电子杂质及其能级

所谓等电子杂质是指与被替代的主体原子具有相同价电子数的杂质原子。它们替代了格点上的同族原子后，基本上仍是电中性的。但是由于原子序数不同，其共价半径和电负性与被替换原子有较大差别，因而能俘获某种载流子而成为带电中心。这个带电中心常称为等电子陷阱。一般来说，同族元素原子序数越小，电负性越大，共价半径越小。当等电子杂质的电负性大于被替换的主体原子时，能俘获电子成为负电中心；反之，能俘获空穴成为正电中心。例如，氮的共价半径和电负性分别为0.070nm和3.0（Pauling尺度），磷的共价半径和电负性分别为0.110nm和2.1，氮有较强的俘获电子倾向，取代磷后能俘获电子成为负电中心。磷化镓中氮的能级在导带底以下0.008eV，但它是电子陷阱而非施主能级，所以是一个深能级。铋的共价半径和电负性分别为0.146nm和1.9，铋在磷化镓中取代磷后成为能俘获空穴的陷阱，能级在价带顶以上0.038eV。因为是俘获空穴而非向价带发射空穴，因而虽然离价带很近，也是深能级。

4. 深能级杂质的作用

深施主和深受主因为电离能普遍很高，直接向导带提供电子或向价带提供空穴的作用很不明显，但是，深能级杂质若存在于掺有浅能级杂质的材料中，它们对浅能级杂质的补偿作用就十分显著，因而会通过对浅受主、浅施主的补偿使掺杂效率降低。深受主虽然比浅受主更靠近浅施主，但一般都比浅施主的能级低，即便高于浅施主能级，也要比导带底更接近于浅施主能级，所以对浅施主仍有优先于导带底接受电子而将其补偿的作用，如图1-17所示。同样，深施主虽然比浅施主更靠近浅受主，但一般都比浅受主的能级高，即便低于浅受主能级，也要比价带顶更接近浅受主能级，所以对浅受主仍有优先于价带顶接受空穴而将其补偿的作用，如图1-18所示。

不过，深能级杂质对半导体特性的最大影响还在于它作为复合中心或陷阱中心对额外载流子寿命所起的决定性作用，对此将在第3章中详加讨论。

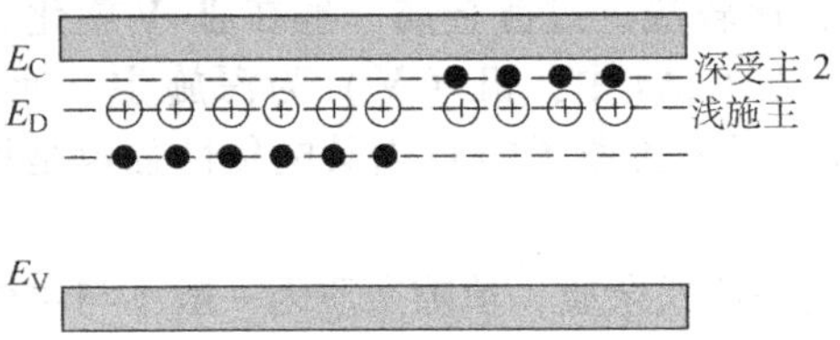

图1-17 深受主对浅施主的补偿

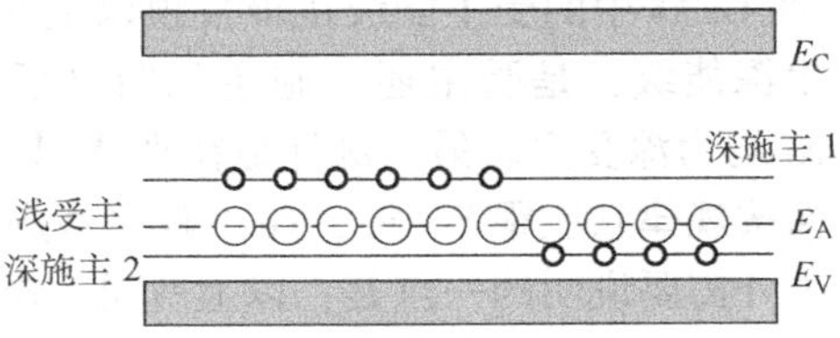

图1-18 深施主对浅受主的补偿

1.4.3 缺陷的施、受主作用及其能级

在半导体中能引起电子和空穴密度变化的除了杂质，还有晶格缺陷，因为晶格缺陷会改变晶体中的共价键环境。半导体中的常见晶格缺陷有3类：

1）微缺陷，如空位和填隙原子。

2）线缺陷，如位错。

3）面缺陷，如层错和多晶体中的晶粒间界等。

这些缺陷的形成和一般性质，已在固体物理学中详细介绍过，这里不再重复，本节只重点讨论它们对半导体能带结构以及掺杂效率的影响。

首先讨论缺陷起施主或受主作用的原理。

1. 微缺陷

由于点阵原子需有较大能量才能摆脱共价结合进入间隙位置，而填隙原子因为没有键的束缚，迁移时需要的激活能很小，很容易向表面迁移，所以一般晶体中填隙原子的密度较低，空位的密度较高，相对而言是更重要的点缺陷。

空位和填隙原子在材料中是起施主还是受主作用，决定于它们自身的性质和环境。

（1）空位

在元素半导体硅和锗中，空位的近邻若是四个主体原子，因每个原子各有一个不成对的电子，是未饱和的共价键，这些键倾向于接受电子，因此这种空位表现出受主作用。

空位的施主或受主作用，在离子晶体和离子性较强的Ⅱ-Ⅵ族化合物和氧化物半导体中尤为显著。为便于讨论空位在这些材料中所起的作用，通常用符号M和X分别表示电负性小的金属原子和电负性大的非金属原子，相应的空位用V_M和V_X分别表示，如图1-19所示。对V_M空位而言，由于失去了电负性较弱的金属原子，空位附近是四个电负性很强的Ⅵ族原子，因而此处必带负电，形成负电中心。如前所述，负电中心可以束缚一个空穴，然后在温度适当时将其释放给价带。因此，V_M 起受主作用。类似地，V_X 的周围是四个电负性极弱的金属原子，因而是正电中心，在低温下束缚一个电子，温度适当时将其释放给导带，所以是施主。

（2）填隙原子

就离子性较强的Ⅱ-Ⅵ族化合物和氧化物半导体而言，金属原子因为电负性较小而容易失去电子，在成为填隙原子时起施主作用；非金属原子因为电负性较大而倾向于接受电子，在成为填隙原子时起受主作用。

（3）错位原子

在化合物半导体中，还存在着另一种称为错位原子的点缺陷。以二元化合物 AB 为例，通常将 A 占 B 位记为 A_B，将 B 占 A 位记为 B_A，如图 1-20 所示。若 A 代表低价元素，B 代表高价元素，则 A_B 是受主，B_A 是施主。因为 B 占 A 位后，有把多余的价电子施放给导带的倾向；相反，A 占 B 位则有接受电子的倾向。不过，这类缺陷在离子性较强的化合物中存在的几率很小，因为有库仑力的排斥作用，产生 A_B 和 B_A 所需要的能量都很大，所以在离子晶体中常可忽略其存在。这种缺陷也称为反结构缺陷。

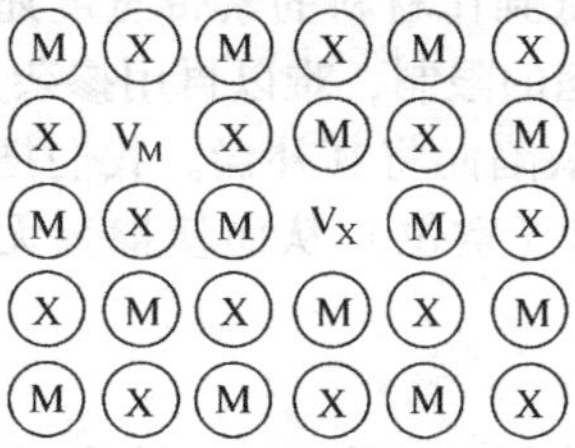

图 1-19 离子晶体中的空位缺陷

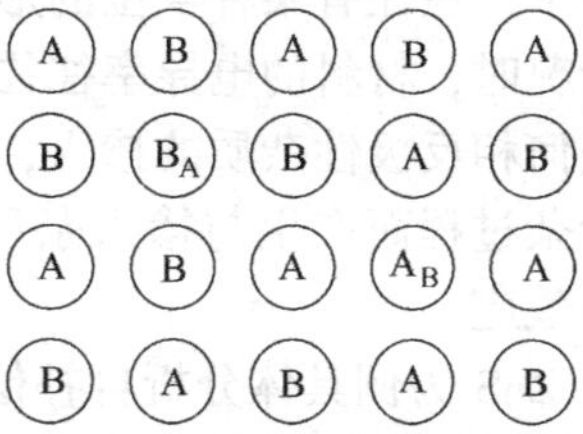

图 1-20 二元化合物中的错位原子

（4）双空位和空位络合物

随着对硅的离子注入掺杂和中子嬗变掺杂以及硅器件的辐照加固等工艺问题的研究步步深入，发现 Si 中的空位极易向表面扩散而后消失于表面，硅中能够稳定存在的其实是不易扩散的双空位或空位与杂质的复合体（络合物）。

Si 中与空位有关的深能级主要源于：

1）**双空位**：常见于高阻 N 型硅中，有三条深能级，分别位于导带底以下 0.40eV、价带顶以上 0.27eV，以及禁带中心附近。其中，0.40eV 深能级常被利用来提高硅器件的开关频率。

2）**E 中心**：即磷、砷、锑等施主杂质与空位形成的稳定络合物，常见于重掺杂 N 型硅中，其能级在导带底以下 0.43eV ±0.003eV 处。

3）**A 中心**：即氧原子与空位的络合物，常见于用直拉法制备的单晶硅中，对器件性能有严重影响，其能级在导带底以下 0.17eV 处。

2. 位错

位错是半导体中的常见缺陷，它对半导体材料和器件的性能会产生严重影响。

（1）位错的施受主作用

最简单的位错是棱位错（刃位错），它相当于半片原子层的嵌入。在嵌入层末端的位错露头处，位错原子的周围只有三个原子可与之形成共价键，另一个未配对的电子缺失了共价对象而在晶格中形成一个未饱和键，称为悬挂键。但这时的位错原子是电中性的。不过悬挂键有可能俘获一个电子，使位错原子成为负电中心，起受主作用；也有可能释放未配对的价电子成为正电中心，起施主作用。

（2）位错引起能带畸变

位错对半导体性能的更大影响还在于通过它引起的晶格畸变导致晶体能带结构的局部改变。

参照图 1-9 可知，按照能带理论的紧束缚近似，晶体的禁带宽度会因为原子间距在平衡位置附近的伸缩而改变。由于棱位错是半片原子层的嵌入，其下方的晶格被其撑开，受拉应力，原子间距增大，禁带变窄；而上方晶格被其挤压，受压应力，原子间距缩短，禁带变宽。所以半导体的禁带在位错附近会发生宽窄畸变。

3. 化合物半导体中的缺陷能级和自补偿效应

(1) 空位的电导调制作用

化合物半导体中的主要缺陷之一，是因成分偏离正常化学比而形成的点缺陷，如空位。如前所述，在构成元素的电负性相差较大的化合物中，两种原子的空位分别起施主和受主作用。这样就可以通过让成分偏离正常化学比的办法来有目的地引入一定密度的某种空位，控制材料的导电类型。例如，在硫气氛中处理硫化铅，即可通过铅空位的引入而获得 P 型硫化铅；在铅分压高的气氛中处理硫化铅，即可通过硫空位的引入而获得 N 型硫化铅；将氧化物（如 ZnO）在真空中进行脱氧处理，可通过氧空位的产生而获得 N 型氧化物。

(2) 空位的杂质补偿作用

并非任何一种化合物都能让人们随心所欲地控制其微缺陷的形成。在一些离子性很强的Ⅱ-Ⅵ族化合物中，往往有某种空位的形成能特别低，有的甚至低到比材料的禁带宽度还小的程度。遇到这种情况时，材料的电导率往往就受到这种低形成能缺陷的限制，难以再用掺杂方法加以控制，因为任何相反极性杂质的掺入，都将产生出等量的这种缺陷而将其补偿。我们把这种效应，即伴随着掺杂过程而产生与掺入杂质互为补偿的电活性缺陷（空位）从而使掺杂无效的效应，称为**自补偿效应**。

下面以 ZnS 为例具体分析自补偿效应的机理和过程。

ZnS 室温下的禁带宽度 E_g 高达 3.7eV，而在其中起施主作用的硫空位 V_X 的形成能 ΔH 仅为其禁带宽度的 0.7 倍，因而极易生成。因此，不含任何杂质的纯净 ZnS 也会因为硫空位的高密度自然存在而呈 N 型。若要获得 P 型 ZnS，按常例应掺入受主杂质磷以补偿硫空位。同类的 CdTe 就会因掺磷而成 P 型。但是，ZnS 中一旦掺入磷或其他受主杂质，其原本存在的硫空位所产生的导带电子就会与受主杂质在价带中产生的空穴相复合，释放出大小与 ZnS 禁带宽度相当的能量；或认为新掺入的受主杂质就会直接俘获硫空位所产生的电子，释放出大小与 ZnS 禁带宽度相近的能量。这两种情况下释放的能量都大于 V_X 的形成能，足以将硫原子从体内移向表面，在体内产生新的硫空位，从而将新掺入的受主杂质补偿掉，使有效施主浓度保持不变，如图 1-21 所示。

ZnTe 的情况与此类似。不过，在 ZnTe 中形成能小于禁带宽度的微缺陷是起受主作用的 Zn 空位，所以在对 ZnTe 进行 N 型掺杂时，掺入的杂质容易被因掺杂而新产生的 Zn 空位所补偿。因此，ZnTe 只能以 P 型材料的形式存在。

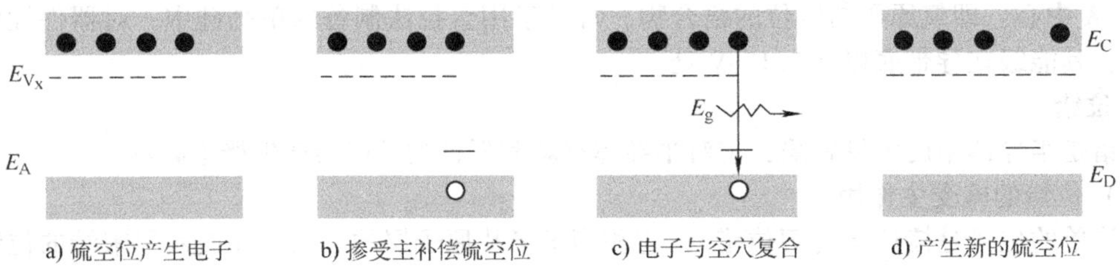

图 1-21 ZnS 中的自补偿效应示意图

有自补偿效应的化合物半导体只能以一种导电类型存在，被称为单极性半导体。

Ⅱ-Ⅵ族化合物中，除 CdTe 以外，其余大多是单极性半导体。这些材料有一些共同的特点，即熔点都比较高，其组成元素又往往具有比较高而不等的蒸气压，因此制备符合化学计量比的完美单晶体十分困难，而空位等晶格微缺陷的形成却比较容易。

1.5 典型半导体的能带结构

1.5.1 能带结构的基本内容及其表征

通常所说的能带结构是指布里渊区中具体的 $E(\boldsymbol{k})$ 关系，其主要内容包括：

1）导带极小值和价带极大值的位置，特别是导带底与价带顶的相对位置与能量差，即禁带宽度或称能隙 E_g。

2）极值附近电子和空穴的等能面形状，$E(\boldsymbol{k})$ 曲线曲率的大小（电子和空穴的有效质量）。

3）极值的能量简并情况。

4）禁带宽度随温度和压力的变化规律。

以上前三项直接用能带图，即简约布里渊区的 $E(\boldsymbol{k})$ 函数曲线就可以表示清楚。不过，由于实际晶体布里渊区的复杂三维特征和实际晶体能带结构的各向异性，用一张平面图不可能对其作完全的表达，但总要尽可能反映出一种材料能带结构的基本特征。因此，能带图一般以布里渊区中心为界，其左右两半分别描绘的是布里渊区两个不等价方向，如［100］方向和［111］方向的 $E(\boldsymbol{k})$ 曲线，不像一般坐标系那样左右对称。

由于所有金刚石结构和闪锌矿结构皆与面心立方晶格的固体物理学原胞相同，有相同的基矢，因而有相同的倒格子和布里渊区。所以，图 1-22 所示的这个截角正八面体可以用来表示所有金刚石结构和闪锌矿结构半导体的三维简约布里渊区。这种截角正八面体的三维周期性排列正好可以占满整个 $\boldsymbol{k}$ 空间。图中标注的一些特殊方向和特殊点在表征金刚石结构和闪锌矿结构半导体的能带结构时常常会用到。它们是：

Γ——布里渊区中心；

L——布里渊区在 <111> 方向的边界点；

X——布里渊区在 <100> 方向的边界点；

K——布里渊区在 <110> 方向的边界点。

纤锌矿晶格属于六方晶系，其简约布里渊区是一个正六方体，如图 1-23 所示。该晶系体心即布里渊区的中心，仍用 Γ 表示。图中还标出了描述纤锌矿晶体能带结构常用的一些特殊边界点的位置。与图 1-22 相对照可见，由于对称性的改变，$\boldsymbol{k}$ 空间坐标轴与六方晶格简约布里渊区边界的交点不再是等价点。

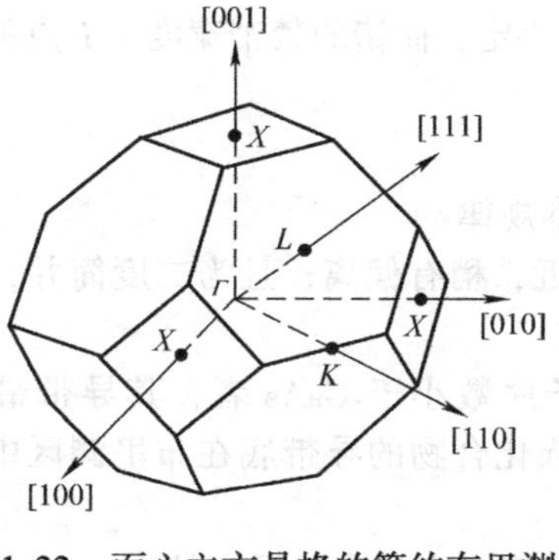

图 1-22 面心立方晶格的简约布里渊区

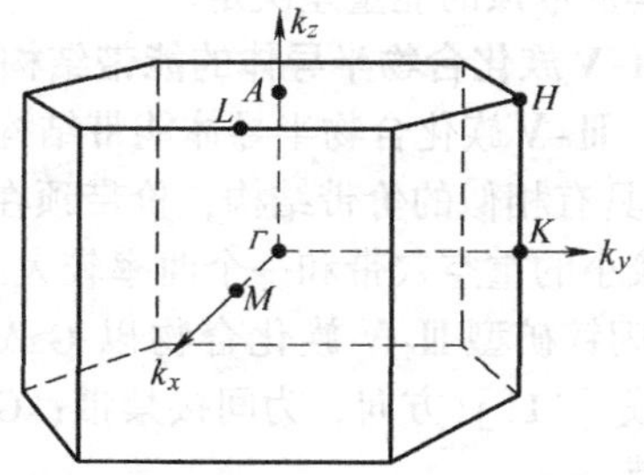

图 1-23 纤锌矿结构的简约布里渊区

PbS 等Ⅳ-Ⅵ族化合物虽属立方晶系，但其最小重复单元不是正四面体，其晶体结构为 NaCl 型，因而其简约布里渊区与体心立方晶格的布里渊区相同，是由 12 个菱形面围成的十二面体。

1.5.2 主要半导体的能带结构

1. 硅和锗的能带结构

(1) 导带结构

硅的导带底在简约布里渊区沿六个 <100> 等价方向的边界附近，距边界还有全程的 0.15 倍距离。导带底附近的电子等能面是以该方向晶轴为旋转对称轴的长形椭球，共六个。

根据电子回旋共振实验结果推算出来的硅中电子的纵有效质量和横有效质量分别为 $m_l = (0.98 \pm 0.04)m_0$ 和 $m_t = (0.19 \pm 0.02)m_0$。

锗的导带极小值位于八个 <111> 方向的简约布里渊区边界上，即 L 点。极值附近等能面为沿 <111> 晶轴旋转的八个旋转椭球，每个椭球只有一半在简约布里渊区内，因而简约布里渊区包含的能谷实际只有四个。锗中电子纵、横有效质量的实验值分别为 $m_l = (1.64 \pm 0.03)m_0$ 和 $m_t = (0.0819 \pm 0.0003)m_0$。

(2) 价带结构

理论计算及对 P 型样品的实验结果指出：硅和锗的价带结构十分复杂。作为一般性的了解只需记住：**硅和锗的价带顶都位于布里渊区中心 $\boldsymbol{k}=0$ 处，有两条能带在此简并。**这两条 $E(k)$ 曲线在价带顶的曲率不相等，表明有两种有效质量不同的空穴，即重空穴 $m_{p,h}$ 和轻空穴 $m_{p,l}$。价带附近的等能面虽然以布里渊区的中心为中心，但并非球对称，而呈瘪球形，且重空穴的等能面比轻空穴扭曲更严重，有较强的各向异性。

硅的轻、重空穴有效质量分别是 $0.16m_0$ 和 $0.53m_0$；锗的轻、重空穴有效质量分别是 $0.044m_0$ 和 $0.36m_0$，其轻、重空穴有效质量的差异较大。

(3) 禁带宽度

硅和锗的禁带宽度 E_g 在温度趋近于 0K 时分别为 1.17eV 和 0.74eV，随着温度的升高而变窄，其室温值分别为 1.12eV 和 0.66eV。跟其他半导体一样，Si 和 Ge 的 E_g 随温度变化的规律也可表示为

$$E_g(T) = E_g(0) - \frac{\alpha T^2}{T+\beta} \tag{1-27}$$

式中，$E_g(T)$ 和 $E_g(0)$ 分别表示温度为 T 和趋近于 0K 时的禁带宽度；α 和 β 为温度系数，其中硅：$\alpha = 4.73 \times 10^{-4}$eV/K，$\beta = 636$K，锗：$\alpha = 4.774 \times 10^{-4}$eV/K，$\beta = 235$K。

(4) 硅、锗能带结构的基本特征

如图 1-24a、b 所示，**硅和锗的导带底都不与价带顶在布里渊区的同一位置，属于间接禁带。**硅的禁带宽度由接近 X 点的导带最小值与价带顶的能量差决定；而锗的禁带宽度由 L 点的导带最小值与其价带顶的能量差决定。

2. Ⅲ-Ⅴ族化合物半导体的能带结构

(1) Ⅲ-Ⅴ族化合物半导体能带结构的共同特征和基本规律

1) 具有相似的价带结构，价带顶在布里渊区中心附近，稍有偏离，且为二度简并，分为一个曲率较小的重空穴带和一个曲率较大的轻空穴带。

2) 闪锌矿型Ⅲ-Ⅴ族化合物以 GaAs 为界，平均原子序数小于 GaAs 者，其导带最小值在 [100] 或 [111] 方向，为间接禁带；GaAs 及其他Ⅲ-Ⅴ族化合物的导带底在布里渊区中心，为直接禁带。

3) 各化合物间电子有效质量相差较大，平均原子序数高者电子有效质量较小。

4) 各化合物间重空穴有效质量相差不大。

5) 禁带随平均原子序数的增加而变窄。

(2) GaAs 的能带结构

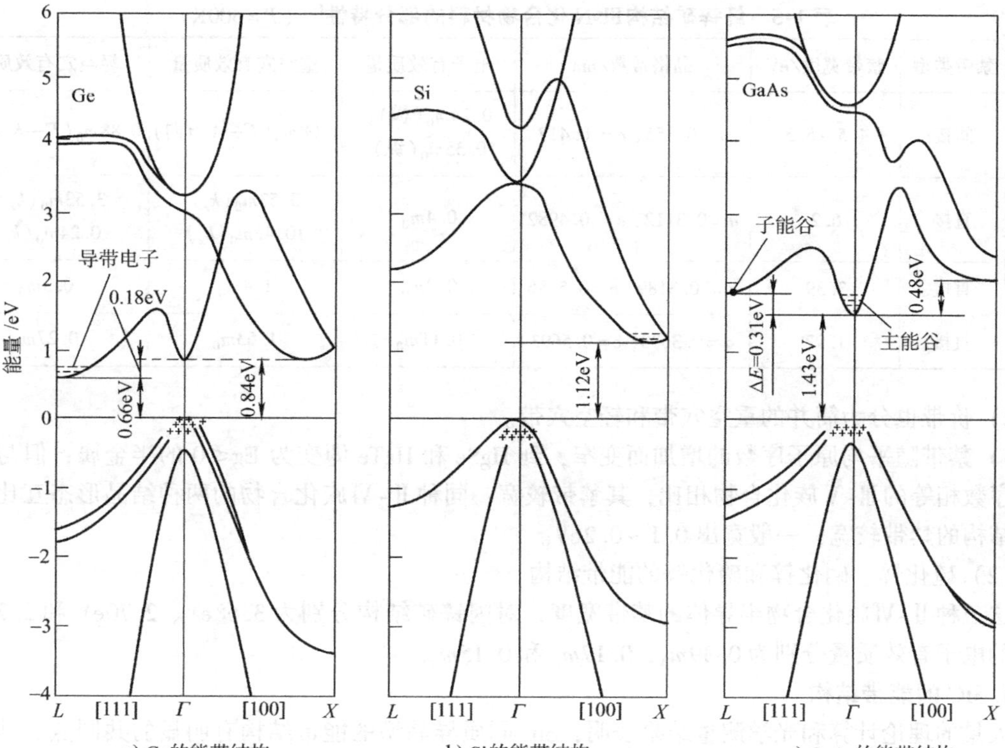

图 1-24 Ge、Si、GaAs 的能带结构㊀

GaAs 的导带极小值位于布里渊区中心 Γ 处，等能面是球面，导带底电子有效质量为 $0.067m_0$。在 [111] 和 [100] 方向的布里渊区边界 L 和 X 处还各有一个极小值，电子有效质量分别为 $0.55m_0$ 和 $0.85m_0$，比 Γ 能谷电子有效质量大很多。室温下，L 能谷与 X 能谷、Γ 能谷与价带顶的能量差分别约为 0.31eV 和 0.48eV，如图 1-24c 所示。

GaAs 的价带也有轻重空穴带之分，重空穴带极大值也稍许偏离布里渊区中心。重空穴的有效质量为 $0.45m_0$，轻空穴的有效质量为 $0.082m_0$。

GaAs 在室温下的禁带宽度为 1.424eV。禁带宽度随温度的规律变化服从式 (1-27)，参数 $E_g(0)=1.519\text{eV}$，$\alpha=5.405\times10^4\text{eV/K}$，$\beta=204\text{K}$。

(3) 4 种Ⅲ-N 化合物的能带结构

B、Al、Ga、In 与 N 的化合物统称Ⅲ-N 化合物，是新型的半导体材料，主要用于半导体照明工程和微波功率器件。Ⅲ-N 化合物通常以纤锌矿结构存在，在一定条件下也以闪锌矿结构存在，二者性质显著不同。

纤锌矿结构的 GaN、InN 和 AlN 都是直接禁带半导体，它们的导带极小值及价带极大值都出现在布里渊区中心。闪锌矿结构的 GaN 及 AlN 是间接禁带半导体，其导带极小值出现在 X 点，而价带极大值出现在 Γ 点。

四种纤锌矿结构Ⅲ-N 化合物的晶格常数和主要的能带结构参数见表 1-5。

3. Ⅱ-Ⅵ族化合物半导体的能带结构

(1) 一般特点

1) 导带极小值和价带极大值都位于布里渊区中心，为直接禁带。

㊀ 转引自 S M Sze. Physics of Semiconductor Devices [M]. 2nd ed. New York: Wiley, 1981.

表 1-5　纤锌矿结构Ⅲ-N 化合物材料的部分特性㊀（$T=300K$）

名称	禁带类型	禁带宽度/eV	晶格常数/nm	电子有效质量	重空穴有效质量	轻空穴有效质量
BN	间接	4.5 ~ 5.5	$a=0.255$，$c=0.417$	$0.24m_0$(横)，$0.35m_0$(纵)	$1.08m_0$($\Gamma \to A$ 方向)	$0.88m_0$($\Gamma \to K$ 方向)
AlN	直接	6.2	$a=0.3112$，$c=0.4982$	$0.4m_0$	$3.53m_0(k_z)$ $10.42m_0(k_x)$	$3.53m_0(k_z)$，$0.24m_0(k_x)$
GaN	直接	3.39	$a=0.3189$，$c=0.5186$	$0.2m_0$	$1.4m_0$	$0.3m_0$
InN	直接	1.97	$a=0.3533$，$c=0.5693$	$0.11m_0$	$1.63m_0$	$0.27m_0$

2）价带也分为简并的重空穴带和轻空穴带。

3）禁带随平均原子序数的增加而变窄，到 HgSe 和 HgTe 即变为 Eg≤0 的半金属；但与平均原子序数相等的Ⅲ-Ⅴ族化合物相比，其禁带较宽；同种Ⅱ-Ⅵ族化合物的两种结晶形态互比，纤锌矿结构的禁带较宽，一般宽出 0.1 ~ 0.2eV。

（2）硫化锌、硒化锌和碲化锌的能带结构

这三种Ⅱ-Ⅵ族化合物半导体的禁带宽度，对闪锌矿结构分别为 3.68eV、2.70eV 和 2.28eV，相应的电子有效质量分别为 $0.39m_0$，$0.17m_0$ 和 $0.15m_0$。

4. SiC 的能带结构

大量的理论计算和光学测量结果表明，SiC 同质异晶型的能带结构有明显的共同点。其中最主要的一点就是皆为间接禁带，即价带顶皆位于布里渊区中心，而导带极小值则位于布里渊区边缘。同质异晶型间能带结构的差异主要在禁带宽度和导带极小值在 $\boldsymbol{k}$ 空间的位置，以及 $E(\boldsymbol{k})$ 曲线在这些极值点的曲率，即电子和空穴的有效质量。例如，2H-SiC 和 3C-SiC 的导带极小值分别位于布里渊区的 K 点和 X 点（注意 2H-SiC 和 3C-SiC 的简约布里渊区形状不同，即便是同一字母，它们在两种布里渊区中代表的位置也并不相同）。各种 SiC 同质异晶型的禁带宽度虽然不同，但其变化趋势与其晶体结构中六方结构所占比例的变化趋势基本一致，即随着六方结构比例的增加从 3C-SiC 的 2.36eV 展宽到 2H-SiC 的 3.33eV。三种主要同质异晶型 3C-SiC、4H-SiC 和 6H-SiC 的禁带宽度及其温度系数（参见式（1-27）），电子和空穴的有效质量，以及导带和价带的等效态密度等与能带结构有关的特性参数列于表 1-6。表中等效态密度和电子的态密度有效质量（m_{nd}）与电导有效质量（m_c）的含义和应用将在第 2 章中讨论。由于所有同质异晶型的价带顶皆位于布里渊区中心，空穴有效质量各向同性，且这三种材料的价带顶皆无简并，因而既无轻重之分，也无态密度有效质量和电导有效质量之分。

表 1-6　三种常用碳化硅同质异晶型的能带结构参数㊀

材料	禁带宽度/eV		温度系数		电子有效质量				空穴有效质量	导带等效态密度/cm^3	价带等效态密度/cm^3
	300K	0K	α	β	m_l	m_t	m_{nd}	m_c			
3C-SiC	2.36	2.396	6.0×10^{-4}	1200	$0.68m_0$	$0.25m_0$	$0.72m_0$	$0.32m_0$	$0.6m_0$	1.5×10^{19}	1.2×10^{19}
4H-SiC	3.23	3.267	6.5×10^{-4}	1300	$0.29m_0$	$0.42m_0$	$0.77m_0$	$0.36m_0$	$\approx 1m_0$	1.7×10^{19}	2.5×10^{19}
6H-SiC	3.0	3.039	6.5×10^{-4}	1200	$2.0m_0$	$0.42m_0$	$2.34m_0$	$0.57m_0$	$\approx 1m_0$	8.9×10^{19}	2.5×10^{19}

㊀ 表中数据转引自 M E Levinshtein, et al. 先进半导体材料性能与数据手册［M］. 杨树人，殷景志，译. 北京：化学工业出版社，2003.

1.6 半导体能带工程概要

以上讨论的是自然形成的无机半导体的晶体结构和能带结构。虽然这些晶体材料也都是人工制备的，绝少使用天然晶体来制造元器件和电路，但人工制备并不能改变它们由自然规律决定的晶体结构，自然也就改变不了它们由晶体结构决定的能带结构。然而自然形成的半导体品种毕竟有限，很难满足实际应用对材料能带结构的各种要求。例如，在已知的结晶半导体中，InSb 的禁带最窄，室温下为 0.18eV，但制造红外探测器常常需要禁带更窄的材料。又例如，作为直接禁带的砷化镓（GaAs）的电致发光效率很高，但其室温禁带宽度只有 1.424eV，相应的光波长为 870nm，是人眼不能识别的近红外光；而禁带比 GaAs 宽的其他闪锌矿型Ⅲ-Ⅴ族化合物都是间接禁带半导体，其带间跃迁的电致发光效率不高。禁带宽度与可见光相对应的直接禁带半导体在 20 世纪七八十年代成为开发半导体发光二极管（LED）求之不得的材料。虽然Ⅱ-Ⅵ族化合物在能带结构上符合这个要求，但因为是单极性材料，无法制成 PN 结二极管；纤锌矿结构的Ⅲ-N 化合物在能带结构上也符合这个要求，但存在材料制备上的困难，从 20 世纪 90 年代起才逐渐实用化，但至今也没有很好解决体单晶的制备问题。在如此种种问题的困扰下，人们开始探求对天然材料的能带结构进行“剪裁”，这就是所谓能带工程。能带“剪裁”技术主要包括两方面：一是固溶体技术；一是量子阱和超晶格技术。本节主要对这两种技术的能带“剪裁”原理作一概括性的介绍和讨论。

1.6.1 半导体固溶体

半导体固溶体是由两种或两种以上同一类型的半导体材料组成的合金，主要有锗硅固溶体、各种Ⅲ-Ⅴ族化合物固溶体和Ⅱ-Ⅵ族化合物固溶体等。化合物固溶体的组成元素有三种或三种以上，可看做是两种或两种以上同族化合物通过互溶方式形成的连续固溶体。例如，$GaAs_{1-x}P_x$ 可看做是 GaP 和 GaAs 的连续固溶体，下标 x 表示 GaP 的摩尔比率；而 $In_{1-x}Ga_xAs_yP_{1-y}$ 则可能是 InP、GaP、InAs、GaAs 的固溶体，也可看做是由这四种化合物中的任意三种组成的固溶体，下标 x 和 y 即表示其组分的摩尔比率；只有当 $x=y$ 时，才可将其看做是由 InP 与 GaAs，或 GaP 与 InAs两种化合物组成的固溶体。固溶体的能带结构可通过组分比的调整而加以“剪裁”，是半导体能带工程的主要内容之一。

固溶体的基本特征是其物理性质会连续地随组分比（即组分的摩尔比率）的变化而变化。首先，固溶体的晶格常数 a 服从维加德（Vegard）定律，即对由 A、B 两种材料互溶而成的固溶体，晶格常数

$$a_{AB} = xa_B + (1-x)a_A \tag{1-28}$$

式中，a_A 和 a_B 分别是材料 A 和 B 的晶格常数；x 表示材料 B 的摩尔比率。

一些常见Ⅲ-Ⅴ族固溶体的晶格常数随组分比变化的情况如图 1-25 所示。图中可见，有些固溶体的互溶材料晶格十分匹配，如 $Al_xGa_{1-x}As$ 和 $Al_xGa_{1-x}P$，这些固溶体能生成无缺陷的体材料；其他固溶体的互溶材料之间晶格失配比较严重，它们只能以薄膜的形式存在。

对由 A、B、C 三种材料互溶而成的固溶体 $A_xB_yC_{1-x-y}$，维加德定律变为

$$a_{ABC} = xa_A + ya_B + (1-x-y)a_C$$

半导体材料通常有多个导带极小值，每个极小值与价带顶之间的距离就是一个能隙，最小能隙为其禁带宽度。固溶体中由某个能谷决定的能隙与其组元对应能隙之间的函数关系大体上类似于维加德定律，即对固溶体 A_xB_{1-x} 和 $A_xB_yC_{1-x-y}$，某能隙 $E_{g,AB}$ 和 $E_{g,ABC}$ 可分别用其组元的对应能隙 $E_{g,A}$、$E_{g,B}$ 和 $E_{g,C}$ 表示为

$$E_{g,AB} = xE_{g,A} + (1-x)E_{g,B} \tag{1-29}$$

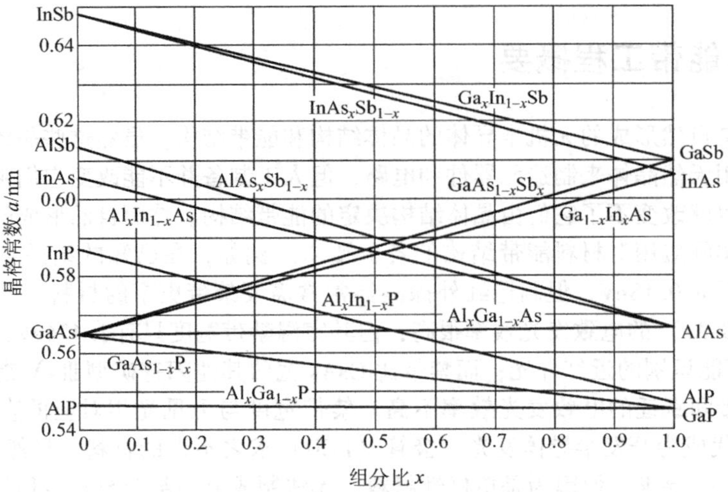

图 1-25 一些Ⅲ-Ⅴ族固溶体的晶格常数随组分比 x 的变化

$$E_{g,ABC} = xE_{g,A} + yE_{g,B} + (1 - x - y)E_{g,C} \tag{1-30}$$

不过，这种线性关系往往并不精确。大多数固溶体的主能谷至价带顶的距离都是其组分比的非线性函数。例如，对常见的二元系固溶体和由两种化合物构成的三元系固溶体，由其 Γ 能谷决定的直接能隙 E_g 一般可用组分比 x 表示为

$$E_g = a + bx + cx^2 \tag{1-31}$$

式中，a、b、c 皆为常数。

当然，线性模型也可看成是该非线性模型的特例。一些Ⅲ-Ⅴ族固溶体在室温下的直接能隙随组分比变化的实用计算公式见表 1-7，其中大部分属于非线性模型。

由于固溶体能带结构的这种组分依赖性，通过对其组分的控制，就可以实现对材料能带结构的“剪裁”，尤其可实现禁带宽度在宽范围内的连续变化，这对优化器件特性起着十分重要的作用。

表 1-7 一些Ⅲ-Ⅴ族固溶体室温下的直接能隙随组分比变化的实用计算公式[⊖]

固溶体	E_g/eV	固溶体	E_g/eV
$Al_xIn_{1-x}P$	$1.351 + 2.23x$	$Al_xGa_{1-x}As$	$1.424 + 1.247x$，$1.424 + 1.455x$
$Al_xIn_{1-x}As$	$0.36 + 2.012x + 0.698x^2$	$Al_xGa_{1-x}Sb$	$0.726 + 1.129x + 0.368x^2$
$Al_xIn_{1-x}Sb$	$0.172 + 1.621x + 0.43x^2$	$Ga_xIn_{1-x}P$	$1.351 + 0.643x + 0.786x^2$
$Ga_xIn_{1-x}As$	$0.36 + 1.064x$	$Ga_xIn_{1-x}Sb$	$0.172 + 0.139x + 0.415x^2$
$GaAs_{1-x}P_x$	$1.424 + 1.15x + 0.176x^2$	$GaAs_xSb_{1-x}$	$0.726 - 0.502x + 1.2x^2$
InP_xAs_{1-x}	$0.36 + 0.891x + 0.101x^2$	$InAs_xSb_{1-x}$	$0.18 - 0.41x + 0.58x^2$

1.6.2 利用固溶体技术剪裁能带结构

1. 禁带展宽与类型转变

借助于固溶体技术，可以用一种禁带较窄的直接跃迁型材料和一种禁带较宽的间接跃迁型材

⊖ 引自 H C Casey, M B Panish. Heterostructure Lasers [M]. New York: Academimic Press, 1978.

料，通过组分比的控制，造出一种禁带较宽的直接跃迁型新材料。在这种类型的Ⅲ-Ⅴ族固溶体中，最典型且应用最广的一个例子就是用 GaP 和 GaAs 形成的连续固溶体 $GaAs_{1-x}P_x$。

如图 1-26 所示，GaP 和 GaAs 的导带都在布里渊区中心 Γ 和 <100> 边界点 X 有能量极小值（能谷），但 GaP 的最低能谷（主能谷）位于 X，与其价带顶的位置不同，因而是间接禁带；而 GaAs 的主能谷位于 Γ，与其价带顶位置相同，属于直接禁带。当用 GaP 与 GaAs 形成固溶体时，$GaAs_{1-x}P_x$ 的能带结构会随着 GaP 的组分比 x 的变化而连续变化。首先，由于 GaP 导带的这两个能谷相对于价带顶的位置都比 GaAs 的两个能谷高，因此，随着 x 的增加，$GaAs_{1-x}P_x$ 的这两个能谷都会逐渐升高，即禁带会展宽。另外，由于 X 能谷的变化范围较小而 Γ 能谷的变化范围较大，这两个能谷的高低关系会随着 x 的增大而发生变化。在 x 较小时 Γ 能谷低于 X 能谷，与 GaAs 相似，为直接禁带；在 x 较大时 Γ 能谷高于 X 能谷，与 GaP 相似，为间接禁带。

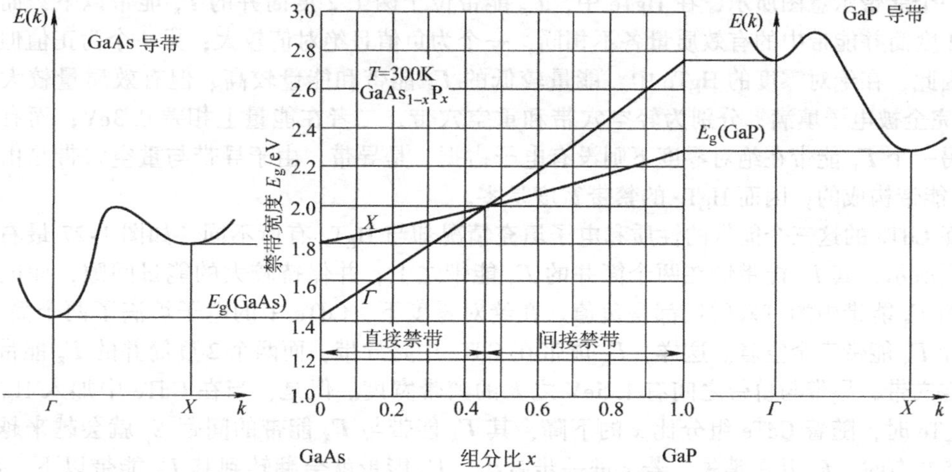

图 1-26 $GaAs_{1-x}P_x$ 禁带宽度及跃迁类型随组分比的变化

$GaAs_{1-x}P_x$ 的 Γ 能谷随 x 变化的关系式已在表 1-7 中列出，其 X 能谷随 x 的变化用下式表达：

$$E_X = E_{X0} + (E_{X1} - E_{X0})x + \frac{0.3}{\sqrt{0.5(E_{X1} + E_{X0})}}(x^2 - x) \tag{1-32}$$

式中，E_{X0} 和 E_{X1} 分别表示 $x=0$ 和 1 时，X 能谷相对于价带顶的能量差，其值分别是 1.79eV 和 2.26eV。

用式（1-32）算出的 $GaAs_{1-x}P_x$ 固溶体的 X 能谷随 x 变化的曲线如图 1-26 所示。当 x 增大到 0.45 左右时，能带结构从直接禁带变为间接禁带。但在组分比处于 $0.3 < x < 0.45$ 的范围时，$GaAs_{1-x}P_x$ 固溶体的能带结构仍保持着 GaAs 直接禁带的特点，而禁带却展宽到 1.8eV 以上。

类似地，用 GaAs 和 AlAs 互溶而成的固溶体 $Ga_{1-x}Al_xAs$ 在 AlAs 的组分比超过 0.35 时，从直接禁带变为间接禁带，转变之前的禁带宽度也已超过 1.8eV。更因为 GaAs 和 AlAs 的晶格十分匹配，在高速电子器件、光电子器件以及超晶格结构等方面应用十分广泛，成为最成熟的半导体固溶体。

利用 GaP 与 InP 互溶而成的固溶体 $Ga_{1-x}In_xP$，其禁带宽度从 InP 的 1.34eV 随着 GaP 组分的增加展宽到 2.3eV 时仍保持着直接禁带特征，是制造半导体发光器件很理想的材料。

2. 固溶体从半金属到半导体的转变

对于中、远红外线的检测，人们反过来希望获得禁带很窄（$E_g < 0.1$eV）的窄禁带半导体。但是，无论是元素半导体还是化合物半导体中都找不到这样的材料。要想获得禁带更窄的半导体材料，也可以采取制备固溶体的方法。

Ⅱ-Ⅵ族化合物半导体的禁带一般较宽，但有的Ⅱ-Ⅵ族化合物，如 HgTe 和 HgSe，其禁带宽度却为零或略小于零（即导带底和价带顶在能量坐标上略有重叠）。这种材料其实是半金属。如果利用固溶体技术将某种宽禁带Ⅱ-Ⅵ族化合物半导体和这两种半金属材料之一互溶，则有可能获得一种禁带很窄的半导体。或者说，对于由一种半金属和一种半导体制成的组分连续可调的固溶体，在适当的组分比（摩尔比率）下，固溶体将发生从半金属到半导体的过渡性转变；在转变点附近的组分比下，即可得到需要的窄禁带半导体。

现以用 HgTe 和 CdTe 配制固溶体 $Cd_xHg_{1-x}Te$ 为例，说明这个转变过程。

HgTe 和 CdTe 虽然一个是半金属，一个是半导体，但它们的能带结构也有一些共同点，主要是在布里渊区的中心 Γ 都有三个对其电子特性起重要作用的能带，即一个 Γ_6 能带和两个 2 度简并的 Γ_8 能带。但是，这些能带的性质及其电子填充状态在这两种材料中很不相同。如图 1-27 最左边的一个能带示意图所示，在 HgTe 中，Γ_6 能带位于两个 2 度简并的 Γ_8 能带以下，而电子在这两个 2 度简并能带中的有效质量各不相同，一个为负值且绝对值较大；另一个为正值但绝对值较小。因此，在绝对零度的 HgTe 中，能量较低的 Γ_6 能带和能量较高、但有效质量较大的一个 Γ_8 能带完全被电子填满，分别为轻空穴带和重空穴带，二者在能量上相差 0.3eV；而有效质量较小的另一个 Γ_8 能带在绝对零度下则没有电子占据，是导带。由于导带与重空穴带是由两个简并的 Γ_8 能带构成的，因而 HgTe 的禁带宽度是零。

然而 CdTe 的这三个能带的性质和电子填充情况却与 HgTe 有所不同，如图 1-27 最右边的能带示意图所示，其 Γ_6 能带恰在两个简并的 Γ_8 能带之上，并保持较大的能量间隙，而电子在两个简并的 Γ_8 能带中的有效质量都是负值。在绝对零度下，CdTe 中的电子填满了两个简并的 Γ_8 能带而让 Γ_6 能带完全空着。这样，Γ_6 能带在 CdTe 中是导带，而两个 2 度简并的 Γ_8 能带分别为轻、重空穴带，导带与价带之间有 1.5eV 之大的禁带宽度。但是，当在 CdTe 中加入 HgTe 形成 $Cd_xHg_{1-x}Te$ 时，随着 CdTe 组分比 x 的下降，其 Γ_6 能带与 Γ_8 能带的间距 E_g 就会越来越小。当 x 为 0.15左右时，E_g 几乎消失。若 x 进一步减小，Γ_6 能带就会翻转到其 Γ_8 能带以下，Γ_8 简并能带中的轻质量带则翻转为导带。这种变化被称为能带的反转。能带反转以后的固溶体具有类似于 HgTe 的半金属型能带结构，但在即将发生反转的组分比下，即得到禁带很窄的半导体 $Cd_xHg_{1-x}Te$。

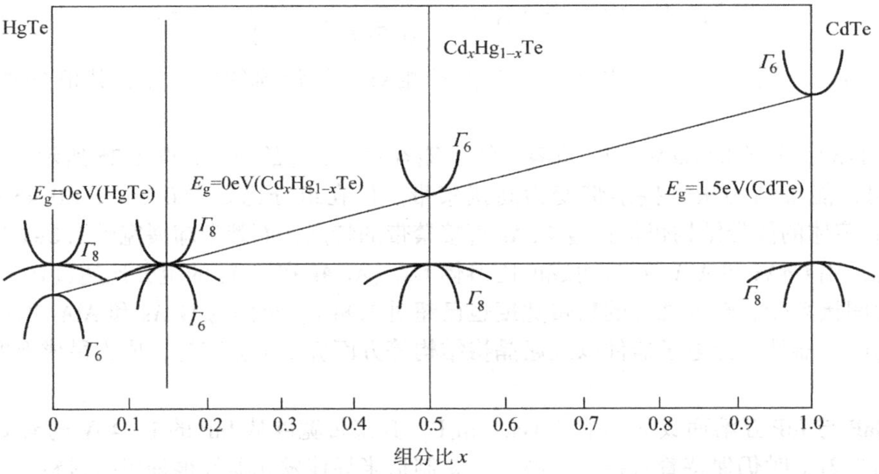

图 1-27 $Cd_xHg_{1-x}Te$ 能带结构随 CdTe 组分比的变化及其从半金属到半导体的转变

图 1-27 中，组分比范围 $0.15 < x < 1$ 内 E_g 随着 x 的变化从 0 扩展至 1.5eV 的曲线可对确定温度 T 按下式绘制：

$$E_g(x, T) = 1.875(x-0.15) + (1.34-2.44x) \times 10^{-6} T^2 \tag{1-33}$$

该式表明，在 $Cd_xHg_{1-x}Te$ 实现了从半金属到半导体的转变之后，其禁带宽度也会随着 x 的变化而连续变化，具有线性特征，但是温度 T 的二次函数。

还有一些固溶体，如 $Pb_{1-x}Sn_xTe$、$Pb_{1-x}Cd_xTe$ 及 Bi_xSb_{1-x} 等，也可通过对组分比的调整实现禁带的极端窄化，达到对红外光的敏感探测向长波转移的目的。

3. Ge_xSi_{1-x} 固溶体的能带

Si 和 Ge 也能以任意比例互溶，形成 Ge_xSi_{1-x} 固溶体，其晶格常数 $a(x)$ 与 Vegard（维加德）定律略有出入，用下式表示（单位为 nm）：

$$a(x) = 0.5431 + 0.01992x + 0.002733x^2 \tag{1-34}$$

不过，此关系只适用于体材料，在 Ge 的组分比 x 较小时才可近似地用于锗硅固溶体薄层。式中首项为室温下 Si 的晶格常数，随着 Ge 的组分比 x 的增加，Ge_xSi_{1-x} 固溶体的晶格常数逐渐增大，到 $x=1$ 时等于 Ge 的晶格常数 0.5658nm。

Ge_xSi_{1-x} 固溶体的禁带宽度随组分比变化的规律不像其晶格常数的变化那样圆滑，而在 Ge 的组分比 $x \approx 0.85$ 处发生明显的转折。在 $x<0.85$ 时，Ge_xSi_{1-x} 固溶体禁带宽度的变化比较平缓，总的变化范围只有 0.2eV 左右，并且其能带结构基本上与 Si 晶体的能带结构类似，即导带底仍在布里渊区的 X 点附近。但当 $x>0.85$ 时，Ge_xSi_{1-x} 固溶体的能带结构即与 Ge 晶体的能带结构类似，即导带底在布里渊区的 L 点。参考图 1-24a 中 Ge 的能带图和图 1-24b 中 Si 的能带图不难理解，这是因为 Ge 和 Si 的导带在 X 处的极小值能量相差不大，而在 L 处的极小值能量相差很大的结果。随着 Ge 组分 x 的增加，Ge_xSi_{1-x} 固溶体的 X 极值下降不多，L 极值下降虽多，但因能量变化范围较大，一直到 $x \approx 0.85$ 左右才下降到与 X 极值齐平。随后，L 极值下降到 X 极值之下成为决定 Ge_xSi_{1-x} 固溶体禁带宽度的主能谷。

因此，Ge_xSi_{1-x} 固溶体的禁带宽度 $E_g(x)$ 与组分比 x 的关系决定于 X 能谷和 L 能谷的相对大小。根据低温 4.2K 下的带边光致发光实验数据，对这两个能谷与价带顶之间的能量间隙 $E_{g,X}(x)$ 和 $E_{g,L}(x)$ 随 Ge 的组分比 x 变化的情况，拟合而得的经验公式分别为（单位均为 eV）

$$E_{g,X}(x) = 1.155 - 0.43x + 0.206x^2$$
$$E_{g,L}(x) = 2.01 - 1.27x \tag{1-35}$$

按照这两个经验公式绘制的 Ge_xSi_{1-x} 固溶体禁带宽度 $E_g(x)$ 随组分比 x 变化的函数曲线如图 1-28 所示。

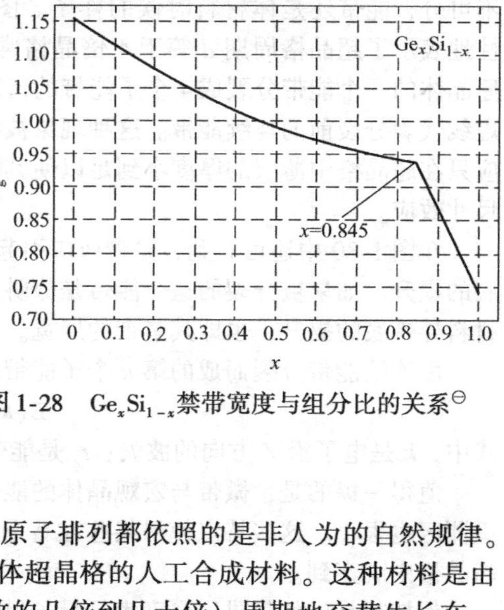

图 1-28 Ge_xSi_{1-x} 禁带宽度与组分比的关系[⊖]

从以上这几个例子不难看到，固溶体的能带结构随组分比变化的不仅是禁带的宽度和跃迁类型，也包括其他结构特征，例如子能谷与主能谷的相对高度以及载流子的有效质量等。当然，固溶体组分的改变也不仅仅是改变其能带结构，同时也会改变其他物理性质，例如对光的折射率 n 等。

1.6.3 能带结构的量子尺寸效应

前面提及的各种半导体材料，包括固溶体，其中的原子排列都依照的是非人为的自然规律。从 20 世纪 70 年代初起，人们开始研究一种被称为半导体超晶格的人工合成材料。这种材料是由两种不同半导体材料以很薄的厚度（通常只有晶格常数的几倍到几十倍）周期地交替生长在一起构成的，但整个结构仍保持自然晶格的连续性。但是，既然是两种材料以各自不变的厚度周期

⊖ 引自 J. Weber, et al. Phys Rev B, 1989, 40 (8): 5683.

交叠，这就形成了一个人为的超自然规律。当然，并非任意两种材料，以任意厚度的交替叠合都会形成有特性的半导体超晶格。组成超晶格的两种材料一般应具有相同类型的能带结构和接近相等的晶格常数。由于两种材料的禁带宽度不同，导带底与真空电子最低能量的差值（即电子亲和能）一般也不相同，因而两种薄层的能带在界面处发生突变，形成沿 Z 方向（垂直于界面的方向）周期性排布的一列势阱，周期为 d，如图 1-29 所示。这时，电子在 Z 方向的运动是否受势阱壁的限制，取决于两种材料的厚度。若各层的厚度远大于电子的平均自由程，则电子的运动就被限制在势阱层（窄禁带材料层）中，其行为只与材料原有的性质有关，能带结构也不会发生什么变化。但是，若薄层厚度小于电子的平均自由程，则势垒层（宽禁带材料层）对势阱层中电子的限制作用即不复存在，电子在任何一个势阱层中出现的几率相等，在整个超晶格中作共有化运动。这种情形与把一个自由电子放入一维原子周期势场之后的情况相似，电子沿 Z 方向的运动将受到这个人为的附加超晶格周期势的影响，其能带结构将发生重大变化。与自由电子进入一维周期势场后其连续变化的 $E(\boldsymbol{k})$ 函数在 $k=\pm n\pi/a$ 处断开，从而形成能带的情形类似，在超晶格周期势场的作用下，原来在 $k=\pm\pi/a$ 之间能量可以准连续变化的电子也将遭遇一些新的能量禁区，其 $E(\boldsymbol{k})$ 函数将在 $k=\pm n\pi/d$ 处断开，原来的一个能带会分裂成 n 个子能带，如图 1-30 所示。这里，$n=d/a$。显然，若 n 很大，子能带将窄如能级且密不可分，能带还是体材料时候的样子。图 1-30 定性地表示了超晶格周期 d 等于 4 倍晶格常数 a 时，原晶体的一个能带分裂成 4 个子能带的情况，图中虚线代表分裂前的连续能带。这种现象被称为超晶格材料的微带（miniband）效应。因为微带效应只在超晶格中薄层的厚度小到足以使其能量量子化的程度才能发生，所以微带效应是一种量子尺寸效应。

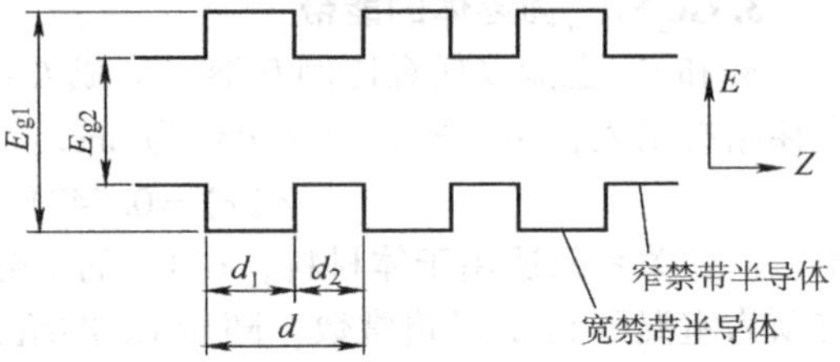

图 1-29 半导体超晶格能带结构示意图

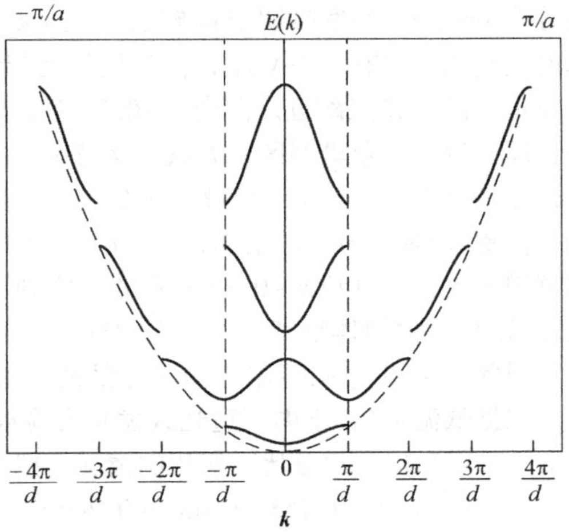

图 1-30 半导体超晶格能带结构的微带效应

在图 1-30 中还可看到，微带效应引起的能带结构变化不仅是能带分裂，还有第一子能带带底的提升。如果被分裂的这个能带是势阱层材料的导带，第一子能带带底的提升即意味着势阱层材料导带底的提升，也即其禁带的展宽。

由连续能带分裂而成的第 n 个子能带的 $E(\boldsymbol{k})$ 关系可表示为

$$E(\boldsymbol{k})=E_{n,0}-2t_n\cos kd \tag{1-36}$$

式中，$\boldsymbol{k}$ 是电子沿 Z 方向的波矢；t_n 是能带宽度的量度，$2t_n$ 即为该子能带的宽度。

值得一提的是，微带与宏观晶体的能带有很大区别。因为微带很窄，且是一维的，相应的布里渊区也很小。这些特点使得某些在普通晶体中观察不到的物理现象（如布洛赫振荡）能够在超晶格中观察到。

保持超晶格的势阱层厚度满足量子尺寸效应的要求，而将势垒层加宽到远大于电子的隧穿长度，超晶格即变为量子阱。只保留一个窄禁带薄层的是单量子阱，否则是多量子阱。无论是单量子阱还是多量子阱，阱中电子的能量也都是量子化的。

关于超晶格和量子阱的物理性质方面的更多知识将在本书第 6 章中进一步介绍。

习 题

1-1 参照元素周期表的格式列出可直接构成或作为化合物组元构成半导体的各主要元素，然后按共价键由强到弱的顺序写出两种元素半导体和八种化合物半导体，并熟记之。

1-2 何谓同质异晶型？举出四种有同质异晶型的半导体，并列举其至少两种异晶型体的名称和双原子层的堆垛顺序。

1-3 室温下自由电子的热速度大约是10^5m/s，试求其德布洛意波长。

1-4 对波矢为$\boldsymbol{k}$的作一维运动的电子，试证明其速度为

$$v=\frac{1}{\hbar}\frac{\mathrm{d}E(\boldsymbol{k})}{\mathrm{d}\boldsymbol{k}}$$

1-5 对导带底电子，试证明其平均速度和受到外力$\boldsymbol{f}$作用时的加速度可分别表示为

$$v=\hbar\boldsymbol{k}/m_n^* \text{ 和 } \boldsymbol{a}=\boldsymbol{f}/m_n^*$$

1-6 对图1-31所示两个抛物线形的空穴$E(\boldsymbol{k})$关系，试以自由电子质量为单位确定其有效质量。

1-7 参照图1-9，如果平衡态原子间距a_0因某种原因产生微小变化，材料的电学特性会发生何种改变？

1-8 根据式（1-27）及所附参数绘制Si在$0\leqslant T\leqslant 600K$温区$E_g$与$T$的关系曲线，标出$E_g$的室温值。

1-9 将原子设想成半径为r的实心小球，最近邻原子之间的距离为$2r$，由此计算一个金刚石晶胞中原子实际占有空间的百分比（占空比），以此说明半导体掺杂的可能性。

1-10 以Si在GaAs中的行为为例说明Ⅳ族杂质在Ⅲ-Ⅴ族化合物中的双性掺杂行为，并据此对图1-32所示的GaAs中电子密度与Si杂质浓度的非线性关系作出合理解释。

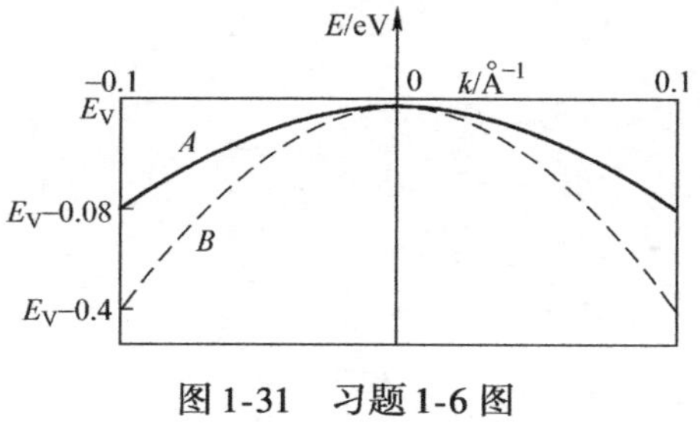

图1-31 习题1-6图

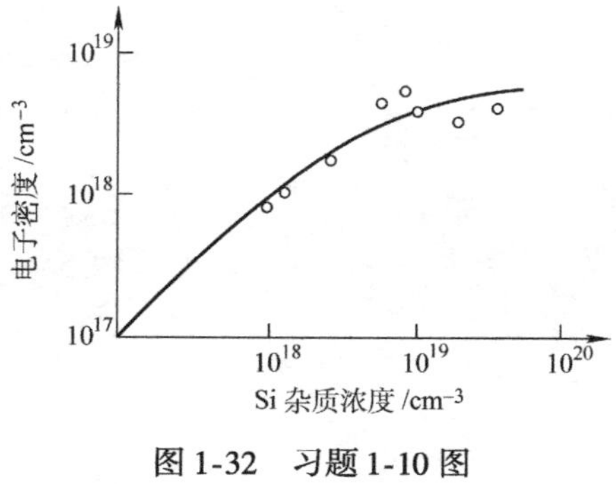

图1-32 习题1-10图

1-11 InSb的相对介电常数$\varepsilon_r=17$，电子有效质量$m_n^*=0.015m_0$（m_0为电子惯性质量），求：①施主杂质电离能；②施主的弱束缚电子基态轨道半径。

1-12 GaN中常见杂质及缺陷的电离能见表1-8。详阅此表并回答下列各问题。

表1-8 GaN中常见杂质及缺陷的电离能

杂质或空位		Si	C	Mg	Zn	Hg	Cd	Be	Li	Ga	V_N	V_{Ga}
电离能/eV	施主	0.012~0.02	0.11~0.14	0.26，0.60	—	—	—	—	—	—	0.03，0.10	—
	受主	0.19	0.89	0.12~0.14	0.21~0.34	0.41	0.55	0.7	0.75	0.59~1.09	—	0.14

1）表中哪些杂质属于双性杂质？

2）表中还有哪些杂质可能跟这些杂质一样起双重作用？未发现其双重作用的可能原因是什么？

3）Mg在GaN中起施主作用的电离能为什么比Si、C施主的电离能大，且有两个不同值？

4）Ga取N位属何种缺陷？有可能产生几条能级，是何种能级？其他能级观察不到的可能原因是什么？

5）试针对此表再提出两个问题并解答之。

1-13 同样是与 GaP 形成固溶体，为什么用禁带较窄的 InP 构成的 GaInP 所能达到的最宽直接禁带反而比用禁带较宽的 GaAs 构成的 GaAsP 所能达到的最宽直接禁带更宽？

1-14 为什么固溶体禁带宽度随组分比变化的曲线往往具有不圆滑的转折特征？

1-15 参照图 1-25 和表 1-7，分别用窄禁带化合物和窄禁带固溶体设计两种超晶格。

1-16 参照图 1-30，在超晶格的微带效应中，导带底电子的有效质量有无变化？如何变化？

第2章

半导体中的载流子及其输运性质

半导体靠电子和空穴这两种载流子传导电流，传导电流的大小必然与单位体积中的载流子数目（密度，Density）和单位电场下的活动能力（迁移率，Mobility）有关。因此，为了了解和描述半导体的导电过程，必须首先了解半导体中电子和空穴按能量分布的基本规律，掌握用统计物理学的方法求解处于热平衡状态的一块半导体中的载流子密度及其随温度变化的规律，同时更要对电场中载流子的运动规律有深刻了解。这就是本章要讨论的主要问题。

2.1　载流子的漂移运动与半导体的电导率

载流子在电场作用下的定向运动称为漂移，相应的速度称为漂移速度（Drift Velocity）。

2.1.1　欧姆定律的微分形式

与熟知的欧姆定律 $I=U/R$ 相联系的一个材料物理参数是电阻率 ρ，其单位为 $\Omega\cdot\mathrm{m}$，习惯上用 $\Omega\cdot\mathrm{cm}$（$1\Omega\cdot\mathrm{cm}=1\times10^{-2}\Omega\cdot\mathrm{m}$）。电阻率的倒数为电导率 σ，σ 的单位是西门子/米或西门子/厘米，用 S/m 或 S/cm 表示（1S/cm = 100S/m）。

按公式 $I=U/R$，在确定的电压下流经导体电流的大小与导体的面积有关，但 I 并不能完全反映导体的材料性能，特别是在导体的导电性不够均匀，各处的电流分布不够一致的情况下。这时，必须使用电流密度这一概念。电流密度 J 是指通过垂直于电流方向的单位面积的电流，即

$$J=\frac{\Delta I}{\Delta S}$$

式中，ΔI 指通过垂直于电流方向的面积元 ΔS 的电流。按欧姆定律及电阻与电阻率的关系，上式即

$$J=\frac{\Delta U}{\Delta S\cdot\Delta R}=\frac{\Delta U}{\rho\dfrac{\Delta l}{\Delta S}\Delta S}=\frac{1}{\rho}\frac{\Delta U}{\Delta l}=\sigma\mathcal{E} \tag{2-1}$$

式中，$\mathcal{E}$是导体某处的电场强度，$\mathcal{E}=\mathrm{d}U/\mathrm{d}l$。**该式把通过导体某处的电流密度与材料在该处的电导率及电场强度直接联系起来，称为欧姆定律的微分形式**。微分二字的含义在上式中是清楚的。

在外加电场的作用下，半导体中的空穴和自由电子受电场力的作用，分别沿电场方向和反方向作漂移运动形成电流。参照图 2-1，设在长度为 L、截面大小恰为单位面积的一段含均匀分布正电荷的导体两端加以电压 U，产生由左至右的均匀电场 $\mathcal{E}$（大小为 U/L），正电荷在此电场的作用下获得由左至右的平均漂移速度 $\boldsymbol{v}_\mathrm{D}$，则其电流密度按定义即为单位时间内以速度 $\boldsymbol{v}_\mathrm{D}$ 流过某一截面的电荷量。若以该导体的右端面作为这个截面，则在与其相距 $\boldsymbol{v}_\mathrm{D}$ 长度的另一截面之间的所有电荷，当然也只有这两个截面之间的所有电荷才可在单位时间内穿过右端面，从而决定电流密度的大小。这两个单位面积截面之间的电荷数等于电荷密度与其体积的乘积。因此，若以 n 和 p 分别表示半导体中电子和空穴的密度，$\boldsymbol{v}_\mathrm{n}$ 和 $\boldsymbol{v}_\mathrm{p}$ 分别表示电子和空穴的平均漂移速度，则电子和空穴对电流密度的贡献即可分别写成

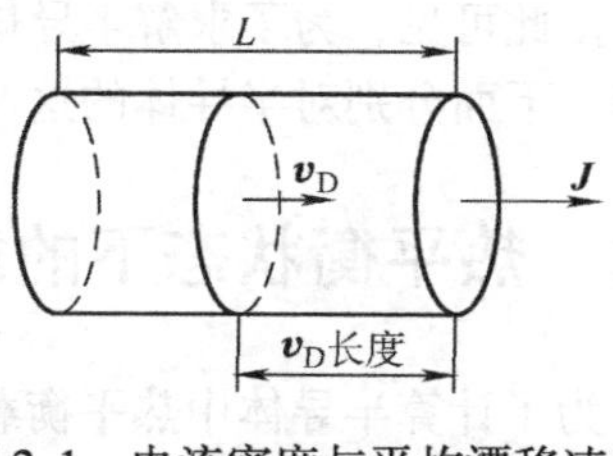

图 2-1　电流密度与平均漂移速度

$$J_n = -qn\boldsymbol{v}_n, \qquad J_p = qp\boldsymbol{v}_p \tag{2-2}$$

当电场恒定时，载流子应具有恒定不变的、大小与电场成正比的平均漂移速度，即

$$\boldsymbol{v}_{n,p} = \mu_{n,p}\mathcal{E} \tag{2-3}$$

式中，下标 n，p 分别用来标识电子和空穴；比例常数 μ 具有单位电场作用下的载流子平均漂移速度的含义，称为载流子的迁移率，单位是 $m^2 \cdot s^{-1}/V$ 或 $cm^2 \cdot s^{-1}/V$。习惯上对迁移率不考虑载流子的极性，只取正值，即

$$\mu_{n,p} = \left|\frac{\boldsymbol{v}_{n,p}}{\mathcal{E}}\right| \tag{2-4}$$

将式（2-3）代入式（2-2），电子和空穴对电流密度的贡献即可用迁移率分别表示为

$$J_n = qn\mu_n|\mathcal{E}|, \qquad J_p = qp\mu_p|\mathcal{E}| \tag{2-5}$$

2.1.2 半导体的电导率

若一块均匀半导体中存在电子和空穴两种载流子，且密度差别不大，则在均匀电场的作用下，因为电子带负电，空穴带正电，二者漂移方向不同，但形成的电流都是沿着电场方向。因此半导体的导电效果应该是电子导电和空穴导电的总和。总电流密度即为

$$J = J_n + J_p = q(n\mu_n + p\mu_p)\mathcal{E} \tag{2-6}$$

将此式与欧姆定律的微分式相比，即得半导体电导率的表达式

$$\sigma = q(n\mu_n + p\mu_p) \tag{2-7}$$

当两种载流子的密度相差很悬殊而迁移率差别不太大时，半导体的电导率主要取决于密度较高的那种载流子，即多数载流子。对 N 型半导体，$n \gg p$，空穴对电流的贡献可以忽略，电导率为

$$\sigma_n = nq\mu_n \tag{2-8}$$

对 P 型半导体，$p \gg n$，电导率为

$$\sigma_p = pq\mu_p \tag{2-9}$$

对 $n = p = n_i$ 的本征半导体，电导率

$$\sigma = qn_i(\mu_n + \mu_p) \tag{2-10}$$

由于半导体中两种载流子的迁移率不相等，电子迁移率一般较大，因而在载流子密度相同的情况下，N 型材料的电导率一般较高。

由此可见，为了求解半导体的电导率，需要首先求出其中的载流子密度，然后是载流子的迁移率。下面分别对半导体的这两个物理量展开讨论。

2.2 热平衡状态下的载流子统计

为了计算半导体中热平衡载流子的密度及其随温度变化的规律，需要两方面的知识：第一，载流子的允许量子态按能量如何分布；第二，载流子在这些允许的量子态中如何分布。

2.2.1 热平衡状态下的电子和空穴

1. 热平衡状态及热平衡状态下的载流子密度

在一定温度下，如果没有外力的作用，半导体中能量较低的价带和施主能级上的电子依靠热

激发跃迁到能量较高的受主或（和）导带，分别在价带和导带中引入可以导电的空穴和电子。同时，高能量状态上的电子也有一定几率退回到它原来的低能量状态。于是，电子和空穴在所有允许量子态间的可逆跃迁达到稳定的动态平衡，形成与温度和能量有关的确定分布，使导带和价带分别具有稳定的电子密度和空穴密度，这种状态即是热平衡状态。

处于热平衡状态下的导带电子和价带空穴称为热平衡载流子。在一定的能量范围，**热平衡载流子具有稳定的、与温度相关的密度**。因此，需要解决如何计算确定温度下半导体热平衡载流子密度分布的问题。

由于导电电子和空穴分别分布在导带和价带的量子态中，所以**电子和空穴的密度必取决于这些状态本身按能量的密度分布，以及电子和空穴占据这些状态的几率**。如果电子的状态密度 N_C 和空穴的状态密度 N_V 是与能量无关的常数，则电子和空穴的热平衡密度 n_0 和 p_0 直接由 N_C 和 N_V 分别与相应的几率函数相乘即可得出；但若状态密度是能量的函数 $g_C(E)$ 和 $g_V(E)$，则载流子密度的计算需采用积分方式：

$$n_0 = \int_{E_C}^{\infty} g_C(E) f(E) \mathrm{d}E \tag{2-11}$$

$$p_0 = \int_{-\infty}^{E_V} g_V(E) [1 - f(E)] \mathrm{d}E \tag{2-12}$$

式中，$f(E)$ 表示电子占据能级 E 的几率；积分限按被统计载流子的允许能量范围而设。这里设自由电子可分布在导带底以上的所有能量范围，空穴可分布在价带顶以下的所有能量范围。因此，为了由以上二式求出热平衡状态下的载流子密度，需了解态密度函数 $g_C(E)$ 和 $g_V(E)$ 以及几率函数 $f(E)$ 的具体形式。

2. 态密度的定义及求解思路

假定在能带中无限小的能量间隔 $\mathrm{d}E$ 内有 $\mathrm{d}Z$ 个量子态，则状态密度 $g(E)$ 定义为

$$g(E) = \mathrm{d}Z/\mathrm{d}E \tag{2-13}$$

也就是说，状态密度 $g(E)$ 就是在能带中能量 E 的附近单位能量间隔内的量子态数。

由式（2-13）可以看出，为了求解态密度函数 $g(E)$ 的具体形式，须求出 $\boldsymbol{k}$ 空间中状态分布与能量的函数关系。为此，要首先算出单位体积 $\boldsymbol{k}$ 空间中的量子态数，即 $\boldsymbol{k}$ 空间的量子态密度；然后算出 $\boldsymbol{k}$ 空间中某能量范围对应的 $\boldsymbol{k}$ 空间体积，二者相乘方可得到相应的状态数 Z，对 Z 取微商即得 $g(E)$。

3. $\boldsymbol{k}$ 空间的量子态密度

从第1章的讨论已经知道，半导体中电子的允许能量状态（即能级）用波矢 $\boldsymbol{k}$ 标识。有界晶体中电子的波矢 $\boldsymbol{k}$ 受边界条件的限制只能取有限个值。对晶格常数为 a，原胞数为 N 的一维晶体而言，$\boldsymbol{k}$ 的允许值就是简约布里渊区中 N 个等间距的点，间隔距离为 $2\pi/L$。这里，$L = Na$，即一维晶体的长度。这就是说，一维晶体 $\boldsymbol{k}$ 空间的量子态密度就是它的长度 L 的 $1/(2\pi)$。

由此类推，可知体积 $V = L^3$ 的晶体的**三维 $\boldsymbol{k}$ 空间的量子态密度是其体积 V 的 $1/(8\pi^3)$**。

如果计入电子的自旋，$\boldsymbol{k}$ 空间的一个点实际上代表自旋方向相反的两个量子态。这样，电子在 $\boldsymbol{k}$ 空间的允许量子态密度就是其体积 V 的 $1/(4\pi^3)$。

4. 状态密度

（1）导带底的状态密度

1）各向同性的导带底。首先考虑导带底位于布里渊区中心，且等能面为球面的各向同性情况。已知其导带底附近的 $E(\boldsymbol{k})$ 关系为

$$E(\boldsymbol{k}) = E_C + \frac{\hbar^2 k^2}{2m_n^*} \tag{2-14}$$

在 $\boldsymbol{k}$ 空间，以波数 k 为半径作一球面，它就是能量为 $E(\boldsymbol{k})$ 的等能面，相应的球体体积是

$$\frac{4}{3}\pi k^3 = \frac{4}{3}\pi \frac{(2m_n^*)^{3/2}}{\hbar^3}(E - E_C)^{3/2} \tag{2-15}$$

因为 $\boldsymbol{k}$ 空间的量子态密度是 $V/(4\pi^3)$，所以动能小于 $E - E_C$ 的状态数（球体内的状态数）就是

$$Z = \frac{1}{3\pi^2} V \frac{(2m_n^*)^{3/2}}{\hbar^3}(E - E_C)^{3/2} \tag{2-16}$$

上式对能量取微分，得

$$dZ = \frac{V}{2\pi^2} \frac{(2m_n^*)^{3/2}}{\hbar^3}(E - E_C)^{1/2} dE \tag{2-17}$$

按定义式（2-13），各向同性导带底单位能量间隔中的状态数，即态密度就是

$$g_C(E) = \frac{dZ}{dE} = \frac{V}{2\pi^2} \frac{(2m_n^*)^{3/2}}{\hbar^3}(E - E_C)^{1/2} \tag{2-18}$$

式（2-18）表明，导带底附近单位能量间隔内的量子态数目随着能量增加按抛物线关系增大，而且与电子的有效质量有关，有效质量较大的带，态密度较高。

通常将态密度定义为单位体积单位能量间隔内的量子态数目，因而上式中 $V = 1$。

2）各向异性的导带底。对于导带底不在布里渊区中心，且电子等能面为旋转椭球面的各向异性问题可用类似的方法得到相似的结果。问题的关键在于求出旋转椭球等能面的体积及其长、短轴的半长度。对这种情况，导带底附近的 $E(\boldsymbol{k})$ 函数可表示为

$$E(\boldsymbol{k}) - E_C = \frac{\hbar^2}{2}\left(\frac{k_1^2 + k_2^2}{m_t} + \frac{k_3^2}{m_l}\right) \tag{2-19}$$

读者自己可以证明（本章习题1），旋转椭球等能面 $E - E_C$ 中的状态数可表示为

$$Z = \frac{1}{3\pi^2} V \frac{(8m_l m_t^2)^{1/2}}{\hbar^3}(E - E_C)^{3/2} \tag{2-20}$$

于是，具有 s 个等价能谷的各向异性导带的态密度就是

$$g_C(E) = \frac{V}{2\pi^2} s \frac{(8m_l m_t^2)^{1/2}}{\hbar^3}(E - E_C)^{1/2} = \frac{V}{2\pi^2} \frac{(2m_n^*)^{3/2}}{\hbar^3}(E - E_C)^{1/2} \tag{2-21}$$

上式的最终结果跟各向同性导带底的态密度公式相同，是因为令

$$m_n^* = s^{2/3}(m_l m_t^2)^{1/3} \tag{2-22}$$

称由此定义的 m_n^* 为**导带底电子的态密度有效质量**。对 Si，$s = 6$，其态密度有效质量为 $1.08m_0$；对 Ge，$s = 4$，其态密度有效质量为 $0.56m_0$。

（2）价带顶的状态密度

1）无简并的情况。考虑价带顶位于布里渊区中心且各向同性，中心附近的 $E(\boldsymbol{k})$ 关系为

$$E(\boldsymbol{k}) = E_V - \frac{\hbar^2(k_x^2 + k_y^2 + k_z^2)}{2m_p^*} \tag{2-23}$$

球形等能面的半径为

$$\frac{(2m_p^*)^{1/2}}{\hbar}(E_V - E)^{1/2} \tag{2-24}$$

式中，m_p^* 为价带顶空穴有效质量。用同样的方法可算得价带顶附近状态密度 $g_V(E)$ 为

$$g_V(E) = \frac{V}{2\pi^2}\frac{(2m_p^*)^{3/2}}{\hbar^3}(E_V - E)^{1/2} \tag{2-25}$$

2）考虑轻、重空穴二度简并的情况。大多数半导体的价带在价带顶是二度简并的，即由两个曲率不同的价带顶重叠而成，价带顶附近的状态密度应为这两个能带的状态密度之和。由于这两个价带顶的曲率不同，分布在这两个价带顶中的空穴就有轻、重之分，其态密度分别由各自的有效质量 $m_{p轻}$ 和 $m_{p重}$ 表示。不过，两带态密度相加之后，价带顶附近的 $g_V(E)$ 在形式上仍与式（2-25）相同，只不过要将其中的有效质量 m_p^* 理解为

$$m_p^* = (m_{p轻}^{3/2} + m_{p重}^{3/2})^{2/3} \tag{2-26}$$

称之为**价带顶空穴的态密度有效质量**。对 Si，其值为 $0.59m_0$；对 Ge，其值为 $0.37m_0$。

2.2.2　费米分布函数与费米能级

1. 费米分布函数

（1）量子态的占据几率

在热平衡状态下，电子在不同能量量子态上各有一定的分布几率。根据量子统计理论，服从泡利不相容原理的电子遵循费米统计律，能量为 E 的一个量子态被电子占据的几率用如下费米分布函数表示：

$$f(E) = \frac{1}{1 + \exp\left(\frac{E - E_F}{kT}\right)} \tag{2-27}$$

式中，k 是玻耳兹曼常数；T 是热力学温度；E_F 是费米能级。由于波尔兹曼常数 k 一般都与温度 T 同时出现，并不会与波数 k 相混淆，因此本书一律不对其加下标。

既然 $f(E)$ 表示能量为 E 的能级被电子占据的几率，那么 $1-f(E)$ 就是该能级不被电子占据的几率，若该能级属于价带，$1-f(E)$ 就是空穴占据该能级的几率。通过简单计算，得

$$1 - f(E) = \frac{1}{1 + \exp\left(\frac{E_F - E}{kT}\right)} \tag{2-28}$$

由式（2-27）和式（2-28）不难看出，在温度不变的情况下，电子占据费米能级以上能级的几率和空穴占据费米能级以下能级的几率都随着能级距离的增大而缩小。

（2）量子态在不同温度下被电子占据的几率

根据式（2-27）画出的费米分布函数 $f(E)$ 在4种温度下的曲线如图2-2所示。由这些曲线可以看到：

1）在 $T=0\text{K}$ 时，若 $E<E_F$，则 $f(E)=1$；若 $E>E_F$，则 $f(E)=0$，即 E_F 以下的量子态是填满电子的，而 E_F 以上的量子态全部空着。

2）在 $T>0\text{K}$ 时，若 $E=E_F$，则 $f(E)=1/2$；若 $E<E_F$，则 $f(E)>1/2$；若 $E>E_F$，则 $f(E)<1/2$。这就是说，能量等于费米能级的量子态被电子占据和不被占据的几率各为1/2，而费米能级以下的量子态被电子占据的几率大于1/2，费米能级以上的量子态被电子占据的几率小于1/2。事实上，在温度不很高时，费米能级以上的量子态基本上都没有被电子占据，而费米能级以下的量子态则基本上为电子所占据。

在图2-2中还可看到，随着温度的升高，电子占据费米能级以下量子态的几率逐渐减小，但不会小于1/2；电子占据费米能级以上量子态的几率逐渐增大，但再大也不会超过1/2。由于电子占据费米能级的几率在任何温度下总是1/2，所以费米能级是衡量一个电子系统中所有允许能

级被电子占据难易程度的一个标志。由于半导体中的费米能级在一般情况下都位于禁带之中，它本身常常并不是一个像金属中的费米能级那样的允许能级。

2. 费米能级的物理含义

若将大量电子的集合看成一个热力学系统，在统计物理学中已经证明，费米能级 E_F 就是该系统的化学势，即

$$E_F = \mu = \left.\frac{\partial F}{\partial N}\right|_T \tag{2-29}$$

式中，μ 是系统的化学势；F 是系统的自由能；N 是电子的数目。

该式所表达的意思是：当系统处于热平衡状态且不对外界做功的情况下，系统中增加一个电子所引起的系统自由能变化等于系统的化学势，也就是等于系统的费米能量。这进一步从理论上说明了费米能级是电子填充能级水平的标志。

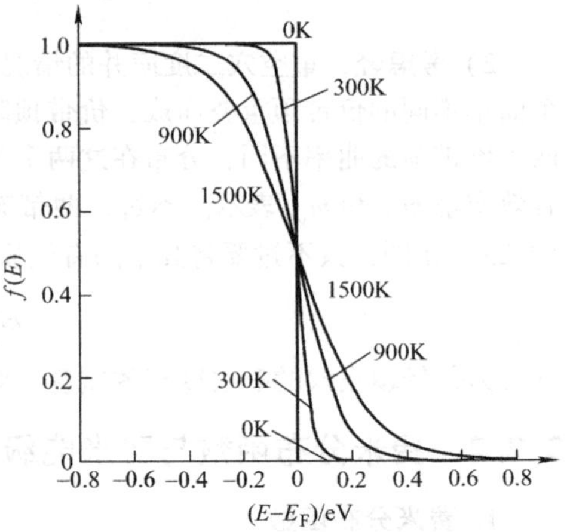

图 2-2 不同温度下的费米分布函数

由于处于热平衡状态的任何物质系统都应有统一的化学势，所以处于热平衡状态的电子系统应有相同的费米能级。费米能级的高低与系统的温度、导电类型、产生载流子的施主或受主杂质的浓度（Concentration）以及能量零点的选取有关。

2.2.3 费米分布函数与玻耳兹曼分布函数

式（2-27）中，当 $E-E_F \gg kT$ 时，由于 $\exp[(E-E_F)/kT] \gg 1$，费米分布函数就简化为

$$f(E) = \exp\left(-\frac{E-E_F}{kT}\right) \tag{2-30}$$

此函数与玻耳兹曼统计分布函数

$$f_B(E) = A\exp\left(-\frac{E}{kT}\right) \tag{2-31}$$

完全相同，只不过 $A=\exp(E_F/kT)$。这表明，对分布于 $E-E_F \gg kT$ 能量范围的电子，可用玻耳兹曼分布函数代替费米分布函数计算其密度。这是因为，费米统计与玻耳兹曼统计的主要差别在于前者受泡利不相容原理的限制（简称泡利限制），而后者不受限制。在 $E-E_F \gg kT$ 的条件下，泡利限制已没有意义，两种统计的结果应该相同。

对价带空穴，当 $E_F - E \gg kT$ 时，其费米函数分母中的 1 也可以略去，设 $B=\exp(-E_F/kT)$，则

$$1-f_B(E) = B\exp\left(\frac{E}{kT}\right) \tag{2-32}$$

就是空穴的玻耳兹曼分布函数。它表明，空穴占据能量远低于 E_F 的量子态的几率很小。

【例2-1】分别用费米分布函数和玻耳兹曼分布函数计算电子占据能级 $E-E_F$ 分别为 $1.5kT$、$4kT$ 和 $10kT$ 的几率。

解： 将已知条件分别代入费米分布函数式（2-27）和玻耳兹曼分布函数式（2-30），算得

当 $E-E_F=1.5kT$ 时：$f(E)=(1+e^{1.5})^{-1}=0.182$，$f_B=e^{-1.5}=0.223$；

当 $E-E_F=4kT$ 时：$f(E)=(1+e^{4})^{-1}=0.0180$，$f_B=e^{-4}=0.0183$；

当 $E-E_F=10kT$ 时：$f(E)=(1+e^{10})^{-1}=4.5\times10^{-5}$，$f_B=e^{-10}=4.5\times10^{-5}$；

此题的计算结果表明：两种统计方法在 $E-E_F<2kT$ 时误差较大，反之误差很小；$E-E_F$ 相对于 kT 的倍数越大，两种统计方法所产生的结果误差越小。

2.2.4 非简并半导体的载流子密度

1. 简并半导体与非简并半导体

半导体的费米能级 E_F 在多数情况下都位于禁带之中，且与导带底或价带顶的距离远大于 kT。所以对导带中所有的量子态，条件 $E-E_F \gg kT$ 一般都能满足，故统计导带中的电子常常可以使用电子的玻耳兹曼分布函数。由于随着能量 E 的增大，$f(E)$ 迅速减小，所以导带中绝大多数电子分布在导带底附近。同理，对半导体价带中的所有量子态来说，条件 $E_F-E \gg kT$ 一般也都能满足，所以统计价带中的空穴常常也可直接使用空穴的玻耳兹曼分布函数。由于随着能量 E 的增大，$1-f(E)$ 迅速增大，所以价带中绝大多数空穴分布在价带顶附近。

通常把适用于玻耳兹曼统计的半导体称为非简并半导体，而将必须使用费米统计计算载流子密度的半导体称为简并半导体。

2. 导带电子的统计

按定义，单位体积非简并半导体导带中能量 $E\sim(E+\mathrm{d}E)$ 之间的电子数 $\mathrm{d}n$ 可表示为

$$\mathrm{d}n=f_B(E)g_C(E)\mathrm{d}E \tag{2-33}$$

将态密度函数 $g_C(E)$ 和玻耳兹曼分布函数 $f_B(E)$ 代入，得

$$\mathrm{d}n=\frac{1}{2\pi^2}\frac{(2m_n^*)^{3/2}}{\hbar^3}(E-E_C)^{1/2}\exp\left(-\frac{E-E_F}{kT}\right)\mathrm{d}E \tag{2-34}$$

对式（2-34）积分，即可求出热平衡状态下单位体积非简并半导体的导带电子密度

$$n_0=\int_{E_C}^{E_C'}\frac{1}{2\pi^2}\frac{(2m_n^*)^{3/2}}{\hbar^3}(E-E_C)^{1/2}\exp\left(-\frac{E-E_F}{kT}\right)\mathrm{d}E \tag{2-35}$$

积分上、下限 E_C' 和 E_C 分别是导带顶和导带底的能量，表示对自由电子的统计只对整个导带进行。作变数代换 $x=(E-E_C)/kT$，上式变为

$$n_0=\frac{1}{2\pi^2}\frac{(2m_n^*)^{3/2}}{\hbar^3}(kT)^{3/2}\exp\left(-\frac{E_C-E_F}{kT}\right)\int_0^{x'}x^{1/2}\mathrm{e}^{-x}\mathrm{d}x \tag{2-36}$$

式中，$x'=(E_C'-E_C)/kT$。

如前所述，一般情况下半导体导带中的电子集中分布在导带底，导带底一个 kT 以外的能量区域已基本没有电子。因此以上积分的上限是 x' 还是 ∞ 没有差别，将积分上限改为 ∞ 并不影响所得结果，而这样做可以套用积分公式：

$$\int_0^{\infty}x^{1/2}\mathrm{e}^{-x}\mathrm{d}x=\frac{\sqrt{\pi}}{2} \tag{2-37}$$

于是知导带中的电子密度为

$$n_0=2\frac{(2\pi m_n^*kT)^{3/2}}{h^3}\exp\left(-\frac{E_C-E_F}{kT}\right) \tag{2-38}$$

式中为了简化，直接利用了普朗克常数 $h=2\pi\hbar$ 的关系。进一步令

$$N_C=2\frac{(2\pi m_n^*kT)^{3/2}}{h^3} \tag{2-39}$$

则可将式（2-38）改写成更加简明的形式：

$$n_0 = N_C \exp\left(-\frac{E_C - E_F}{kT}\right) \tag{2-40}$$

称 N_C 为导带底电子的有效态密度。式（2-39）表明 N_C 正比于 $T^{3/2}$，是温度的函数，而函数

$$f_B(E_C) = \exp\left(-\frac{E_C - E_F}{kT}\right) \tag{2-41}$$

表示电子占据能量为 E_C 的量子态的几率。由此结果可以认为：在非简并情况下，导带中所有能够被电子占据的量子态好像都集中在导带底 E_C 这一确定能量上，其状态密度为 N_C，导带中电子的密度也就是 N_C 中被电子占据的那部分量子态的数目。

3. 价带空穴的统计

同理，热平衡状态下，非简并半导体价带中的空穴密度 p_0 可用积分表示为

$$p_0 = \int_{E_V'}^{E_V} [1 - f_B(E)] g_V(E) \mathrm{d}E \tag{2-42}$$

式中，积分上、下限 E_V 和 E_V' 分别是价带顶和价带底的能量，表示空穴的统计只对整个价带进行。通过与上述电子统计相同的推演过程即可得

$$p_0 = N_V \exp\left(-\frac{E_F - E_V}{kT}\right) \tag{2-43}$$

N_V 即为价带顶的有效状态密度。

从以上结果可以看到，半导体中的热平衡载流子密度 n_0 和 p_0 是温度 T 和费米能级 E_F 的敏感函数。其中温度的影响，一方面来自 N_C 和 N_V 对 $T^{3/2}$ 的依赖；另一方面，也是更主要的一方面，来自几率函数随温度的指数式变化。

4. 非简并半导体中热平衡载流子密度的乘积

将以上关于 n_0 和 p_0 的表达式相乘，得到两种载流子的热平衡密度之乘积：

$$n_0 p_0 = N_C N_V \exp\left(-\frac{E_C - E_V}{kT}\right) = N_C N_V \exp\left(-\frac{E_g}{kT}\right) \tag{2-44}$$

把 N_C 和 N_V 的表达式代入上式，得

$$n_0 p_0 = 4\left(\frac{2\pi k}{h^2}\right)^3 (m_n^* m_p^*)^{3/2} T^3 \exp\left(-\frac{E_g}{kT}\right) \tag{2-45}$$

再把 h、k 的值代入并引入电子惯性质量 m_0，则得

$$n_0 p_0 = 2.33 \times 10^{31} \left(\frac{m_n^* m_p^*}{m_0^2}\right)^{3/2} T^3 \exp\left(-\frac{E_g}{kT}\right) \tag{2-46}$$

由此可见，虽然非简并半导体中热平衡电子和空穴的密度决定于费米能级的位置，但二者之积却与费米能级无关。其值仅决定于温度和材料的本性，即材料的禁带宽度与载流子的有效质量。对一定的半导体材料，温度不变，乘积 n_0p_0 也不会变。对不同的半导体材料，因载流子有效质量有所不同，尤其禁带宽度 E_g 相差较大且在指数项中起作用，乘积 n_0p_0 在同一温度下总有数量级的差别。

式（2-46）不论是对本征半导体还是掺杂半导体，只要是**热平衡状态下的非简并半导体**都普遍适用。该式还表明，当简并半导体处于热平衡状态时，电子和空穴密度的乘积保持恒定，如果电子密度增大，空穴密度就要减小；反之亦然。同时，若已知某种载流子的热平衡密度，另一种载流子的密度也就可以利用这个关系计算出来。

一般情况下，热平衡半导体中两种载流子的密度因乘积为一恒量而在数量级上相差十分悬

殊，密度较高者称为多数载流子，密度较低者称为少数载流子。

2.2.5 本征半导体的载流子密度

1. 本征半导体

所谓本征半导体（Intrinsic Semiconductors）就是不含杂质和缺陷的半导体，其禁带中不存在任何能级。在非零温下，其导带中的电子和价带中的空穴全部来自本征激发，即价带电子受热直接跃迁入导带之中，因而本征半导体中的热平衡电子密度与空穴密度相等，即

$$n_0 = p_0$$

2. 本征半导体的费米能级

利用式（2-40）和式（2-43），可对本征半导体写出如下方程：

$$N_C \exp\left(-\frac{E_C - E_F}{kT}\right) = N_V \exp\left(-\frac{E_F - E_V}{kT}\right) \tag{2-47}$$

两边取对数，解得本征半导体中的费米能级为

$$E_i = \frac{E_C + E_V}{2} + \frac{kT}{2}\ln\frac{N_V}{N_C} \tag{2-48}$$

将 N_C、N_V 的表达式代入上式，得

$$E_i = \frac{E_C + E_V}{2} + \frac{3kT}{4}\ln\frac{m_p^*}{m_n^*} \tag{2-49}$$

此结果表明，若一种半导体电子和空穴的态密度有效质量相等，则其本征费米能级恰在禁带中心。但实际半导体的 m_p^* 都不等于 m_n^*，因而本征费米能级对禁带中心略有偏移。若 $m_p^* > m_n^*$，本征费米能级在禁带中部偏上，反之偏下。这是因为载流子的热平衡密度决定于有效态密度与相应的几率函数的乘积，电子和空穴的几率函数分别决定于费米能级至导带底和价带顶的距离，而导带底和价带顶的有效态密度又与有效质量的3/2次方成正比，所以在电子有效质量较小而有效态密度较低时，必会适当缩短费米能级至导带底的距离，用提高电子占据导带底的几率来弥补导带底有效态密度较低的不足，以保持电子密度与空穴密度相等。因此，费米能级略微偏向导带一边的半导体不一定是N型，略微偏向价带一边的也不一定是P型。Si和Ge的空穴和电子的态密度有效质量之比 m_p^*/m_n^* 分别为0.56和0.66，因而它们的本征费米能级在禁带中部偏下，但偏离度很小。GaAs的 $m_p^*/m_n^* = 7.0$，其本征费米能级偏上，偏离度也不大。一般半导体材料 $\ln(m_p^*/m_n^*)$ 的绝对值均不超过2，即 E_i 对禁带中心的偏移在 $1.5kT$ 的范围之内。锑化铟（InSb）是一个例外，其室温禁带宽度 $E_g \approx 0.17\text{eV}$，而其 m_p^*/m_n^* 约为32，本征费米能级非常偏向导带。

3. 本征载流子密度 n_i

本征载流子密度就是 $n_0 = p_0$ 时的 n_0 或 p_0，用 n_i 表示，利用前节结果可得

$$n_i = (N_C N_V)^{1/2}\exp\left(-\frac{E_g}{2kT}\right) \tag{2-50}$$

式中，E_g 为禁带宽度，$E_g = E_C - E_V$。由此式看出，材料一定时，其本征载流子密度 n_i 随温度的升高而迅速增加；一定的温度下，材料的禁带宽度 E_g 越大，本征载流子密度 n_i 就越低。

同时，对非简并半导体显然有

$$n_0 p_0 = n_i^2 \tag{2-51}$$

此式表明，在一定温度下，任何非简并半导体在热平衡条件下的电子与空穴的密度积为一定值，其大小与所含杂质无关。**该式不仅适用于本征半导体，也适用于非简并的掺杂半导体。**

在式（2-50）中代入相关数值，并考虑到 E_g 与温度 T 的关系，即设 $E_g=E_g(0)+\beta T$，得

$$n_i=4.82\times10^{15}\left(\frac{m_n^*m_p^*}{m_0^2}\right)^{3/4}T^{3/2}\exp\left(-\frac{\beta}{2k}\right)\exp\left(-\frac{E_g(0)}{2kT}\right) \tag{2-52}$$

式中，k 为玻耳兹曼常数。用该式可对各种半导体做出 n_i 随温度变化的曲线，如图 2-3 所示。图中，材料名旁标注的是其室温下 E_g 的值。图中可见，材料之间 E_g 每增加 0.1eV，其室温下的 n_i 就要降低大约 1 个数量级。

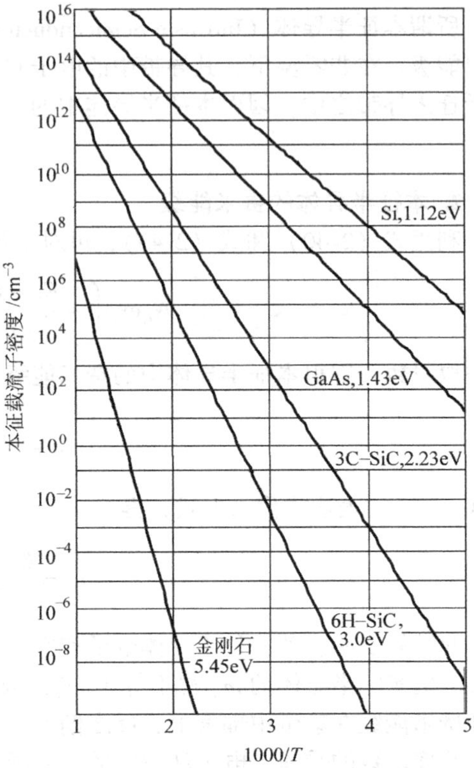

图 2-3 不同材料本征载流子密度随温度的变化

根据实验测定的本征载流子密度与温度的关系，可以推算一种半导体材料在 $T=0$K 时的禁带宽度 $E_g(0)$。例如，对 Ge、Si、GaAs 用这种办法推算出来的 $E_g(0)$ 分别为 0.78eV、1.21eV 和 1.53eV，与用光学方法测得的数值相符。

表 2-1 列出了一些半导体在室温下 n_i 的计算值及其相关参数，表中也给出了 Ge、Si、GaAs 的测量值，Ge、Si 的数据基本吻合，GaAs 的数据差距较大。6H-SiC 和纤锌矿 GaN 目前还缺乏可信的实验数据。

【例 2-2】 有两个 Si 样品，其室温下的热平衡电子密度分别为 $5\times10^{13}\text{cm}^{-3}$ 和 $1\times10^{15}\text{cm}^{-3}$，求其室温下的热平衡空穴密度。

解：根据表 2-1 取室温下 Si 的本征载流子密度 $n_i=1\times10^{10}\text{ cm}^{-3}$，代入式（2-51）

对 $n_0=5\times10^{13}\text{cm}^{-3}$ 的样品，即得

$$p_0=\frac{n_i^2}{n_0}=\frac{10^{20}}{5\times10^{13}}\text{ cm}^{-3}=2\times10^6\text{cm}^{-3};$$

对 $n_0=1\times10^{15}\text{cm}^{-3}$ 的样品，即得 $p_0=\dfrac{n_i^2}{n_0}=\dfrac{10^{20}}{1\times10^{15}}\text{ cm}^{-3}=1\times10^5\text{cm}^{-3}$。

此例题不仅是为了演示如何用一种载流子的热平衡密度求另一种载流子的热平衡密度，更重要的是通过计算说明：半导体在热平衡状态下一种载流子的密度越高，另一种载流子的密度就越低，从而纠正“掺杂浓度决定多数载流子的密度，本征激发决定少数载流子密度”的错误认识。这个例题说明，在掺杂半导体中，本征激发实际上受到了杂质电离的抑制，掺杂浓度越高，抑制越强，本征激发对载流子密度的贡献就越不明显。

表 2-1 几种半导体在室温下的本征载流子密度及其相关参数㊀

材料	E_g/eV	m_n^*	m_p^*	N_C/cm^{-3}	N_V/cm^{-3}	n_i 计算值/cm^{-3}	n_i 实验值/cm^{-3}
Ge	0.67	$0.56m_0$	$0.29m_0$	1.05×10^{19}	3.9×10^{18}	1.7×10^{13}	2.33×10^{13}
Si	1.12	$1.062m_0$	$0.59m_0$	2.8×10^{19}	1.1×10^{19}	7.15×10^{9}	1.02×10^{10}

㊀ 表中除计算值外的数据转引自参考文献［5］和《先进半导体材料性能与数据手册》，北京：化学工业出版社，2003.

（续）

材料	E_g/eV	m_n^*	m_p^*	N_C/cm^{-3}	N_V/cm^{-3}	n_i 计算值/cm^{-3}	n_i 实验值/cm^{-3}
GaAs	1.428	$0.068m_0$	$0.47m_0$	4.5×10^{17}	8.1×10^{18}	2.03×10^{6}	1.1×10^{7}
6H-SiC	3.0	$2.34m_0$	$1.0m_0$	8.9×10^{19}	2.5×10^{19}	3.32×10^{-6}	—
2H-GaN	3.39	$0.20m_0$	$1.5m_0$	2.3×10^{18}	4.6×10^{19}	3.89×10^{-10}	—

2.3　载流子密度对杂质和温度的依赖性

由于实际应用中的半导体都是掺杂半导体，其载流子密度主要通过杂质电离来调控，而杂质电离主要受温度的制约，所以，半导体中载流子密度的变化主要是杂质电离度随温度的变化引起的。要掌握半导体中载流子密度的统计规律，首先要了解杂质电离度随温度变化的规律。

2.3.1　杂质电离度

1. 电子和空穴占据杂质能级的几率

杂质能级上的电子和空穴虽然不能直接参与导电，但其上的电子分布会直接影响导带和价带中的载流子密度。因此，为了了解载流子在导带和价带中的分布情况，也需要考察杂质的电离情况，因而也需要用分布函数来表示电子和空穴占据这些能级的几率。但是，禁带中的杂质能级与导带和价带中的本征能级有所不同。本征能级代表的是相互独立的状态，即当一个状态被电子占据之后，另一个状态的存在不受到影响。杂质能级则不然。虽然从道理上说一条能级能容纳自旋相反的两个电子，但杂质能级最多只能容纳一个电子。例如，对施主杂质而言，其能级 E_D 至导带底能级 E_C 的距离代表其电离为正离子所需要的能量，电子占据能级 E_D 是它的中性状态。但若该杂质要接收另一个电子，它就会电离为一个负离子，它释放这个电子所需要的能量显然与其在中性状态释放一个电子所需要的能量不同，即该电子占据的是另一条能级。这说明杂质能级实际是一个二度简并的能级，该能级被一个电子占据之后，其自旋相反的另一个状态即不复存在。也就是说，当杂质能级还未被占据的时候，电子可以按正自旋也可以按反自旋的方式去占据它，但一旦被占据，就不可能让反自旋的第二个电子再去占据它。所以，费米分布函数不能用来表示电子占据杂质能级的几率。

用量子统计方法可以证明（见参考文献［5］第99页），电子占据一个简并度为 g_D 的施主能级 E_D 的几率为

$$f_D(E)=\frac{1}{1+\dfrac{1}{g_D}\exp\left(\dfrac{E_D-E_F}{kT}\right)} \tag{2-53}$$

空穴占据一个简并度为 g_A 的受主能级 E_A 的几率为

$$f_A(E)=\frac{1}{1+\dfrac{1}{g_A}\exp\left(\dfrac{E_F-E_A}{kT}\right)} \tag{2-54}$$

应用时，施主简并因子 g_D 一般为2，而受主简并因子 g_A 对具有简并的轻、重空穴带的半导体应取为4，因为一条受主能级对应的是能量相同、曲率不同的两个价带顶。与式（2-27）和式（2-28）相比，以上两式分母的指数项缩小到原来的1/2或1/4，因而电子或空穴占据杂质能级的实际几率比忽略其简并度算出的近似几率大。

2. 杂质的电离度

对N型半导体中的施主能级，利用几率函数式（2-53），取 $g_D=2$，即可求出尚未电离的施主浓度，也即仍保留在施主能级上的电子密度 n_D，其值为

$$n_D = N_D f_D(E) = \frac{N_D}{1+\frac{1}{2}\exp\left(\frac{E_D-E_F}{kT}\right)} \tag{2-55}$$

已经电离的施主的浓度即为

$$n_D^+ = N_D - n_D = \frac{N_D}{1+2\exp\left(-\frac{E_D-E_F}{kT}\right)} \tag{2-56}$$

式中，N_D 为施主杂质浓度。

对P型半导体中的受主能级，利用几率函数式（2-54），取 $g_A=4$，即可求出未电离受主的浓度

$$p_A = N_A f_A(E) = \frac{N_A}{1+\frac{1}{4}\exp\left(\frac{E_F-E_A}{kT}\right)} \tag{2-57}$$

和电离受主的浓度

$$p_A^- = N_A - p_A = \frac{N_A}{1+4\exp\left(-\frac{E_F-E_A}{kT}\right)} \tag{2-58}$$

式中，N_A 为受主杂质浓度。

定义杂质的电离度为电离杂质浓度与杂质浓度之比。分别用施主杂质浓度 N_D 和受主杂质浓度 N_A 除以式（2-56）和式（2-58）的两边，即得到这两种杂质的电离度表达式。由此可以看出，半导体中杂质的电离度跟杂质能级与费米能级之间的相对位置有关：

当 E_F 远在 E_D 之上时，施主杂质基本上没有电离；当 E_D 与 E_F 重合时，$n_D^+=N_D/3$，即电离度为1/3；当 $E_D-E_F \gg kT$，即 E_F 远在 E_D 之下时，施主杂质几乎全部电离。

同理，当 E_F 远在 E_A 之下时，受主杂质基本上没有电离；当 $E_F=E_A$ 时，受主杂质还有4/5没有电离；当 E_F 远在 E_A 之上时，受主杂质几乎全部电离。

3. 决定杂质电离度的主要因素

杂质能级与费米能级之间的相对位置决定于**杂质的电离能**和费米能级的位置，而后者决定于**温度和掺杂浓度**。

对给定的杂质和温度，掺杂浓度越高，费米能级离禁带中部越远，杂质的电离度就越低。

对确定的掺杂浓度和温度而言，浅能级杂质比深能级杂质更容易使条件 $E_D-E_F \gg kT$ 或 $E_F-E_A \gg kT$ 得到满足，因而电离度较高。

对确定的杂质及其浓度，温度越高，费米能级离禁带中心越近，因而杂质的电离度越高。

2.3.2 非简并半导体载流子密度随温度的变化

下面以只含一种施主杂质的N型半导体为例，讨论费米能级与载流子密度随温度的变化。

N型半导体的电中性条件为 $n_0=n_D^+ + p_0$。此等式的左边是单位体积中的负电荷数，N型半导体中只有电子是负电荷，所以 n_0 即为导带中的电子密度；等式右边是单位体积中的正电荷数，由于N型半导体中空穴和电离施主都是正电荷，所以等式右边应为空穴密度与电离施主浓度之

和。代入各物理量的计算公式，得

$$N_C\exp\left(-\frac{E_C-E_F}{kT}\right)=\frac{N_D}{1+2\exp\left(-\frac{E_D-E_F}{kT}\right)}+N_V\exp\left(-\frac{E_F-E_V}{kT}\right) \tag{2-59}$$

上式中除 E_F 之外，其余各量均为已知，因而用此条件可将一定温度下的 E_F 的位置求出来。但是从上式推出 E_F 的一般解析式还是困难的，下面分不同的温度范围分别进行讨论。

1. 低温弱电离区

（1）费米能级的位置及其随温度的变化

当温度很低时，大部分施主杂质能级仍被电子占据，只有极少量施主杂质向导带释放电子而电离，称这种情况为弱电离，相应的温区为低温弱电离区。这时靠本征激发从价带跃迁至导带的电子更少，可忽略不计。换言之，在导带电子全部由电离施主提供的低温弱电离区，电中性条件因可以忽略 p_0 而变为 $n_0=n_D^+$，即

$$N_C\exp\left(-\frac{E_C-E_F}{kT}\right)=\frac{N_D}{1+2\exp\left(-\frac{E_D-E_F}{kT}\right)} \tag{2-60}$$

因 n_D^+ 远比 N_D 小，即电离度

$$\frac{n_D^+}{N_D}=\frac{1}{1+2\exp\left(-\frac{E_D-E_F}{kT}\right)}\ll 1 \tag{2-61}$$

这意味着 $\exp[-(E_D-E_F)/kT]\gg 1$，因而电中性条件可进一步简化为

$$N_C\exp\left(-\frac{E_C-E_F}{kT}\right)=\frac{1}{2}N_D\exp\left(\frac{E_D-E_F}{kT}\right) \tag{2-62}$$

取对数后化简得低温弱电离区费米能级的表达式

$$E_F=\frac{E_C+E_D}{2}+\frac{kT}{2}\ln\left(\frac{N_D}{2N_C}\right) \tag{2-63}$$

因为 N_C 正比于 $T^{3/2}$，而 $T\to 0$K 时，$\lim(T\ln T)=0$，所以，不管 N_D 多大，在低温极限 0K 时，费米能级位于导带底和施主能级间的中点。

为了了解费米能级随温度变化的规律，按式（2-63）将费米能级对温度求微商，得

$$\frac{dE_F}{dT}=\frac{k}{2}\left[\ln\left(\frac{N_D}{2N_C}\right)-\frac{3}{2}\right] \tag{2-64}$$

令 $dE_F/dT=0$，知 E_F 在

$$N_C=\frac{N_D}{2}e^{-3/2}=0.11N_D \tag{2-65}$$

时取极大值。从纯数学形式上看，此结果表明，费米能级在低温区首先从导带底和施主能级之间的中点以很高的变化率上升，至极大值后下降。但是，以下计算表明：在一般掺杂浓度下，费米能级随温度升高而上升的情况基本观察不到。对 Si，1K 时 N_C 已达 $6\times10^{15}\text{cm}^{-3}$ 左右。这就是说，当施主浓度低于 $5\times10^{16}\text{cm}^{-3}$ 时，N 型 Si 中费米能级在热力学温度 1K 以下就达到其极大值，然后就随着温度的升高而向杂质能级方向下降。即使是更高的杂质含量，如 $2.5\times10^{17}\text{cm}^{-3}$，其 E_F 达到极大值时的温度也只有 3K。

因此，弱电离温度区的 E_F 事实上是基本随着温度的上升而下降的，只在极接近于热力学

零度的极低温下，由于导带底等效态密度很低，E_F 才随着温度的上升而远离 E_D，向 E_C 方向上升。

(2) 电子密度及其随温度的变化

将上面求出的 E_F 表达式代入热平衡电子密度表达式，得到低温弱电离区的电子密度为

$$n_0=\left(\frac{N_D N_C}{2}\right)^{1/2}\exp\left(-\frac{E_C-E_D}{2kT}\right)=\left(\frac{N_D N_C'}{2}\right)^{1/2}T^{3/4}\exp\left(-\frac{\Delta E_D}{2kT}\right) \tag{2-66}$$

式中，$\Delta E_D=E_C-E_D$，为施主杂质的电离能；N_C' 代表从 N_C 中除去 $T^{3/2}$ 之后的其余部分。由此可知，在电离度很低的低温区，载流子浓度 n_0 正比于 $T^{3/4}\exp(-\Delta E_D/kT)$，随着温度的升高而指数式地上升。

对式（2-66）两边取对数，得

$$\ln\frac{n_0}{T^{3/4}}=\frac{1}{2}\ln\left(\frac{N_D N_C'}{2}\right)-\frac{\Delta E_D}{2kT} \tag{2-67}$$

通过实验测量低温弱电离区电子密度 n_0 随温度的变化，然后用 $\ln(n_0/T^{3/4})$ 对 $1/T$ 在半对数坐标系中作图，就会得到一条直线，其斜率为 $-\Delta E_D/(2k)$。因此，用这种方法可以测定杂质的电离能 ΔE_D。

2. 杂质中度电离的温区

随着温度的继续上升，到 $2N_C>N_D$ 之后，E_F 表达式（2-63）中第 2 项为负值，这意味着 E_F 下降至 $(E_C+E_D)/2$ 以下，弱电离情况下的近似条件 $\exp[-(E_D-E_F)/kT]\gg 1$ 不再成立。电中性条件不能简化为式（2-62），而必须用式（2-60）表示。当 E_F 随着温度的升高而下降到与杂质能级 E_D 重合，以至式（2-61）中分母的指数项 $\exp(E_F-E_D/kT)=1$ 时，施主杂质的电离度达到 1/3，相应的温度为

$$T=\frac{\Delta E_D}{k}\left(\ln\frac{3N_C}{N_D}\right)^{-1} \tag{2-68}$$

其值决定于杂质的电离能 ΔE_D 和掺杂浓度 N_D。

3. 杂质强电离的温区

(1) 费米能级的位置及其随温度的变化

杂质电离度接近于 1 的状态称为杂质强电离。这时，电离杂质浓度近似等于杂质浓度，即 $n_D^+\approx N_D$。半导体进入强电离温区后，电中性条件因 $n_D^+\approx N_D$ 而简化为

$$N_C\exp\left(-\frac{E_C-E_F}{kT}\right)=N_D \tag{2-69}$$

由此解得费米能级为

$$E_F=E_C-kT\ln\left(\frac{N_C}{N_D}\right) \tag{2-70}$$

此式表明，由于 N_D 是常数而 N_C 随着温度的上升按 $T^{3/2}$ 规律增大，在杂质强电离的温区，费米能级越加远离导带底 E_C 而向禁带中部移动。

(2) 强电离条件

按式（2-56），强电离须是 $\exp[(E_F-E_D)/(kT)]\ll 1$ 或 $(E_D-E_F)\gg kT$，因而未电离施主密度按式（2-55）可表示为

$$n_D\approx 2N_D\exp\left(-\frac{E_D-E_F}{kT}\right) \tag{2-71}$$

将式（2-70）代入上式，得

$$n_D \approx 2N_D\left(\frac{N_D}{N_C}\right)\exp\left(\frac{\Delta E_D}{kT}\right) \tag{2-72}$$

令

$$D_- \approx \left(\frac{2N_D}{N_C}\right)\exp\left(\frac{\Delta E_D}{kT}\right) \tag{2-73}$$

则式（2-72）可简写为

$$n_D \approx D_- N_D \tag{2-74}$$

可见 D_- 即未电离施主占施主杂质的百分比。通常以杂质电离度超过90%作为强电离的判据，则 D_- 应不超过10%。由 D_- 表达式（2-73），可对强电离条件作如下表述：

表述一：当温度和杂质一定时，强电离要求杂质浓度不得超过一定限度（上限）

杂质浓度越高，则达到强电离的温度就越高。通常所说的室温下杂质全部电离，实际上暗含有对杂质浓度的限制。例如，对掺P的N型Si，室温下 $N_C = 2.8\times10^{19}\text{cm}^{-3}$，$\Delta E_D = 0.044\text{eV}$，$kT = 0.026\text{eV}$。代入式（2-73）得室温下P杂质强电离的浓度上限 N_D 为

$$N_D = \left(\frac{D_- N_C}{2}\right)\exp\left(-\frac{\Delta E_D}{kT}\right) = \frac{0.1\times2.8\times10^{19}}{2}\exp\left(-\frac{0.044}{0.026}\right)\text{cm}^{-3} \approx 3\times10^{17}\text{cm}^{-3} \tag{2-75}$$

式中，取 $D_- = 0.1$。室温下，Si的本征载流子浓度为 $1\times10^{10}\text{cm}^{-3}$ 左右，当杂质浓度比它至少高一个数量级时，Si的载流子才能以杂质电离为主。所以对于掺P的Si，在室温下，若P浓度在 $1\times10^{11}\sim3\times10^{17}\text{cm}^{-3}$ 范围内，可认为其中的电子来源以杂质电离为主。

表述二：当杂质(电离能)及其浓度一定时，强电离温区有一个下限

将 N_C 表达式代入 D_- 表达式（2-73），化简并取对数后得

$$\frac{\Delta E_D}{k}\frac{1}{T} = \frac{3}{2}\ln T + \ln\left[\frac{D_-}{N_D}\frac{(2\pi k m_n^*)^{3/2}}{h^3}\right] \tag{2-76}$$

对固定的 ΔE_D 和 N_D，该式限定了强电离所要求的最低温度。现在用例2-3来说明利用该式求解强电离温度下限的方法以及温度下限与掺杂浓度的关系。

【例2-3】 在两个Si样品中掺入了电离能 $\Delta E_D = 0.04\text{eV}$ 的施主杂质，其浓度分别为 10^{15}cm^{-3} 和 10^{18}cm^{-3}，计算这两个样品进入强电离状态（电离度90%）的最低温度。

解：为利用式（2-76），先根据室温下 $kT = 0.026\text{eV}$ 算出

$$\frac{\Delta E_D}{k} = \frac{\Delta E_D T}{kT} = \frac{0.04\times300}{0.026}\text{K} = 464\text{K}$$

再利用表2-1中室温下Si的数据 $N_C = \dfrac{2(2\pi m_n^* kT)^{3/2}}{h^3} = 2.8\times10^{19}\text{cm}^{-3}$ 算出

$$\frac{(2\pi m_n^* k)^{3/2}}{h^3} = \frac{2.8\times10^{19}}{2\times300^{3/2}}\text{cm}^{-3}\cdot\text{K}^{-3/2} = 2.7\times10^{15}\text{cm}^{-3}\cdot\text{K}^{-3/2}$$

将以上结果和已知条件 $\Delta E_D = 0.04\text{eV}$、$D_- = 0.1$ 代入式（2-76）可得方程：

$$\frac{464}{T} = \frac{3}{2}\ln T + \ln\left(2.7\times10^{15}\frac{0.1}{N_D}\right)$$

代入两个样品的掺杂浓度即得各自下限温度应满足的方程：

对 $N_D = 10^{15}\text{cm}^{-3}$ 的硅样品，该方程为 $\dfrac{464}{T} = \dfrac{3}{2}\ln T - 1.3$；

对 $N_D=10^{18}\text{cm}^{-3}$ 的硅样品，该方程为 $\dfrac{464}{T}=\dfrac{3}{2}\ln T-8.2$。

对以上两个超越方程可用多种方法求解，如图解法和迭代法。利用 Origin 函数图形软件可以很方便地绘出这两个方程的三条曲线，如图 2-4 所示。图中，由不同掺杂浓度定义的两条曲线 y_1 和 y_2 与曲线 $y=464/T$ 的交点所对应的横坐标即是这两个方程的解，即这两个样品的强电离温度下限分别为 86K 和 465K。此结果说明，掺杂浓度较高的材料，其强电离温区的下限较高。轻掺杂硅在室温以下的甚低温度已进入强电离状态，而重掺杂硅（如 $N_D=10^{18}\text{cm}^{-3}$）在 150℃ 左右（Si 器件的极限工作温度范围）仍未完全电离。

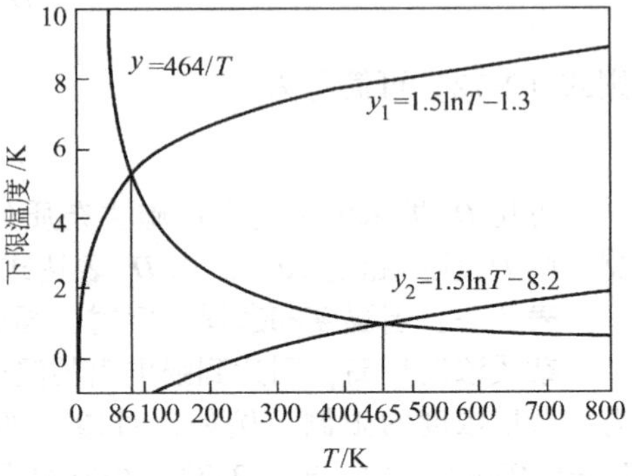

图 2-4 用图解法确定强电离的温度下限

表述三：电离能决定强电离的温度下限和掺杂浓度的上限

以上讨论针对的是确定的杂质电离能。在温度和杂质浓度一定的情况下，利用式（2-76）也可以了解强电离对杂质电离能上限的要求。这个问题对宽禁带半导体尤其重要。在宽禁带半导体中，浅施主和浅受主杂质的能级实际上不浅，其电离能一般都比 Si 和 GaAs 中浅施主和浅受主的电离能高，一般在 0.1eV 以上。因此，宽禁带半导体中杂质的强电离温度下限相对较高，一般都会超过室温，其在室温下进入强电离状态时对掺杂浓度上限的要求也会相应下移。

（3）载流子密度饱和

当杂质完全电离之后，在掺杂浓度不是很高的材料中，会出现一个载流子密度不随温度升高而变化的温区，习惯上称为饱和区。由于轻掺杂材料强电离的下限温度较低，所以杂质浓度越低的材料，其饱和区的起始温度也越低，且温度范围较宽。

4. 向本征状态过渡的温区

（1）费米能级的位置及其随温度的变化

在杂质完全电离之后，随着温度的继续升高，本征激发逐渐成为提高导带电子密度的主要方法。这时的电中性条件因 p_0 不能忽略，$n_D^+=N_D$，而应该写成

$$n_0=N_D+p_0 \tag{2-77}$$

为了讨论下面的问题时更加方便，将 n_0 和 p_0 跟 n_i 和 E_i 的下列关系

$$n_0=n_i\exp\left(\frac{E_F-E_i}{kT}\right),\qquad p_0=n_i\exp\left(\frac{E_i-E_F}{kT}\right) \tag{2-78}$$

代入电中性条件式（2-77），得

$$N_D=n_i\left[\exp\left(\frac{E_F-E_i}{kT}\right)-\exp\left(-\frac{E_F-E_i}{kT}\right)\right]=2n_i sh\left(\frac{E_F-E_i}{kT}\right) \tag{2-79}$$

解此方程，得费米能级在此温区中的变化规律为

$$E_F=E_i+kTarsh\left(\frac{N_D}{2n_i}\right) \tag{2-80}$$

因为 N_D 是常数，而 n_i 随着温度的升高呈指数上升，所以上式中反双曲正弦函数的自变量 $N_D/(2n_i)$ 会随着温度的升高而减小。参考图 2-5 所示的双曲正弦函数曲线可知，当 $N_D/(2n_i)$ 足够小时，E_F-E_i 也会很小。因此可以说，在向本征状态过渡的温区，E_F 逐渐向 E_i 靠拢。在确定

的温度下，由式（2-80）即可算出 E_F 至 E_i 的距离。

（2）过渡状态下的载流子密度

利用 $n_0p_0 = n_i^2$ 将电中性条件式（2-77）改写成

$$n_0^2 - N_D n_0 - n_i^2 = 0 \qquad (2\text{-}81)$$

解此一元二次方程，其合理的一个根即为过渡状态下的电子密度：

$$n_0 = \frac{N_D}{2}\left[\left(1+\frac{4n_i^2}{N_D^2}\right)^{1/2}+1\right] \qquad (2\text{-}82)$$

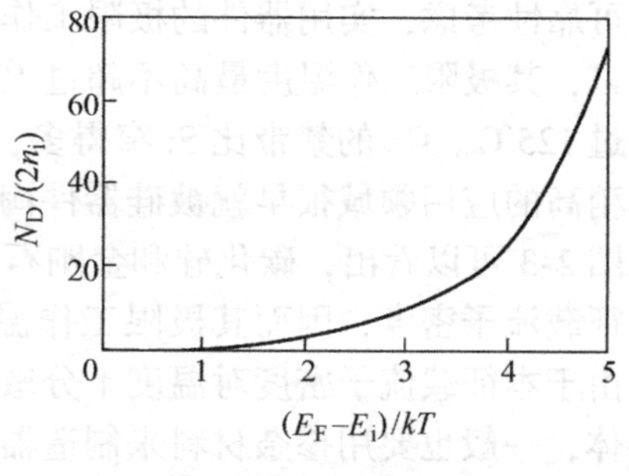

图2-5 与式（2-79）相关的双曲正弦函数曲线

代入电中性条件 $p_0 = n_0 - N_D$，得过渡状态下的空穴密度：

$$p_0 = n_0 - N_D = \frac{N_D}{2}\left[\left(1+\frac{4n_i^2}{N_D^2}\right)^{1/2}-1\right] \qquad (2\text{-}83)$$

当 $n_i \ll N_D$，即过渡初期，因 $(4n_i^2/N_D^2) \ll 1$，可将式（2-83）中的平方根项展开：

$$\left(1+\frac{4n_i^2}{N_D^2}\right)^{1/2} = 1 + \frac{1}{2}\frac{4n_i^2}{N_D^2} + \cdots$$

略去高次项，代入式（2-82）和式（2-83），得过渡初期 n_0 和 p_0 随 n_i 升高而升高的近似规律：

$$n_0 = N_D + \frac{n_i^2}{N_D}, \qquad p_0 = n_0 - N_D = \frac{n_i^2}{N_D} \qquad (2\text{-}84)$$

此结果表明，过渡初期的电子密度仍比空穴密度大。

但当 $n_i \gg N_D$，即过渡后期，因 $(4n_i^2/N_D^2) \gg 1$，式（2-82）和式（2-83）中的1可以略去，于是得

$$n_0 = n_i + \frac{1}{2}N_D, \qquad p_0 = n_i - \frac{1}{2}N_D \qquad (2\text{-}85)$$

此结果表明，在过渡后期，n_0 和 p_0 以 $\pm N_D/2$ 之差从上下两边向 n_i 逼近，随着 n_i 的持续升高而渐趋相等。因是近似处理，式（2-84）和式（2-85）中的 n_0 和 p_0 的乘积都不等于 n_i^2，但其误差 n_i^4/N_D^2 和 $N_D^2/4$ 在各自应该满足的近似条件下都很小。

5. 本征激发占优势的温区

随着温度的继续上升，终至 $n_0 = p_0 = n_i$，杂质半导体进入本征激发状态。这时，费米能级 E_F 因式（2-80）中的反双曲正弦函数逐渐趋于零而与本征费米能级 E_i 重合，与纯净半导体的情况相似。因为同一温度下轻掺杂情况比重掺杂情况的费米能级离 E_i 更近，所以杂质浓度越低，E_F 与 E_i 重合时的温度也越低，即轻掺杂材料比重掺杂材料的本征激发温度低。

进入本征激发状态之后，半导体的载流子密度就对温度变化十分敏感。例如，Si 在室温上下的温区温度每升高8℃，其本征载流子密度就会增加1倍左右。300℃（573.15K）下 Si 的本征载流子密度大约是 $5\times10^{14}\text{cm}^{-3}$，比温度为300K 时提高约5万倍。因此，半导体器件的实际应用一般都要避开本征激发起作用的温区。通常将 $n_i = N_D$（或 N_A）时的温度视为半导体从载流子饱和向本征激发转变的温度，将 $n_i = 10N_D$（或 N_A）时的温度视为半导体进入本征激发状态的温度。

在实际应用中，半导体器件，尤其是功率型器件往往都含有轻掺杂区域。这些区域在正常的工作温度范围杂质已完全电离，载流子密度为一常数，对温度不超出范围的波动不敏感。但若温度升高到本征载流子密度可与其杂质浓度相比的程度，载流子密度就会超过设计的预期，并且对

温度波动十分敏感，器件即难以稳定工作。因此，每一种半导体器件都有一定的极限工作温度，超过这一温度后，器件的性能就不可靠了。

从可靠性考虑，实用器件的极限工作温度比所用材料的本征激发限制温度还要低很多。对硅器件而言，其极限工作温度最高不超过180℃，硅双极晶体管和晶闸管的极限工作温度更低，一般不超过125℃。Ge的禁带比Si窄得多，锗晶体管的极限工作温度更低，只有85℃左右，因而在功率稍高的应用领域很早就被硅器件淘汰出局。

由图2-3可以看出，碳化硅和金刚石等宽禁带半导体即使在人们通常所说的高温下也只有很低的本征载流子密度，因而其极限工作温度很高。碳化硅器件的极限工作温度一般可到500℃。但是，由于本征载流子密度对温度十分敏感，用本征材料制作的器件性能很不稳定。即使是宽禁带半导体，一般也要用掺杂材料来制造器件。

6. 半导体费米能级和电子密度随温度变化的全过程

综合以上讨论可知，N型半导体中的费米能级除在接近绝对零度的一个很窄的极低温区是随着温度的上升而向导带底方向移动之外，在其后的整个升温过程中都是随着温度的上升而远离导带底向禁带中部靠近，最后在本征激发状态下终止于本征费米能级 E_i，但其具体位置和对温度变化的敏感程度与掺杂浓度有关，如图2-6上半部分的曲线所示。此图根据Si的相关数据绘制，考虑了硅的禁带宽度随温度的变化，但未考虑本征费米能级对禁带中线的偏离，因其偏离量很小，在这样的图中是很难表现出来的。图中可见，**在温度一定的情况下，N_D 越高，E_F 离导带底越近，单位温差所产生的改变量越小。**

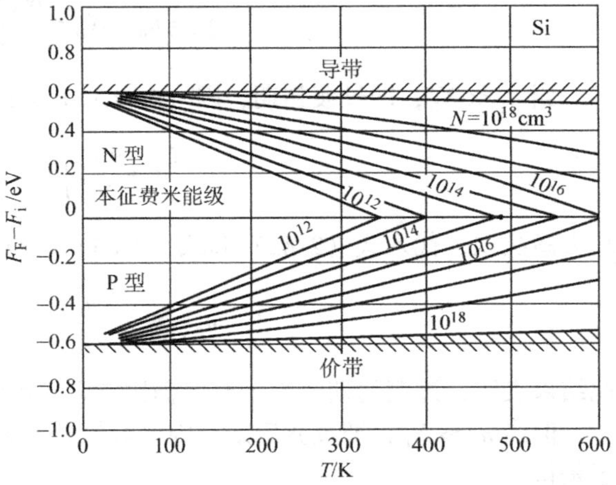

图2-6 Si的费米能级与温度及杂质浓度的关系

对P型半导体中的费米能级，读者可以参照上述对N型半导体的讨论方式自行讨论，也能得到类似的结果，如图2-6下半部分的曲线所示。类似地，P型半导体中费米能级的位置及其对温度变化的敏感程度也与掺杂浓度有关。**在温度一定的情况下，N_A 越高，E_F 离价带顶越近，单位温差所产生的改变量越小。**

图2-7是根据以上讨论对四种掺杂浓度不同的N型Si绘制的载流子密度随温度变化的曲线，变化范围覆盖从杂质弱电离到本征激发的整个温区。这些曲线反映了半导体中载流子密度随温度变化的基本特征，即低温区与高温区各有一个斜率不同的指数式上升段和中间温区的一个不随温度变化的饱和段。同时，这些曲线也主要揭示了不同掺杂浓度情况下饱和区宽窄的不同和起始温度的不同，重掺杂材料的饱和特征甚至已不明显。图中还画出了少数载流子密度从忽略不计到进入本征状态的过程。由 $n_0p_0=n_i^2$ 关系不难看出，在多数载流子密度 n_0 不随温度升高而升高的饱和温区，少数载流子密度 p_0 必然会随着本征载流子密度 n_i 的升高而迅速升高，并最终在半导体进入本征状

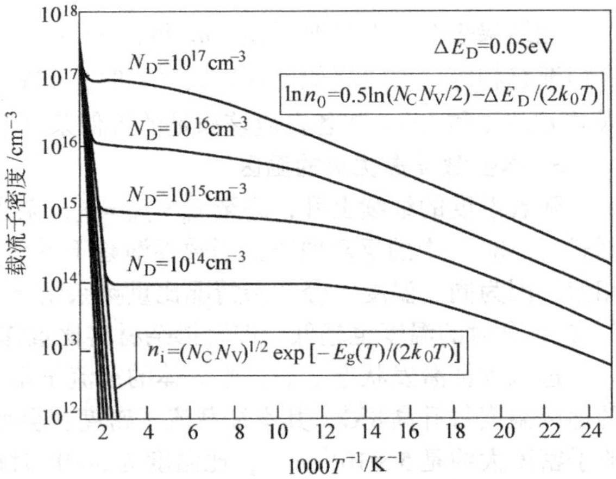

图2-7 N型Si中载流子密度随温度变化的全过程

态时与 n_0 相等而不再有多数与少数之分。

P型半导体中载流子密度随温度变化的全范围曲线与图2-7中所示相近，所不同的主要是杂质电离能的差别，因而低温指数上升段的斜率不同。

2.3.3 简并半导体

1. 重掺杂半导体的载流子密度

（1）适用于玻耳兹曼统计的掺杂浓度

此前的讨论针对的是可以用玻尔兹曼统计代替费米统计的非简并半导体。按式（2-70），N型半导体处于施主杂质完全电离的温区时，其费米能级至导带底的距离为

$$E_C - E_F = kT\ln\frac{N_C}{N_D} \tag{2-86}$$

由于该式成立的先决条件是（$E_C - E_F$）$\gg kT$，因此它只适用于 $N_D \ll N_C$ 的掺杂条件。但是由图2-6可以看到，由于费米能级随着施主杂质浓度的提高而逐渐向导带底靠拢，这个先决条件将在重掺杂半导体中趋于无效，载流子统计需用费米分布函数来进行。

（2）不适用于玻耳兹曼统计的半导体的载流子密度

在玻耳兹曼近似条件不成立时，N型半导体的热平衡电子密度需用费米函数求解，即

$$n_0 = \frac{4\pi(2m_n^*)^{3/2}}{h^3}\int_{E_C}^{\infty}\frac{(E-E_C)^{1/2}}{1+\exp\left(\dfrac{E-E_F}{kT}\right)}\mathrm{d}E \tag{2-87}$$

令

$$N_C = \frac{2(2\pi m_n^* kT)^{3/2}}{h^3},\quad x = \frac{E-E_C}{kT},\quad \xi_C = \frac{E_F - E_C}{kT}$$

则式（2-87）变为

$$n_0 = N_C\frac{2}{\sqrt{\pi}}\int_0^{\infty}\frac{x^{1/2}}{1+e^{x-\xi_C}}\mathrm{d}x \tag{2-88}$$

其中积分

$$\int_0^{\infty}\frac{x^{1/2}}{1+e^{x-\xi_C}}\mathrm{d}x \tag{2-89}$$

称为费米积分，用 $F_{1/2}(\xi)$ 表示。因而式（2-88）亦可写成

$$n_0 = N_C\frac{2}{\sqrt{\pi}}F_{1/2}(\xi_C) = N_C\frac{2}{\sqrt{\pi}}F_{1/2}\left(\frac{E_F-E_C}{kT}\right) \tag{2-90}$$

类似地，P型半导体在玻耳兹曼近似条件不成立时的空穴密度也要用费米积分表示为

$$p_0 = N_V\frac{2}{\sqrt{\pi}}F_{1/2}(\xi_V) = N_V\frac{2}{\sqrt{\pi}}F_{1/2}\left(\frac{E_V-E_F}{kT}\right) \tag{2-91}$$

表2-2列出了一些费米积分的值。从中可以看出，随着费米能级逐渐移出禁带（即 $\xi>0$），尽管费米积分值也在随着 ξ 的增大而增大，但步幅远不如指数函数 e^{ξ} 的步幅大。

表2-2 费米积分 $F_{1/2}(\xi)$ 取值表

ξ	−4	−3	−2	−1	0	1	2	4	6	8	10
$F_{1/2}(\xi)$	0.016	0.043	0.115	0.291	0.678	1.396	2.502	5.771	10.144	15.381	21.345

在$\xi>1.25$时，费米积分$F_{1/2}(\xi)$可用以下公式作近似计算，以便于对连续变化的ξ求取费米积分值：

$$F_{1/2}(\xi)=\frac{2\xi^{3/2}}{3}+\frac{\pi^2}{12\xi^{1/2}} \tag{2-92}$$

用两种统计方法算出的电子密度之比值如图2-8所示。图中可见，随着费米能级在禁带中逐渐向导带底靠近，经典统计开始出现偏差，其结果偏大；当费米能级进入导带，亦即$E_F-E_C>0$时，此偏差已不能忽略。随着费米能级向导带深处移动，此偏差越来越大。当E_F位于导带底以上$4kT$时，用经典统计计算的电子密度已是其实际值的近10倍；当E_F位于导带底以上$7kT\sim8kT$时，经典统计进一步超过其实际值两个数量级。因此，在统计电子密度时，经典统计近似在费米能级接近导带底时就不再适用了。

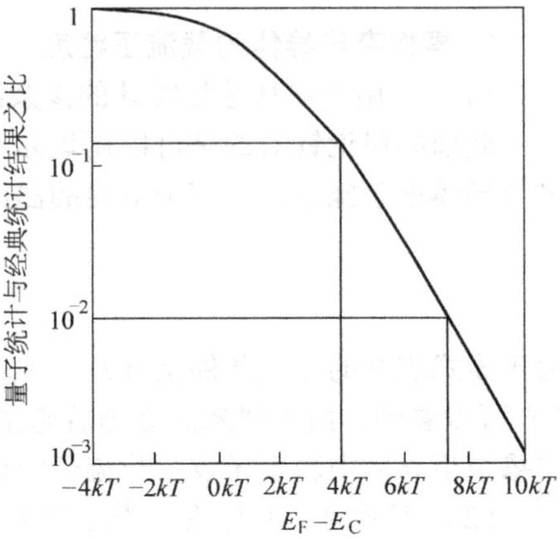

图2-8 量子统计与经典统计之比随E_F的变化

对空穴密度的计算与此类似。

2. 区分费米统计和经典统计适用范围的条件——简并化条件

由于简并（Degeneration）半导体和非简并半导体所适用的几率函数不同，所以正确判断一种掺杂半导体是否处于简并状态，对其载流子统计的准确与否至关紧要。判断一种掺杂半导体能否用经典统计法计算其载流子密度，通常有两种办法：一种是根据其费米能级的位置判断，另一种是根据掺杂浓度判断，分别称为半导体简并化的费米能级条件和掺杂浓度条件。

(1) 费米能级条件

以上讨论表明，经典统计对量子统计的偏差大小与费米能级的位置有关。在任意温度下，只要费米能级接近禁带边沿，其距离小于2~3倍kT之后，二者的差别就比较明显，经典统计的适用性就值得考虑。于是可以将费米能级与禁带边沿的距离作为判断载流子密度简并程度的一种量度。**习惯上将费米能级处于禁带之中且距禁带边沿$2kT$以上作为非简并半导体必须满足的条件，将费米能级移出禁带作为简并化条件，而将E_F尚未移出禁带但至禁带边沿的距离不足$2kT$的情况称为弱简并。**

由于费米能级的位置是温度和掺杂浓度的函数，前面已经详细讨论并总结了费米能级位置随温度变化的情况，这里有必要对固定温度下费米能级随掺杂浓度变化的情况作一补充说明。因为费米能级是决定半导体热平衡载流子密度的关键参数，所以，除了本征费米能级可以直接用根据能带结构信息导出的式（2-49）确定之外，一般情况下的费米能级位置原则上都需要根据热平衡载流子密度反推出来。例如，根据式（2-78）可以反推出费米能级对本征费米能级的相对位置：

对N型半导体 $$E_F-E_i=kT\ln(n_0/n_i) \tag{2-93}$$

对P型半导体 $$E_i-E_F=kT\ln(p_0/n_i) \tag{2-94}$$

因为式（2-78）只适合于非简并半导体，所以以上二式不适合于简并半导体和处于弱简并状态的半导体。对这两种情况，要根据式（2-90）和式（2-91）算出费米积分的值：

$$F_{1/2}(\xi_C)=n_0\sqrt{\pi}/(2N_C),\qquad F_{1/2}(\xi_V)=p_0\sqrt{\pi}/(2N_A) \tag{2-95}$$

然后反查费米积分表确定费米能级相对于导带底或价带顶的位置。不过，在这些计算中都需要知道热平衡载流子的密度，而载流子密度往往难以精确表达，通常用有效掺杂浓度作为其近似值。当然，这只适合于杂质完全电离的情形。

作为一个例子，图2-9记录了室温下N型Si和P型Si在不同掺杂浓度下的费米能级位置变化情况。图中实线表示非简并状态下费米能级的位置，是根据式（2-93）和式（2-94）计算出来的，计算时使用了全电离近似，即令 $n_0=N_D$，$p_0=N_A$，并取本征载流子密度 $n_i=1\times10^{10}\text{cm}^{-3}$。计算从 $N_D=N_A=10^{13}\text{cm}^{-3}$ 开始，一直到费米能级距禁带边沿 $2kT$ 时结束。这时的杂质浓度分别为 $N_D\approx1.6\times10^{18}\text{cm}^{-3}$ 和 $N_A\approx9.1\times10^{17}\text{cm}^{-3}$。之后的虚线表示Si在弱简并和简并状态下的费米能级位置，其根据是式（2-95），但不能借助 $n_0=N_D$，$p_0=N_A$ 的假设。事实上，这种假设对接近弱简并状态的杂质浓度已不够合理，因为从前面的例题已经知道，掺了浓度为 $1\times10^{18}\text{cm}^{-3}$、电离能为0.04eV的施主杂质的Si要到465K才有90%的电离度。虽然如此，图2-9中费米能级与掺杂浓度的对应关系还是大体上合乎实际情况的。

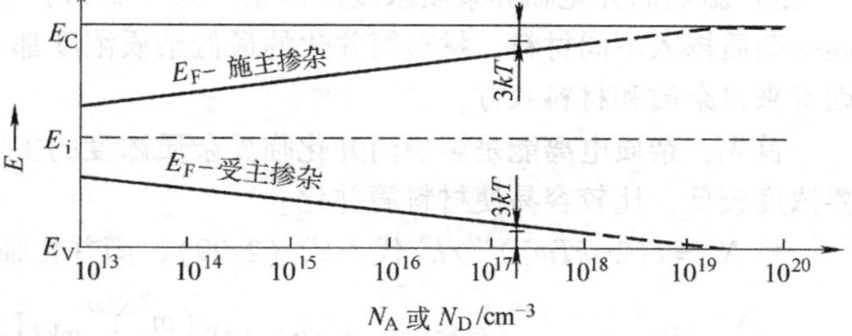

图2-9　室温下Si的费米能级同掺杂浓度的关系

（2）掺杂浓度条件

下面以只含一种施主杂质的N型半导体为例，讨论以掺杂浓度为判据的简并化条件。

设 N_D 为施主杂质浓度，因为是重掺杂，电中性条件中可以忽略 p_0 的存在，并要用费米积分表示 n_0，因此将式（2-60）改写成

$$N_C\frac{2}{\sqrt{\pi}}F_{1/2}(\xi_C)=\frac{N_D}{1+2\exp\left(\dfrac{E_F-E_D}{kT}\right)} \tag{2-96}$$

引入杂质电离能 $\Delta E_D=E_C-E_D$，上式进一步改写为

$$N_D=\frac{2N_C}{\sqrt{\pi}}\left[1+2\exp\left(\frac{E_F-E_C}{kT}\right)\exp\left(\frac{\Delta E_D}{kT}\right)\right]F_{1/2}(\xi_C) \tag{2-97}$$

1）弱简并条件。从表2-2查出 $F_{1/2}(-2)=0.115$，连同弱简并条件 $E_C-E_F=2kT$ 一起带入式（2-97），即得能使N型半导体进入弱简并状态的施主杂质浓度为

$$N_{D,de}=0.13N_C\left[1+\frac{2}{e^2}\exp\left(\frac{\Delta E_D}{kT}\right)\right] \tag{2-98}$$

式中，$\Delta E_D=0$ 时方括号内两项之和取最小值1.27，相应的施主浓度 $N_{D,de}=0.165N_C$ 为N型半导体进入弱简并状态需要达到的最低掺杂浓度，但这对应的是电离能接近于0的杂质。对电离能不为0的杂质，$N_{D,de}$ 会更高。这说明在掺杂浓度低于 $N_C/6$ 时，半导体一般还不会进入弱简并状态。

2）简并化条件。将简并化临界条件 $E_F=E_C$ 代入式（2-97），并从表2-2查出 $F_{1/2}(0)=0.678$ 后与括号前面的常数 $2/\pi^{1/2}$ 相乘，即得简并化临界杂质浓度的表达式：

$$N_{D,de}=0.765N_C\left[1+2\exp\left(\frac{\Delta E_D}{kT}\right)\right] \tag{2-99}$$

式中，$\Delta E_D=0$ 时方括号内两项之和取最小值3，相应的施主浓度 $N_{D,de}=2.295N_C$ 为N型半导体进入简并化状态所需要的最低掺杂浓度，对应于电离能为0的杂质。对电离能不为0的杂质，$N_{D,de}$ 会更高。这说明在掺杂浓度低于 $2.295N_C$ 时，半导体一般还不会进入简并状态。

以上结果，只需作适当置换即可用于 P 型半导体。将式（2-98）和式（2-99）中的 N_C 和 ΔE_D 换为 N_V 和 ΔE_A，就是 P 型半导体的弱简并受主浓度和简并化临界受主浓度的表达式。

3）影响简并化临界杂质浓度的因素。式（2-99）表明，在同种材料中掺入不同杂质，或将同一杂质掺入不同材料，材料简并化的最低杂质浓度都不会相同，即影响简并化临界杂质浓度的因素来自杂质和材料双方：

首先，杂质电离能是影响简并化临界杂质浓度的主要因素之一，电离能小的杂质其简并化临界浓度较低，比较容易使材料简并化。

将 $N_C = 2(2\pi kTm_n^*)^{3/2}/h^3$ 代入式（2-99），简并化临界掺杂浓度变为更明显的形式：

$$N_{D,de} = 3.69 \times 10^{15} \left(\frac{m_n^*}{m_0}\right)^{3/2} T^{3/2} \left[1 + 2\exp\left(\frac{\Delta E_D}{kT}\right)\right] \tag{2-100}$$

由此知，材料方面影响简并化临界掺杂浓度的因素是载流子的有效质量。有效质量较小者，其临界杂质浓度较低，也就是容易发生简并。同理，对同一半导体，导带电子和价带空穴的有效质量不同，因而 N 型杂质和 P 型杂质的简并化临界浓度也不相同。一般情况下，电子比空穴的态密度有效质量小，因而 N 型材料比 P 型材料更容易发生简并。以 GaAs 为例，由表 2-1 可知，其电子有效质量较小，导带底有效态密度比 Ge 和 Si 的导带底有效态密度低两个数量级。按此估计，N 型 GaAs 在室温下的简并化临界施主浓度不会超过 10^{18}cm^{-3} 数量级，但因其 N_V 比 N_C 大得多，P 型 GaAs 在室温下的简并化临界受主浓度不会低于 $2 \times 10^{19}\text{cm}^{-3}$。

当然，温度更是影响简并化临界掺杂浓度的重要因素。式（2-100）表明，在半导体材料不变和杂质性质不变的情况下，临界掺杂浓度随着温度的降低而降低。这就是说，重掺杂材料容易在较低温度下发生简并。这很容易理解，因为在温度不变的情况下，提高掺杂浓度会使费米能级向禁带边沿移动；而另一方面，在杂质浓度不变的情况下，费米能级会随着温度的升高而向禁带中部移动。因此，即使是在较低温度下已进入简并化状态的半导体，它在高温下也有可能因费米能级移出导带（或价带）而退回到弱简并甚至非简并状态。因此，重掺杂半导体发生简并化必有一个温度范围 $T_1 \sim T_2$。如果一种半导体因掺杂浓度超过简并化临界值而在 T_1 进入简并化状态，则温度继续升高至 T_2 时它也会退出简并化状态。因为重掺杂材料的 T_1 较低而 T_2 较高，所以半导体的杂质浓度越高，其维持简并化状态的温区越宽。

【例 2-4】 计算 300K 时掺 P 的 Ge 和 Si 的简并化临界掺杂浓度及其与导带底有效态密度之比。

解： ①对 Ge，将 P 的电离能 $\Delta E_D = 0.012\text{eV}$ 和电子有效质量 $m_n^* = 0.56m_0$ 代入式（2-98）进行计算，即得临界掺杂浓度为

$$N_{D,de} = 3.69 \times 10^{15} \times (0.56 \times 300)^{3/2} (1 + 2e^{(0.012/0.026)})\,\text{cm}^{-3} = 3.37 \times 10^{19}\,\text{cm}^{-3}$$

查表 2-1 知 Ge 的导带底有效态密度 $N_C = 1.05 \times 10^{19}\text{cm}^{-3}$，因此得 $N_{D,de}/N_C = 3.2$。

②对 Si，将以上计算中的 ΔE_D 值换为 0.044eV，m_n^* 值换为 $1.08m_0$，N_C 值换为 $2.8 \times 10^{19}\text{cm}^{-3}$，即得

$$N_{D,de} = 2.59 \times 10^{20}\,\text{cm}^{-3}, \qquad N_{D,de}/N_C = 9.25$$

此例表明，由于 Ge 中 P 的电离能较低，电子有效质量也较小，因此 Ge 的简并化临界掺杂浓度已接近式（2-96）给出的最低值 $2.295N_C$；而 Si 因电子有效质量相对较大，P 的电离能相对较高，简并化临界掺杂浓度则几乎是其导带底有效态密度的 10 倍。相比之下，Si 不大容易发生简并化。

3. 载流子冻析效应

以上讨论表明，简并化乃至弱简并半导体的掺杂浓度都比较高。按前节对杂质电离度的了解，这些杂质在半导体器件正常的工作温区并未完全电离，尚有部分载流子被“冻结”在杂质

能级上而对导电没有贡献，这种现象称为载流子冻析（Freeze-Out）效应。杂质浓度越高，载流子“解冻”（强电离）的最低温度越高；在掺杂浓度相同的情况下，杂质电离能越高，载流子“解冻”的最低温度也越高。因此对简并半导体和杂质电离能偏高的宽禁带半导体，在统计其室温载流子密度时，要考虑载流子的“冻析”效应，而不能以杂质全电离时的 $n_0 = N_D$ 或 $p_0 = N_A$ 近似处理。

这类问题的处理方式与前面讨论 N 型半导体杂质电离度的问题类似，所不同的只是 n_0 和 p_0 不能用玻耳兹曼分布函数而需用费米积分表示，即需用式（2-96）作为 N 型半导体的电中性条件。

在已知费米能级位置的情况下，问题比较简单，这时已知 ξ_C（或 ξ_V）的费米积分值可直接查表或用近似公式算出，然后利用式（2-96）或式（2-97）（或 P 型材料的相应公式）即可算出电离能已知的某种杂质的浓度。同时，更可由式（2-56）或式（2-58）算出该杂质的电离度。

在费米能级未知的情况下，首先要求出费米能级的位置。由于费米积分的出现，这个问题不像非简并半导体中的问题那么简单。这时需要根据所讨论的问题建立用简单函数表示费米积分的近似模型。例如，参考文献［5］中引用了一个适合于 $\xi<2$ 的费米积分近似表达式：

$$F_{1/2}(\xi) = \frac{2\sqrt{\pi}\exp(\xi)}{4+\exp(\xi)} \tag{2-101}$$

将此近似关系代入电中性条件式（2-96），加以整理后，得

$$8\exp\left(\frac{\Delta E_D}{kT}\right)[\exp(\xi_C)]^2 + \left(4-\frac{N_D}{N_C}\right)\exp(\xi_C) - 4\frac{N_D}{N_C} = 0 \tag{2-102}$$

该方程之解为

$$\exp(\xi_C) = \frac{-\left(4-\dfrac{N_D}{N_C}\right) + \left[\left(4-\dfrac{N_D}{N_C}\right)^2 + 128\dfrac{N_D}{N_C}\exp\left(\dfrac{\Delta E_D}{kT}\right)\right]^{1/2}}{16\exp\left(\dfrac{\Delta E_D}{kT}\right)} \tag{2-103}$$

同理，对 $\xi_V<2$ 的 P 型半导体，考虑到轻重空穴带二度简并时 $g_A=4$，相应地有

$$\exp(\xi_V) = \frac{-\left(4-\dfrac{N_A}{N_V}\right) + \left[\left(4-\dfrac{N_A}{N_V}\right)^2 + 256\dfrac{N_A}{N_V}\exp\left(\dfrac{\Delta E_A}{kT}\right)\right]^{1/2}}{32\exp\left(\dfrac{\Delta E_A}{kT}\right)} \tag{2-104}$$

在式（2-103）或式（2-104）中代入有关参数即可算出 $\exp(\xi)$，然后将算得的 $\exp(\xi)$ 代入式（2-101）算出费米积分 $F_{1/2}(\xi)$，再代入相应的电中性条件，即可得到 N 型或 P 型弱简并半导体中不同温度和掺杂条件下的电离杂质浓度或电离度，并因此看到冻析效应在不同条件下的强弱变化。

需要注意的是，计算 $\exp(\xi)$ 值所需要的等效态密度和杂质电离能等参数一般都是温度的函数，而讨论载流子“冻析”问题往往涉及高温和较宽的温度范围，因而要考虑到它们的变化。

【例2-5】 已知6H-SiC 中氮（N）的电离能为0.1eV，求室温下掺 N 的 N 型 6H-SiC 在 $\xi_C = -2$ 的弱简并状态的杂质浓度及电离度。已知 6H-SiC 的 $N_C = 8.9\times10^{19}\text{cm}^{-3}$。

解： 由已知条件 $\xi_C = -2$ 知 $\exp(\xi_C) = e^{-2}$，查表 2-2 知 $F_{1/2}(-2) = 0.115$，连同其他已知条件 N_C 和 ΔE_D 代入式（2-97），得

$$N_D = \frac{2\times8.9\times10^{19}}{\sqrt{\pi}} \times \left[1+\frac{2}{e^2}\exp\left(\frac{0.1}{0.026}\right)\right] \times 0.115\text{cm}^{-3} = 1.6\times10^{20}\text{cm}^{-3}$$

由式（2-56）知电离度

$$\frac{n_D^+}{N_D}=\frac{1}{1+2\exp\left(\frac{\Delta E_D}{kT}\right)\exp(\xi)}=\frac{1}{1+\frac{2}{e^2}\exp\left(\frac{0.1}{0.026}\right)}=7.3\%$$

此例说明，宽禁带半导体很不容易发生简并化，同时其室温下的杂质电离度也很低。

4. 禁带窄化效应

（1）重掺杂对半导体能带结构和载流子运动的影响

在简并半导体中，杂质浓度的升高使杂质原子之间距离缩短。一般情况下，当杂质原子的平均间距缩短到只有主体原子间距的 10 倍左右时，相邻杂质原子之间的相互作用就逐渐明显起来，对主体材料中的电子运动产生不可忽视的影响。在重掺杂情况下，杂质原子间距的缩小主要从以下 3 个方面对半导体的能带结构和载流子运动发生影响。

1）杂质带导电。杂质原子间距的缩小直接导致杂质原子之间电子波函数发生重叠，使孤立的杂质能级扩展为能带，通常称为杂质能带。杂质能带中的电子通过在杂质原子之间的共有化运动参与导电，称这种现象为杂质带导电。

2）电离能缩小。杂质原子间的电子波函数发生重叠，意味着被某个杂质中心束缚的电子也有可能出现在另一个杂质中心的束缚电子运动轨道上。这样，杂质中心对其束缚电子的约束力就会因重叠轨道上电子对势场的屏蔽作用而削弱。也就是说，杂质电离能 ΔE_D 或 ΔE_A 会因此而下降。波函数重叠程度越高，电离能下降越多，并最终会随着掺杂浓度的提高而下降至零。

实验证明，Si 中 B（硼）的电离能在其浓度达到 $8\times10^{18}/cm^3$时即接近于零，如图 2-10 所示。因此，当 Si 中 B 的浓度超过 $3\times10^{18}cm^{-3}$时，载流子的冻析效应基本消失，B 的电离度迅速上升至 100%。

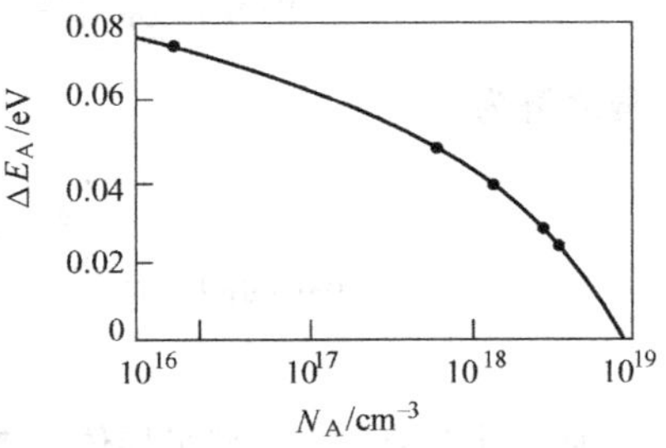

图 2-10　Si 中 B 的电离能与浓度的关系

3）禁带窄化。当施主杂质能带扩展到与导带底相接，或受主能带扩展到与价带顶相接，即形成了新的简并能带。由于杂质能带的态密度较低，在用态密度表示的能带图中，导带或价带由此而形成的附加部分犹如一个尾巴伸入到禁带之中，因而俗称带尾，如图 2-11 所示。这时禁带变窄，称为禁带窄化。禁带窄化对半导体的载流子统计会带来很大影响，必须认真对待。

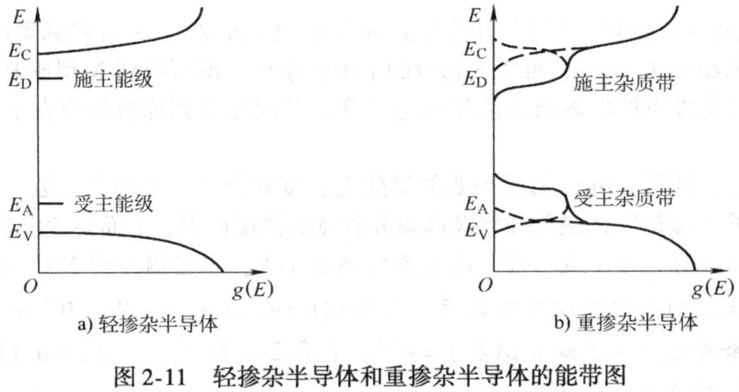

图 2-11　轻掺杂半导体和重掺杂半导体的能带图

（2）禁带窄化对载流子密度的影响

在前面对简并半导体的所有讨论中并未考虑禁带窄化。若考虑禁带窄化，重掺杂半导体中不但杂质电离度会有所提高，其本征载流子密度也会明显增大，因而少数载流子密度升高。

考虑了禁带窄化量ΔE_g之后，本征载流子密度公式（2-50）应改写为

$$n_{i窄}^2 = N_C N_V e^{-\frac{E_g - \Delta E_g}{kT}} = N_C N_V e^{-\frac{E_g}{kT}} e^{\frac{\Delta E_g}{kT}} = n_i^2 e^{\frac{\Delta E_g}{kT}} \quad (2\text{-}105)$$

（3）禁带窄化模型

描述半导体禁带窄化的理论公式为

$$\Delta E_g = \frac{3q^2}{16\pi\varepsilon_s}\sqrt{\frac{qN_D}{\varepsilon_s kT}} \quad (2\text{-}106)$$

由此模型可知，禁带窄化量取决于温度T、掺杂浓度N_D和材料的介电常数ε_s。对Si，代入室温下的相关数据，得

$$\Delta E_g = 2.25\times10^{-2}\sqrt{N_D/10^{18}} \quad (2\text{-}107)$$

在半导体器件模拟中一般采用下列经验公式表示禁带窄化：

$$\Delta E_g = C_g(F + \sqrt{F^2 + 0.5}) \quad (2\text{-}108)$$

式中，C_g是一个经验参数；F是一个与掺杂浓度有关的函数，其形如

$$F = \ln[(N_D + N_A)/N_g]$$

式中，N_g也是一个经验参数，具有表征禁带窄化临界杂质浓度的含义。当杂质浓度超过N_g时，禁带即开始变窄。经验参数C_g和N_g对不同材料取值不同，对Si分别为9×10^{-3}eV和$1\times10^{17}/\text{cm}^3$。

理论公式与经验公式的吻合情况如图2-12所示。两相比较可知，理论公式在掺杂浓度超过10^{19}cm^{-3}的范围对禁带窄化程度的估计偏高，而在掺杂浓度低于10^{19}cm^{-3}的范围估计偏低。但不管怎样，Si在掺杂浓度超过10^{17}cm^{-3}后即应考虑禁带窄化效应。

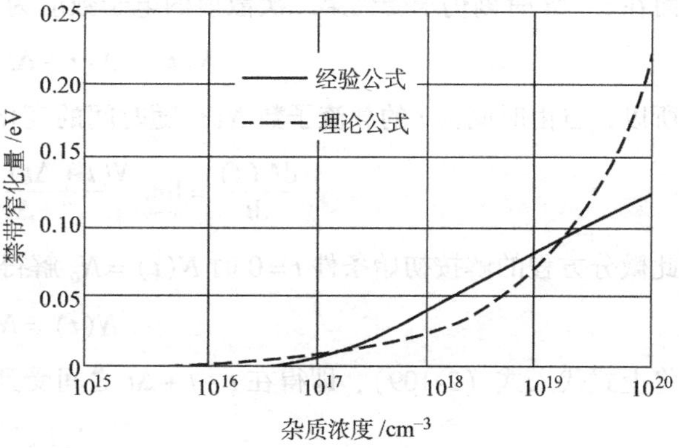

图2-12　Si的禁带窄化量随杂质浓度的变化（300K温度下）

2.4　载流子迁移率

前面两节讨论了半导体在热平衡状态下的载流子统计，了解了载流子密度随温度和掺杂浓度变化的基本规律，解决了电导率公式中两个重要参数之一——载流子密度的求解问题。下面将重点讨论电导率公式中另一个重要参数——载流子迁移率的基本理论问题，通过对决定迁移率大小的微观机构的了解，掌握迁移率随温度和杂质浓度变化的规律。

2.4.1　恒定电场下载流子漂移运动的微观描述

在有外加电场时，半导体中的载流子在电场力的作用下作加速运动。若电场持续存在，其漂移速度似乎应该不断提高，因而电流密度似乎也应不断增大。但事实正如欧姆定律的微分形式所预言的：在恒定电场的作用下，电流密度恒定不变。这岂非矛盾？

在一定温度下，半导体内部的大量载流子，即使没有电场作用，它们也不会静止不动。有温度就有动能，有动能就有速度，有速度就应该有电流，但无电场的导体和半导体在任何温度下皆无电流，这又是为什么呢？

这是因为导体和半导体中存在着能够随机改变载流子运动速度的微观机构，即散射机构。正是散射使得载流子的热运动成为一种无规则的运动，尽管其热速度可能很高，但其宏观位移为零，因为散射作用使所有载流子在两次散射之间积累起来的动量变为零，即平均速度（指一个系统的大量载流子的速度在任意时刻的统计平均，或一个任意载流子在长时间内随机变化的速度的统计平均）为零；在稳定的外加电场作用下，同样的原因使得载流子只能在有限时间——**平均自由时间**内受到电场的加速而获得有限的速度累积，产生一定的平均漂移速度。

1. 平均自由时间

载流子在连续两次被散射之间的时间称为**自由时间**。大量载流子自由时间的平均，或一个载流子在大量散射过程中的自由时间的平均，即定义为**平均自由时间**。载流子在连续两次散射之间经历的路程称为**自由程**。大量载流子的自由程平均，或一个载流子在大量散射过程中的自由程的平均，即定义为**平均自由程**。讨论带电粒子的散射问题，需首先求出平均自由时间。

考虑由 N_0 个载流子组成的系统，它们在 $t=0$ 时刻全部经受了一次散射，但发生第 2 次散射的时间对每个载流子从 $0\to\infty$ 各不相同。设 $N(t)$ 表示从 0 时刻开始的任意时刻 t 尚未遭受第 2 次散射的载流子数，每个载流子遭受散射的几率为 P，则在 t 时刻后一个趋于零的微小时间间隔 Δt 内被散射的载流子数就可写成

$$N(t)P\Delta t \tag{2-109}$$

而在 $t+\Delta t$ 时刻仍未受到第二次散射的电子数应为 $N(t+\Delta t)$，因而

$$N(t)-N(t+\Delta t)=N(t)P\Delta t$$

所以，自由时间为 t 的载流子数 $N(t)$ 随时间的变化率即可写成

$$\frac{\mathrm{d}N(t)}{\mathrm{d}t}=\lim_{\Delta t\to 0}\frac{N(t+\Delta t)-N(t)}{\Delta t}=-PN(t)$$

此微分方程的解按初始条件 $t=0$ 时 $N(t)=N_0$ 解得

$$N(t)=N_0\mathrm{e}^{-Pt}$$

将上式代入式（2-109），即得在 $t\sim t+\Delta t$ 之间受到散射的载流子的数目是

$$N_0P\mathrm{e}^{-Pt}\mathrm{d}t \tag{2-110}$$

这些载流子的自由时间皆为 t。对自由时间为 t 的载流子数从 $0\to\infty$ 积分，即得所有 N_0 个载流子自由时间的总合。于是 N_0 个载流子的平均自由时间即可写成该定积分与 N_0 之比，即

$$\tau=\frac{1}{N_0}\int_0^\infty N_0P\mathrm{e}^{-Pt}t\mathrm{d}t=\frac{1}{P} \tag{2-111}$$

从定义上说，平均自由时间的倒数就是一个载流子在单位时间里受到散射的平均次数。积分结果表明 $P=1/\tau$，这也就说明了散射几率的物理含义。

2. 平均漂移速度

现在用与此类似的方法求这 N_0 个载流子的平均漂移速度。考虑载流子在一维电场 $\mathcal{E}$ 作用下的运动。设载流子在 $t=0$ 时刻经受第一次散射后具有的初速度为 $\boldsymbol{v}_0$，在时刻 t 经受第二次散射时的即时速度为 $\boldsymbol{v}(t)$，则

$$\boldsymbol{v}(t)=\boldsymbol{v}_0+\frac{q\mathcal{E}}{m^*}t \tag{2-112}$$

式中，$q\mathcal{E}$ 表示一个带正电的载流子在电场 $\mathcal{E}$ 中所受之力；m^* 为其各向同性的有效质量。$q\mathcal{E}/m^*$ 即为载流子从电场获得的加速度。因为每一个载流子的 $\boldsymbol{v}_0$，或同一个载流子在每次散射之后的 $\boldsymbol{v}_0$，在大小和方向上都是随机变化的，所以对大量载流子的 $\boldsymbol{v}_0$ 或一个载流子在大量散射过程中

的 $\boldsymbol{v}_0$ 求和，其值为零。因此，用上式求平均速度无需考虑首项 $\boldsymbol{v}_0$，而只需对第二项积分，即平均漂移速度

$$\overline{\boldsymbol{v}} = \frac{1}{N_0}\int_0^{\infty} N_0 P \mathrm{e}^{-pt} \frac{q\mathcal{E}}{m^*} t\mathrm{d}t = \frac{q\tau}{m^*}\mathcal{E} \tag{2-113}$$

式中，$q\tau/m^*$ 在弱电场下应是一个与电场无关的量。因而此积分结果表明，电场中载流子的平均漂移速度与电场强度成正比。按照平均漂移速度的定义，比例常数 $q\tau/m^*$ 就是载流子的迁移率。

2.4.2 决定载流子迁移率的物理因素

1. 迁移率的定义

将式（2-113）与平均漂移速度的定义式（2-3）相比，可知半导体中电子和空穴的迁移率可分别表示为

$$\mu_n = \frac{q\tau_n}{m_n^*}, \quad \mu_p = \frac{q\tau_p}{m_p^*} \tag{2-114}$$

式中，τ_n 和τ_p 分别为电子与空穴的平均自由时间。**由此可知，半导体中载流子的迁移率决定于两个因素：一是载流子本身的有效质量；二是由散射机构决定的平均自由时间。**

因为电子和空穴的平均自由时间和有效质量一般都不相同，所以它们的迁移率一般也不相等。即使二者的平均自由时间相等，但电子有效质量一般小于空穴，所以，电子迁移率大于空穴迁移率。

当载流子的有效质量保持不变时，载流子的平均自由时间τ（亦即载流子的散射机构）就是决定迁移率大小的决定因素。由于散射机构比有效质量更容易受杂质、温度等外部因素的影响，因而是讨论迁移率时考虑的重点。

2. 多种散射机构同时起作用时的迁移率

半导体中一般总有几种散射机构同时存在，因而载流子被散射的几率应是各种散射机构的散射几率 P_{I}、P_{II}、P_{III}、…之和，即

$$P = P_{\mathrm{I}} + P_{\mathrm{II}} + P_{\mathrm{III}} + \cdots \tag{2-115}$$

总平均自由时间的倒数则为

$$\frac{1}{\tau} = P_{\mathrm{I}} + P_{\mathrm{II}} + P_{\mathrm{III}} + \cdots = \frac{1}{\tau_{\mathrm{I}}} + \frac{1}{\tau_{\mathrm{II}}} + \frac{1}{\tau_{\mathrm{III}}} + \cdots \tag{2-116}$$

对上式两边同除以 q/m_n^*，即得多种散射机构同时决定的迁移率与各散射机构单独作用下的迁移率之间的关系：

$$\mu^{-1} = \mu_{\mathrm{I}}^{-1} + \mu_{\mathrm{II}}^{-1} + \mu_{\mathrm{III}}^{-1} + \cdots \tag{2-117}$$

当各种散射机构的平均自由时间差别很大时，迁移率主要由平均自由时间较短的机构决定，其他机构的贡献可以忽略不计。

2.4.3 有效质量各向异性时的载流子迁移率

对电子有效质量各向异性的多能谷半导体，因为不同能谷中的电子沿同一电场方向的有效质量不同，所以迁移率与有效质量的关系要复杂一些。以 Si 为例，设电场沿 x 方向，则两个[100]能谷中的电子沿电场方向的有效质量是纵有效质量 m_l，相应的迁移率为 $\mu_1 = q\tau_n/m_l$；其余四个能谷中的电子沿电场方向的有效质量是横有效质量 m_t，相应的迁移率 μ_2 和 μ_3 则应等于 $q\tau_n/m_t$。设电子密度为 n，每个能谷分布的电子数相等，即各有 $n/6$ 个电子，则电流密度 J_x 应是六个能谷

中电子对电流贡献的总和，即

$$J_x = \frac{n}{3}q\mu_1\mathcal{E}_x + \frac{n}{3}q\mu_2\mathcal{E}_x + \frac{n}{3}q\mu_3\mathcal{E}_x = \frac{1}{3}nq(\mu_1+\mu_2+\mu_3)\mathcal{E}_x \tag{2-118}$$

按欧姆定律的微分形式，式中的$(\mu_1+\mu_2+\mu_3)/3$应与迁移率μ_n等效，即

$$\mu_n = \frac{1}{3}(\mu_1+\mu_2+\mu_3) = \frac{1}{3}\left(\frac{q\tau_n}{m_l} + 2\frac{q\tau_n}{m_t}\right) \tag{2-119}$$

欲使此μ_n也具有与式（2-114）中的μ_n同样的形式，只需定义

$$\frac{1}{m_n^*} = \frac{1}{3}\left(\frac{1}{m_l} + \frac{2}{m_t}\right) \tag{2-120}$$

按此法定义的m_n^*称为电子的电导有效质量，用电导有效质量定义的μ_n称为电导迁移率。

以上论证表明，对导带底由多个等价能谷构成的半导体，其电子迁移率仍可按式（2-114）定义，但式中的有效质量应为电导有效质量，由m_l和m_t按式（2-120）确定。Si的$m_l=0.98m_0$，$m_t=0.19m_0$，所以Si中导带电子的电导有效质量为$0.26m_0$，比导带电子的态密度有效质量小。

可以证明，虽然式（2-120）是从Si这个特例推导出来的，其等价能谷分布在六个等价<100>方向上，但是等价能谷不在<100>方向而在<111>或<110>等其他方向的半导体，只要其能谷的等能面为旋转椭球面，其电子的电导有效质量都由m_l和m_t按式（2-120）确定。

GaAs等直接禁带半导体具有各向同性的电子有效质量，大多数常用半导体的价带顶也都在布里渊区中心，其等能面虽然不是标准的球面，但仍有一定的中心点对称性，通常也按各向同性看待，均无须由m_l和m_t按式（2-120）求电导有效质量。在这种情况下，电导有效质量也就是态密度有效质量。

当然，在有轻、重空穴之分的情况下，电导有效质量也要用轻空穴有效质量$m_{p轻}$和重空穴有效质量$m_{p重}$按式（2-26）折合。Si中轻、重空穴的折合质量是$0.59m_0$，比其电子的电导有效质量大一倍多，所以Si中空穴的迁移率比电子迁移率低。

【例2-6】 求Si中电子在强度为10^4V/m的电场强度作用下的平均自由时间和平均自由程。设Si中$\mu_n=1450\text{cm}^2\cdot\text{s}^{-1}/\text{V}$。

解： 由迁移率的定义式（2-114）知平均自由时间

$$\tau_n = m_n^*\mu_n/q$$

对Si，式中的m_n^*应按电导有效质量取值为$0.26m_0$。此题适合按m、kg、s单位制计算，因此首先将$\mu_n=1450\text{cm}^2\cdot\text{s}^{-1}/\text{V}$化为$\mu_n=0.145\text{m}^2\cdot\text{s}^{-1}/\text{V}$，然后连同$m_n^*=0.26\times9.1\times10^{-31}$kg和电子电量$q=1.6\times10^{-19}$C一并代入，解得

$$\tau_n = \frac{0.26\times9.1\times10^{-31}\times0.145}{1.6\times10^{-19}}\text{s} = 3.43\times10^{-13}\text{s}$$

平均自由程为平均自由时间与漂移速度的乘积，即

$$\bar{L}_n = \tau_n v_d = \tau_n\mu_n\mathcal{E}$$

代入有关数据，即得

$$\bar{L}_n = 3.43\times10^{-13}\times0.145\times10^4\text{m} = 5.0\times10^{-10}\text{m}$$

由此题计算结果知Si中电子平均每秒经历近3万亿次散射，在10^4V/m的电场下每次散射后平均行程0.5nm。

2.5 载流子散射及其对迁移率的影响

如前所述，载流子在运动过程中随机改变其运动方向或速度高低的现象称为散射。本节着重讨论半导体中的主要散射机构及其对载流子迁移率的影响。

2.5.1 散射的物理本质

半导体中的载流子运动本质上是一种在晶格周期势场中传播的波，周期势场的任何永久性或临时性改变都会引起载流子运动状态的改变。因此，晶格周期势场对其理想状态的任何偏离即构成对载流子的散射机构。

把周期势场的改变看成是在周期势场上叠加一个附加势场 ΔV。附加势场 ΔV 引起能带中的电子在不同 $\boldsymbol{k}$ 状态间跃迁。也就是说，原来沿某一个方向以 $\boldsymbol{v}(\boldsymbol{k})$ 运动的电子，附加势场可以将它散射到其他某个方向，变为以速度 $\boldsymbol{v}(\boldsymbol{k}')$ 的运动。当然，跟光的散射一样，只当附加势场的线度跟电子的波长同数量级时，散射机构才能有效散射电子。室温下电子的波长大约在 10nm 数量级。符合这个原则的散射机构在半导体中主要有电离杂质、晶格振动以及中性杂质和晶格缺陷等。

散射可以是各向同性的，也可以是各向异性的；可以是无能量改变的弹性散射，也可以是有能量改变的非弹性散射。电离杂质的散射一般是弹性散射，而电子在被晶格振动散射的时候一般要同晶格交换能量，因而是非弹性散射。

2.5.2 电离杂质散射及其对迁移率的影响

1. 电离杂质散射

常温下，半导体中的杂质大部分处于电离状态。施主杂质电离后成为一个带正电的离子，受主杂质电离后成为一个带负电的离子。这样，在晶格的周期势场中就会叠加上它们的库仑势场，使周期势场发生畸变。当载流子运动到这个附加势场的作用范围之内时，其运动方向就会因附加势场的引力或斥力而改变。就电子而言，当其运动到带正电的电离施主附近时，受正电荷的吸引，其运动方向就会向接近施主的方向偏离，如图 2-13a所示；当其运动到带负电的电离受主附近时，受负电荷的排斥，其运动方向就会向远离受主的方向偏离，如图 2-13b 所示。图中同时也画出了空穴被电离施主和电离受主附加势场散射的情形，其轨迹的偏转正好相反。电离杂质对运动载流子的散射十分类似于 α 粒子在原子核附近的散射，其运动轨迹是以电离杂质为一个焦点的双曲线。

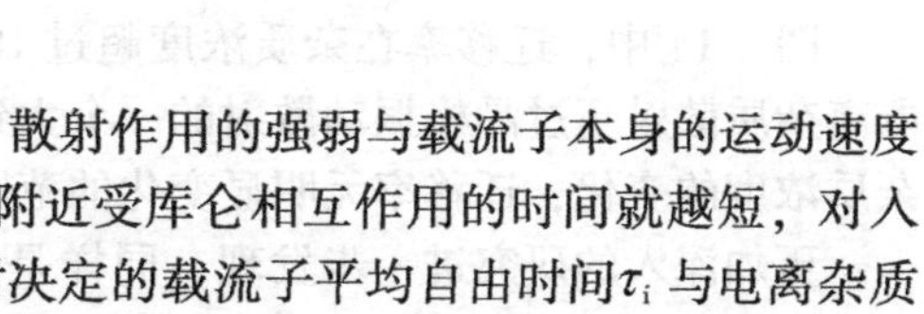

a) 电离施主散射　　b) 电离受主散射

图 2-13　电离杂质对电子和空穴的散射示意图

电离杂质的散射是一种方向改变不大的小角散射，散射作用的强弱与载流子本身的运动速度（即动能）有关。运动载流子的速度越高，在电离杂质附近受库仑相互作用的时间就越短，对入射方向的偏离就越小。理论分析表明，由电离杂质散射决定的载流子平均自由时间 τ_i 与电离杂质浓度 N_i 成反比，而与载流子动能的 3/2 次方成正比。因为载流子的动能正比于 kT，这关系也可写成 $\tau_i \propto T^{3/2}/N_i$。于是，当半导体中只存在电离杂质散射这样一种散射机构时，载流子的迁移率与电离杂质浓度和温度的关系表示为

$$\mu_i \propto N_i^{-1} T^{3/2} \tag{2-121}$$

此关系式表明：电离杂质浓度 N_i 越高，载流子遭受散射的机会就越多，迁移率就越低；而

温度越高，载流子的平均热速度就高，就可以较快地从杂质离子附近掠过而不易被散射，迁移率就高。

需要注意的是：

1）式（2-121）所表示的 $T^{3/2}$ 关系只适合于杂质完全电离的情况。在杂质电离度还会随着温度变化的温区，由于 N_i 随着温度上升而指数上升，迁移率主要受 N_i 的控制，迁移率随温度变化的客观反映仍然是随着温度的升高而下降，而不会随着温度的升高而升高。

2）N_i 指所有电离杂质，不分极性，即在 N_D 和 N_A 完全电离时，$N_i = N_D + N_A$。

2. 不同掺杂浓度下的载流子迁移率

按式（2-121），在固定的温度下，受制于电离杂质散射的载流子迁移率与电离杂质浓度成反比，若杂质完全电离，也就是与掺杂浓度成反比。在杂质完全电离的前提下，测量一种半导体在不同掺杂浓度下的电导率，就可以推算出这种半导体的载流子迁移率与掺杂浓度的关系。图2-14分别表示室温下 Ge、Si、GaAs 这三种典型半导体中电子和空穴的迁移率与电离杂质浓度的关系。从图中可以看到，在总的变化趋势上，载流子的迁移率确实是随着电离杂质浓度的升高而下降的，只是在轻掺杂范围，迁移率的变化并不明显，尤其是 Si，这从图中的数值表可以看得更加清楚。不过，轻掺杂范围迁移率变化不大并不意味着式（2-121）与实验事实不符，而是因为在 300K 实验温度下，晶格振动的散射作用比低浓度电离杂质的散射作用强，从而掩盖了电离杂质的影响。稍后在反映迁移率随温度变化的实验曲线中就会看到，在晶格散射较弱的较低温度下，载流子迁移率在 $10^{14} \sim 10^{16}\mathrm{cm}^{-3}$ 的掺杂范围也会随着掺杂浓度的提高而明显下降。

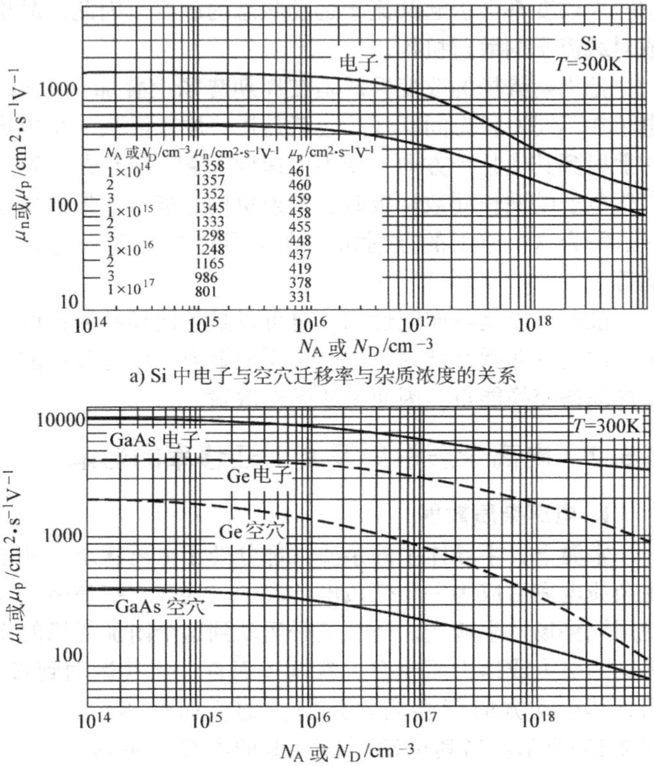

a) Si 中电子与空穴迁移率与杂质浓度的关系

b) Ge、GaAs 中电子与空穴迁移率与杂质浓度的关系

图2-14 室温下 Ge、Si、GaAs 中电子与空穴迁移率与杂质浓度的关系㊀

图 2-14 中，迁移率在杂质浓度超过 $10^{16}\mathrm{cm}^{-3}$ 之后明显下降的事实说明，这个浓度是室温下电离杂质散射超过晶格振动散射的一个大致界限。如果在更高的温度下测量载流子迁移率随电离杂质浓度的变化，迁移率无明显变化的范围会更宽，使迁移率明显下降的杂质浓度也会更高。

更加深入的研究进一步发现，同样是 Si，在掺杂浓度较高的情况下，P 型 Si 中的电子比 N 型 Si 中的电子迁移率高，N 型 Si 中的空穴也比 P 型 Si 中的空穴迁移率高。也就是说，同种载流子作为少数载流子出现时迁移率较高。不仅如此，它们随着杂质浓度的变化而变化的幅度也会有所不同。当掺杂浓度（也即多数载流子密度）升高时，少数载流子迁移率的下降幅度较小。对此，读者可以通过本章习题 11 的练习加深印象，进一步理解。

㊀ 转引自参考文献［11］。

2.5.3 晶格振动散射及其对迁移率的影响

1. 格波

固体物理学关于晶格动力学的讨论表明，晶体中的原子依靠键合力相互连接，非零温度下每个原子在其点阵位置附近的振动都将通过这种连接在晶体中传播，形成整个晶体的晶格振动波。理论上将晶格振动波看成是由每个原子不同的基本波动按照波的叠加原理组合而成的，这些基本波动称为格波。

（1）格波的表示

格波的描述与电子波相似，也用波矢作为基本参数。为了区别，用 $\boldsymbol{q}$ 表示，其方向代表格波的传播方向，其大小为格波波长 λ 倒数的 2π 倍，即 $|q| = 2\pi/\lambda$。同一晶体中具有相同 $\boldsymbol{q}$ 的格波不止一个，具体数目决定于一个晶格原胞所包含的原子数以及原子振动的方向关系。

格波根据相邻原子在振动过程中相对位移方式的不同分为声学波和光学波两种模式，每种模式按原子位移与波传播方向的关系分为一纵二横。

大多数半导体（包括元素型半导体 Si、Ge 和金刚石）的原胞中包含两个原子。振动中同一原胞的两个原子沿同一方向运动，即**原胞的质心跟原子一起振动，称为声学波**（声学模）；振动中两个原子的运动方向相反，即**原胞质心不动，称为光学波**（光学模）。

从原子的振动方式看，原子位移方向与波的传播方向之间有三种关系：一种是原子位移与波的传播方向平行，如同为 z 方向；另外两种是原子位移与波的传播方向垂直，即原子位移沿 x 或 y 方向，波仍沿 z 方向传播。前者叫纵波，后者叫横波。

单原子晶体的格波只有声学模式，每一个 $\boldsymbol{q}$ 只对应一纵二横三支格波。

双原子晶体的格波有光学和声学两种模式，每种模式有一纵二横三支格波，因此每一个 $\boldsymbol{q}$ 就有六支不同的格波。这六支格波的频率及其振动方式各不同，频率与波矢之间的关系也有差异。

由 N 个原胞构成的晶体，共有 N 个不同的波矢 $\boldsymbol{q}$，$6N$ 个不同的格波。这些格波按上述规律分为六支。频率较低的三支格波即为声学波，频率较高的三支即为光学波。

（2）格波的色散关系

格波频率（即能量）与波矢之间的关系称为色散关系，也称晶格振动谱。图2-15 为 Ge、Si、GaAs 中沿［100］方向传播的六支格波的频率 ν 与波矢 $\boldsymbol{q}$ 的关系。由于两支横波的 $\nu - q$ 关系相同，每张谱中只有四条谱线。其中，LA 和 LO 分别表示纵声学波和纵光学波，TA 和 TO 分别表示横声学波和横光学波。

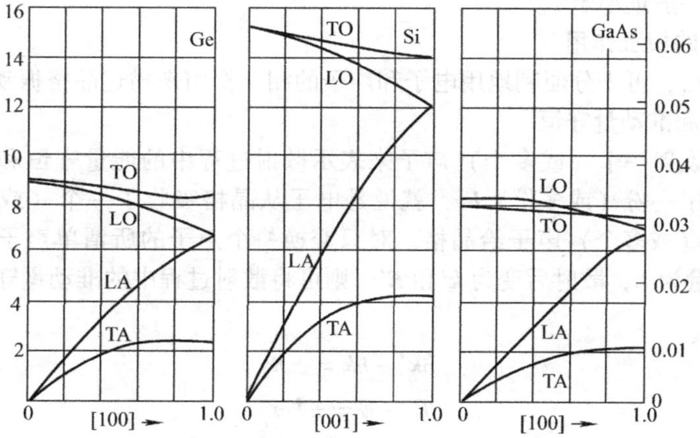

图 2-15 Ge、Si、GaAs 沿［100］方向传播的晶格振动谱㊀

㊀ 转引自参考文献［3］。

在振动频率方面，声学波和光学波之间存在着显著的差别，光学波的频率较高，且随波矢变化比较平缓，尤其在长波范围基本不随波矢变化，是一个常数。而长声学波的频率与其波数成正比，即 $2\pi\nu$ 正比于 $\boldsymbol{q}$，或正比于 $2\pi/\lambda$，$\lambda\nu$ = 常数，这个常数就是波速。实际上长声学波就是弹性波，即声波。

2. 声子

当晶格振动不是很强烈时，格波是简谐波，格波之间的相互作用可予忽略，其存在相互独立。用独立简谐振子的振动来表述格波的独立模式。**声子就是简谐振子的能量子**。频率为 ν 的格波，其能量只能按 $h\nu$ 的整数倍变化，即其能量可表示为

$$E_n = \left(n + \frac{1}{2}\right)h\nu \tag{2-122}$$

式中，n 为整数。同时，$\hbar\boldsymbol{q}$ 也具有动量的性质，代表波矢为 $\boldsymbol{q}$ 的格波的准动量。因此，将量子数为 n 的格波看成是能量为 $E_n = \hbar\omega(\omega = 2\pi\nu)$，准动量为 $\hbar\boldsymbol{q}$ 的准粒子（声子）。这里，角频率 ω 和波矢 $\boldsymbol{q}$ 之间具有晶格振动谱上的对应关系。

声子（Phonon）概念的引入，将原本具有相互作用的 $3N$ 个原子的振动化为 $3N$ 个独立谐振子的振动。这样，当晶格因与其他物质（如电子、光子）的相互作用而发生振动状态的变化时，一个频率为 ν 的格波只能以 $h\nu$ 的整数倍增减其能量。

$h\nu/2$ 代表格波的零声子能量。所有不同频率格波的平均能量之和即为晶格振动的总能量。

声子属于玻色子，跟光子一样，其统计分布服从玻色－爱因斯坦关系，即波矢为 $\boldsymbol{q}$、能量为 $\hbar\omega_q$ 的声子数可表示为

$$N_q = \left[\exp\left(\frac{\hbar\omega_q}{kT}\right) - 1\right]^{-1} \tag{2-123}$$

忽略零声子能量，则频率为 ω_q 的格波的平均振动能就是

$$\overline{E} = \hbar\omega_q\left[\exp\left(\frac{\hbar\omega_q}{kT}\right) - 1\right]^{-1} \tag{2-124}$$

当 $\hbar\omega_q \ll kT$ 时，利用近似关系 $e^x \approx 1 + x$（当 $x \ll 1$），由上式可知格波的平均振动能就是 kT，与经典统计的能量均分率一致。在图 2-15 中可以看到，长波声学声子的能量很小，其数量级在 meV 上下，而室温下 kT 为 26meV，说明这种格波每个模式能包含数十个声子。但是，光学声子能量较高，从图 2-15 可以看到大多在 30meV 之上，比室温下的 kT 大。由式（2-123）可知，室温下光学声子数一般远小于 1。

3. 电子与声子的相互作用

引入声子概念后，可十分便利地用电子和声子的相互作用来描述晶格振动对电子的散射。

（1）能量守恒和准动量守恒

用电子吸收或发射一个（或多个）声子来表示散射过程中的能量守恒和准动量守恒。当散射使格波能量减少了一份（或多份）$h\nu$，就说是电子从晶格吸收了一个（或多个）声子，反之就是电子放出一个（或多个）声子给晶格。对只交换一个声子的所谓单声子过程，若散射前电子的波矢为 $\boldsymbol{k}$，能量为 E，散射后变为 $\boldsymbol{k}'$ 和 E'，则可将散射过程中的准动量守恒和能量守恒分别表示为

$$\hbar\boldsymbol{k}' - \hbar\boldsymbol{k} = \pm\hbar\boldsymbol{q} \tag{2-125}$$

$$E' - E = \pm\hbar\omega_q \tag{2-126}$$

式中，正号表示电子吸收一个频率为 ω_q 的声子；负号表示发射一个频率为 ω_q 的声子。显然，电子只能发射能量小于自身能量的声子，但可以吸收能量大于自身能量的声子。

（2）电子—声子相互作用的选择性

由于声学波尤其是长声学波的声子能量较小，吸收或发射长声学声子的散射对电子能量的改变不大，属于弹性散射；光学声子能量较大，吸收或发射光学声子的散射对电子能量的改变较大，这种散射是非弹性散射。

电子在弹性散射中吸收或发射长波声学声子，且电子的波矢 $\boldsymbol{k}$ 的变化很小，因而散射前后都在同一能谷之内，称为谷内散射。换言之，电子的谷内散射只能选择吸收或发射长波声学声子。

与谷内散射相反的散射是谷间散射。谷间散射分等价能谷间的散射（如 Si 中电子从［100］能谷到［010］能谷的散射）和不等价能谷间的散射（如 GaAs 中电子从 Γ 能谷到 L 能谷的散射）。这两种谷间散射的共同特点是散射前后载流子的准动量变化较大，所以一般只能选择吸收或发射短波声子。由于等价谷间散射能量变化不大，而短波声子，即使是短波声学声子的能量也比较大，因而等价谷间散射若因吸收或发射一个短波声子而发生，则必须同时发射或吸收一个高能量声子，发生几率不会很高；而不等价谷间散射因为能量变化也大，短波声学声子和短波光学声子都有可能参与，但要在高温下声子数足够大时才能发生。

室温下，电子热运动速度约为 10^5m/s，相应的波长约为 10^{-8}m。当电子和声子相互作用时，根据准动量守恒，声子动量应和电子动量数量级相同，即格波波长也应是 10^{-8}m。晶体中原子间距约为 10^{-10}m，因而**对电子起主要散射作用的是波长在几十个原子间距以上的长波**。

（3）典型的电子—声子相互作用

作用一：长纵声学波通过对点阵原子疏密状态的周期改变引入形变势散射

在长声学波中，只有纵波在散射中起主要作用。晶体中的长纵声学波和气体中的声波类似，传播时会造成原子分布的疏密变化，产生体变，即疏处膨胀、密处压缩。在一个波长的范围内，半边晶格处于压缩状态，原子间距缩小；另一半晶格处于膨胀状态，原子间距增大。能带理论的紧束缚近似指出，晶体的禁带宽度会随着原子间距的变化而变化，在疏处变窄，密处展宽，使能带结构发生如图 2-16所示的波形起伏。这样，同是处于导带底的电子或价带顶的空穴，在半导体内的不同地点，其能量就会有差别。所以，纵波引起的能带起伏，如同产生了一个附加势场，破坏了原来势场的严格周期性，对载流子产生散射作用。

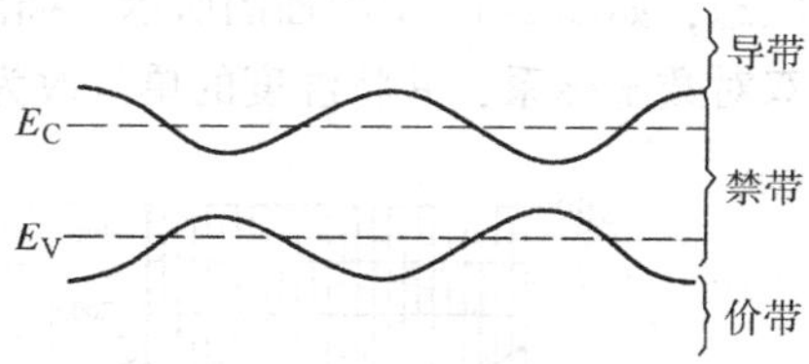

图 2-16　纵波引起能带的波形起伏

理论分析表明，长纵声学波的强度与温度 T 成正比，载流子受其散射的几率正比于载流子自身的热速度，而载流子的热速度正比于温度 T 的平方根。因此，当载流子的散射以长纵声学波为主时，由晶格振动单独决定的载流子迁移率与温度之间的关系应为

$$\mu_S \propto T^{-3/2} \tag{2-127}$$

横声学波在晶体中会产生一定的切变。对具有多个导带极小值，且等能面为旋转椭球的 Ge 和 Si 来说，晶格的切变也会引起能带极值的变化。因此，横声学波对这一类半导体也有一定的散射作用。

作用二：离子性晶体中，长纵光学波通过正、负电荷分布状态的改变引入极化势散射

在离子性晶体中，每个原胞包含正、负两个离子。在光学模式中，这两个离子的位移相反。分别观察每种离子，它们在纵光学波中也会像纵声学波那样形成疏密相间的区域。但是，由于正、负离子位移相反，在半个波长范围内正离子的密区就会和负离子的疏区相合，正负相消后净余正电荷；而另半个波长范围内则是正离子的疏区和负离子的密区相合，正负相消后净余负电荷，从而使半个波长的区域带正电，另半个波长的区域带负电，产生对载流子起散射作用的附加势场，称这种散射为极化势散射。

横光学波不会引起两种原子的疏密变化，不产生明显的极化势散射。

显然，极化势散射只在离子性较强的半导体中才有重要的散射作用。

作用三：光学波在元素半导体中引起不等价原子的相对位移，同样引入形变势散射

光学波中不等价原子（如金刚石原胞中的体心原子和顶角原子）的相对位移，不管是纵波还是横波，同样会引起晶格畸变，引入形变势散射。

由于光学声子的能量较大，载流子被光学波散射时，无论是极化势散射还是形变势散射，光学声子的平均数目是决定散射几率的主要因素。参照式（2-123）可知，在 $T < \hbar\omega/k$ 的低温区，散射几率因平均声子数太少而极低；但在 $T > \hbar\omega/k$ 的高温区，平均声子数随着温度的升高而指数增大，散射几率就会迅速增大。因此，光学波散射在低温下不起什么作用，但在高温下对载流子的散射作用很强。载流子在受到长纵光学波的散射时，其迁移率会随着温度的升高而指数下降。

由光学波散射决定迁移率的高低时，迁移率对温度的依赖关系可表示为

$$\mu_o \propto \left[\exp\left(\frac{\hbar\omega}{kT}\right) - 1\right] \tag{2-128}$$

4. 晶格散射作用下迁移率随温度的变化

图 2-17 表示不同掺杂浓度的 Si 中电子及空穴迁移率随温度的变化情况。在纯度较高的半导体材料中（对 Si，指杂质浓度总计不超过 10^{16}cm^{-3}），电离杂质在图示温度范围内的散射作用不大，晶格散射起主要作用，迁移率随着温度的升高而降低，虽然不太符合式（2-127）所示的 $T^{-3/2}$ 关系，但具有类似的 T^{-n} 关系，符合声学波散射的基本规律，尤其在杂质浓度很低的近本征状态，如图 2-17 中的插图所示。插图实际上只是将 $N_D = 10^{14}\text{cm}^{-3}$ 和 $N_A = 10^{14}\text{cm}^{-3}$ 的曲线另绘于双对数坐标系，并将温度的单位改为 K，为的是便于确定 T^{-n} 关系中的指数 n。

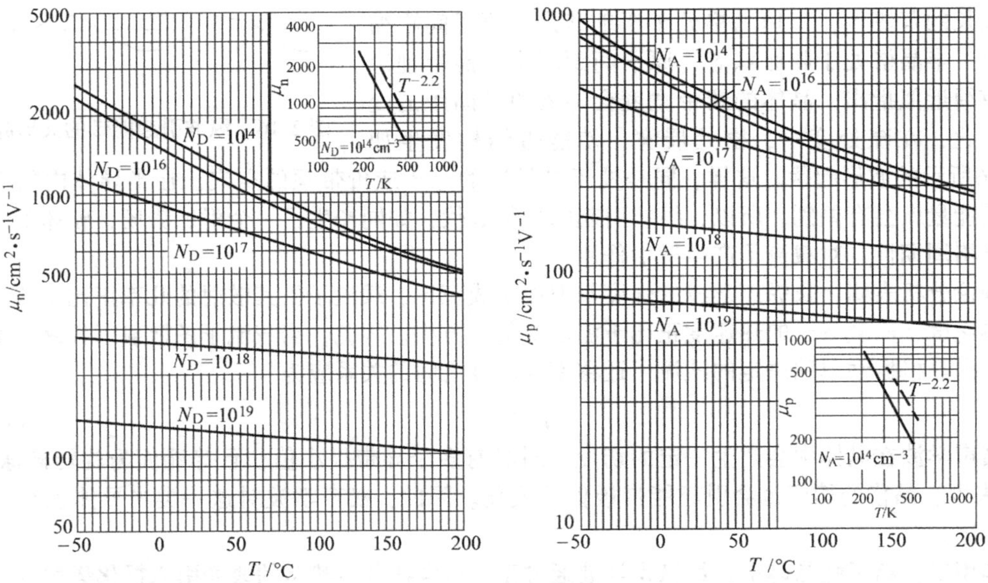

a) 电子迁移率随温度变化的曲线　　b) 空穴迁移率随温度变化的曲线

图 2-17　不同掺杂浓度的 Si 中电子迁移率和空穴迁移率随温度变化的曲线[㊀]

由于电离杂质散射对迁移率温度特性的影响与晶格散射相反，为 $T^{3/2}$ 关系，在杂质浓度提高到可使电离杂质散射与晶格散射相比时，迁移率随温度升高而下降的趋势即变得不太显著，反映了电离杂质散射在较高温度下的重掺杂材料中不可忽视的作用。

㊀ 转引自参考文献［12］。

2.5.4 其他散射机构

在半导体中，除电离杂质散射和晶格振动散射之外，还存在一些其他散射机构。

1. 中性杂质散射

没有电离的中性杂质虽然不产生明显的附加势场，但其大小和电负性与主体原子总有一定差别，也会对晶格周期性势场产生一定微扰作用而引起载流子散射。但它只在杂质浓度很高的重掺杂半导体中，且在晶格振动散射和电离杂质散射都很微弱的低温下才起作用。

2. 位错散射

对刃型位错而言，位错线上的原子共价键不饱和，易于俘获电子成为受主中心或释放未饱和电子成为施主中心。在N型半导体中，位错线容易俘获其邻近施主杂质施放的电子而成为一串负电中心，在其周围分布着带正电荷的电离施主，从而形成了一个圆柱形的正空间电荷区。同理，P型半导体中也会围绕位错线形成一个圆柱形的负空间电荷区。该圆柱体虽然整体呈电中性，但其内部存在电场，因而会对载流子起散射作用。对一个圆柱型的空间电荷区而言，电子运动与之垂直时所受散射较大，与之平行时所受散射较小，因而位错散射是各向异性的。显然，位错散射的散射几率和位错密度有关。实验表明，当位错密度低于$10^4 cm^{-2}$时，位错散射并不显著。因此对晶体生长技术已很成熟的半导体，位错散射可以忽略。

位错还会通过形变势的引入产生附加势场，但其作用不如饱和悬键产生的附加势场明显。

3. 合金散射

随着半导体能带工程的开展，半导体合金（固溶体）得到广泛应用。

化合物半导体合金一般总含有两种同族原子。按这两种原子的排列是随机还是有序，半导体合金的结构有所不同。以$Al_xGa_{1-x}As$合金为例，当$x=0.5$时，其中的两种Ⅲ族原子可以是有序排列的，即晶体由一层GaAs和一层AlAs交替排列组成。但也有可能不是这样，形成Al和Ga原子在晶体中的随机排列。随机排列对晶格周期势场自然就是一种微扰，因而产生对载流子的散射作用，称为合金散射。由于合金散射这种固溶体特有的散射机构的存在，半导体固溶体中载流子的迁移率变化很大。例如，对电子密度为$1\times10^{14} cm^{-3}$的$In_{0.5}Ga_{0.5}As$固溶体，50K低温下实验测定的电子迁移率一般为$5\times10^4 cm^2/(V\cdot s)$左右，而按In原子和Ga原子有序排列计算的电子迁移率为$4\times10^5 cm^2/(V\cdot s)$，相差一个数量级。

4. 载流子之间的散射

这种散射是两个移动电荷之间的库仑相互作用，在重掺杂和大注入情况下尤显突出。

值得注意的是，谷间散射只是一种散射方式或效果，而不是一种散射机构。

2.6 半导体的电阻率及其与掺杂浓度和温度的关系

2.6.1 半导体的电阻率

因为半导体的电阻率可用多种方法直接测量而电导率却不能，所以工程中经常用电阻率而不是电导率来表示半导体材料的主要电学性能。另外，一些器件的重要参数与材料性能的关系也常常直接用电阻率来表示，如二极管的击穿电压

$$U_B = m\rho^n$$

根据电阻率与电导率的倒数关系，可将N型、P型和本征半导体的电阻率表示为

$$\rho_n = \frac{1}{qn_0\mu_n},\quad \rho_p = \frac{1}{qp_0\mu_p},\quad \rho_i = \frac{1}{qn_i(\mu_n+\mu_p)} \tag{2-129}$$

室温下，本征 Ge 的电阻率约为 47Ω·cm（1Ω·cm = 1×10^{-2}Ω·m），本征 Si 的电阻率约为 2.3×10^{5}Ω·cm，而本征 6H-SiC 的电阻率高达 3.8×10^{21}Ω·cm。

由式（2-129）看出，一般情况下半导体电阻率的高低与其载流子密度跟迁移率的乘积成反比，而载流子的密度和迁移率都与半导体的杂质浓度和温度有关。所以，在温度不变的情况下，半导体的电阻率因所含杂质及其浓度的不同而差异很大；在所含杂质及其浓度不变的情况下，半导体的电阻率还会随着温度的变化在良导体和绝缘体的电阻率之间连续变化。

若两种载流子的迁移率相等，本征电阻率无疑是这种材料的最高电阻率。但大多数半导体中两种载流子的迁移率相差悬殊，低迁移率载流子的密度适当高时的电阻率才是这种材料的最高电阻率。为求最高电阻率所对应的载流子密度，将电导率公式改写成

$$\sigma = q(n_0\mu_n + p_0\mu_p) = q(\mu_n n_i^2/p_0 + \mu_p p_0)$$

用求极大值的方法求解上式可知，当

$$p_{0,\min} = n_i\sqrt{\mu_n/\mu_p} \tag{2-130}$$

时材料取最低电导率。相应的最高电阻率即

$$\rho_{\max} = \frac{1}{2qn_i\sqrt{\mu_n\mu_p}} \tag{2-131}$$

【例 2-7】 计算 InSb 的本征电阻率和最高电阻率。已知 InSb 在室温下的 $\mu_n = 75000\text{cm}^2/(\text{V·s})$，$\mu_p = 750\text{cm}^2/(\text{V·s})$，$n_i = 1.6\times10^{16}\text{cm}^{-3}$。

解：将有关数据代入式（2-129），即得 InSb 的本征电阻率

$$\rho_i = \frac{1}{qn_i(\mu_n+\mu_p)} = \frac{1}{1.6\times10^{-19}\times1.6\times10^{16}\times(75000+750)}\Omega\cdot\text{cm} = 5.16\times10^{-3}\Omega\cdot\text{cm}$$

再将有关数据代入式（2-131），即得 InSb 的最高电阻率为

$$\rho_{\max} = \frac{1}{2qn_i\sqrt{\mu_n\mu_p}} = \frac{1}{2\times1.6\times10^{-19}\times1.6\times10^{16}\times\sqrt{75000\times750}}\Omega\cdot\text{cm} = 2.58\times10^{-2}\Omega\cdot\text{cm}$$

由此例可以澄清两个概念：

1）半导体在载流子密度最低时电阻率不一定最高，空穴迁移率低的材料，其电阻率最高时一定是 P 型，即空穴密度高于同温度下的本征载流子密度。

2）InSb 是典型的半导体，但其最高电阻率其实很低。若按参考文献［5］中附表 B2 对 InSb 的 μ_n 取 $5.25\times10^5\text{cm}^2/(\text{V·s})$，对重、轻空穴的 μ_p 分别取 $850\text{cm}^2/(\text{V·s})$ 和 $3\times10^4\text{cm}^2/(\text{V·s})$，对 n_i 取 $1.89\times10^{16}\text{cm}^{-3}$，则算出的本征电阻率和最高电阻率可与很多金属相比。

2.6.2 电阻率与掺杂浓度的关系

图 2-18 是 Si、GaAs、GaP 和 Ge 在 300K 时电阻率随杂质浓度变化的曲线。这是实际工作中常用的曲线，适用于非补偿或轻度补偿的材料。

在轻掺杂范围（对一般材料大约在 10^{16}cm^{-3}以下），室温下杂质全部电离，载流子密度近似等于杂质浓度，而迁移率基本为一常数，因而材料的电阻率与杂质浓度成简单的反比关系，在双对数坐标系中近似为直线。在杂质浓度升高到 10^{15} ~ 10^{16}cm^{-3}之后，所有曲线因迁移率的非线性下降而明显偏离线性。同时，在更高的掺杂浓度下，杂质在室温下不能完全电离也加重了这种偏离。当然，这种偏离应当是向着电阻率高的方向，而 n 型砷化镓首先是明显向低电阻率方向偏，是一个例外。这或许与砷化镓导带底有效态密度低、施主杂质浓度一超过 10^{17}cm^{-3}就逐渐简并化有关。硅的曲线在杂质浓度超过 10^{19}cm^{-3}左右时斜率也明显增大，这可能是禁带窄化效应引起的。

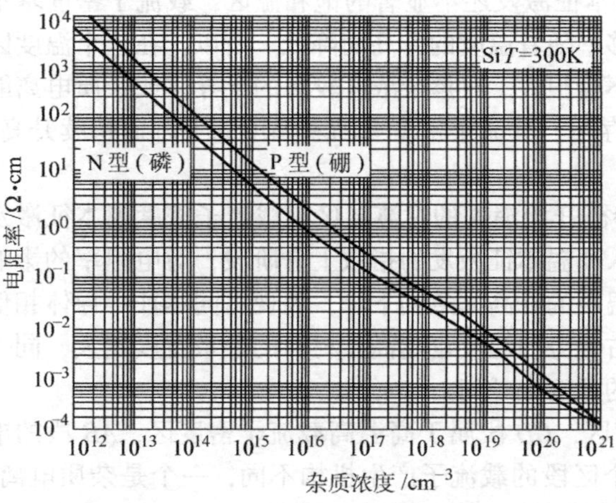

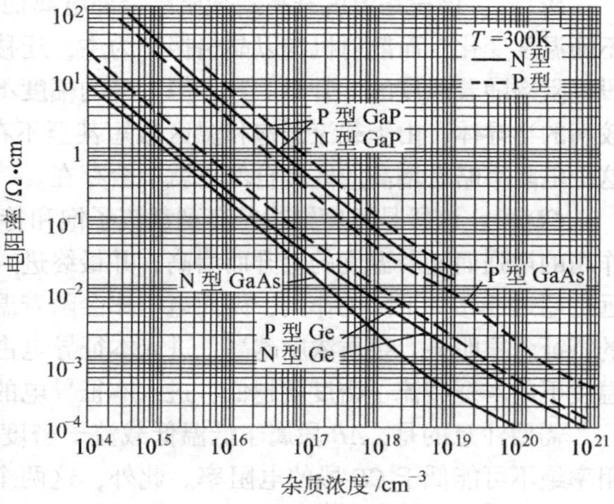

图 2-18 Si、GaAs、GaP 和 Ge 在室温下的电阻率随杂质浓度的变化

在图 2-18 中，Si 的一组曲线是信息量最丰富的。除上面提到的一些问题，还应注意在重掺杂情况下，杂质浓度相同的 N 型 Si 和 P 型 Si 的电阻率差明显缩小，并在接近 $10^{21}\mathrm{cm}^{-3}$时趋于相等。这与 Si 中电子和空穴的迁移率随着掺杂浓度的升高而差距缩小不无关系。在 $10^{19}\mathrm{cm}^{-3}$以上的重掺杂区，Si 中电子和空穴的迁移率差已非常小，且基本不随杂质浓度的变化而变化，因而电阻率主要决定于杂质的电离情况。由于此时 Si 中电子的迁移率还是要比空穴的迁移率高，电阻率趋于相等就意味着 P 型杂质的电离度要高于 N 型杂质。在 2.3 节中已经说明，Si 中 B 的浓度超过$3\times10^{18}\mathrm{cm}^{-3}$时，载流子冻析效应基本消失，B 受主就已完全电离了。

这里需要指出的一点是：虽然 GaAs、GaP 和 Ge 的曲线没有像 Si 的曲线那样标出杂质名称，其实也都是针对具体杂质的。在重掺杂区域，载流子密度与掺杂浓度之间的关系因杂质电离能的不同而不同。严格说，在讨论半导体电阻率与掺杂浓度的关系时应考虑杂质的区别。

2.6.3 电阻率与温度的关系

纯净半导体的载流子迁移率不受电离杂质的散射，只受晶格振动的影响，按 $T^{-3/2}$规律下降；而本征载流子密度 n_i 随着温度的上升而指数式升高，中间没有例外。所以，**本征半导体电阻率随着温度升高而单调下降，这是半导体区别于金属的一个重要特征。**

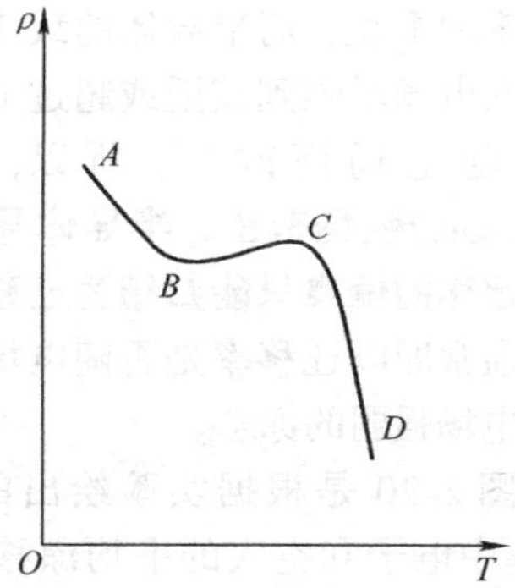

图 2-19 电阻率与温度关系示意图

对杂质半导体而言，有杂质电离和本征激发两个决定载流子密度的产生机构存在，又有电离杂质散射和晶格散射两个决定迁移率大小的散射机构存在，因而电阻率随温度的变化关系要复杂些。图 2-19 针对具有一定杂质浓度的半导体，示意地表示半导体电阻率随温度变化的一般规律。曲线可大致分为三段：

***AB* 段**：该段相当于温度很低的杂质电离区，本征激发可忽略，载流子主要由杂质电离提供，其密度随温度升高而升高；由于低温下晶格振动比较弱，载流子迁移率主要由电离杂质散射决定。如果杂质浓度不高，杂质在甚低温下即已完全电离，迁移率也会随着温度的升高而增高。即使掺杂浓度较高，杂质在整个温区都在不断电离，迁移率随着 N_i 的升高而降低，但其下降幅度远不如载流子密度的增幅大。所以，在这个温度区段电阻率随着温度的上升而下降。

BC **段**：该段是温度升高到杂质已全部电离而本征激发还不显著的饱和温区，载流子密度基本不随温度变化，而散射机构以晶格振动为主，迁移率随着温度的升高而降低。所以，在这个温度区段电阻率随着温度的上升而上升，**但上升的幅度不会很大**。对掺杂浓度较高的半导体或杂质电离能较高的半导体，由于载流子饱和温区很短甚至不存在，载流子密度会随着温度的上升而持续升高，这个电阻率略有增高的区段自然也就不会存在。

CD **段**：该段是温度继续升高到载流子饱和特征开始消失的过渡温区，载流子密度因本征激发作用的增强而随着温度的上升而增高，并最终进入高温本征激发的指数上升阶段，对电阻率的影响远远超过迁移率下降的作用，因而电阻率会随着温度的升高而急剧下降，表现出同本征半导体相似的特征。很明显，杂质浓度越高，进入本征导电占优势的温度也越高；材料的禁带宽度越大，同一温度下的本征载流子密度就越低，进入本征导电的温度也越高。

需要注意的是，*AB* 段属于低温低载流子密度区，*CD* 段属于高温高载流子密度区，*AB* 段的电阻率绝不可能低于 *CD* 段的电阻率。此外，这两个区段的载流子产生机构不同，一个是杂质电离，一个是本征激发，其激活能相差很大，曲线 *CD* 段的斜率应该比 *AB* 段大很多。

2.7 强电场中的载流子输运

按照欧姆定律的微分形式，导体中电流密度与电场强度成正比，即 $\boldsymbol{J}=\sigma\boldsymbol{\mathcal{E}}$。此说成立，必暗含着比例系数 $\sigma=qn\mu$ 中的载流子密度 n 和迁移率 μ 都与电场无关的假设。本节将会说明，这个假设只对弱电场成立。随着电场的增大，首先迁移率会成为电场的函数。在更强的电场中，载流子密度也会升高。本节讨论迁移率随电场变化的问题，包括稳态速度饱和、负微分迁移率、瞬态速度过冲及准弹道输运。强电场使载流子密度升高的问题将在第 4 章中介绍。

2.7.1 强电场效应

实验发现，大多数半导体的载流子迁移率只大致在 10^3V/cm 以下的电场中与电场大小无关。当电场强度增强到 10^3V/cm 以上时，$\boldsymbol{J}$ 与 $|\boldsymbol{\mathcal{E}}|$ 的关系将偏离欧姆定律，电导率不再是常数。因为电导率决定于载流子密度和迁移率的乘积，而半导体的载流子密度一般要在电场增强到接近或超过 10^5V/cm 时才会随电场而改变。所以，**在 10^3 ~ 10^5V/cm的强场范围，半导体导电规律对欧姆定律的偏离只能归结为迁移率有所改变**。通常即以迁移率是否随电场变化作为区分电场强弱的标志。

图 2-20 是根据实验绘出的 Ge、Si、GaAs 中电子和空穴的平均漂移速度随电场强度 E 变化的曲线，反映了强电场下半导体导电规律偏离欧姆定律的两种典型情况。

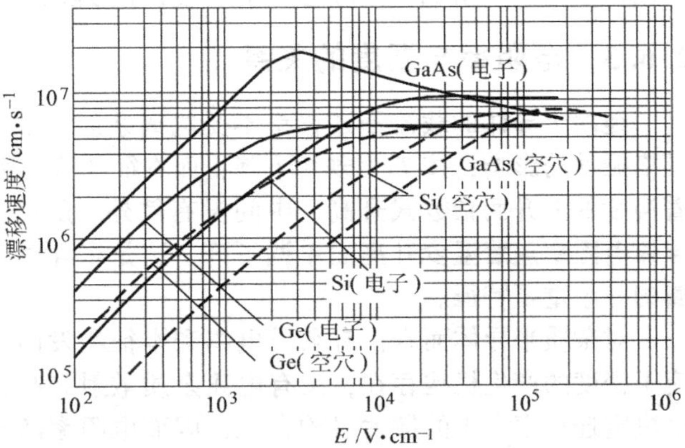

图 2-20 Ge、Si、GaAs 中电子与空穴的平均漂移速度与电场强度的关系（T = 300K）[㊀]

㊀ 转引自参考文献 [3]、[4]。

1. 速度饱和效应

按照式（2-3），在电场的作用下，半导体中电子和空穴的漂移速度随着电场强度的升高而线性增高。在图2-20中可以看到，弱电场下的情况确实如此，但是在$\mathcal{E}>10^3$V/cm之后，Si中电子和空穴的漂移速度逐渐减缓随电场的变化率并最终不再变化而趋于饱和。GaAs的空穴也有这种情况。其他半导体，如Ge和SiC等也有这种情况。漂移速度随着电场改变从线性变化改为非线性变化，说明迁移率从常数变为电场的函数。无论是不同材料的同种载流子还是同种材料的不同载流子，其迁移率从常数变为电场函数的临界电场强度一般并不相同。Si中电子迁移率为常数的电场范围比较宽，在2×10^3V/cm以下，其漂移速度v_D在电场升至2×10^4V/cm左右趋于饱和，饱和漂移速度接近1×10^7cm/s。漂移速度饱和之后，电流密度自然也就不会随着电场强度的升高而增大。SiC等宽禁带半导体的电子饱和漂移速度是Si中电子饱和漂移速度的2倍左右，因而SiC器件的饱和电流密度一般也会比Si器件的饱和电流密度高。同时，饱和漂移速度高的材料，其电子在电极间渡越的时间会比较短，更适合于制造高频器件。

2. 负微分迁移率效应

GaAs中电子的漂移速度在偏离线性升高规律之后不是趋于饱和，而是随着电场强度的继续升高反而下降，出现所谓负微分迁移率现象。除GaAs外，其他半导体材料如InP等在强电场下也有这种效应。GaAs出现这一现象的临界电场大约是3.2×10^3V/cm，其负微分迁移率特征一直保持到电场强度为2×10^5V/cm而不饱和。电场进一步升高会使材料发生载流子密度迅速升高的雪崩击穿现象，因此用实验方法测定载流子漂移速度随电场变化的曲线不能逼近临界雪崩击穿电场。Si和GaAs的临界雪崩击穿电场分别是3×10^5V/cm和5×10^5V/cm左右，而SiC的临界雪崩击穿电场高达3×10^6V/cm。

2.7.2 热电子与速度饱和

1. 载流子的温度与迁移率

强电场下载流子漂移速度随电场的变化规律偏离线性的原因，可以通过晶格散射过程中载流子与晶格的能量交换来说明。零电场下，载流子通过吸收和发射声子与晶格交换能量，并与之处于热平衡状态，其温度与晶格温度相等。在非零电场的作用下，载流子可以从电场直接获取能量，而晶格却不能，晶格只能借助载流子从电场间接获取能量。就从电场获取并积累能量的速率而言，晶格必不及载流子。这样，当载流子从电场获取能量又将能量传递给晶格的过程稳定之后，载流子的平均动能将高于晶格的平均动能，自然也高于其本身在零电场下的动能，成为**热载流子**。

根据运动电子速度v与温度、速度与迁移率的下列关系：

$$\frac{1}{2}m^*v^2=\frac{3}{2}kT,\quad \mu=\frac{q\tau}{m^*}=\frac{ql}{m^*v} \tag{2-132}$$

可将电子迁移率表示成电子温度的函数，即

$$\mu=\frac{ql}{\sqrt{3m^*kT}} \tag{2-133}$$

式中，l是电子的平均自由程。若以T_e和T_L分别表示电子和晶格的温度，μ和μ_0分别表示热电子的迁移率和电子与晶格处于热平衡状态时的迁移率，按上式则有

$$\frac{\mu}{\mu_0}=\sqrt{\frac{T_L}{T_e}} \tag{2-134}$$

当电子和晶格处于热平衡时，$T_e=T_L$，所以$\mu=\mu_0$；在非热平衡状态，因$T_e>T_L$，则$\mu<\mu_0$。

2. 热载流子效应

热载流子在输运过程中的行为与热平衡状态下的载流子有明显不同。由于平均速度增高，电离杂质对热载流子的散射作用减弱，而晶格振动的散射作用增强。因此，在分析强场输运时，主要考虑晶格散射的作用。这样，通过对电场作用下电子同晶格之间能量交换过程的分析，就可得到电子温度与晶格温度之比同外加电场的关系。

(1) 声学波的散射

针对发射声学声子的晶格散射，详细分析电子在电场和晶格散射双重作用下的能量变化情况，可以得到电子温度与晶格温度之比与外加电场之间的关系：

$$\frac{T_e}{T_L}=\frac{1}{2}\left[1+\sqrt{1+\frac{3\pi}{8}\left(\frac{\mu_0 \mathcal{E}}{u}\right)^2}\right] \tag{2-135}$$

式中，u 表示格波传播的速度。对于声学波，u 的大小在 $10^3 \sim 10^4$m/s 数量级。例如，300K 时 Si 的纵声学波传播速度约为 1.66×10^4 m/s。此式的推导过程详见参考文献［5］中第 133 ~ 136 页。

将式（2-135）代入式（2-134）即可得到迁移率同外加电场的关系：

$$\mu=\mu_0\left[\frac{1}{2}+\frac{1}{2}\sqrt{1+\frac{3\pi}{8}\left(\frac{\mu_0 \mathcal{E}}{u}\right)^2}\right]^{-1/2} \tag{2-136}$$

在电场强度的两种极端情况下，由式（2-136）可以看出弱电场下迁移率与电场无关，而强电场下迁移率逐渐减小，使载流子的漂移速度趋于饱和，即：

1）当 $\mu_0|\mathcal{E}|/u \ll 1$ 时，式（2-135）近似给出 $T_e/T_L\approx1$，即弱电场下电子温度等于晶格温度，电子迁移率在弱电场下不随电场变化，$\mu\approx\mu_0$。

2）当 $\mu_0|\mathcal{E}|/u \gg 1$ 时，式(2-135)近似给出

$$\frac{T_e}{T_L}=\frac{\mu_0|\mathcal{E}|}{2u}\sqrt{\frac{3\pi}{8}} \tag{2-137}$$

即强电场下电子温度高于晶格温度，成为热载流子。将式（2-137）代入式（2-136）得

$$\mu=(32/3\pi)^{1/4}\sqrt{\mu_0 u/|\mathcal{E}|} \tag{2-138}$$

即强电场下载流子迁移率随电场而变化，其大小与电场的平方根成反比。这样，漂移速度与电场的关系即变成非线性的 $\mathcal{E}^{1/2}$ 关系：

$$v_d=(32/3\pi)^{1/4}\sqrt{\mu_0 u|\mathcal{E}|} \tag{2-139}$$

(2) 光学波的散射

当电场足够强，电子在单位时间内从电场获取的能量高到需要通过发射光学声子才能与晶格交换能量时，电子在单位时间内通过发射光学声子而损失的能量即可用光学声子的能量表示为

$$\frac{dE}{dt}=\frac{h\nu_0}{\tau} \tag{2-140}$$

式中，τ为电子在连续两次光学波散射之间的平均自由时间。

稳定状态下，电子在单位时间内损失的能量应与从电场获取的能量相等，即

$$v_D q|\mathcal{E}|=h\nu_0/\tau \tag{2-141}$$

将 $v_D=q\tau\mathcal{E}/m^*$ 代入上式，并将 v_D 改记为 v_{sat}，即可得

$$v_{sat}=\sqrt{h\nu_0/m^*} \tag{2-142}$$

该式表明，电子在强电场下通过发射光学声子加速与晶格交换能量，从而使漂移速度趋于饱和。饱和漂移速度 v_{sat}的大小与电场无关，只与声子的频率和电子的有效质量有关。因此，不同半导体材料在载流子饱和漂移速度上的差别，只取决于其载流子的有效质量，有效质量越小，其

饱和漂移速度越大。

已知光学声子的频率为10^{13}Hz左右，代入上式可算出$v_{sat}\approx 10^7$cm/s，与常用半导体材料的电子饱和漂移速度同数量级。

2.7.3 负微分迁移率

强电场下，GaAs的电子漂移速度不会饱和，而会随着电场升高不升反降。这种现象的发生有其能带结构方面的原因。

1. GaAs的能带特征

图2-21是根据图1-24c简化的GaAs能带结构图，着重反映其导带由最低能谷（主能谷）和次低能谷（子能谷）构成的特点。GaAs的主能谷和价带顶均位于布里渊区中心$k=0$处，并在8个等价<111>方向的布里渊区边界L处各还有一个子能谷，子能谷与主能谷的能量差约为0.29eV。此外，子能谷比主能谷曲率小，因而子能谷中电子的有效质量较大，其值$m_2^*=0.55m_0$，是主能谷电子有效质量$m_1^*=0.067m_0$的8.2倍，由此导致两能谷状态密度之比高达94。相应地，两能谷中电子的迁移率也有很大差别。主能谷中$\mu_1=8000\text{cm}^2/(\text{V}\cdot\text{s})$，而子能谷中$\mu_2=920\text{cm}^2/(\text{V}\cdot\text{s})$。早期文献关注的是其6个等价<100>方向的另一个子能谷，该能谷中电子的有效质量更大，为$1.2m_0$，是m_1^*的18倍，与主能谷状态密度之比约为230，但其能量高于主能谷0.36eV。

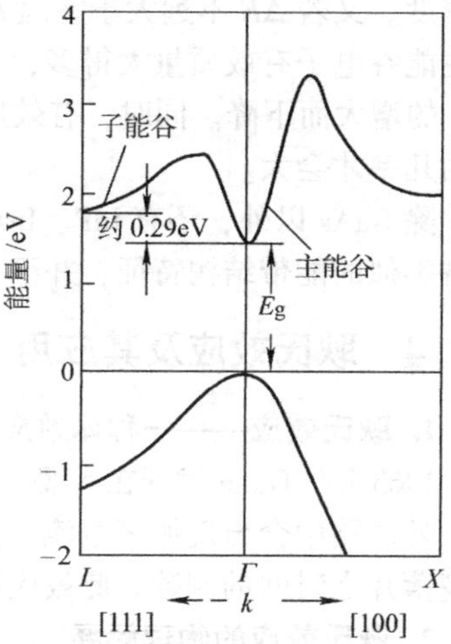

图2-21 GaAs的能带结构特征

当温度不太高、电场不太强时，导带电子集中分布于主能谷。

2. 强电场下电子的谷间转移

GaAs之所以在强电场下发生负微分迁移率现象，是因为在电场升高到一定程度后，其主能谷中的电子因为从电场获得足够高的能量而开始向子能谷转移，发生不等价的谷间散射。这时，导带电子在有效态密度不相等、迁移率也不相等的两个能谷中重新分布。若用n_1、n_2和μ_1、μ_2分别表示主能谷和子能谷中电子的密度和迁移率，则$x=n_2/(n_1+n_2)$即为子能谷中电子在总电子数中所占的比例，称为转移比。这时，全部导带电子的平均漂移速度就是两个能谷中电子的统计平均，即应表示为

$$\bar{v}_D=\frac{n_1\mu_1+n_2\mu_2}{n_1+n_2}|\mathcal{E}|=[\mu_1-x(\mu_1-\mu_2)]|\mathcal{E}| \tag{2-143}$$

由于$\mu_2<\mu_1$，而转移比随着电场强度的升高而越来越大，所以电子的平均漂移速度将随着电场的升高而减小，即微分迁移率为负值。上式两边对电场求导，令所得微分式小于零，即可求得微分迁移率为负的临界条件。求导时注意到x也是电场的函数，即得

$$\frac{d\bar{v}_D}{d|\mathcal{E}|}=\mu_1-(\mu_1-\mu_2)\left(x+|\mathcal{E}|\frac{dx}{d|\mathcal{E}|}\right) \tag{2-144}$$

由此知只要电场能满足下面的不等式：

$$|\mathcal{E}|\frac{dx}{d|\mathcal{E}|}+x>\frac{\mu_1}{\mu_1-\mu_2} \tag{2-145}$$

平均漂移速度对电场的微分就会小于零，负微分迁移率现象即会发生。

3. 负微分迁移率材料的能带特征

能够在强电场下发生负微分迁移率现象的半导体，其能带结构应具有如下3个特征：

1）存在导带电子的子能谷。

2）子能谷与主能谷的能量差 ΔE 远小于禁带宽度 E_g 而远大于室温 kT。

3）电子在子能谷中的有效质量大于在主能谷中的有效质量。

这3个特征对负微分迁移率现象的发生不可或缺。要有子能谷这一点自不必说，可将此看做必要条件。但仅有子能谷若不满足另外两个条件也不行，因若 ΔE 与 E_g 相当，则在电场增强到可将主能谷电子转移到子能谷时，也足以将价带电子激发到主能谷而不能明显降低主能谷中电子的密度。又若 ΔE 不远大于室温 kT，则在零电场下热激发即会引起这种转移。再若子能谷电子不比主能谷电子有效质量大得多，子能谷电子迁移率就不会太低，平均漂移速度也就不会随着转移比 x 的增大而下降。同时，有效质量大则意味着态密度高，在能量合适的情况下，电子占据子能谷的几率才会大。

除GaAs以外，还有InP、InAs、CdTe、ZnSe等化合物半导体和GaInSb、InGaAsP等固溶体都具备类似的能带结构特征，并已在这些材料中观察到负微分迁移率效应。

2.7.4 耿氏效应及其应用

1. 耿氏效应——一种体效应

1963年，Gunn发现在N型GaAs薄片两端施加直流电压而使其中直流电场超过 3.64×10^3V/cm时，外电路中会出现振荡电流，其振荡频率（0.47～6.5GHz）近似等于电子在两加压电极之间渡越薄片之时间的倒数。此效应称为耿氏效应。

2. 耿氏效应的物理解释

1964年Koremer用负微分迁移率理论对耿氏效应作出了如下的合理解释。

（1）负微分迁移率导致高场畴的形成

参照图2-22a，在GaAs N型外延薄层两端施加直流电压，通常以外延层表面为阴极，衬底为阳极。由于外延层往往在表面处杂质浓度最低，电阻率最高，因而阴极附近往往会形成一个电场强度较周围高的小区A。当所加电压逐渐升高到恰好使A区的电场强度率先超过负微分迁移率的阈值，而使其中部分电子从主能谷向低迁移率子能谷转移时，A区电子的平均漂移速度就会比区外电子低。这样，单位时间从阴极侧进入A区的电子就要多于流出A区的电子，使A区成为累积电子的负电荷区。同时，在与A区右侧紧邻的B区，由于电子的平均漂移速度比A区的电子高，单位时间流出B区的电子自然要比从A区进入B区的电子多，于是B区便会缺少电子，成为由带正电的电离施主构成的电子耗尽区。A区和B区结合成一个电偶层，称为畴核，如图2-22a中的 t_1 时刻所示。畴核中的电场比A区最初的电场还强，电子平均漂移速度进一步降低。这样，电偶层正、负电荷逐渐增多，成长为一个高场区，同时以较低的速度整体向阳极方向漂移，如图2-22a中的 t_2 时刻所示。如果这时维持加在样品两端的电压不变，则电偶层外电场 $\mathscr{E}'_A$ 势必随着层内电场 $\mathscr{E}'_B$ 的升高而降低，而电偶层外原本处于接近但未到临界电场的状态，其中电子的漂移速度还是会随着电场的升高而升高，或随着电场的降低而降低。因此，当畴内电子因电场升高至 $\mathscr{E}_B$ 而降低漂移速度至 v_0 时，畴外电子的漂移速度也会随着畴外电场降低至 $\mathscr{E}_A$ 而降低至 v_0。这样，相对于临界电场而言，电偶

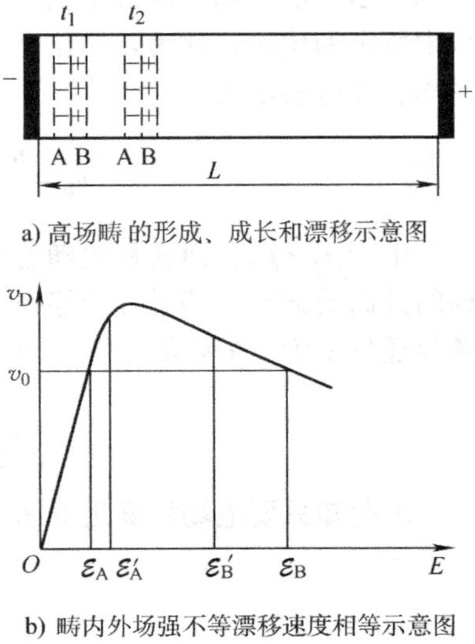

a) 高场畴的形成、成长和漂移示意图

b) 畴内外场强不等漂移速度相等示意图

图2-22 耿氏器件工作原理示意图

层内电场的升高和电偶层外电场的减弱，最终使电偶层内外电子漂移速度相等，进入平衡状态，如图 2-22b 所示。畴核的成长过程到此也就停止。这样形成的电偶层称为偶极畴，简称畴。因畴内电场很强，因而称为高场畴。

畴的成熟过程很短，而且同一个样品或器件中不可能同时存在两个或两个以上的畴。

(2) 高场畴的漂移、消失和新畴的产生

当畴停止生长而形成一个稳态畴后，畴内基本集中于子能谷中的电子和畴外基本集中于主能谷中的电子均以相同的平均漂移速度向阳极漂移。随着电子的漂移，这个稳态畴也以恒定的速度向阳极漂移。高场畴到达阳极后，首先是耗尽层逐渐消失，畴内空间电荷减少，电场降低。相应地，畴外电场开始上升，最后整个畴被阳极"吸收"而消失。这时薄层内的电场分布恢复到起始状态，一个新的畴又开始在阴极附近产生。

(3) 振荡电流的形成

外电路中的电流密度决定于薄层中畴外电子的漂移速度。高场畴成核之前，薄层电子的漂移速度最高，外电路中电流最大。随着畴核的形成和生长，畴外电场降低，电子漂移速度下降，于是回路电流相应地减小，到高场畴稳定形成时减至最小。这时，因畴内外电场不再变化，回路电流亦维持其最低值，直到高场畴漂移至阳极而消失。然后，无畴薄层的电场因高场畴的消失而回升，电子漂移速度升高，电流增大。同时新畴开始孕育，回路电流很快又因新畴形成而下降。如此周而复始，就在外电路中产生了以畴的产生和渡越时间为周期的电流振荡，如图 2-23 所示。

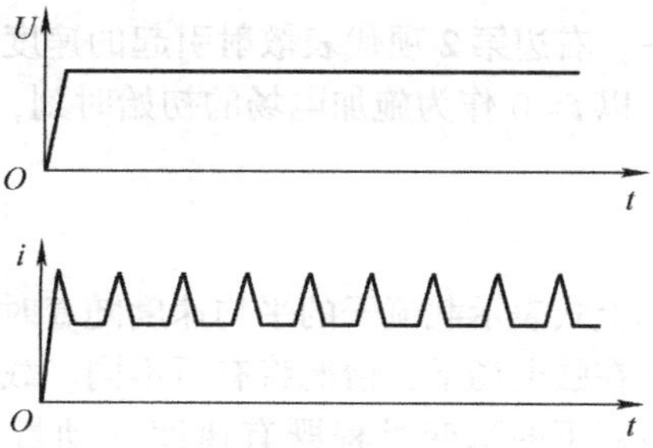

图 2-23 耿氏效应中的电流和电压波形

3. 耿氏器件的参数估算

下面对畴的厚度作一估计。一般情况下畴外电场强度 $\mathcal{E}_A$ 是均匀的，为简单起见，设畴内电场 $\mathcal{E}_B$ 也是均匀的。设畴的厚度为 d，薄层厚度为 L，外加电压为 U，$\mathcal{E}_0 = U/L$ 是样品的平均电场强度，则

$$U = |\mathcal{E}_0|L = |\mathcal{E}_B|d + |\mathcal{E}_A|(L-d) \tag{2-146}$$

所以

$$d = L(|\mathcal{E}_0| - |\mathcal{E}_A|)/(|\mathcal{E}_B| - |\mathcal{E}_A|) \tag{2-147}$$

设 v_D 是畴的漂移速度，则畴在薄层中的渡越时间即为

$$\tau = L/v_D \tag{2-148}$$

其倒数就是电流的振荡频率。

薄层厚度 L 一般只有数微米，相应的振荡频率在微波范围（$10^8 \sim 10^{12}$Hz）。薄层越薄，其振荡频率越高。例如，设薄层厚度为 3μm，加 1V 直流电压，其平均电场为 3.3×10^3V/cm（已能满足负微分迁移率效应对临界电场的要求），取 $v_D = 10^7$cm/s，相应的频率即为 3.3×10^{10}Hz，属微波范畴。

2.7.5 强电场下的速度过冲和准弹道输运

以上讨论的两个强电场输运现象都属于在时间上稳态、在空间上固定的问题，即对应于一个确定的电场，载流子可以经过足够次数的散射达到稳定的漂移速度，使其在每一时刻、每一地点的漂移速度和其他输运性质都可以看做是该点该时刻电场的函数。但是在半导体中存在微小的局部强电场区域的情况下，载流子在经过其中时，往往来不及通过足够次数的散射在其中建立起和此处电场相对应的稳态分布以及相应的平均漂移速度和平均能量。这时，载流子的输运性质不取

决于本地电场而与其历史密切相关。速度过冲和准弹道输运就是这样两个瞬时的强场输运现象。在半导体技术进入纳米时代之后，电子在现代器件和电路中常常要穿越电场强度高达 10^5V/cm 而尺度接近甚至小于电子平均自由程的局部强电场区，速度过冲和准弹道输运因而备受关注，因为可以利用这些效应改善器件的工作特性或产生新的器件功能。

1. 漂移速度过冲

漂移速度过冲是一种强电场中的瞬变现象。载流子输运的瞬变过程指的是在施加电场 $\mathcal{E}$ 之后，载流子由平衡分布向一个稳定的非平衡分布过渡的过程。在弱电场条件下，载流子按能量的分布和相应的平均能量的变化都可忽略不计，瞬变过程仅表现为速度的累积。过程中速度的变化可表示为

$$\frac{\mathrm{d}\bar{v}}{\mathrm{d}t}=\frac{q|\mathcal{E}|}{m^*}-\frac{\bar{v}}{\tau} \tag{2-149}$$

式中，右边第 2 项代表散射引起的速度损失。

以 $t=0$ 作为施加电场的初始时刻，上式的解为

$$\bar{v}=\frac{q|\mathcal{E}|\tau}{m^*}(1-\mathrm{e}^{-t/\tau}) \tag{2-150}$$

上式表示载流子的平均速度随着时间单调上升，最后达到其稳定值 $q|\mathcal{E}|\tau/m^*$。

在强电场下，情况将有所不同。载流子在强电场下的瞬变过程既有速度（动量）的累积也有能量的累积。在瞬变过程的初期，载流子从电场获取的能量较少，散射主要是声学声子散射。这种散射较弱，引起的速度损失跟弱场下的速度损失一样小，而速度累积因为电场较强而比弱场快得多，因而很快达到一个很高的平均漂移速度。随后，由于平均能量的提高，光学声子的散射开始起作用，散射作用增强，散射引起的速度损失增大，于是漂移速度就会随着时间的推移而降下来，形成瞬变过程初期的速度峰值，如图 2-24 所示。这就是强电场下瞬变过程初期的速度过冲。图 2-24 是用多粒子蒙特卡洛法对 Si 和 GaAs 的强场输运瞬变特性进行模拟的结果。图中可见，在时间足够长后，载流子的漂移速度即达到其相应电场下的稳定值。对 Si 而言，电场 20kV/cm 下的稳定漂移速度就是 Si 的饱和漂移速度 1×10^7cm/s。GaAs 因为有负微分迁移率效应，其 10kV/cm 下的稳定漂移速度会比 5kV/cm 下的稳定漂移速度低。这些都与图 2-20 吻合得很好。

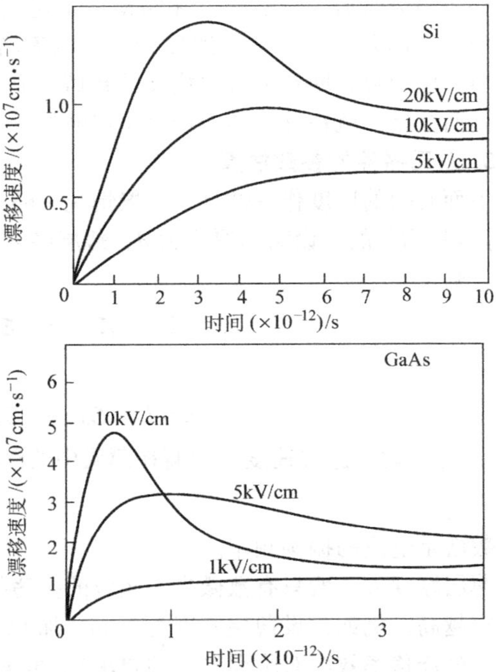

图 2-24　强电场下 Si 和 GaAs 中的速度过冲㊀

以上所述是时间上的速度过冲。对运动的载流子而言，如果强电场区域的范围很小，载流子渡越其中的时间也就只有瞬变过程初期速度过冲时间那样短，速度过冲现象也就自然会在空间中表现出来。也就是说，当强场区足够狭窄，运动载流子进入其中还未来得及经受散射就出来了，

㊀ 转引自参考文献 [3]。

它这时的速度必然比在场强同样高但范围大得多的区域里能累积到的速度高，因为载流子在一个较广区域内累积速度时，散射会越来越强，速度的损失会越来越大。在强场区范围足够大时累积得到的就是其相应电场下的稳定漂移速度。载流子在极狭窄强场区域中的速度过冲曲线与图2-24所示的瞬态过冲曲线相似，只是横坐标应为空间尺度。速度峰值对应的空间距离对 Si 大约是30nm。

2. 准弹道输运

所谓准弹道输运，是指载流子群体以弹道运动的方式，即几乎不受散射的运动方式进行的电荷输运。在图2-24所示漂移速度瞬变过程的陡峭上升阶段，载流子就是以准弹道输运的方式被强电场加速的。事实上，在小于平均自由时间的一小段时间内，载流子群体中的大多数都不会经受散射。因此，从时间上看，准弹道输运是一种非稳态输运，它只能在有限的时间段内实现；从空间上看，准弹道输运是一种非驻定输运，它只能在有限空间内实现。这种在输运过程中不经受散射的电子称为弹道电子。利用弹道电子无疑可提高晶体管的工作频率。

就实现准弹道输运而言，以 GaAs 为代表的极性直接禁带半导体有较大的优势。这些材料的导带主能谷是 Γ 能谷，而 Γ 能谷中的电子在强电场下主要受极性光学波的散射，散射几率较小，容易积攒能量。对能量较高、作高速定向运动的电子群体而言，它们所经受的大多是发射光学声子的小角散射。每次散射虽然失去一些能量和一些定向速度，但运动方向基本保持不变，因而在有限距离内可视为准弹道运动。如果同时施加适当的加速场，还可对因发射光学声子而失去的能量和速度给予适当补偿，因而使准弹道运动的距离得以延长。但是，散射终究会使电子群体逐渐失去准弹道运动的性质，而使速度和能量的分散性越来越大。当有电子向迁移率低的子能谷转移时，漂移速度就会很快降下来。因此，主能谷中电子的最大弹道速度决定于子能谷与主能谷的能量差 ΔE。ΔE 越大，能得到的最大弹道速度越高。GaAs 中电子的极限弹道速度大约是 1×10^8cm/s，远高于其稳态最高漂移速度。InP 和 InAs 的 ΔE 比 GaAs 大，其极限弹道速度应该比 1×10^8cm/s 更高。

为了使电子的弹道速度接近其极限，对电子的初始能量和加速场的高低要有所权衡。在加速场一定的情况下，初始能量太低难以获得较高的弹道速度；初始能量太高则会使部分电子很快达到子能谷的能量而发生谷间转移，同时也会因平均能量较高而使散射几率增大，电子群体的能量因散射加剧而分散。图2-25是 GaAs 中具有不同初始能量的群体电子在 10kV/cm 加速电场作用下，平均漂移速度随飞行距离变化的情况。这是一组模拟曲线，模拟时设定的谷间距 ΔE = 0.33eV。图中可见，初始能量不小于 0.21eV 的电子虽然有较高的弹道速度，但维持不了较远弹道距离，因而并不可取。

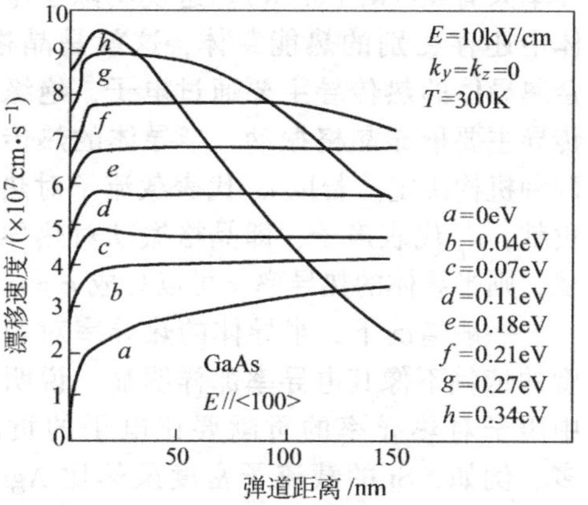

图2-25 具有不同初始能量的弹道电子在 GaAs 中的漂移速度随弹道距离的变化[⊖]

弹道输运和速度过冲，是人们企图通过摆脱或削弱散射的作用，将电子的漂移速度瞬间或局域地提高到饱和漂移速度之上的一种努力，是很值得研究和体会的一种创新思维。

2.8 半导体的热导率

由于半导体对温度十分敏感，而大多数半导体器件和集成电路在正常工作状态下都会因为消

⊖ 转引自参考文献［3］。

耗电功率而发热，这些热量如果不能有效散发，器件或集成电路就会升高温度处于高温状态。因此，半导体的热导率跟电导率一样也是一个对实际应用意义重大的输运性质。

2.8.1 热导率的定义

当晶体中出现温度梯度时，热能就会从高温区向低温区传导。在绝热条件下，热传导使温度梯度逐渐减小并最终消失，使整个晶体的温度趋于一致。对固定热源和温度恒定的散热环境，热传导即在热源和散热环境之间建立和维持一个固定的温度梯度。

对于最简单的一维传热问题，热传导理论指出：当晶体中出现沿 x 方向的温度梯度 $\mathrm{d}T/\mathrm{d}x$ 时，在微小时间间隔 $\mathrm{d}t$ 内反温度梯度方向通过一个微小的正交截面 $\mathrm{d}s$ 的热量 Q，应与温度梯度 $\mathrm{d}T/\mathrm{d}x$、传热面积 $\mathrm{d}s$ 和传热时间 $\mathrm{d}t$ 成正比，即

$$Q = -\kappa \frac{\mathrm{d}T}{\mathrm{d}x}\mathrm{d}s\mathrm{d}t$$

式中，比例常数 κ 即被定义为晶体的热导率，其单位为 W/(m·K)；负号表示热能流向与温度梯度的方向相反。上式亦可用热流密度 $J = Q/(\mathrm{d}s\mathrm{d}t)$ 改写为

$$J = -\kappa \frac{\mathrm{d}T}{\mathrm{d}x} \tag{2-151}$$

2.8.2 半导体中的导热机构

1. 半导体的热导率

一般情况下，电的良导体也是热的良导体，绝缘体一般也是隔热体，这说明电子不但导电，也是传递热能的载体；但也有一些材料并不导电，或电导率很低，但有很高的传热能力。例如，金刚石是所有物质中热导率最高的，其室温热导率高达 2000 W/(m·K)，而最良导体银的室温热导率只有 433W/(m·K)。这说明除了电子，晶体中还存在别的热能载体，这就是晶格振动。金属导体的热传导主要通过电子，绝缘体的热传导主要依靠晶格振动，半导体的热传导由这两种机构决定。若以 κ_e 代表载流子对热导率的贡献，κ_p 代表声子，即晶格振动对热导率的贡献，则半导体的热导率 κ 可以写成 $\kappa = \kappa_e + \kappa_p$。

一般情况下，半导体的热导率对载流子密度的依赖不像其电导率那样明显，说明半导体中声子对热导率的贡献要比电子的贡献大得多。例如，Si 的载流子密度虽然比 Ag 低几个数量级，但室温下 Si 的热导率 144 W/(m·K) 与 Ag 的热导率相差不过三倍，并无数量级的差别。这说明 Si 中晶格振动对传热的贡献占主要成分。金刚石卓越的导热能力更能说明这一点。

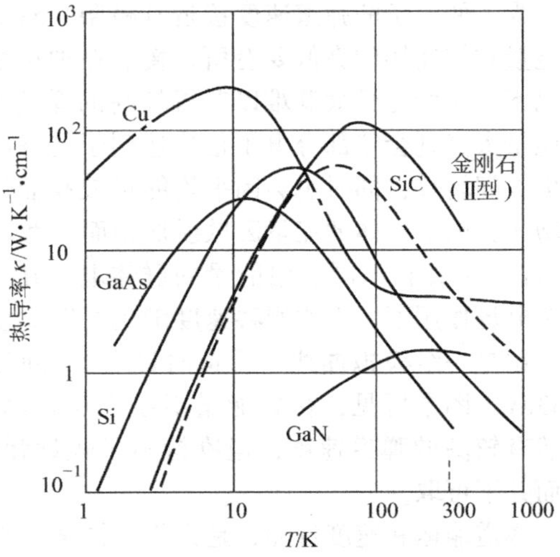

图 2-26　一些材料的热导率与温度的函数关系㊀

图 2-26 是一些材料的热导率随温度变化的曲线。图中可见，无论是金属还是半导体，热导率对温度的变化都十分敏感。由于金属的电子密度并不随温度明显变化，其温度敏感性也应与晶格振动有关，晶格振动对金属的传热作用也占有重要地位。表 2-3 列出了热的良导体 Ag、不良热

㊀ 转引自参考文献 [4]。

导体石英玻璃及其他一些半导体的热导率数据。对各种半导体，同样都是载流子密度不高的材料，但热导率的差距却很大，由此可知晶格振动的传热机理很复杂。

表 2-3 热的良导体和不良导体及一些半导体的热导率 （单位：W/(m·K)）

材料	Ag	石英玻璃	Si	GaAs	GaP	3C-GaN	2H-GaN	AlN	3C-SiC	4H-SiC	6H-SiC	金刚石
热导率	433	1.42	144	50	80	130	130	280	450	450	450	2000

2. 由载流子决定的热导率

当半导体中出现温度梯度时，载流子的分布要随空间坐标变化，因此，为了解载流子对热导率的贡献而计算单位时间流过单位面积的热能时，必须求解玻耳兹曼方程（详见参考文献［1］）。

对非简并的 N 型半导体，计算结果为

$$\kappa_c = \frac{n}{m_n^* T}\frac{<\tau v^2><\frac{1}{2}m_n^* v^2 E^2 \tau v^2> - <\frac{1}{2}m_n^* v^2 \tau v^2><E\tau v^2>}{<\tau v^2><v^2>} \tag{2-152}$$

式中，n 为电子密度；E 为电子能量；v 为电子速度；$m_n^* v^2/2 = E - E_C$ 表示电子的动能；“ $< >$ ”表示对玻耳兹曼分布求统计平均，即 $<\tau v^2>$ 表示 τ 与 v^2 乘积的平均值，$<v^2>$ 表示 v^2 的平均值，余类推。对于长声学波散射，设 l_n 为电子平均自由程，则平均自由时间可用能量表示为

$$\tau = \frac{l_n}{v} = \sqrt{\frac{m_n^*}{2}}\, l_n (E - E_C)^{-1/2} \tag{2-153}$$

将式（2-157）代入式（2-156）计算后得

$$\kappa_c = \frac{8nl_n}{3}\frac{k^2 T}{\sqrt{2\pi m_n^* kT}} \tag{2-154}$$

3. 由晶格振动决定的热导率

半导体中的热传导绝大部分是晶格振动的贡献。具体说，是格波之间的散射通过能量交换将热能从高温端传向低温端而完成热传导。不过，热传导问题中对晶格振动的描述与前面的电导问题中对晶格振动的描述略有不同。因为独立谐振子之间是没有相互作用的，如果把格波当作严格的线性振动，格波之间就不会有相互作用。只当点阵原子的振动中含有一定的非线性成分，这些非线性振动才能使格波之间发生散射，形成热传导。由于不同材料的晶格相互作用程度不同，因而以晶格振动为主要传热机构的半导体在热导率上差别甚大。

由晶格振动决定的热导率分量可用材料的定容比热 C_V 表示为

$$\kappa_p = \frac{1}{3} v l C_V \tag{2-155}$$

式中，v 和 l 分别是声子的速度和载流子平均自由程。在室温下，半导体中声学声子速度的数量级为 10^5cm/s，而载流子平均自由程的数量级为 10^{-6}cm。

2.8.3 维德曼–弗兰茨定律

载流子带有电荷，所以在输运能量的同时也形成电流。因此，载流子的热导率与电导率之间应有一定的联系，即其比值在固定温度下为一常数：

$$\frac{\kappa_c}{\sigma} = LT \tag{2-156}$$

式中，L 称为洛伦兹数。对金属，$L = (\pi k/q)^2/3 = 2.45 \times 10^{-8} V^2/K^2$；对半导体，若只考虑长声学波对载流子的散射，$L = 2(k/q)^2 = 1.49 \times 10^{-8} V^2/K^2$，若只考虑电离杂质的散射，$L = 4(k/q)^2 = 2.98 \times 10^{-8} V^2/K^2$。于是对长声学波散射，得

$$L_a = \frac{\kappa_c}{\sigma T} = 2\left(\frac{k}{q}\right)^2 \tag{2-157}$$

对电离杂质散射，得

$$L_i = \frac{\kappa_c}{\sigma T} = 4\left(\frac{k}{q}\right)^2 \tag{2-158}$$

这就是维德曼–弗兰茨定律

对于简并化半导体，计入二级近似，其洛伦兹数与金属的洛伦兹数相同，即

$$\frac{\kappa_c}{\sigma T} = \frac{\pi^2}{3}\left(\frac{k}{q}\right)^2 \tag{2-159}$$

从以上定量关系不难看出，半导体的热导率对点阵原子振动的依赖较大。对于掺杂浓度在 10^{18}cm^{-3} 以下的半导体，温度在600K以下时的传热基本上是由晶格振动完成的，只在很高温度下（对大多数半导体，一般指在其熔点70%以上的温度），电子、空穴以及电子–空穴对才对热导率有明显贡献。

除此之外，在较高温度中参与传热的还有光子，即高温物体的红外辐射和可见光辐射。

习 题

2-1 对于导带底不在布里渊区中心，且电子等能面为旋转椭球面的各向异性问题，证明每个旋转椭球内所包含的动能小于（$E-E_C$）的状态数 Z 由式（2-20）给出。

2-2 利用式（2-26）证明当价带顶由轻、重空穴带简并而成时，其态密度由式（2-25）给出。

2-3 完成本章从式（2-42）到式（2-43）的推演，证明非简并半导体的空穴密度由式（2-43）决定。

2-4 当 $E-E_F$ 为 $1.5kT$、$4kT$、$10kT$ 时，分别用费米分布函数和玻耳兹曼分布函数计算电子占据这些能级的几率，并分析计算结果说明了什么问题。

2-5 对非简并半导体证明其热平衡电子和空穴密度也可用本征载流子密度 n_i 和本征费米能级 E_i 表示为

$$n_0 = n_i \exp\left(\frac{E_F - E_i}{kT}\right), \qquad p_0 = n_i \exp\left(\frac{E_i - E_F}{kT}\right)$$

2-6 已知6H-SiC中N和Al的电离能分别为0.1eV和0.2eV，求其在300K下电离度能达到90%的掺杂浓度上限。

2-7 计算施主浓度分别为 10^{14}cm^{-3}、10^{16}cm^{-3}、10^{18}cm^{-3} 的Si在室温下的费米能级（假定杂质全部电离）。根据计算结果核对全电离假设是否对每一种情况都成立。核对时，取施主能级位于导带底下0.05eV处。

2-8 试计算掺P的Si和Ge在室温下成为弱简并半导体时的杂质浓度。

2-9 利用习题8的结果，计算室温下掺P的弱简并Si和Ge的电子密度。

2-10 求轻掺杂Si中电子在 10^4V/m电场作用下的平均自由时间和平均自由程。

2-11 室温下，Si中载流子的迁移率随掺杂浓度 N（N_D 或 N_A）变化的规律可用下列经验公式来表示

$$\mu = \mu_0 + \frac{\mu_1}{1 + (N/N')^\alpha}$$

式中的4个拟合参数对电子和空穴作为多数载流子或少数载流子的取值不同，见表2-4。

本章图2-14中Si的两条曲线即是用此表中的多数载流子数据按此式绘制出来的。试用Origin函数图形软件仿照图2-14的格式计算并重绘这两条曲线，同时计算并绘制少数载流子的两条曲线于同一图中，对结果作适当的对比分析。

2-12 现有施主浓度为 $5\times10^{15}\text{cm}^{-3}$ 的Si，欲用其制造电阻 $R=10\text{k}\Omega$ 的P型电阻器，这种电阻器在 $T=300\text{K}$、外加5V电压时的电流密度 $J=50\text{A/cm}^2$，请问如何对原材料进行杂质补偿？

表 2-4　习题 2-11 数据

	作为多数载流子时的数据				作为少数载流子时的数据			
	μ_0/[cm^2/(V·s)]	μ_1/[cm^2/(V·s)]	N'/cm^{-3}	α	μ_0/[cm^2/(V·s)]	μ_1/[cm^2/(V·s)]	N'/cm^{-3}	α
电子	65	1265	8.5×10^{16}	0.72	232	1180	8×10^{16}	0.9
空穴	48	447	1.3×10^{16}	0.76	130	370	8×10^{17}	1.25

2-13　试证明当$\mu_n \neq \mu_p$且热平衡电子密度$n_0 = n_i(\mu_p/\mu_n)^{1/2}$时，材料的电导率最小，并求 300K 时 Si 和 GaAs 的最小电导率值，分别与其本征电导率相比较。

2-14　试由电子平均动能$3kT/2$计算室温下电子的均方根热速度。对轻掺杂 Si，求其电子在 10V/cm 弱电场和10^4V/cm 强电场下的平均漂移速度，并与电子的热运动速度作一比较。

2-15　参照图 1-24 中 Ge 和 Si 的能带图分析这两种材料为何在强电场下不出现负微分迁移率效应。

2-16　求 Si 和 GaAs 中的电子分别在 1kV/cm 和 50kV/cm 电场中通过 1μm 距离所用的时间。

2-17　求掺杂浓度按$N_D(x) = 10^{16} - 10^{19}x$变化的半导体在 300K 热平衡状态下的感生电场。

2-18　根据维德曼-弗兰茨定律求本征 Si 和本征 GaAs 的室温热导率，与表 2-3 中的有关数据相比较，试对比较结果做出合理解释。

第3章

非热平衡状态下的半导体

第2章讨论的是半导体在热平衡状态下的载流子统计及其输运问题。严格说，载流子输运已属非平衡态问题，但第2章所讨论的载流子输运未涉及载流子密度对其热平衡值的偏离，电场的作用只被看作是对热平衡状态的一个微扰。本章将要讨论的是载流子密度偏离其热平衡值的非热平衡状态，着重讨论在这种状态下出现的额外载流子（Excess-Carriers）的产生与复合，以及它们的运动。半导体中的光吸收和复合发光是额外载流子最典型的产生与复合过程，同时也是最重要的半导体物理效应，我们也将其放在本章讨论。

3.1 半导体的非热平衡状态

3.1.1 额外载流子的产生与复合

在半导体物理学中，将导带中出现新电子、价带中出现新空穴的过程称为载流子产生，将导带电子和价带空穴消失的过程称为载流子复合。产生与复合的动态平衡达成了载流子系统的热平衡状态，而产生与复合的不平衡则是系统建立和维持非平衡态以及恢复热平衡态的动力。因此，讨论非热平衡状态中的半导体必须先要了解半导体中载流子的产生与复合过程。

1. 非热平衡态的特征

半导体的载流子密度偏离其热平衡值 n_0 和 p_0 时的状态是最典型的非热平衡状态。这时

$$n = n_0 + \Delta n, \qquad p = p_0 + \Delta p \tag{3-1}$$

因而其特征表现为两种载流子密度的乘积在非简并状态下也不等于 n_i^2，即

$$np \neq n_0 p_0 = n_i^2$$

式中，Δn 和 Δp 分别表示额外电子和额外空穴的密度，其值可正可负。

$\Delta n > 0$，$\Delta p > 0$ 的非平衡态是通过光注入或电注入的方式产生的额外载流子，且必须用光注入或电注入来维持；而 $\Delta n < 0$，$\Delta p < 0$ 的非平衡态是通过电场对热平衡载流子的抽取来建立的，自然也需要稳定电场的抽取来维持。

本章主要讨论 $\Delta n > 0$，$\Delta p > 0$ 的非热平衡状态。$\Delta n < 0$，$\Delta p < 0$ 的非热平衡状态将在第4章中结合实际问题加以讨论。

2. 额外载流子的产生

（1）光注入

用光照方式在半导体中产生超出热平衡密度的额外载流子，称为额外载流子的光注入。图3-1示意地表示出了这种情况。图中不带箭头的实心点和空心点分别代表热平衡状态下的电子和空穴，带箭头的代表光注入的电子和空穴。对能量 $h\nu \geqslant E_g$ 的入射光子，半导体中的价带电子将其吸收之后就会激发到导带成为自由电子，同时在价带中产生一个空穴，如图3-1中过程①所示。用 $h\nu < E_g$ 的光子入射半导体也有可能产生额外载流子，即若禁带中存在能级 E_1 和 E_2，且 E_1 上有空状态、E_2 上有电子，则 $h\nu = E_1 - E_V$ 的光子可以将价带顶的一个电子激发到 E_1 能级，而在半导

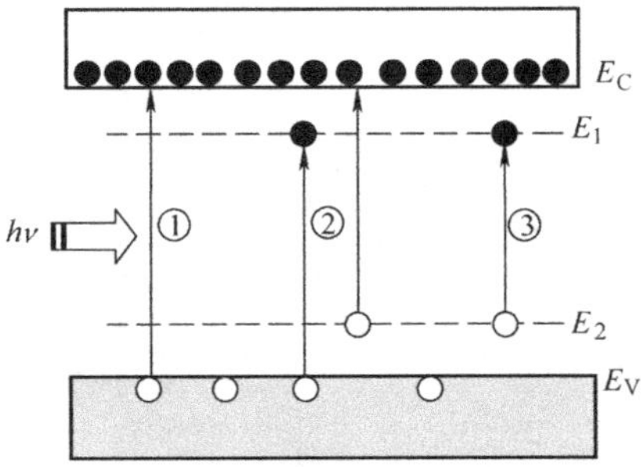

图3-1 额外载流子的光注入

体中注入一个空穴；$h\nu = E_C - E_2$ 的光子则可以将 E_2 能级上的一个电子激发到导带底，从而在半导体中注入一个自由电子，如图 3-1 中过程②所示。比这两个能量更小的光子不能引起额外载流子的注入。例如 $h\nu = E_1 - E_2$ 的光子，价带电子不能被它激发，E_2 能级上的电子被它激发后不能进入导带，只能到达 E_1 能级，仍然是一个被杂质（缺陷）能级束缚的非自由电子，如图 3-1 中过程③所示。所以，光注入额外载流子不一定总是 $\Delta n = \Delta p$，光子被半导体吸收也不一定会产生额外载流子。但本章所说的光注入，若非特别说明，一般指的是 $\Delta n = \Delta p$ 的过程①。

（2）电注入

在比导致速度饱和或负微分迁移率更高的强电场下，半导体中的点阵原子有可能被电离而成对产生大量额外载流子。额外载流子的这种产生方式被称为电注入。处于正偏置状态下的 PN 结，其两侧通过 PN 结相互注入少数载流子的过程就是一种电注入。金属探针与半导体接触时，也可以用电注入方式产生额外载流子。关于电注入的讨论将在第 4、5 章中介绍。

（3）大注入和小注入

一般情况下，注入的额外载流子密度会比热平衡条件下的多数载流子密度低得多，即对 N 型半导体，常有 $\Delta n = \Delta p << n_0$。满足这个条件的注入称为小注入，但即使是小注入，额外载流子密度还是可能比热平衡少数载流子密度高得多。例如对电阻率为 $1\Omega \cdot cm$ 的 N 型 Si，其室温下的 $n_0 \approx 5 \times 10^{15} cm^{-3}$，$p_0 \approx 2 \times 10^4 cm^{-3}$，若用光注入在其中产生密度为 $\Delta n = \Delta p = 10^{10} cm^{-3}$ 的额外载流子，则因 $\Delta n / n_0 = 2 \times 10^{-6}$，显然是小注入，但 Δp 却是 p_0 的 5×10^5 倍，$\Delta p \gg p_0$。这个例子说明，在非热平衡条件下，小注入基本不改变多数载流子的密度，其影响可以忽略；但对少数载流子密度的改变很大，影响显著。所以，**非平衡态与热平衡态相比，主要差别是少数载流子的数量和作用起了重要变化，**因而通常所说的额外载流子实际是指额外少数载流子，**简称少子。**

顾名思义，额外载流子密度大于或接近等于多数载流子密度的非平衡态即可称为大注入，但多数情况下大注入指的是 $\Delta n = \Delta p \gg n_0$（对 N 型半导体）或 $\Delta n = \Delta p \gg p_0$（对 P 型半导体）。

3. 弛豫过程

建立非平衡状态的外部作用撤除后，额外载流子会逐渐消失，半导体由非平衡态恢复到平衡态，这个过程叫弛豫。对由额外载流子的注入建立起来的非平衡态，弛豫过程是额外载流子的复合，对由载流子的抽取建立起来的非平衡态，弛豫过程是载流子的热产生。

产生和复合是半导体的载流子系统恢复热平衡态的动力。

在非零温度下，半导体中电子-空穴对的产生与复合随时都在发生，只不过在热平衡状态下，单位时间里产生与复合的电子-空穴对数相等，电子与空穴各自稳定地保持其热平衡密度不变。维持热平衡状态的产生与复合不是本章讨论的重点。本章重点考虑恢复热平衡状态的弛豫过程中的产生与复合。

（1）恢复热平衡状态的主要途径

如图 3-2 所示，半导体的热平衡状态被打破之后，主要通过以下 3 种途径来恢复。

1）导带电子与价带空穴直接复合（若 $\Delta n = \Delta p > 0$）或直接产生导带电子和价带空穴（若 $\Delta n = \Delta p < 0$，下同）。

2）通过复合中心的间接复合或产生。这种途径即导带电子通过禁带中一条能级的缓冲，然后与价带空穴相复合，或价带电子通过该能级的缓冲向导带激发。也常常将这种复合视为导带电子和价带空穴同时被这条能级俘获而复合，将这种产生视为该能级同时向导带和价带分别发射电子和空穴。该能级通常位于禁带中部，起因于某些杂质或缺陷，称为复合中心或深中心。

3）通过表面复合中心的复合或产生。半导体表面的禁带中存在着密度远高于体内的复合中心，而且其能量分布接近连续，因此表面及其附近的额外载流子主要通过表面复合中心复合。当表面及其附近处于 $\Delta n = \Delta p < 0$ 的非平衡态时，弛豫过程中载流子的产生也通过这些表面能级来进行。

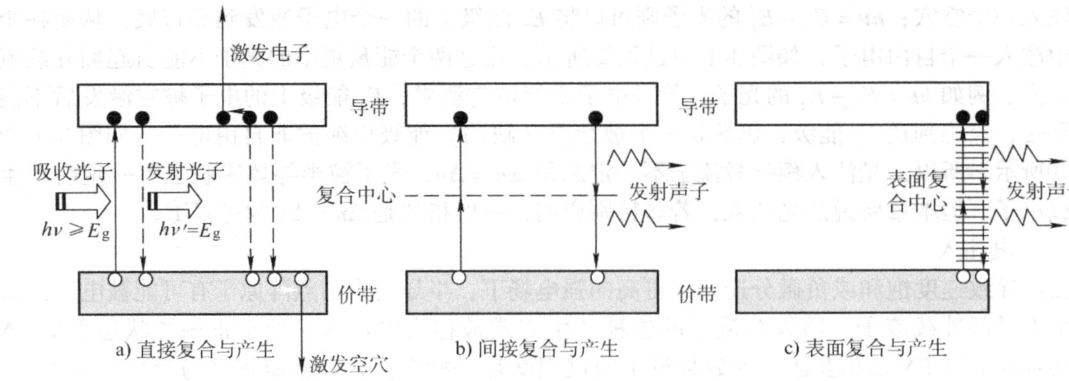

图3-2 半导体恢复热平衡状态的3种主要途径及相应的能量交换形式

(2) 弛豫过程中的能量守恒和动量守恒

在从 $\Delta n = \Delta p > 0$ 的非平衡态向平衡态弛豫的复合过程中，为了保持能量守恒和动量守恒而释放相应能量的方式主要有三种。

1) 发射光子。由于光子的动量很小，这种复合只能发生在动量几乎相等的状态之间，或不受动量守恒限制的状态之间。例如，直接禁带半导体中导带电子和价带空穴的复合，两态或其中一态为杂质（缺陷）能级的复合。

2) 发射声子。即把能量传递给晶格。由于声子的能量较小而动量变化较大，一对额外载流子的复合往往要发射多个声子，因而又称多声子复合。间接禁带半导体中导带电子和价带空穴通过复合中心的复合多取这种方式。表面复合也多以这种方式释放能量。

3) 激发另外的电子或空穴。额外电子与额外空穴复合时用释放的能量激发附近的电子或空穴，产生一个高能量的载流子。采用这种方式释放能量的复合叫俄歇（Auger）复合。

(3) 四种主要的复合过程及其逆过程

由于直接复合因能量释放形式的不同而分为直接辐射复合和直接俄歇复合两种，半导体中载流子的复合过程主要有如下四种。

1) 直接辐射复合，如图3-2a左半部所示，其逆过程为本征激发（含热激发）。

2) 直接俄歇复合，如图3-2a右半部所示，其逆过程为碰撞电离。

3) 通过体内复合中心的间接复合，如图3-2b所示，其逆过程为通过体内复合中心的间接激发。

4) 通过表面复合中心的间接复合，如图3-2c所示，其逆过程为通过表面复合中心的间接激发。

除此之外，半导体中还有多种复合过程，如激子复合和通过杂质（缺陷）能级的辐射复合等。与上述四种复合过程相比，这些复合过程的发生通常需要特定的条件，其典型性和普遍性稍差，留待后面讨论具体问题时介绍。

3.1.2 额外载流子的寿命

1. 额外载流子参与导电的实验

额外载流子注入必然导致半导体电导率增大，对 $\Delta n = \Delta p$ 的光注入，电导率增量可表示为

$$\Delta\sigma = q\Delta p(\mu_n + \mu_p) \tag{3-2}$$

光照使半导体电导率增大的现象称为光电导。$\Delta\sigma$ 的大小及其在光照和无光照之间的瞬态变化，可用图3-3所示的实验装置来观察。图中，限流电阻 R 与直流电源的串联代表一个恒流源。因为

流过半导体试样的是恒定电流，试样受均匀光照而发生的电导率变化必然会通过试样两端的电压变化反映出来。这个变化实际上就是额外载流子密度 Δp 的变化。

该实验表明，当光照停止之后，Δp 随时间逐渐衰减。虽然衰减过程很短，但说明额外载流子并非立即通过复合全部消失，弛豫过程要经历一定时间，或说额外载流子在导带和价带中有一定的生存时间。

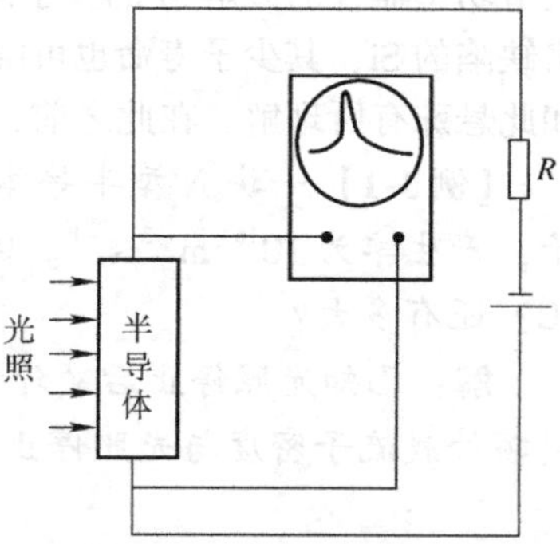

图 3-3 光电导实验原理示意图

2. 复合几率、复合率与产生率

为了描述额外载流子在光照取消之后通过复合逐渐消失的过程，参照第 2 章描述散射这种弛豫过程的方法，定义 $P = 1/\tau$ 作为额外载流子在复合这种弛豫过程中的复合几率。对密度为 Δp 的额外载流子，$U = \Delta p/\tau$ 就表示在单位时间、单位体积内通过复合而消失的额外载流子数，称之为额外载流子的复合率。类似地，把单位时间、单位体积内通过光照等激发机构产生的电子–空穴对数称为产生率，通常用 G 表示。在一个额外载流子的产生机构（如光照）和复合机构并存，且稳定发挥作用的情况下，该系统在产生率等于复合率时进入稳定的非平衡状态，具有不变的额外载流子密度 Δp。根据 $U = G$，知

$$\Delta p = \tau G \tag{3-3}$$

因此，在产生率和额外载流子寿命已知的情况下，即可求出稳定非平衡态下 Δp 的大小。

3. 额外载流子密度随时间衰减的规律

在图 3-3 所描述的实验中，设光照在 $t = 0$ 时刻突然被挡住，Δp 将随时间而减小。单位时间内额外载流子密度的降低可表示为 $-\mathrm{d}\Delta p(t)/\mathrm{d}t$。因为 Δp 的降低是由复合而引起的，应当等于额外载流子的复合率，即

$$\frac{\mathrm{d}\Delta p(t)}{\mathrm{d}t} = -\frac{\Delta p(t)}{\tau} \tag{3-4}$$

设复合几率 $1/\tau$ 是一个与 $\Delta p(t)$ 无关的恒量，则式（3-4）的通解为

$$\Delta p(t) = C\mathrm{e}^{-t/\tau} \tag{3-5}$$

按初始条件 $\Delta p(0) = \Delta p$ 知，常数 $C = \Delta p$，于是得额外载流子密度随时间按指数衰减的规律为

$$\Delta p(t) = \Delta p\mathrm{e}^{-t/\tau} \tag{3-6}$$

利用式（3-6）可以求出全部额外载流子的平均生存时间，即寿命

$$\bar{t} = \frac{\int_0^{\infty} t\Delta p\mathrm{e}^{-t/\tau}\mathrm{d}t}{\int_0^{\infty} \Delta p\mathrm{e}^{-t/\tau}\mathrm{d}t} = \tau \tag{3-7}$$

4. 额外载流子的寿命及其测量

以上结果说明，复合几率的倒数就是额外载流子的寿命。由于额外载流子密度的衰减主要是少数载流子密度的衰减，衰减过程的长短对少数载流子的影响最大，因而额外载流子的寿命常常被称为少数载流子寿命，简称少子寿命。

少子寿命可用多种实验方法来测量，上述方法即为其中最简单的一种。实验中用示波器记录下来的脉冲光照间隙的电压衰减曲线也就是额外载流子密度的衰减曲线。由式（3-6）可知，当衰减时间 $t = \tau$ 时，残存的额外载流子密度 $\Delta p(\tau) = \Delta p\mathrm{e}^{-1}$。这说明，衰减曲线上额外载流子密度下降到原值 e^{-1} 所经历的时间就是额外载流子的寿命。

不同材料的少子寿命相差很大。一般而言，直接禁带半导体的少子寿命较短，间接禁带半导体的少子寿命较长。Ge、Si、GaAs 相比，Ge 的少子寿命最长，Si 次之，GaAs 少子寿命最短。Ge 单晶中少子寿命最长可超过 10ms，而 GaAs 的少子寿命一般在 ns 等级。同种材料的少子寿命在

不同状况下变化范围也很大。纯度和晶格完整性特别好的Si单晶的少子寿命最长可达1ms以上，制造功率器件的区熔Si的少子寿命一般在几十到几百微秒的范围，而含有微量重金属杂质或晶格缺陷的Si，其少子寿命也可降到ns量级。本书将在3.2节通过讨论复合理论对少子寿命相差如此悬殊有所理解。在此之前，先来看看如何统计额外载流子的密度。

【例3-1】 一块N型半导体样品的少子寿命$\tau = 10\mu s$，今用光照在其中均匀注入额外载流子，产生率为$10^{16}cm^{-3}\cdot s^{-1}$。问光照撤销后20μs时刻其额外载流子密度衰减到原值的百分之几？还有多大？

解：已知光照停止后额外载流子密度的衰减规律遵循式（3-6），因此光照撤销后任意时刻额外载流子密度与光照停止时的初始密度之比即为

$$\Delta p(t)/\Delta p(0) = e^{-t/\tau}$$

当衰减时间$t = 20\mu s$时 $\Delta p(20)/\Delta p(0) = e^{-20/10} = e^{-2} = 0.135$

而 $\Delta p(0) = \tau G = 10 \times 10^{-6} \times 10^{16} cm^{-3} = 10^{11} cm^{-3}$

即光照撤销后经过两倍于少子寿命的时间仍有13.5%的额外载流子尚未消失，其密度值为$1.35 \times 10^{10} cm^{-3}$。

3.1.3 准费米能级

1. 准平衡状态

处于热平衡态的半导体有唯一的费米能级，由其统一决定导带、价带，以及禁带中的杂质和缺陷能级上的载流子分布。在非简并状态下，$n_0 p_0 = n_i^2$。但当半导体处于非平衡状态时，此式不再成立，这就意味着处于非热平衡状态的半导体不再存在统一的费米能级。

但是，电子系统的热平衡状态是通过电子的热跃迁来实现的。在同一能带范围内，热跃迁十分频繁，极短时间内就能导致整个能带内载流子分布的热平衡。因此可以认为，在整个系统处于非平衡状态的情况下，分别就价带和导带这两个子系统而言，其中的电子各自仍基本处于平衡状态，称为准平衡态。这时，费米能级的概念和热平衡状态下的分布函数对子系统仍然适用，因而可以分别引入导带费米能级和价带费米能级来计算非平衡状态下的电子密度和空穴密度。因为这种费米能级只是子系统的费米能级，子系统间并不统一，因而称之为**“准费米能级”**。导带的准费米能级也称电子准费米能级，用E_{Fn}表示；价带的准费米能级称为空穴准费米能级，用E_{Fp}表示。

导带和价带两个子系统间的不平衡，表现在它们的准费米能级是不重合的。

2. 非热平衡状态下的载流子统计

利用准费米能级，非平衡状态下的载流子密度也可以用与平衡载流子密度类似的公式来表达，对非简并半导体，即有

$$n = N_C \exp\left(-\frac{E_C - E_{Fn}}{kT}\right); \quad p = N_V \exp\left(-\frac{E_{Fp} - E_V}{kT}\right) \tag{3-8}$$

若载流子密度已知，便可由上式确定准费米能级E_{Fn}和E_{Fp}的位置，若准费米能级E_{Fn}和E_{Fp}的位置已知，即可求出载流子密度。

根据式（3-8），n与n_0、n_i及p与p_0、n_i的关系亦可用E_{Fn}和E_{Fp}分别表示为

$$n = N_C \exp\left(-\frac{E_C - E_{Fn}}{kT}\right) = n_0 \exp\left(\frac{E_{Fn} - E_F}{kT}\right) = n_i \exp\left(\frac{E_{Fn} - E_i}{kT}\right) \tag{3-9}$$

$$p = N_V \exp\left(-\frac{E_{Fp} - E_V}{kT}\right) = p_0 \exp\left(\frac{E_F - E_{Fp}}{kT}\right) = n_i \exp\left(\frac{E_i - E_{Fp}}{kT}\right) \tag{3-10}$$

式（3-9）和式（3-10）表明，无论是电子还是空穴，额外载流子密度越高，准费米能级偏

离 E_F 越远。但 E_{Fn} 和 E_{Fp} 偏离 E_F 的程度一般很不相同。对 N 型半导体，在 $\Delta n \ll n_0$ 的小注入条件下，虽然 $n > n_0$，但 $n \approx n_0$，因而 E_{Fn} 虽比 E_F 更靠近导带，但偏离 E_F 甚小。这时注入的空穴密度 $\Delta p \gg p_0$，也即 $p \gg p_0$，所以 E_{Fp} 比 E_F 更靠近价带，且比 E_{Fn} 更显著地偏离了 E_F。一般情况下，非平衡态中多数载流子的准费米能级对平衡态费米能级的偏离不多，而少数载流子的准费米能级则偏离很大。上述情况示意地表示于图 3-4 中。从前面所举的一些例子可以看到，即便是小注入，额外载流子密度也很容易超过本征载流子密度，所以图 3-4 中将空穴的准费米能级画到本征费米能级之下。

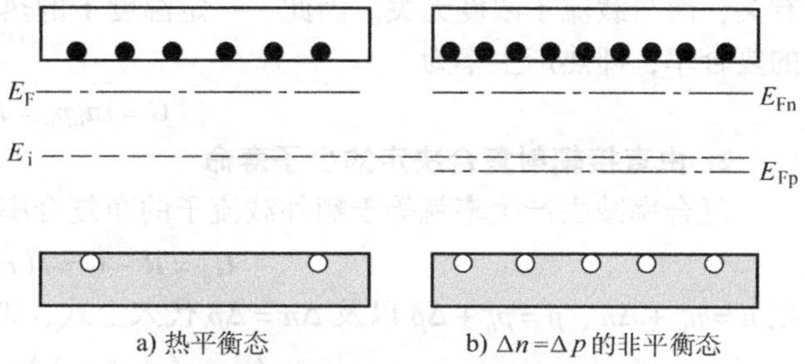

图 3-4 平衡态费米能级与非平衡态准费米能级的对比

由式（3-8）还可以得到非平衡态电子密度和空穴密度的乘积：

$$np = n_0 p_0 \exp\left(\frac{E_{Fn} - E_{Fp}}{kT}\right) = n_i^2 \exp\left(\frac{E_{Fn} - E_{Fp}}{kT}\right) \tag{3-11}$$

显然，E_{Fn} 与 E_{Fp} 的距离直接反映了乘积 np 对 n_i^2 的偏差，即偏离热平衡态的程度。E_{Fn} 与 E_{Fp} 差距越大，系统的不平衡程度就越高。因此引进准费米能级，可以更直观地了解非平衡态。

准费米能级的意义并不限于决定非平衡状态下的载流子密度，它还是电子在各子系统中的能量分布保持平衡或近平衡的标志，虽然其数量分配上确已偏离平衡。与之相反，在某些情况下虽然载流子密度并未偏离平衡值，但其能量分布却是非平衡的，如强电场下的热载流子就是这样。认识到这一点的实际意义在于，描述载流子近平衡输运性质的参数，如弱场迁移率和后面即将用到的载流子扩散系数，都是和平衡分布相联系的平均量。若额外载流子在能量分布上是近平衡的，这些参数才适合于额外载流子，式（3-2）才成立。那么，额外载流子在能量分布上究竟是不是平衡或近平衡的呢？设想产生额外载流子的是能量高于禁带宽度若干倍 kT 的短波光，这些额外载流子最初的能量会比导带底和价带顶的热平衡载流子能量高许多，因而在能量分布上一开始确实也是不平衡的。但是，这些额外载流子在很短的时间内就会通过晶格散射把多余的能量传递给晶格，而使自己的能量分布趋于平衡状态。这个时间叫能量弛豫时间，在 $10^{-11} \sim 10^{-12}$s 量级，远小于额外载流子的寿命。因而绝大部分额外载流子的能量分布是平衡的，整个额外载流子系统处于能量分布的近平衡状态。

3.2 复合理论

复合理论针对各种具体的复合机构，通过对其载流子产生复合过程的定量分析，得到各复合机构单独作用下的额外载流子寿命表达式。下面分别对 3.1 节归纳的四种主要复合过程展开讨论，最后对陷阱问题作一简略介绍。

3.2.1 直接辐射复合

导带电子与价带空穴不借助中间能级的复合过程叫直接复合，复合过程中伴随发射光子的直接复合即直接辐射复合。

1. 直接辐射复合过程中的复合率和产生率

导带电子和价带空穴直接复合的复合率显然应与导带电子和价带空穴的密度成正比，即

$$R = rnp \tag{3-12}$$

式中，比例系数 r 称为直接辐射复合系数，是对各种能量电子与空穴的平均值，单位为 $cm^3 \cdot s^{-1}$。

就一般情况而言，r 只与复合电子空穴的运动速度有关，而与载流子密度 n 和 p 无关，因而仅是温度的函数。

直接辐射复合的逆过程是本征激发或称热产生。热产生率的高低只与温度和材料的禁带宽度有关，而与载流子浓度无关。因此，一定温度下的热产生率也就是直接复合过程在热平衡状态下的复合率，即热产生率为

$$G = rn_0p_0 = rn_i^2 \tag{3-13}$$

2. 由直接辐射复合决定的少子寿命

复合率减去产生率就等于额外载流子的净复合率。直接复合过程中的净复合率 U_d 即为

$$U_d = R - G = r(np - n_i^2) \tag{3-14}$$

把 $n = n_0 + \Delta n$、$p = p_0 + \Delta p$ 以及 $\Delta n = \Delta p$ 代入上式，即得

$$U_d = r(n_0 + p_0)\Delta p + r(\Delta p)^2 \tag{3-15}$$

根据复合率的定义 $U = \Delta p/\tau$，由此得直接辐射复合决定的额外载流子寿命为

$$\tau = \frac{\Delta p}{U_d} = \frac{1}{r[(n_0 + p_0) + \Delta p]} \tag{3-16}$$

由此式可以看出，r 越大，净复合率越大，寿命τ越小。τ不仅与平衡载流子密度 n_0、p_0 有关，也与额外载流子密度 Δp 有关。

(1) 小注入状态

在 $\Delta p \ll (n_0 + p_0)$ 的小注入情况下，式 (3-16) 可近似地改写为

$$\tau = \frac{1}{r(n_0 + p_0)} \tag{3-17}$$

对 N 型材料和 P 型材料，上式可分别表示为

$$\tau_p = \frac{1}{rn_0}, \quad \tau_n = \frac{1}{rp_0} \tag{3-18}$$

对本征材料，因 $n_0 = p_0 = n_i$，式 (3-17) 变成

$$\tau = \frac{1}{2rn_i} \tag{3-19}$$

这说明，在小注入条件下，当温度和掺杂浓度一定时，寿命是一个常数。这时，少子寿命与多数载流子密度成反比。或者说，半导体的电导率越高，其直接辐射复合的小注入寿命越短。由于 n_i 是一种材料的最低载流子密度值，所以式 (3-19) 代表给定材料的最高少子寿命。

(2) 大注入状态

在 $\Delta p \gg (n_0 + p_0)$ 的大注入情况下，式 (3-16) 可近似地改写为

$$\tau = \frac{1}{r\Delta p_0} \tag{3-20}$$

这时，寿命随额外载流子密度而改变，因而在复合过程中寿命不再是常数。

(3) 实际半导体的直接辐射复合寿命

直接辐射复合寿命τ的大小，首先取决于该过程的复合几率 r。根据本征光吸收的实验数据，结合理论计算可以求出 r 的值。一些半导体的 r 和τ值见表 3-1。表中τ值是用式 (3-18) 按 $n_0 = 1 \times 10^{16}\,\mathrm{cm}^{-3}$计算出来的。表中数据表明，直接禁带材料比间接禁带材料的 r 大几个数量级，因而直接禁带半导体的直接辐射复合寿命，都在 μs 级以下，很多已进入 ns 量级。表中所列这些直接禁带半导体的寿命计算值与其实验测定值比较吻合，说明直接辐射复合确是这些材料中的额外载流子的主要复合机构。

然而，间接禁带半导体实际上的少子寿命要比预期的直接辐射复合寿命低得多，最高寿命不过几毫秒。这意味着直接辐射复合并不一定是决定 Ge、Si 等间接禁带半导体少子寿命的复合机构，一定有另外的复合机构起着主要作用，决定着材料的少子寿命。这就是下面要讨论的间接复合。

表 3-1 一些半导体的室温直接辐射复合数据⊖

材料	禁带类型	$r/\mathrm{cm^3 \cdot s^{-1}}$	τ/s
GaAs	直接	$(1.2 \sim 7.2) \times 10^{-10}$	$(8.3 \sim 1.4) \times 10^{-7}$
GaN	直接	1.1×10^{-8}	9.1×10^{-9}
InP	直接	$(0.06 \sim 1.26) \times 10^{-9}$	$(16.7 \sim 0.79) \times 10^{-7}$
InAs	直接	8.5×10^{-11}	1.18×10^{-6}
GaSb	直接	2.39×10^{-11}	4.2×10^{-6}
InSb	直接	4.6×10^{-11}	2.18×10^{-6}
CdTe	直接	1.0×10^{-9}	1.0×10^{-7}
Si	间接	$(1.8 \sim 3.0) \times 10^{-15}$	$(5.56 \sim 3.3) \times 10^{-2}$
Ge	间接	5.25×10^{-14}	1.9×10^{-3}
GaP	间接	$(0.3 \sim 5.27) \times 10^{-14}$	$(33 \sim 1.9) \times 10^{-3}$

3.2.2 通过单一复合中心的间接复合

半导体中的杂质和缺陷在禁带中形成一定的能级，它们除了影响半导体的载流子密度以外，有些能级对额外载流子的寿命也有很大影响。半导体中产生这种能级的杂质（或缺陷）密度越高，额外载流子的寿命就越短。这说明某些杂质和缺陷有促进额外载流子复合的作用，因而称这种杂质和缺陷为复合中心。**间接复合指的就是额外载流子通过复合中心的复合**。实际情况中这种能级可能不止一条，但为了使概念清晰，本节只考虑通过单一复合中心的复合。

1. 通过单一复合中心的复合过程（SRH 模型）

如图 3-5 所示，当半导体中存在能级为 E_T，密度为 N_T 的复合中心时，以 n_t 表示复合中心能级上的电子浓度，额外载流子借助该中心实现复合的四个微观过程及其定量描述是：

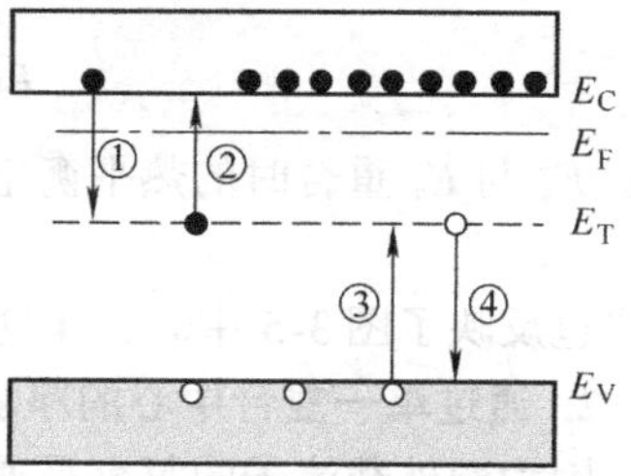

图 3-5 通过单一复合中心的复合

1）俘获电子：即复合中心 E_T 从导带俘获电子（见图 3-5 中过程①）。将复合中心在单位时间、单位体积中俘获的电子数称为电子俘获率，记为 C_n。该值应正比于导带电子的密度 n 和复合中心空状态的密度（$N_T - n_t$），即

$$C_n = r_n n (N_T - n_t) \tag{3-21}$$

式中，比例系数 r_n 反映复合中心俘获电子的能力，称为电子俘获系数，是一个对各种能量电子而言的平均量。r_n 与直接辐射复合系数量纲相同，也与电子密度无关而仅是温度的函数。

2）发射电子：即复合中心 E_T 上的电子被激发到导带，是图 3-5 中过程①的逆过程（见图 3-5中过程②）。用电子发射率 E_n 表示复合中心在单位时间、单位体积内向导带发射的电子数。显然，只有已被电子占据的复合中心能级才能发射电子。所以，E_n 应与 n_t 成比例。这里仍考虑非简并情况，认为导带基本是空的，因而 E_n 与 n 无关。发射率可写成

$$E_n = s_- n_t \tag{3-22}$$

式中，比例系数 s_- 称为电子激发几率，只要温度一定，它的值就是确定的。

同一能级对电子的俘获和发射既然为可逆过程，激发几率和俘获系数之间必有关联，而非完

⊖ 转引自参考文献［3］，个别数据有所修正。

全独立的两个量。利用热平衡时 C_n 与 E_n 相等的事实，即可求出 s_- 与 r_n 关系。即在

$$s_- n_{t0} = r_n n_0 (N_T - n_{t0}) \tag{3-23}$$

中代入非简并状态下 n_0 和 n_{t0} 的表达式，可得

$$s_- = r_n n_0 \left(\frac{N_T}{n_{t0}} - 1\right) = r_n n_0 \exp\left(\frac{E_T - E_F}{kT}\right) = r_n N_C \exp\left(\frac{E_T - E_F - E_C + E_F}{kT}\right) = r_n n_1 \tag{3-24}$$

为了简单起见，在 n_{t0} 的表达式中忽略了简并因子 1/2，并记

$$n_1 = N_C \exp\left(-\frac{E_C - E_T}{kT}\right) = n_i \exp\left(\frac{E_T - E_i}{kT}\right) \tag{3-25}$$

表示 E_F 与 E_T 重合时导带的热平衡电子密度。于是，电子发射率可用俘获系数重新表示为

$$E_n = r_n n_1 n_t \tag{3-26}$$

3）俘获空穴：如图 3-5 中过程③所示，电子由 E_T 落入价带与空穴复合，也可看成 E_T 从价带俘获一个空穴。单位时间在单位体积中俘获的空穴数被称为空穴俘获率 C_p，其值应正比于价带空穴的密度和复合中心上的电子密度，令 r_p 为空穴俘获系数，则

$$C_p = r_p p n_t \tag{3-27}$$

4）发射空穴：价带电子被激发到 E_T 上，也可以看成 E_T 向价带发射一个空穴，是过程③的逆过程（见图 3-5 中过程④）。价带中的电子只能激发到空着的复合中心能级上去，换言之，只有空着的复合中心才能向价带发射空穴。类似前面的讨论，非简并情况下，空穴发射率可写成

$$E_p = s_+ (N_T - n_t) \tag{3-28}$$

s_+ 是空穴激发几率。同样，平衡时，图 3-5 中③、④这两个可逆过程必须相互抵消，即

$$s_+ (N_T - n_t) = r_p p_0 n_{t0} \tag{3-29}$$

代入平衡时的 p_0 和 n_{t0} 值，得

$$s_+ = r_p p_1 \tag{3-30}$$

其中

$$p_1 = N_V \exp\left(\frac{E_T - E_V}{kT}\right) = n_i \exp\left(\frac{E_i - E_T}{kT}\right) \tag{3-31}$$

表示 E_F 与 E_T 重合时的热平衡空穴密度。把式（3-30）代入式（3-28），得

$$E_p = r_p p_1 (N_T - n_t) \tag{3-32}$$

该式也反映了图 3-5 中③、④这两个可逆过程的内在联系。

2. 通过单一复合中心的净复合率

因为额外载流子的复合是通过同一复合中心完成的，单位时间在单位体积内净复合的额外电子和额外空穴的数量必然相等，即额外载流子的净复合率可表示为

$$U = r_n n (N_T - n_t) - r_n n_1 n_t = r_p p n_t - r_p p_1 (N_T - n_t) \tag{3-33}$$

由此得状态稳定时复合中心能级上的电子密度

$$n_t = \frac{N_T (n r_n + p_1 r_p)}{r_n (n + n_1) + r_p (p + p_1)} \tag{3-34}$$

将该式代入式（3-33）的任意一边，即得到额外载流子通过单一能级复合的净复合率表达式为

$$U = \frac{N_T r_n r_p (np - n_i^2)}{r_n (n + n_1) + r_p (p + p_1)} \tag{3-35}$$

显然，在热平衡条件下，净复合率因 $np = n_0 p_0 = n_i^2$ 而等于 0，即热平衡时没有净复合。

3. 复合中心的有效性

式（3-35）可因 $n = n_0 + \Delta p$、$p = p_0 + \Delta p$ 而改写为

$$U = \frac{N_T r_n r_p (n_0 + p_0 + \Delta p) \Delta p}{r_n (n + n_1) + r_p (p + p_1)} \tag{3-36}$$

对一般复合中心可近似认为 $r_n = r_p$，用 r 表示，则净复合率可改写为

$$U = \frac{N_T r(n_0 + p_0 + \Delta p)\Delta p}{n + p + n_1 + p_1} \tag{3-37}$$

对于确定的材料和额外载流子密度，上式仅当 $n_1 = p_1$ 时 U 最大，也即 $E_t = E_i$、$n_1 = p_1 = n_i$ 时复合最有效。因此，**对电子和空穴具有大体相等的俘获系数且位于禁带中央附近的深能级是最有效复合中心**。实验表明，在 Ge 中，Mn、Fe、Co、Au、Cu、Ni 等杂质可以形成有效复合中心；在 Si 中，Cu、Fe、Au、Pt 等杂质和电子辐照产生的双空位等缺陷是有效复合中心。

以上分析还表明：浅能级，即远离禁带中央的能级不能起有效复合中心的作用。

4. 通过单一复合中心的间接复合寿命

当半导体中注入了额外载流子后，$np > n_i^2$，$U > 0$。由式（3-36）得额外载流子寿命为

$$\tau = \frac{\Delta p}{U} = \frac{r_n(n_0 + n_1 + \Delta p) + r_p(p_0 + p_1 + \Delta p)}{N_T r_n r_p(n_0 + p_0 + \Delta p)} \tag{3-38}$$

显然，寿命τ与复合中心密度 N_T 成反比。

这里还要指出一点，复合率公式（3-36）同样适用于 $\Delta n < 0$、$\Delta p < 0$ 的情形，这时复合率为负值，实际上表示电子–空穴对的产生率。

（1）小注入状态

对 N 型半导体，恒有 $p_0 \ll n_0$，且小注入时 $\Delta p \ll n_0$，对有效复合中心 $p_1 \approx n_1 \ll n_0$。并且，对于一般的有效复合中心，r_n 和 r_p 相差不是太大，r_p 不足以使式（3-38）中分子的第 2 项与 $r_n n_0$ 大小可相比拟。所以，式（3-38）简化为

$$\tau_p \approx \frac{1}{N_T r_p} \tag{3-39}$$

上式表明，在含有有效复合中心的 N 型半导体中，小注入情况下对少子寿命起决定作用的是复合中心的密度 N_T 及其对少数载流子空穴的俘获系数 r_p，而与它对电子的俘获系数 r_n 无关。这是因为复合中心能级 E_T 在这种情况下远在 E_F 之下，其中基本填满了电子，相当于复合中心俘获电子的过程总是已经完成，有 $n_t \approx N_t$ 个被电子填满的中心随时可以俘获空穴，因而由空穴的俘获率 r_p 决定着额外载流子的寿命。

对于不是特别有效的复合中心，即对能级位于费米能级附近而远离禁带中线的复合中心，$n_1 \approx n_0$，甚至有可能大于 n_0（若 E_T 位于 E_F 之上），因而不能忽略，少子寿命为

$$\tau \approx \frac{1}{N_T r_p} \frac{n_1 + n_0}{n_0} > \tau_p \tag{3-40}$$

对费米能级 E_F 很靠近本征费米能级 E_i 的高阻材料，即便其复合中心是深中心，上述 n_1 大于或约等于 n_0 的情况也有可能出现。这就是说，无论是高阻材料还是不含有效复合中心的材料，其少数载流子寿命与多数载流子密度成反比，即电阻率越高，少子寿命越高。

对于 P 型材料，用类似的方法讨论，可以得到由有效复合中心决定的小注入少子寿命为

$$\tau_n = \frac{1}{N_T r_n} \tag{3-41}$$

式（3-39）和（3-41）表明，有效复合中心总是基本上被多数载流子填满，少数载流子的小注入寿命决定于它们对少数载流子的俘获能力。

（2）大注入状态

对含一种有效复合中心的 N 型半导体，当 Δp 相对于 n_0 不可忽略时，式（3-38）变为

$$\tau = \frac{r_n(n_0 + \Delta p) + r_p \Delta p}{N_T r_n r_p(n_0 + \Delta p)} = \frac{1}{r_p N_T} + \frac{\Delta p}{r_n N_T(n_0 + \Delta p)} = \tau_p + \tau_n\left(\frac{n_0}{\Delta p} + 1\right)^{-1} \tag{3-42}$$

这个结果表明，随着注入水平的提高，少子寿命在小注入寿命的基础上逐渐延长，成为一个与额外载流子密度有关的量。但在 $\Delta p \gg n_0$ 时趋于极限值：

$$\tau = \tau_p + \tau_n \tag{3-43}$$

在 r_n 与 r_p 大小相近时，大注入寿命的极限值是小注入寿命的 2 倍。大注入寿命又叫双极寿命。

5. 俘获系数与俘获截面

载流子热运动的速度 v_T 越大，它碰上复合中心而被俘获的几率也越大。因此可认为复合中心的俘获系数与载流子的热速度成正比，即

$$r_n = \sigma_- v_T; \qquad r_p = \sigma_+ v_T \tag{3-44}$$

比例系数 σ 具有面积的量纲，反映了复合中心俘获载流子的能力大小，称为俘获截面。这意味着将复合中心设想为截面积为 σ 的球体。截面积越大，载流子在运动过程中碰上复合中心而被俘获的几率就越大。复合中心俘获电子和空穴的能力不同，也就是俘获截面大小不同，分别用 σ_- 和 σ_+ 表示之。Ge 和 Si 中有效复合中心的俘获载面一般在 $10^{-13} \sim 10^{-17}\text{cm}^2$ 范围。

【例 3-2】 室温下 Si 中 Au 的能级对空穴和电子的俘获系数分别为 $r_p = 1.15 \times 10^{-7}\text{cm}^3/\text{s}$ 和 $r_n = 6.30 \times 10^{-8}\text{cm}^3/\text{s}$。试计算掺 Au 浓度为 $1 \times 10^{13}\text{cm}^{-3}$ 的 P 型 Si 和 N 型 Si 的小注入少子寿命。

解： N 型 Si 中 Au 的深受主能级起有效复合中心作用，将 Au 浓度和 Au 的空穴俘获系数代入式 (3-39)，得

$$\tau_p = \frac{1}{N_T r_p} = \frac{1}{1.15 \times 10^{-7} \times 10^{13}}\text{s} = 8.7 \times 10^{-7}\text{s}$$

P 型 Si 中 Au 的深施主能级起有效复合中心作用，将 Au 浓度和 Au 的电子俘获系数代入式 (3-39)，得

$$\tau_n = \frac{1}{N_T r_n} = \frac{1}{6.3 \times 10^{-8} \times 10^{13}}\text{s} = 1.6 \times 10^{-6}\text{s}$$

这个例题说明，Au 在 N 型 Si 和 P 型 Si 中都是有效复合中心，极其微小的 10^{13}cm^{-3} 浓度即能使其额外载流子的小注入寿命降到 1μs 左右，比其直接辐射复合机构决定的少子寿命数十毫秒短 4 个数量级，足可看出复合中心对降低半导体中少子寿命的主导作用。对大功率器件通常使用的高阻 Si，其少子寿命一般要求在 100μs 以上，对应的复合中心密度当在 $1 \times 10^{11}\text{cm}^{-3}$，只是 Si 原子密度的数千亿分之一。由此可见半导体工艺对工作环境洁净程度和使用材料纯度的要求之高。

3.2.3 表面复合

表面复合是指发生在半导体表面，通过表面特有的高密度复合中心进行的复合过程。因而就复合机构的性质而言，表面复合仍然是间接复合，但不是单一复合中心。所以，可以用间接复合理论来处理表面复合问题，但不能照搬 SRH 模型的结果。

1. 表面复合速度

类似于前面对间接复合过程的讨论，将表面复合看成一种小注入状态下的非常有效的复合过程，把单位时间通过单位面积表面复合掉的电子空穴对数定义为表面复合率，即

$$U_S = r_S N_{ST} \Delta p_S = \sigma v_T N_{ST} \Delta p_S = S \Delta p_S \tag{3-45}$$

式中，N_{ST} 表示单位面积表面中的复合中心总数；Δp_S 表示表面附近薄层中额外载流子的平均密度；$S = \sigma v_T N_{ST}$ 具有速度量纲，称为表面复合速度，由此可将表面复合视为密度为 Δp_S 的额外载流子以垂直于表面的速度 S 流出了表面。

2. 考虑表面复合的有效寿命

考虑到表面复合的作用，半导体表面附近额外载流子的寿命应是体内复合和表面复合的综合结果。假设这两种复合过程同时独立发生，用τ_V 和τ_S 分别表示体内复合寿命和表面复合寿命，则 $1/\tau_V$ 和 $1/\tau_S$ 就分别是体内复合几率和表面复合几率，总复合几率就是二者之和。于是，两种复合过程共同决定的少子寿命

$$\tau = (1/\tau_V + 1/\tau_S)^{-1} = \tau_V\,\tau_S/(\tau_S + \tau_V) \tag{3-46}$$

称之为**考虑表面复合的有效寿命**。

考虑厚度为 d 的薄样品，若同时计入体内复合和表面复合，则单位时间、单位面积样品中复合的额外载流子数应为 $d\Delta p/\tau_V + 2S\Delta p$。式中第二项乘以 2 表示考虑了两个表面的复合。这样，除以 d 即可得考虑了表面复合作用的净复合率为

$$U = \Delta p(1/\tau_V + 2S/d) = \Delta p/\tau \tag{3-47}$$

将式（3-47）与式（3-46）相比较，即可知额外载流子的表面复合寿命$\tau_S = d/2S$，其长短既与表面的性质有关，也与样品的几何形状有关。

3.2.4 俄歇复合

在俄歇复合过程中，被激发的第三个载流子在跃迁回到低能级时，或以发射声子的形式放出多余的能量，或激发一个价带电子到导带，因而俄歇复合是一种非辐射复合。高能载流子直接激发价带电子生成电子–空穴对的过程也就是俄歇复合的逆过程，因而称之为俄歇产生。根据复合过程始末两态的性质，俄歇复合有多种形式，有的涉及杂质能级，有的不涉及杂质能级。这里只讨论不涉及杂质能级的直接俄歇复合，如图 3-2a 的右半部所示。

对直接俄歇复合过程的分析类似于对直接辐射复合过程的分析，只是既然多一个电子或空穴参与，复合率即相应地变为与一种载流子的密度成正比而与另一种载流子的密度平方成正比。用 R_e 和 R_h 分别表示发射高能电子和发射高能空穴的直接俄歇复合的复合率，则

$$R_e = A_n n^2 p, \qquad R_h = A_p n p^2 \tag{3-48}$$

式中，A_n 和 A_p 分别为电子和空穴的俄歇复合系数。

与俄歇复合过程同时进行的，还有其逆过程俄歇产生。俄歇产生若是由高能电子引起的，其产生率用 G_{ee}表示，其大小必正比于电子的密度；若是由高能空穴引起的，其产生率用 G_{hh}表示，其大小必正比于空穴的密度，即

$$G_{ee} = g_e n, \qquad G_{hh} = g_h p \tag{3-49}$$

式中，g_e 和 g_h 表示产生速率。利用热平衡条件下复合率与产生率相等的事实，可得

$$g_e = A_n n_i^2, \qquad g_h = A_p n_i^2 \tag{3-50}$$

于是可将产生率重新表示为

$$G_{ee} = A_n n n_i^2, \qquad G_{hh} = A_p p n_i^2 \tag{3-51}$$

当以上两种复合过程同时存在时，额外载流子的净复合率 U 为

$$U = (R_e + R_h) - (G_{ee} + G_{hh}) = (A_n n + A_p p)(np - n_i^2) \tag{3-52}$$

上式即为在非简并状态下俄歇复合的普遍理论公式。

将 $n = n_0 + \Delta n$、$p = p_0 + \Delta p$ 及 $\Delta n = \Delta p$ 代入式（3-52）即得俄歇复合寿命为

$$\tau_A = \frac{\Delta n}{U} = \frac{1}{[A_n(n_0 + \Delta n) + A_p(p_0 + \Delta p)](n_0 + p_0 + \Delta n)} \tag{3-53}$$

在小注入情况下，Δn 和 Δp 均远小于 $n_0 + p_0$，上式可近似化为

$$\tau_A = \frac{1}{[A_n n_0 + A_p p_0](n_0 + p_0)} \tag{3-54}$$

对N型和P型半导体，有

$$\tau_{An0} = \frac{1}{A_n n_0^2}, \qquad \tau_{Ap0} = \frac{1}{A_p p_0^2} \tag{3-55}$$

其值同小注入直接辐射复合一样与额外载流子的注入状态无关。

对于 n_0 和 p_0 可以忽略的大注入，俄歇复合寿命变得与注入水平有关，即

$$\tau_{APH} = \frac{1}{\Delta p^2 (A_n + A_p)} = \frac{1}{A_H \Delta p^2}, \qquad \tau_{ANH} = \frac{1}{\Delta n^2 (A_n + A_p)} = \frac{1}{A_H \Delta n^2} \tag{3-56}$$

式中，A_H 是大注入条件下的等效俄歇复合系数，$A_H = A_n + A_p$。

3.2.5 陷阱效应及其对复合的影响

陷阱效应也是非平衡状态下发生的一种效应。

当半导体处于热平衡状态时，无论施主、受主、复合中心或是其他任何杂质能级和缺陷能级，其上都分布有一定数目的电子，分布密度由平衡状态下的费米能级位置决定。这时，各能级通过俘获和产生保持相互之间载流子分布的平衡。当半导体的这种平衡遭到破坏时，上述各能级上的电子数目必然发生改变。如果一个能级增加电子，说明该能级具有收容额外电子的作用；若是电子减少，则可将该能级看成具有收容额外空穴的作用。从一般意义上讲，**杂质或缺陷能级俘获并积累额外载流子的作用称为陷阱效应**。从这个角度看，所有杂质或缺陷能级都有一定的陷阱效应，但实际上需要考虑的只是那些具有显著积累效果的能级。**所谓显著，通常是指能积累的额外载流子数目可与导带和价带中的额外载流子数目相比拟**。将有显著陷阱效应的杂质或缺陷能级称为陷阱，而将产生这些能级的杂质或缺陷称为陷阱中心。

1. 陷阱条件

此前的讨论指出，额外电子和空穴在通过禁带之中的一条能级 E_T 复合时，在状态稳定的情况下，该能级上的电子密度可用式（3-34）表示，即

$$n_t = \frac{N_T(nr_n + p_1 r_p)}{r_n(n + n_1) + r_p(p + p_1)}$$

n_t 作为 n 和 p 的函数，其小注入条件下的微小积累可用全微分形式表示为

$$dn_t = \left(\frac{\partial n_t}{\partial n}\right)_0 dn + \left(\frac{\partial n_t}{\partial p}\right)_0 dp \tag{3-57}$$

式中，dn、dp 分别代表导带电子和价带空穴的微小密度变化，也即导带和价带的额外载流子积累，相应的偏微分取热平衡状态的值。因为导带中电子密度和价带中空穴密度的微小变化对能级 E_T 积累电子的影响互不相关，并且电子和空穴的密度变化在形式上完全对称，所以要了解能级 E_T 上的电子累积，只考虑式（3-57）中的任意一项即可，如只考虑导带电子密度变化对 E_T 累积电子的影响。由

$$\frac{\partial n_t}{\partial n} = \frac{N_T r_n (r_n n_1 + r_p p)}{[r_n(n + n_1) + r_p(p + p_1)]^2} \tag{3-58}$$

可得

$$\frac{dn_t}{dn} = \left(\frac{\partial n_t}{\partial n}\right)_0 = \frac{N_T r_n (r_n n_1 + r_p p_0)}{[r_n(n_0 + n_1) + r_p(p_0 + p_1)]^2} \tag{3-59}$$

假定能级 E_T 俘获电子和空穴的能力差别不大，即令 $r_p = r_n$，则上式简化为

$$\frac{dn_t}{dn} = \frac{N_T}{n_0 + p_0 + n_1 + p_1} \frac{n_1 + p_0}{n_0 + p_0 + n_1 + p_1} \tag{3-60}$$

式（3-60）中等式右边第二个分式总小于1，第一个分式若非 N_T 比分母中的四项之和还大，也是小于1的。**这意味着在 $r_p = r_n$ 的情况下，dn_t/dn 总小于1，即能级 E_T 累积的电子比导带累积的电子少，表明它是复合中心而非陷阱中心；若要令其成为陷阱中心，只有提高浓度 N_T 至 $(n_0 + p_0 + n_1 + p_1)$ 之上**。而事实上，典型陷阱在浓度很低的时候，其上累积的额外载流子也会远远超过导带或价带载流子密度。这说明，典型陷阱对电子和空穴的俘获系数一定会相差悬殊，即若一个能级的 $r_n \gg r_p$，它很难俘获空穴而容易俘获并累积电子，因而是电子陷阱，相反则为空穴陷阱。

2. 陷阱中心的有效性

下面以电子陷阱为例讨论**有效陷阱的能级位置**。

式（3-59）因 $r_n \gg r_p$ 而略去其中与 r_p 有关的项后，变为

$$\frac{dn_t}{dn} = \frac{N_T n_1}{(n_0 + n_1)^2} \tag{3-61}$$

由此知欲使 $dn_t/dn = 1$，须有

$$N_T = n_1 \left(1 + \frac{n_0}{n_1}\right)^2 \tag{3-62}$$

按此结果，若 $n_0 \geqslant n_1$，E_T 仍然要在密度很高时才会积累电子起陷阱作用。例如，即使是 $n_0 = n_1$ 的弱N型场合，N_T 也要高达 $4n_0$ 才有明显的陷阱效应。如此看来，既然有效陷阱在密度不高时就有明显作用，除了俘获系数相差悬殊之外，还应有能级位置上的特征。

式（3-62）表明，有效电子陷阱的能级 E_T 应该远在费米能级 E_F 之上，以使 $n_0 << n_1$，才能使 N_T 在取极小值 n_1 时即有明显的陷阱作用。但对N型半导体而言，E_T 在 E_F 之上就意味着 n_1（即 N_T）很高，仍不能算是有效陷阱。所以真正能够满足这个要求的只能是P型半导体中的电子陷阱。也就是说：**少子陷阱才是有效陷阱**；或说：**陷阱只对少数载流子有明显作用**。

3. 陷阱对复合过程的影响

（1）延缓复合过程

如果在N型半导体中除复合中心外还存在空穴陷阱，则光生空穴将大部分被陷阱俘获，这在效果上等于夺取了一部分复合中心上的空穴，使电子-空穴对的复合率降低。虽然导带中自由的额外电子也有可能与陷阱中心上的空穴相复合，但复合几率很小，更可能发生的是陷阱中的空穴先被热激发到价带，然后被复合中心俘获，再与光生电子复合。同样，P型半导体中如果存在电子陷阱，额外电子落入陷阱之后便不能直接从陷阱能级跃迁到价带与空穴相复合。它们必须首先激发回导带，然后再通过复合中心与空穴复合。这样，复合过程会变得很不稳定，因为额外少子的密度刚刚因为复合而有所下降，少子陷阱马上就释放出一些被俘少子加以补充。而且，相对于复合中心俘获少子的平均时间而言，陷阱释放被俘少子所需的平均时间要长得多，因此，陷阱的存在会明显延长从非平衡态恢复到平衡态所需要的时间。

一个典型的例子就是在用光电导衰减法测定少子寿命的实验中，陷阱使光电导的衰减偏离指数规律，使额外载流子的衰减时间明显延长，严重影响对寿命的测量。图3-6即为一个P型Si样品的光电导衰减曲线。它严重偏离指数规律，就因为该样品含有深浅不同的两种陷阱中心。具体分析表明，由于注入量较大，光照取消前这两个陷阱都被光生电子填满而处于饱和状态。光照取消后，导带中的额外电子首先通过复合中心而消失，形成 A 所指的一段衰减曲线。但当导带电子

的密度明显下降之后，浅陷阱中的电子就开始向导带释放，使电子密度暂停衰减而随着时间的延长形成一个台阶。待浅陷阱中的电子释放完毕，导带电子又开始通过复合中心与价带空穴相复合，形成 B 所指的一段衰减曲线。然后是深陷阱释放电子形成第2个台阶，最后因复合而消失，形成 C 所指的一段衰减曲线。根据图示结果推算出这两个陷阱能级分别在导带底以下 0.57eV 和 0.79eV 处。

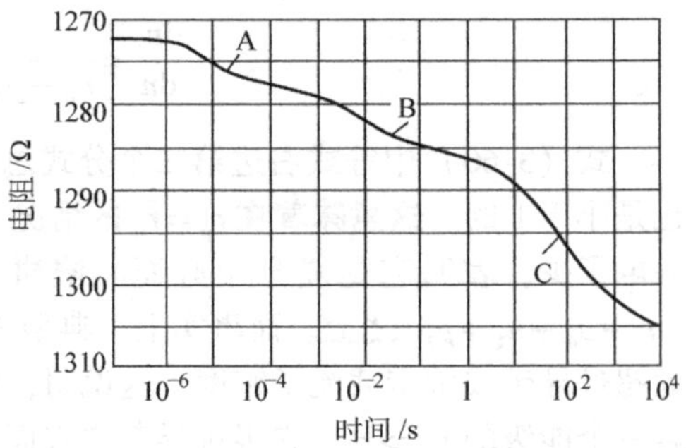

图 3-6 受陷阱影响的光电导衰减曲线

在用光电导衰减法测试少子寿命的时候，为了消除陷阱效应的不良影响，常常在施加短波光注入脉冲的同时再加上适当长波长的恒定光照，用其从价带激发出的能量与陷阱能级相当的电子将陷阱填满，使陷阱始终处于饱和状态。

（2）提高光电导的灵敏度

陷阱效应也有其可以利用的一面，那就是可以提高光电导的灵敏度。

同样以P型光电导样品为例。如前所述，光电导样品在适当光照下稳定产生的额外少子密度等于产生率与少子寿命的乘积，即 $\Delta n = \tau_n G$。产生率 G 与光照强度有关，而 τ_n 与复合中心有关，其值在小注入条件下为一常数。因此，当光照和复合中心都不改变时，导带中的额外电子密度 Δn 并不因是否存在电子陷阱而发生改变。但是额外多子的密度 Δp 会因为陷阱的存在而升高，因为每有一个额外电子落入陷阱，必同时有一个额外空穴与它保持电中性。设落入陷阱的额外电子密度为 Δn_t，则此时的 Δp 不再等于 Δn，而是

$$\Delta p = \Delta n + \Delta n_t \tag{3-63}$$

因此光电导因陷阱中心的引入而变为

$$\Delta\sigma = q[(\Delta n + \Delta n_t)\mu_p + \Delta n\mu_n] = q\Delta n(\mu_p + \mu_n) + q\Delta n_t\mu_p \tag{3-64}$$

与式（3-2）相比，光电导因陷阱中心而获得一个增量 $q\Delta n_t\mu_p$，提高了对入射光的敏感性。这个增量虽然是用 Δn_t 来表示的，但并非陷阱中的电子直接参与了导电。Δn_t 在这里只是从数量上反映价带中额外空穴的增加。

3.3 额外载流子的运动

从性质上讲，额外载流子同热平衡载流子并无区别，所有运动形态也都相同。但是，由于额外载流子的注入会明显改变多数载流子和少数载流子的权重，因而额外载流子的运动，特别是额外少数载流子的扩散运动在某些场合会具有特殊的重要性。例如在非均匀的小注入情况下，等量注入的两种载流子不会引起多数载流子明显的密度差，却会给少数载流子建立起较大的密度梯度，引起显著的少子扩散电流。如果此时不存在电场或电场很弱，少子扩散电流就是电流的主要成分。因此本节重点讨论额外载流子的扩散运动，了解不同条件下扩散运动的规律及描述这些规律的特征参数，最后通过对漂移和扩散两种运动形态并存的讨论，加深对著名的爱因斯坦关系的认识。

3.3.1 额外载流子的扩散与扩散方程

微观粒子在分布不均匀的情况下，因热运动而从高浓度区向低浓度区迁移的现象称为扩散。半导体中载流子的扩散是跟漂移同样重要的一种运动形态。很多场合，如在双极晶体管一类的器件中，甚至成为电荷输运的主流。

1. 扩散运动概念

粒子的扩散运动一般用两个著名的微分方程来描述，分别称为菲克第一定律和菲克第二定律，其一维形式分别为

$$J_x = -D\frac{\mathrm{d}n}{\mathrm{d}x},\qquad \frac{\partial n}{\partial t} = D\frac{\partial^2 n}{\partial x^2} \tag{3-65}$$

式中，D 为扩散系数，是一个表征扩散快慢的物理常数，常用单位为 $\mathrm{cm^2/s}$。

菲克第一定律指出：物质微粒因存在浓度梯度 $\mathrm{d}n/\mathrm{d}x$ 而扩散，扩散流密度 J_x 与浓度梯度的大小成正比，二者方向相反。菲克第二定律的物理含义则是说，扩散物浓度在空间各点随时间的变化率与扩散物在该点的散度成正比，比例常数仍为扩散系数。

2. 局部注入额外载流子的扩散

如图 3-7 所示，用一适当波长的光向一块 N 型均匀掺杂半导体注入额外载流子。假定光在注入面上的辐照是均匀的，但由于注入深度的限制，注入表面的额外载流子密度必高于内部，从而形成由体内指向注入表面的额外载流子密度梯度，方向与 x 轴平行。由于被照样品的平衡态电子密度 $n_0 \gg \Delta n$，额外多子的密度梯度 $\mathrm{d}\Delta n/\mathrm{d}x$ 叠加在 n_0 上基本不会导致 $n = n_0 + \Delta n$ 出现密度梯度。但是，由于 $p_0 \ll \Delta p$且均匀分布，额外少子的密度梯度 $\mathrm{d}\Delta p/\mathrm{d}x$ 叠加在 p_0 上就会从根本上改变 $p = p_0 + \Delta p$ 的分布情况，形成少子的密度梯度 $\mathrm{d}p/\mathrm{d}x$。这样，N 型样品中就会出现空穴扩散电流。

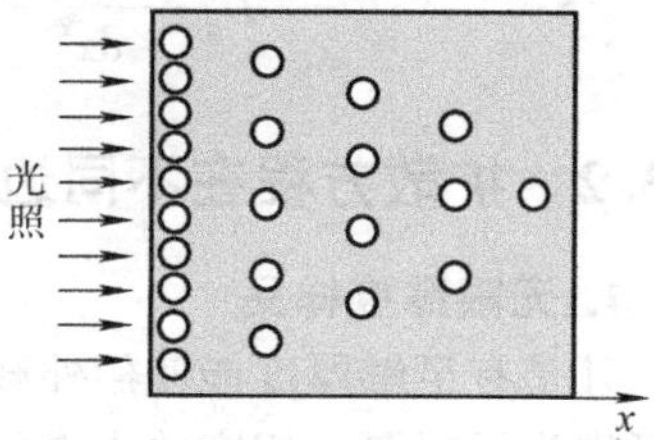

图 3-7 额外载流子的非均匀注入及由此引起的载流子扩散

如果被辐照的是 P 型均匀掺杂半导体，样品中就会出现电子扩散电流。

(1) 额外载流子的扩散流密度

由于 $p_0 \ll \Delta p$ 且均匀分布，额外少子的密度梯度就是少子的密度梯度，即 $\mathrm{d}p/\mathrm{d}x = \mathrm{d}\Delta p/\mathrm{d}x$。用 S_p 表示额外空穴的扩散流密度，按菲克第一定律即有

$$S_\mathrm{p} = -D_\mathrm{p}\frac{\mathrm{d}\Delta p(x)}{\mathrm{d}x} \tag{3-66}$$

类似地，P 型半导体中的少子扩散流密度也可用表示为

$$S_\mathrm{n} = -D_\mathrm{n}\frac{\mathrm{d}\Delta n(x)}{\mathrm{d}x} \tag{3-67}$$

式中，D_p 和 D_n 分别表示空穴和电子的扩散系数。

因为电子和空穴都是带电粒子，所以它们的扩散运动也必然伴随着电流的出现，形成扩散电流。扩散流密度乘以电荷即得到扩散电流密度，但对电子流要带上负号。

(2) 复合对额外载流子扩散的影响

扩散问题的另一个关注点是扩散路径上各处粒子密度随时间的变化。因为半导体中的额外载流子在扩散过程中会因复合而消失，所以引起空间各处额外载流子密度随时间变化的原因，除扩散引起的积累外，还有额外载流子因复合而导致的消失。因此在菲克第二定律的表达式中应加入额外载流子的复合率项，即

$$\frac{\partial \Delta p(x)}{\partial t} = D_\mathrm{p}\frac{\partial^2 \Delta p(x)}{\partial x^2} - \frac{\Delta p(x)}{\tau_\mathrm{p}} \tag{3-68}$$

此式即 N 型半导体中额外少数载流子（空穴）的扩散方程。

3. 一维稳态扩散方程

若注入恒定，即保持注入表层额外少子密度 $\Delta p(0)$恒定不变，扩散路径各处的载流子复合率也

不变，则经过短暂时间后系统会趋于稳定，形成不随时间变化的额外载流子密度分布 $\Delta p(x)$ 和扩散流密度分布 $S_p(x)$。这种情况被称为额外载流子的稳定扩散。这时，由式（3-68）不难得出

$$D_p \frac{d^2\Delta p(x)}{d(x^2)} = \frac{\Delta p(x)}{\tau_p} \tag{3-69}$$

这就是一维稳定扩散过程中额外少子所遵守的扩散方程，称为稳态扩散方程，其普遍解为

$$\Delta p(x) = A\exp\left(-\frac{x}{L_p}\right) + B\exp\left(\frac{x}{L_p}\right) \tag{3-70}$$

式中，L_p 代替求解过程中出现的 $(D_p \tau_p)^{1/2}$，称为空穴扩散长度；类似地，称 $L_n = (D_p \tau_p)^{1/2}$ 为电子扩散长度。

向P型半导体中注入额外电子时，其稳态扩散方程和相应的普遍解为

$$D_n \frac{d^2\Delta n(x)}{dx^2} = \frac{\Delta n(x)}{\tau_n} \text{和} \ \Delta n(x) = A\exp\left(-\frac{x}{L_n}\right) + B\exp\left(\frac{x}{L_n}\right) \tag{3-71}$$

3.3.2 扩散方程在不同边界条件下的解

1. 无限厚度样品

凡是有足够厚度能使额外载流子在尚未到达样品的另一端之前就全部因复合而消失的样品，即可视为无限厚。相应的边界条件是：$x \to \infty$ 时，$\Delta p = 0$；$x = 0$ 时，$\Delta p = \Delta p(0)$。按此边界条件，稳态扩散方程的通解式（3-70）中必有 $B = 0, A = \Delta p(0)$，于是，无限厚样品稳态扩散方程的解是

$$\Delta p(x) = \Delta p(0)\exp\left(-\frac{x}{L_p}\right) \tag{3-72}$$

这表明注入空穴的密度从表面的 $\Delta p(0)$ 开始，向内逐渐衰减，按指数规律形成分布，如图3-8所示。显然，扩散长度 L_p 表示额外空穴在边扩散边复合的过程中，密度减少至原值的 e^{-1} 时所经过的距离。L_p 还表示额外载流子在复合之前的平均扩散距离，因为

$$\bar{x} = \frac{\int_0^\infty x\Delta p(x)dx}{\int_0^\infty \Delta p(x)dx} = \frac{\int_0^\infty x\exp\left(-\frac{x}{L_p}\right)dx}{\int_0^\infty \exp\left(-\frac{x}{L_p}\right)dx} = L_p \tag{3-73}$$

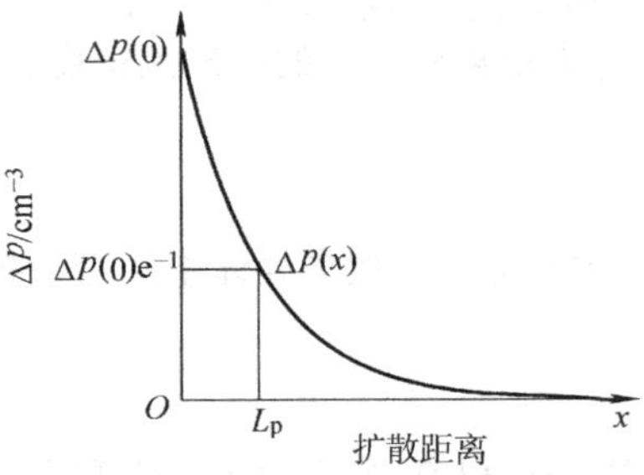

图3-8 无限厚样品中注入载流子的扩散所形成的分布

按定义，扩散长度 L 由载流子的扩散系数 D 和寿命 τ 决定。实际情况中，特定材料的载流子扩散系数已有标准数据，因而常把扩散长度的测量作为测量寿命的方法之一。

将式（3-72）代入式（3-66）即得扩散路径中各点 x 的空穴扩散流密度表达式为

$$S_p(x) = \Delta p(0)\frac{D_p}{L_p}\exp\left(-\frac{x}{L_p}\right) = S_{p0}\exp\left(-\frac{x}{L_p}\right) = \frac{D_p}{L_p}\Delta p(x) \tag{3-74}$$

式中，D_p/L_p 具有速度的量纲，称为**扩散速度**；S_{p0} 表示光注入面的空穴扩散流密度，其值为光注入面的空穴密度与空穴扩散速度的乘积，即

$$S_{p0} = \Delta p(0)\frac{D_p}{L_p} \tag{3-75}$$

式（3-74）表明：在注入载流子的扩散过程中，扩散流密度以扩散长度作为特征参数由表向内呈指数衰减，在距表面一个扩散长度的距离上衰减至表面流密度的 e^{-1}。在扩散路径中各点的扩散流密度的大小即为该点的额外载流子密度与其扩散速度的乘积，正如漂移电流密度等于载流子密度与漂移速度的乘积一样。

2. 有限厚度样品

设样品厚度为 W，在样品表面注入的额外载流子扩散到样品背面时尚未完全复合，但会被背面的表面态全部吸收。这时的边界条件是：在 $x=W$ 处，$\Delta p=0$；在 $x=0$ 处，$\Delta p=\Delta p(0)$。将这两个条件代入式（3-70）得到如下两个联立方程：

$$\left.\begin{aligned}&A+B=\Delta p(0)\\&A\exp\left(-\frac{W}{L_p}\right)+B\exp\left(\frac{W}{L_p}\right)=0\end{aligned}\right\}\tag{3-76}$$

解此联立方程得

$$A=\Delta p(0)\frac{e^{W/L_p}}{e^{W/L_p}-e^{-W/L_p}},\qquad B=-\Delta p(0)\frac{e^{-W/L_p}}{e^{W/L_p}-e^{-W/L_p}}\tag{3-77}$$

因此，稳态扩散方程对厚度为 W 的样品的解是

$$\Delta p(x)=\Delta p(0)\frac{sh\left(\dfrac{W-x}{L_p}\right)}{sh\left(\dfrac{W}{L_p}\right)}\tag{3-78}$$

对 $W<<L_p$ 的特例，式（3-78）简化为

$$\Delta p(x)=\Delta p(0)\left(1-\frac{x}{W}\right)\tag{3-79}$$

这时，额外载流子密度在样品内呈线性分布，如图 3-9 所示。密度梯度为

$$\frac{d\Delta p(x)}{dx}=-\frac{\Delta p(0)}{W}\tag{3-80}$$

扩散流密度为一常数，即

$$S_p=\Delta p(0)\frac{D_p}{W}\tag{3-81}$$

这意味着在 $W<<L$ 的样品中额外载流子没有因复合而消失。在晶体管中，基区宽度一般比扩散长度小得多，从发射区注入基区的额外载流子在基区的分布近似符合这种情况。

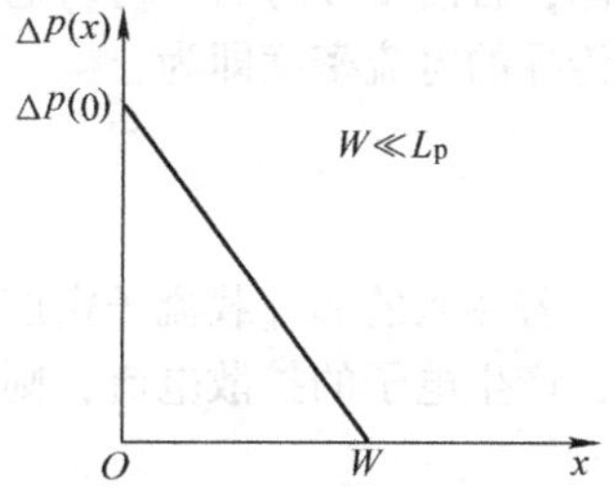

图 3-9 极薄样品中注入载流子的扩散所形成的线性分布

3. 高维扩散方程（点注入情况）

多数情况下，载流子（包括额外载流子）在垂直于电流方向的平面内是均匀分布的，三维半导体器件的电流密度可以按一维情况去处理。但实际情况中也常常会碰到三维扩散问题，这时对菲克两定律的表述，要用其矢量形式：

$$\boldsymbol{J}=-D\nabla n,\qquad \partial n/\partial t=D\nabla^2 n\tag{3-82}$$

但即使是三维问题，一般也可根据具体情况选择适当的坐标系，使问题简化。例如对探针注入额外载流子这样的问题，可以将探针尖视为半径为 r_0 的半球，令其扎入半导体表层，额外载流子通过半球面注入半导体中。这样，载流子的扩散就具有球对称性，额外载流子密度 Δp 只是

径向距离 r 的函数。用球坐标系来建立稳态扩散方程使问题大为简化。三维稳态扩散方程 $D_p\nabla^2(\Delta p)=\Delta p/\tau_p$又变成了一个一维方程：

$$D_p\frac{1}{r_2}\frac{d}{dr}\left(r^2\frac{d\Delta p}{dr}\right)=\frac{\Delta p}{\tau_p} \tag{3-83}$$

该方程满足边界条件的解为

$$\Delta p=\Delta p(0)\frac{r_0}{r}\exp[-(r-r_0)/L_p] \tag{3-84}$$

在注入边界 r_0 处，沿径向的扩散流密度

$$S_{p0}=-D_p\frac{d\Delta p}{dr}\bigg|_{r=r_0}=\left(\frac{D_p}{r_0}+\frac{D_p}{L_p}\right)\Delta p(0) \tag{3-85}$$

与式（3-74）所示的平面注入相比，上式中扩散速度增加了一项 D_p/r_0。这一项反映了注入面的几何形状所产生的扩散效果。若针尖半径 r_0 比空穴扩散长度小，几何效果还会超过物理效果，扩散流密度的增量就非常大。这表明，点注入比平面注入的扩散效率高。道理很明显，因为在平面情况下，密度梯度完全依靠额外载流子的复合来建立；而在点注入情况下，额外载流子的径向发散本身就是一种降低密度、形成密度梯度的方式，从而增强了扩散的效率。

3.3.3 电场中的额外载流子运动

若半导体中额外载流子密度不均匀，同时又有外加电场的作用，额外载流子除了扩散运动外，还要做漂移运动。若外加电场为 $\mathcal{E}$，则全部电子和全部空穴的漂移电流密度分别为

$$\boldsymbol{J}_{pD}=qp\mu_p|\mathcal{E}|,\qquad \boldsymbol{J}_{nD}=qn\mu_n|\mathcal{E}| \tag{3-86}$$

式中，$p=p_0+\Delta p$，$n=n_0+\Delta n$。

扩散电流和漂移电流叠加在一起即构成半导体的总电流。例如，对一块掺杂均匀的 N 型半导体，若沿 x 方向加一均匀电场 $\mathcal{E}$，同时又在其表面用光注入额外载流子，则由其少数载流子空穴传导的电流密度即为

$$\boldsymbol{J}_p=\boldsymbol{J}_{pS}+\boldsymbol{J}_{pD}=-qD_p\frac{d\Delta p}{dx}+qp\mu_p|\mathcal{E}| \tag{3-87}$$

若注入的额外载流子密度较高，也能使其多数载流子形成表面密度高、体内密度低的密度梯度，产生电子的扩散电流，则多数载流子电子所传导的电流密度即为

$$\boldsymbol{J}_n=\boldsymbol{J}_{nS}+\boldsymbol{J}_{nD}=qD_n\frac{d\Delta n}{dx}+qn\mu_n|\mathcal{E}| \tag{3-88}$$

以上二式之和 $\boldsymbol{J}=\boldsymbol{J}_n+\boldsymbol{J}_p$ 即是半导体在电场和额外载流子注入同时存在时的总电流密度。

在以上两个电流密度方程中，扩散系数和迁移率是仅有的两个反映载流子活动能力的参数。虽然这两个参数表现的是载流子在不同驱动力下的活动能力，但是它们的内在联系，或说所受到的制约是共同的，那就是散射。两次散射之间的平均自由时间越长，载流子在弱电场下获得的漂移速度就越高，在密度梯度驱使下也会扩散得更远或更快。所以这两个参数之间一定不是完全独立的，必定存在着某种固定的关系，这就是爱因斯坦关系。

3.3.4 爱因斯坦关系

1. 非均匀掺杂半导体中的载流子扩散

在热平衡状态，即便是掺杂浓度不均匀的半导体，客观上也观察不到载流子的扩散，但这并不意味着扩散理论不适合于掺杂浓度不均匀的情况。

仍以 N 型半导体为例。设其中的施主杂质浓度沿 x 方向降低，因而电子的热平衡密度是 x 的函数，记为 $n_0(x)$。由于密度梯度的存在，电子沿 x 方向扩散，产生扩散电流，扩散电流密度为

$$J_{nS}=qD_n\frac{dn_0(x)}{dx} \tag{3-89}$$

因为电离施主不能移动，电子的扩散使电中性受到破坏，产生体内静电场 $|\mathcal{E}|$，该电场使电子沿 $-x$ 方向漂移，产生的漂移电流密度为

$$J_{nD}=qn_0(x)\mu_n|\mathcal{E}| \tag{3-90}$$

在热平衡条件下不存在宏观电流，即平衡时电子的扩散电流和漂移电流之和为零，即

$$n_0(x)\mu_n|\mathcal{E}|=-D_n\frac{dn_0(x)}{dx} \tag{3-91}$$

2. 电场对半导体能带结构和热平衡载流子密度的影响

当半导体内部出现电场时，其中各处的电势要发生变化，成为 x 的函数，记为 $V(x)$，即

$$|\mathcal{E}|=-\frac{dV(x)}{dx} \tag{3-92}$$

在考虑电子的能量时，必须计入附加的静电势能 $-qV(x)$，因而导带底的能量应为 $E_C-qV(x)$，它也相应地随 x 变化。在非简并情况下，电子密度应为

$$n_0(x)=N_C\exp\left[-\frac{E_C-qV(x)-E_F}{kT}\right] \tag{3-93}$$

求导得

$$\frac{dn_0(x)}{dx}=n_0(x)\frac{q}{kT}\frac{dV(x)}{dx} \tag{3-94}$$

3. 爱因斯坦关系式

将式（3-92）和式（3-94）代入式（3-91）即得

$$\frac{D_n}{\mu_n}=\frac{kT}{q} \tag{3-95}$$

同理，对空穴可得

$$\frac{D_p}{\mu_p}=\frac{kT}{q} \tag{3-96}$$

以上二式即是**爱因斯坦关系式**。它表明，**非简并情况下载流子迁移率和扩散系数之间保持与温度有关的正比例关系**。

虽然爱因斯坦关系式是针对热平衡状态推导出来的，但实验证明，这个关系可直接用于非热平衡状态。这说明刚刚注入的额外载流子虽然具有跟平衡态载流子不同的速度和能量，但由于晶格散射的作用，在比寿命τ短得多的时间内就取得了与该温度相适应的速度分布，因此在复合前的绝大部分时间内已和平衡态载流子没有什么区别。

利用爱因斯坦关系式，由已知的迁移率数据，可以得到扩散系数。

利用爱因斯坦关系式，可将半导体的电流密度方程表示为

$$J=J_p+J_n=q\mu_p\left(p|\mathcal{E}|-\frac{kT}{q}\frac{d\Delta p}{dx}\right)+q\mu_n\left(n|\mathcal{E}|+\frac{kT}{q}\frac{d\Delta n}{dx}\right) \tag{3-97}$$

对非均匀半导体，热平衡载流子密度也随 x 变化，扩散电流应由载流子总密度梯度 $\mathrm{d}n/\mathrm{d}x$ 和 $\mathrm{d}p/\mathrm{d}x$ 决定。因此，半导体中同时存在扩散运动和漂移运动时的电流密度方程式又可写为

$$J = J_{\mathrm{p}} + J_{\mathrm{n}} = q\mu_{\mathrm{p}}\left(p\,|\mathcal{E}| - \frac{kT}{q}\frac{\mathrm{d}p}{\mathrm{d}x}\right) + q\mu_{\mathrm{n}}\left(n\,|\mathcal{E}| + \frac{kT}{q}\frac{\mathrm{d}n}{\mathrm{d}x}\right) \tag{3-98}$$

【例 3-3】 室温下，轻掺杂 p 型 Si 的少子寿命 $\tau_{\mathrm{n}} = 300\mu\mathrm{s}$，迁移率 $\mu_{\mathrm{n}} = 1350\mathrm{cm}^2/(\mathrm{V\cdot s})$，求其扩散长度。

解：由爱因斯坦关系知室温下 Si 中电子的扩散系数

$$D_{\mathrm{n}} = \frac{kT}{q}\mu_{\mathrm{n}} = 0.026\mu_{\mathrm{n}}$$

相应地，扩散长度

$$L_{\mathrm{n}} = \sqrt{D_{\mathrm{n}}\tau_{\mathrm{n}}} = \sqrt{0.026\times1350\times300\times10^{-6}}\ \mathrm{cm} = 10.26\times10^{-2}\mathrm{cm}$$

通过这个计算，可以对半导体中载流子的扩散长度获得一个大致的数量级概念。

3.4 电流连续性方程及其应用

电流连续性方程是描述半导体器件工作原理和特性的基本方程之一。它将 3.3 节讨论的扩散方程和电流密度方程结合在一起，是借以了解半导体中与时间相关的许多物理现象和物理过程的工具。本节首先介绍电流连续性方程的建立，重点介绍应用此方程解决实际问题的几个经典范例。

3.4.1 电流连续性方程

如果电流在进出一个具有单位截面积的微小体积元 Δx 时发生电流密度的变化，则该体积元内必有载流子密度随时间的变化；如果再考虑到体积元内额外载流子的产生和复合，则电流所经之处 x 的载流子密度随时间的变化率（单位时间载流子密度的改变），对 N 型半导体中的空穴可表示为

$$\frac{\partial p}{\partial t} = \frac{1}{q}\,\frac{J_{\mathrm{p}}(x) - J(x+\Delta x)}{\Delta x} - \frac{\Delta p}{\tau_{\mathrm{p}}} + g_{\mathrm{p}} = -\frac{1}{q}\frac{\partial J_{\mathrm{p}}}{\partial x} - \frac{\Delta p}{\tau_{\mathrm{p}}} + g_{\mathrm{p}} \tag{3-99}$$

式中，右边第一项表示单位时间内电流进出该体积元引起的空穴积累；右边第 2 项表示单位时间内因复合而减少的空穴数目；g_{p} 表示其他因素引起的单位时间、单位体积中空穴的变化。若 $\Delta p/\tau_{\mathrm{p}}$ 表示净复合率，则 g_{p} 可略去。

式（3-99）中的空穴电流 J_{p} 由扩散电流和漂移电流两部分组成，用式（3-87）表示。对式（3-87）求 x 的偏微分，得

$$\frac{\partial J_{\mathrm{p}}}{\partial x} = q\mu_{\mathrm{p}}\,|\mathcal{E}|\frac{\partial p}{\partial x} - qD_{\mathrm{p}}\frac{\partial^2\Delta p}{\partial x^2} + q\mu_{\mathrm{p}}p\frac{\partial|\mathcal{E}|}{\partial x} \tag{3-100}$$

将此结果代入式（3-99）即得漂移和扩散同时存在并考虑产生与复合对载流子密度的改变时，少数载流子所遵守的瞬态方程，即电流连续性方程：

$$\frac{\partial p}{\partial t} = D_{\mathrm{p}}\frac{\partial^2\Delta p}{\partial x^2} - \mu_{\mathrm{p}}\,|\mathcal{E}|\frac{\partial p}{\partial x} - \mu_{\mathrm{p}}p\frac{\partial|\mathcal{E}|}{\partial x} - \frac{\Delta p}{\tau} + g_{\mathrm{p}} \tag{3-101}$$

实际应用中，方程并非总是如此完整，其中某些项可能是零。例如本章 3.1.2 节所举的光电导实验，因所用试样掺杂均匀且光照均匀，即 $\partial p/\partial x = 0$，$\partial^2\Delta p/\partial x^2 = 0$ 和 $\partial p/\partial t = \mathrm{d}\Delta p/\mathrm{d}t$；又因外施电场为零且 $g_{\mathrm{p}} = 0$，则方程仅剩两项，即式（3-4）。其解式（3-6）也就是这种情况下的电流连续性方程的解。

3.4.2 稳态电流连续性方程及其解

在上述情况中，若额外载流子的注入恒定不变，且 $g_p=0$，则 p 不随时间变化，即 $\partial p/\partial t=0$。这时的电流连续性方程称为稳态电流连续性方程。为了简化讨论，假定材料是均匀的，因而平衡空穴密度 p_0 与 x 无关，$\partial p/\partial x$ 只是对 Δp 求导，并因不随时间变化而记为 $\mathrm{d}\Delta p/\mathrm{d}x$；同时因电场是均匀的而有 $\partial|\boldsymbol{\mathcal{E}}|/\partial x=0$。则式(3-101)变为

$$D_p\frac{\mathrm{d}^2\Delta p}{\mathrm{d}x^2}-\mu_p|\boldsymbol{\mathcal{E}}|\frac{\mathrm{d}\Delta p}{\mathrm{d}x}-\frac{\Delta p}{\tau_p}=0 \tag{3-102}$$

令 $\mu_p|\boldsymbol{\mathcal{E}}|\tau_p=l_p$，将该微分方程改写为

$$L_p^2\frac{\mathrm{d}^2\Delta p}{\mathrm{d}x^2}-l_p\frac{\mathrm{d}\Delta p}{\mathrm{d}x}-\Delta p=0 \tag{3-103}$$

此方程是一个二阶齐次常微分方程，可用算子法求解。其普遍解为

$$\Delta p=A\mathrm{e}^{\lambda_1x}+B\mathrm{e}^{\lambda_2x} \tag{3-104}$$

式中，λ_1 和 λ_2 是算子方程

$$L_p^2\lambda^2-l_p\lambda-1=0 \tag{3-105}$$

的两个根。式中，l_p 表示额外空穴在其平均寿命的时间内在电场作用下漂移的距离，称为空穴的牵引长度。

算子方程式（3-105）的解为

$$\lambda_{1,2}=\frac{l_p\pm\sqrt{l_p^2+4L_p^2}}{2L_p^2} \tag{3-106}$$

显然，根式前取正号时的解 $\lambda_1>0$，取负号时的解 $\lambda_2<0$。对于这里讨论的情况，由于额外载流子密度必随 x 衰减，式（3-104）的第一项必须为零，因而 λ_1 不符合题意，稳态连续性方程的解应是

$$\Delta p=B\mathrm{e}^{\lambda_2x} \tag{3-107}$$

根据边界条件 $x=0$ 时 $\Delta p=\Delta p(0)$，可知 $B=\Delta p(0)$，所以

$$\Delta p=\Delta p(0)\mathrm{e}^{\lambda_2x} \tag{3-108}$$

此结果表明，额外载流子密度随 x 按指数规律衰减。式中

$$\lambda_2=\frac{l_p-l_p\sqrt{1+\dfrac{4L_p^2}{l_p^2}}}{2L_p^2} \tag{3-109}$$

如果电场很强，以致牵引长度 $l_p\gg L_p$，则可对式中的根式按二项式展开，并取前两项：

$$\sqrt{1+\frac{4L_p^2}{l_p^2}}=1+\frac{2L_p^2}{l_p^2}+\cdots \tag{3-110}$$

于是得 $\lambda_2\approx-1/l_p$，稳态连续性方程的解为

$$\Delta p=\Delta p(0)\exp\left(-\frac{x}{l_p}\right) \tag{3-111}$$

式（3-111）表示电场很强时扩散运动可以忽略。这时，由表面注入的额外载流子能够深入样品的平均距离是牵引长度 l_p，而不是扩散长度 L_p。但若电场很弱，以至牵引长度 $l_p\ll L_p$，则可

在 λ_2 的表达式中忽略根号中的 1 和分子中的首项 l_p，于是 $\lambda_2 \approx -1/L_p$，稳态连续性方程的解为

$$\Delta p = \Delta p(0)\exp\left(-\frac{x}{L_p}\right) \tag{3-112}$$

这就是讨论扩散运动时得到的衰减规律。事实上，若忽略电场的影响，式（3-102）就变成稳态扩散方程式（3-69）。

3.4.3 连续性方程的应用

1. 用光脉冲局部注入额外载流子及其在电场中的漂移

如图 3-10a 所示，用光脉冲在一块掺杂均匀的 N 型半导体的局部注入额外少子，并通过外加电场使这些载流子作漂移运动。通过对注入少子的运动和密度变化的观察和分析，测量少子的寿命和迁移率。这就是著名的 Haynes-Shockley 实验。由于注入少子的分布很难均匀，漂移过程中总会伴随有扩散，因而这是一个漂移和扩散并存的问题，对连续性方程的应用比较完整。

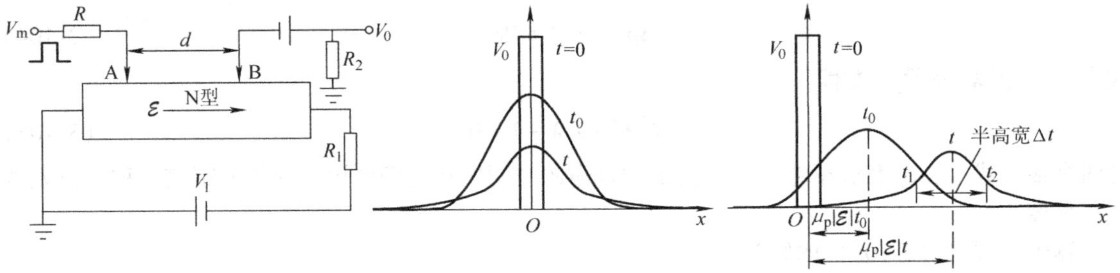

a)实验装置 b)无外加电场 c)有外加电场

图 3-10 Haynes-Shockley 实验示意图

为了便于理解，对实验的讨论分两步进行。

（1）无外加电场

首先考虑光脉冲在无外加电场情况下注入的额外空穴。光脉冲停止后，一维连续性方程变为

$$\frac{\partial \Delta p}{\partial t} = D_p \frac{\partial^2 \Delta p}{\partial x^2} - \frac{\Delta p}{\tau_p} \tag{3-113}$$

假设这个方程有如下形式的解：

$$\Delta p = f(x,t)\exp(-t/\tau_p) \tag{3-114}$$

将它代入式（3-113），解得

$$\frac{\partial f(x,t)}{\partial t} = D_p \frac{\partial^2 f(x,t)}{\partial x^2} \tag{3-115}$$

这是一维热传导方程的标准形式。当 $t=0$ 时，额外空穴只局限于 $x=0$ 附近的很窄区域内，式（3-115）的解为

$$f(x,t) = \frac{B}{\sqrt{t}}\exp\left(-\frac{x^2}{4D_p t}\right) \tag{3-116}$$

式中，B 是常数。将此结果代入式（3-114），得

$$\Delta p = \frac{B}{\sqrt{t}}\exp\left(-\frac{x^2}{4D_p t} - \frac{t}{\tau_p}\right) \tag{3-117}$$

该式在 $t=0$ 时对 x 从 $-\infty$ 到 ∞ 积分所得到的结果应该是光脉冲通过单位面积表面产生的额外空

穴数 N，由此确定积分常数为

$$B=\frac{N}{\sqrt{4\pi D_{p}}} \tag{3-118}$$

代入式（3-117）得

$$\Delta p=\frac{N}{\sqrt{4\pi D_{p}t}}\exp\left(-\frac{x^{2}}{4D_{p}t}-\frac{t}{\tau_{p}}\right) \tag{3-119}$$

该式表明，在未加电场的情况下，注入空穴在光脉冲停止后由注入点向两边扩散，同时不断发生复合，其峰值随时间下降，如图 3-10b 所示。在这种情况下，额外载流子随时间的衰减有下列特点：

1）衰减曲线关于注入点 $x=0$ 对称。

2）在 $t\ll\tau$ 时，$\exp(-t/\tau)\approx1$，因而

$$\Delta p=\frac{N}{\sqrt{4\pi D_{p}t}}\exp\left(-\frac{x^{2}}{4D_{p}t}\right) \tag{3-120}$$

这相当于忽略了复合的作用。该式即扩散问题在粒子数守恒条件下的高斯分布函数。积分

$$\int_{-\infty}^{\infty}\Delta p(x,t)\,\mathrm{d}x = N \tag{3-121}$$

是一个常数。

3）当复合项不能忽略时，不但在注入点 $x=0$ 处的额外载流子密度随时间衰减，即

$$\Delta p=\frac{N_{p}}{\sqrt{4\pi D_{p}t}}\exp\left(-\frac{t}{\tau_{p}}\right) \tag{3-122}$$

额外载流子的总数（曲线 $\Delta p(x,t)$ 的积分面积）也会按如下规律

$$\int_{-\infty}^{\infty}\Delta p(x,t)\,\mathrm{d}x = N\exp\left(-\frac{t}{\tau_{p}}\right) \tag{3-123}$$

随时间衰减。

(2) 有外加电场

如果在样品上加一均匀电场，则连续性方程应为

$$\frac{\partial p}{\partial t} = D_{p}\frac{\partial^{2}\Delta p}{\partial x^{2}}-\mu_{p}|\mathcal{E}|\frac{\partial p}{\partial x}-\frac{\Delta p}{\tau_{p}} \tag{3-124}$$

这时，可认为注入的额外载流子整体以漂移速度 $\mu_{p}|\mathcal{E}|$ 沿电场方向移动，其中心在 t 时刻的位置是 $\mu_{p}|\mathcal{E}|t$。因此作坐标变换，令

$$x' = x-\mu_{p}|\mathcal{E}|t \tag{3-125}$$

将其带入无电场情况下的解式（3-119）中，即得有电场情况下的解：

$$\Delta p = \frac{N_{p}}{\sqrt{4\pi D_{p}t}}\exp\left[-\frac{(x-\mu_{p}|\mathcal{E}|t)^{2}}{4D_{p}t}-\frac{t}{\tau_{p}}\right] \tag{3-126}$$

该式表明：**光脉冲停止后，整个额外载流子“包”在电场驱使下以漂移速度 $\mu_{p}|\mathcal{E}|$ 向样品的负端漂移，同时也像无电场时一样向“包”外扩散并通过复合而消失**，如图 3-10c 所示。

实验中所加电场也是脉冲形式，称为扫描脉冲。扫描脉冲和被测脉冲之间的时间间隔显示在示波器上。若已知电场强度 $|\mathcal{E}|$ 及脉冲漂移的距离 x，则由 $x=\mu_{p}|\mathcal{E}|t$ 即可算出迁移率 μ。这样测得的迁移率称为漂移迁移率。用这个实验也可以测量额外载流子的寿命，这时需要两根隔开一

定距离的收集探针。利用这两根探针观测到的额外载流子“包”面积之比为 e^{-1}时，收集到这两个信号的时间之差就是寿命τ。

2. 稳定状态下的表面复合

如图 3-11a 所示，稳定光在一块掺杂均匀的 N 型半导体中持续均匀地注入额外载流子，产生率为 g_p，稳定时 $\Delta p = p - p_0 = \tau_p g_p$。若样品一端存在表面复合，则该面及其附近的额外空穴密度将比体内低，体内的额外空穴就要流向这个表面，并在那里复合掉。在小注入的情况下，忽略电场的影响，注入空穴的连续性方程是

$$D_p \frac{\partial^2 \Delta p}{\partial x^2} - \frac{\Delta p}{\tau} + g_p = 0 \tag{3-127}$$

将发生表面复合的面定位于 $x=0$ 处，则该方程应满足如下两个边界条件：

$$\Delta p(\infty) = \tau_p g_p \tag{3-128}$$

$$D_p \frac{\partial \Delta p(x)}{\partial x}\Big|_{x=0} = s_p \Delta p(0) \tag{3-129}$$

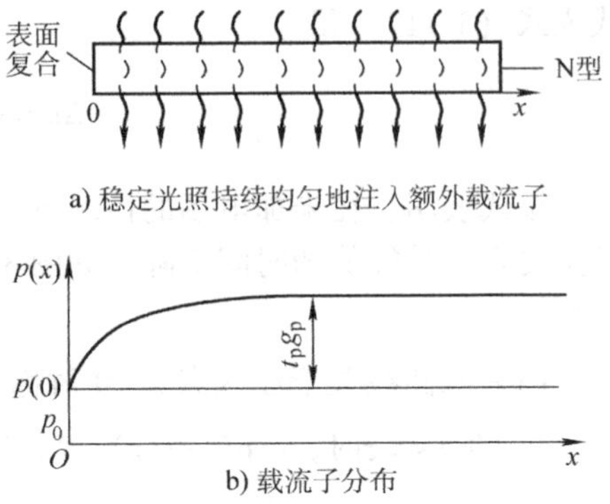

图 3-11　稳态表面复合条件下的载流子分布

式中，s_p 是表面复合速度。方程满足第一个边界条件的解是

$$\Delta p(x) = C\exp\left(-\frac{x}{L_p}\right) + \tau_p g_p \tag{3-130}$$

其中，待定常数 C 由第 2 个边界条件确定为

$$C = -\tau_p g_p \frac{s_p \tau_p}{L_p + s_p \tau_p} \tag{3-131}$$

因而其解为

$$\Delta p(x) = \left[1 - \frac{s_p \tau_p}{L_p + s_p \tau_p}\exp\left(-\frac{x}{L_p}\right)\right]\tau_p g_p \tag{3-132}$$

式（3-132）的示意性曲线如图 3-11b 所示。此解表明：

1）当表面复合速度 s_p 趋于零时，$\Delta p(x) = \tau_p g_p$ 为一常数，即额外空穴从里到外均匀分布。

2）当表面复合速度 s_p 趋于无穷大时，有

$$\Delta p(x) = \left[1 - \exp\left(-\frac{x}{L_p}\right)\right]\tau_p g_p \tag{3-133}$$

这时，$\Delta p(0) = 0$，即表面少子密度趋近于热平衡值；而在远离表面的体内，额外少子密度 $\Delta p(\infty) = \tau_p g_p$。这就是说，在受到均匀光照的半导体薄片中，由于表面复合的强大作用，稳定产生的额外载流子密度$\tau_p g_p$ 会在表面附近剧烈衰减，在距表面一个扩散长度处衰减至 $\Delta p(L_p) = \tau_p g_p(1 - e^{-1})$，而在表面处衰减至零。在表面复合速度不大不小的一般情况下，表面处额外少子密度仍有一定大小，如图 3-11b 所示。

3.5　半导体的光吸收

如前所述，用适当波长的光向半导体中注入额外载流子，是使半导体进入非热平衡状态的主要手段之一。这里说的“适当波长”实际上暗含了一个重要的物理过程，那就是激励光首先要能够被激励的半导体所吸收。所以，光吸收实际是光在半导体中注入额外载流子的第一步，是必

不可少的一个环节。虽然光吸收不一定都能产生额外载流子，但用光照产生额外载流子一定要经过光吸收。本节较详细地讨论了半导体中可能发生的一些光吸收过程，主要是那些与非热平衡状态有关的光吸收过程。为此首先介绍几个跟光吸收相关的光学常数。

3.5.1 吸收系数及相关光学常数

1. 折射率和吸收系数

光作为一种电磁波而与固体发生相互作用的过程大都与固体中的电子有关，表征这些相互作用的光学常数，如折射率（Refractive Index）、消光系数（Extinction Coefficient）和吸收系数（Absorption Coefficient）等，自然与固体的电学常数之间具有固定的关系。

（1）折射率和消光系数

按电磁波理论，折射率定义为

$$N^2 = \varepsilon - \mathrm{i}\frac{\sigma}{\omega\varepsilon_0} \tag{3-134}$$

式中，ε 和 σ 分别是光的传播介质的介电常数和电导率；ω 是光的角频率；ε_0 是真空介电常数。显然，当 $\sigma \neq 0$ 时，N 是复数，称为复折射率。N 既为复数，自然也可表示为

$$N = n - \mathrm{i}k \tag{3-135}$$

式中，n 和 k 必须都是实数。按新的表示法，应有

$$N^2 = n^2 - k^2 - \mathrm{i}2nk \tag{3-136}$$

将式（3-136）与式（3-134）相比较，可知

$$n^2 - k^2 = \varepsilon, \qquad 2nk = \frac{\sigma}{\omega\varepsilon_0} \tag{3-137}$$

式（3-135）中，复折射率 N 的实部 n 就是通常所说的折射率，是真空光速 c 与光波在介质中的传播速度 v 之比；k 称为消光系数，是一个表征光能衰减程度的参量。这就是说，光作为一种电磁辐射，当其在不带电的、$\sigma \neq 0$ 的各向同性导电媒质中沿 x 方向传播时，其传播速度决定于复折射率的实部，为 c/n；其振幅在传播过程中按 $\exp(-\omega kx/c)$ 的形式衰减，光的强度 I_0 则按 $\exp(-2\omega kx/c)$ 衰减，即

$$I = I_0 \exp\left(-\frac{2\omega kx}{c}\right) \tag{3-138}$$

（2）吸收系数

光在介质中传播而有衰减，说明介质对光有吸收。用透射法测定光在介质中传播的衰减情况时，发现介质中光的衰减率与光的强度成正比，即

$$\frac{\mathrm{d}I}{\mathrm{d}x} = -\alpha I \tag{3-139}$$

比例系数 α 的大小与光的强度无关，称为光的吸收系数。对上式积分得

$$I = I_0 \mathrm{e}^{-\alpha x} \tag{3-140}$$

该式表明：当光从介质表面进入，继而在其中传播至离表面 $1/\alpha$ 距离时，其强度减弱到只有其入射强度的 e^{-1}。将式（3-140）与式（3-138）相比，可知吸收系数

$$\alpha = \frac{2\omega k}{c} = \frac{4\pi k}{\lambda} \tag{3-141}$$

式中，λ 是光在真空中的波长。

（3）光学常数 n、k 和电学常数的关系

联立求解方程组（3-137）可得

$$n^2=\frac{1}{2}\varepsilon\left[1+\left(1+\frac{\sigma^2}{\omega^2\varepsilon^2\varepsilon_0^2}\right)^{1/2}\right],\qquad k^2=-\frac{1}{2}\varepsilon\left[1-\left(1+\frac{\sigma^2}{\omega^2\varepsilon^2\varepsilon_0^2}\right)^{1/2}\right] \tag{3-142}$$

式中，n、k、σ 和 ε 都是对同一频率的光而言，它们都是光波频率的函数。当 $\sigma\approx0$ 时，$n\approx\varepsilon^{1/2}$，$k\approx0$。这说明，非导电性介质对光没有吸收，是透明的。对于一般半导体材料，折射率 n 约为 3 ~4。吸收系数 α 除与材料本身的性质有关外，还随光的波长变化。α^{-1} 代表光对介质的穿透深度。对吸收系数很大的光（如 $\alpha\approx1\times10^5\text{cm}^{-1}$），光的吸收集中在介质很薄的表面层内。

综上所述，光在导电媒质中的传播与光在电介质中的传播相似。不同的是：在电介质中，电磁波的传播没有衰减；而在导电媒质中（如在半导体和金属内），波的振幅随着透入的深度而减小，即存在光的吸收。这是由于导电媒质内部有自由电子存在，波在传播过程中在媒质内会激起传导电流，光波的部分能量转换为了电流的焦耳热。因此，导电媒质的吸收系数与其电导率有关。

2. 反射率、吸收率和透射率

一个界面对入射光的反射率 R 定义为反射能流密度与入射能流密度之比，透射率 T 定义为透射能流密度与入射能流密度之比。按能量守恒，同一界面必有 $R+T=1$。

定义一个物体对入射光的透射率 T 为透出物体的能流密度与入射物体的能流密度之比。由于入射能流密度在入射面有比例为 R 的部分被反射回去，而进入物体的 $1-R$ 部分会有一些被物体吸收，透出的只是剩余部分，因此按能量守恒，必有

$$R+T+A=1$$

式中，A 为吸收率，表示被媒质吸收的能流密度与入射能流密度之比。

（1）光在界面的反射与透射

光照射到物体表面一般都会被反射。当光从媒质 1 垂直入射媒质 2 时，两种媒质的界面对光的反射率由下式决定：

$$R=\frac{(n_2-n_1)^2+(k_2-k_1)^2}{(n_2+n_1)^2+(k_2+k_1)^2} \tag{3-143}$$

式中，n_1 和 n_2 分别是媒质 1 和媒质 2 的折射率；k_1 和 k_2 分别是媒质 1 和媒质 2 的消光系数。当光在空气中对复折射率 $N=n-\mathrm{i}k$ 的媒质入射时，由于空气的消光系数近似为 0 而折射率近似为 1，因此反射率可表示为

$$R=\frac{(n-1)^2+k^2}{(n+1)^2+k^2} \tag{3-144}$$

对于吸收性很弱的材料，其消光系数 k 很小，可以忽略。这时，反射率 $R=(n-1)^2/(n+1)^2$，其大小决定于媒质与空气的折射率之差。与空气折射率相近的媒质反射率较小，如石英玻璃对可见光的反射率只有 3% 左右。大多数半导体的折射率都比空气折射率大很多，所以反射率较大。例如，Si 在可见光范围的 $n\approx3.4$，按消光系数为零计算，其反射率接近 30%。所以，Si 太阳电池表面一定要做减反射处理或镀覆一层 SiO_2。

按能量守恒，比例为 $1-R$ 的光将透过界面进入媒质内部继续传播。

（2）有一定厚度的物体对光的吸收

如图 3-12 所示，设在空气中有强度为 I_0 的光垂直入射具有均匀厚度 d 和均匀吸收系数 α 的晶片，晶片前后面（入射面和出射面）都会对入射光有反射和透射，反射率皆为 R，但这两个面各自的入射光强度不同。入射面的入射光强度为 I_0，反射光强度为 RI_0，透入物体的光强度即是 $(1-R)I_0$。按式（3-140），经过晶片的吸收衰减之后到达出射面的光的强度就是 $(1-R)I_0\exp(-\alpha d)$。这部

分光在出射面又有比例为 R 的部分反射回晶片里，因而透出晶片的光强只有 $(1-R)^2I_0\exp(-\alpha d)$。但这只是初级透射光。从出射面反射回晶片的光，再经过入射面在片内的反射之后还会有部分重新回到出射面，其中一部分透出，另一部分再次被反射回去。如此周而复始，所有从出射面透出的光子都应纳入透射率的统计之中。不过，如果晶片较厚且吸收系数较大的话，多次反射的贡献实可忽略。

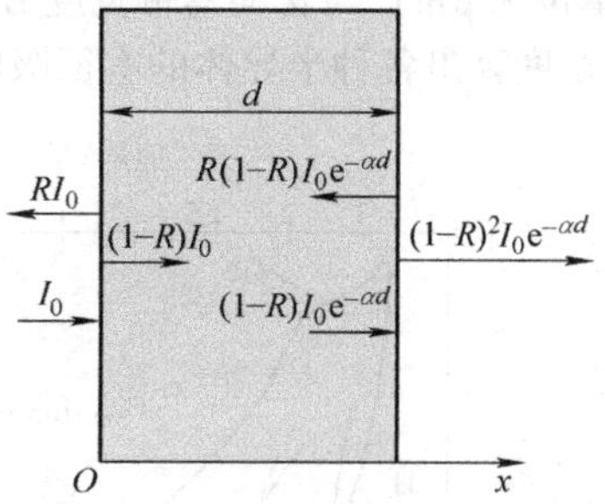

图 3-12 反射和透射示意图

若只考虑初级透射，则厚度为 d 的均匀吸收体对入射光的透射率按定义即可表示为

$$T=(1-R)^2e^{-\alpha d} \tag{3-145}$$

若考虑光在两界面之间的多次反射，其透射率则为

$$T=\frac{(1-R)^2e^{-\alpha d}}{1-R^2e^{-2\alpha d}} \tag{3-146}$$

对薄膜样品，尤其是吸收系数比较低的材料，考虑多级反射是必要的。

用光谱仪测量实验样品对指定波长光的透过率，在材料的折射率和样品厚度已知的情况下，利用以上二式之一即可计算出被测材料对这种光的吸收系数。在一定波长范围内进行测量和计算，即可得到材料在这个波长范围内的吸收光谱。

对折射率未知的薄膜材料，用椭偏仪可以同时测定为计算吸收系数所需要的薄膜厚度和折射率。但若薄膜是淀积在另外一种材料做成的衬底片上的，情况就变得复杂一些，因为这时光的反射和透射要涉及3个不同界面，而薄片与无衬底薄膜只有两个相同界面。

3.5.2 半导体的本征吸收

媒质吸收光子后引起电子从低能级向高能级跃迁，或激活晶格振动。半导体有多种不同的电子能级和晶格振动模式，因而有多种不同的光吸收机构。不同吸收机构对应不同的辐射波长，具有不同的吸收系数。

半导体中导致电子从低能带跃迁到高能带的吸收，不同于孤立原子中电子从低能级向高能级跃迁的吸收。孤立原子中的能级是不连续的，高低能级间的能量差是定值，因而电子在其间的跃迁只能吸收一个确定能量的光子，吸收谱中出现的是吸收线；而在半导体中，与原子能级相对应的是一个由很多能级组成的能带，这些能级实际上是连续分布的，因而光吸收也就表现为连续的吸收带。

价带电子吸收光子能量向高能级跃迁是半导体中最重要的吸收过程。其中，吸收能量大于或等于禁带宽度的光子跃迁到导带的过程是最基本的吸收，称为基本吸收或本征吸收。在纯度较高且晶格也较完美的半导体中，自由载流子和杂质的密度都很低，与之相关的光吸收，如杂质吸收和带内的自由载流子吸收等都非常微弱，本征吸收会不受干扰地透露出材料能带结构的信息。

(1) 本征吸收过程中的能量关系

发生本征吸收的条件是

$$h\nu\geqslant h\nu_0=E_g \tag{3-147}$$

式中，$h\nu_0$ 是能够引起本征吸收的最低光子能量。因此，任何材料的本征吸收光谱都只能从这个能量开始，称 ν_0 为低频限，称与之对应的波长 λ_0 为长波限，统称本征吸收限。对频率低于 ν_0 或波长大于 λ_0 的光，材料的吸收系数会陡然下降。图 3-13 中列举的八种半导体的本征吸收曲线都很清晰地显示了这一特征。

根据式（3-147），并应用光波频率和波长的关系式 $\nu=c/\lambda$，可得出本征吸收的长波限 λ_0（单位为 μm）与材料禁带宽度 E_g（单位为 eV）的换算关系 $\lambda_0=1.239/E_g$。利用此式即可根据禁带宽度算出各种半导体的本征吸收长波限，如图 3-14 所示。

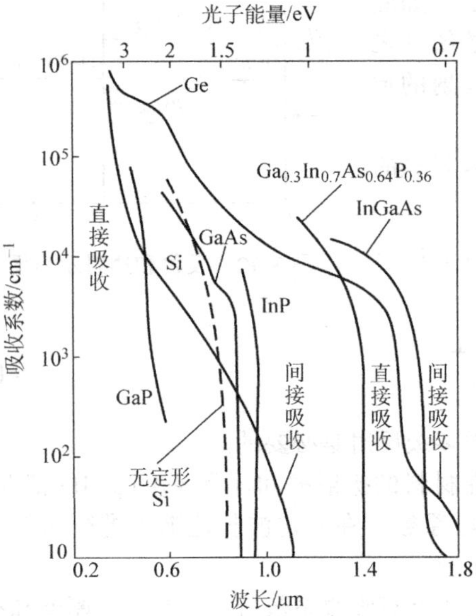

图 3-13　八种半导体的本征吸收曲线[⊖]

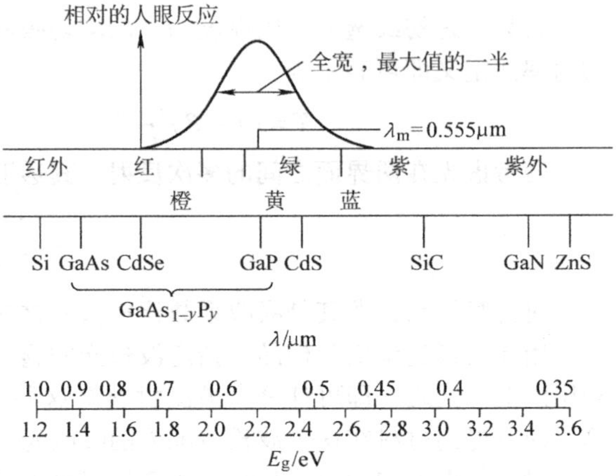

图 3-14　一些材料的本征吸收限及其与可见光谱的关系

（2）本征吸收过程中的选择定则

电子吸收光子的跃迁过程，除了能量必须守恒外，还必须满足准动量守恒。设电子跃迁始、末两态的波矢分别为 $\boldsymbol{k}$ 和 $\boldsymbol{k}'$，准动量守恒的量化表达就是 $h\boldsymbol{k}'-h\boldsymbol{k}=$光子动量。由于光子的动量小得可以忽略不计，准动量守恒也可表示为 $\boldsymbol{k}'=\boldsymbol{k}$，即电子吸收光子后发生的跃迁基本上没有波矢的改变，或说**半导体中的电子只在没有明显波矢改变的两个状态之间才能发生只吸收光子的跃迁**。这就是电子跃迁的选择定则。

（3）直接跃迁和间接跃迁

1）直接跃迁和直接禁带半导体。参照图 3-15 所示的一维 $E(k)$ 曲线可见，为了满足选择定则，价带电子吸收光子之后只能向导带中 $\boldsymbol{k}$ 相同的状态跃迁，这种跃迁称为直接跃迁或竖直跃迁。显然，对应于不同的 $\boldsymbol{k}$，直接跃迁所吸收的光子能量各不相同。在直接禁带半导体中，与吸收限光子能量相对应的是价带顶电子到导带底能级的直接跃迁。能量大于禁带宽度的光子会引起不在布里渊区中心的电子的直接跃迁。例如，图 3-15 中价带状态 A 中的电子，它若能吸收到一个能量 $h\nu=E'_A-E_A$（E'_A 为 A' 的能量）的光子，就能向 $\boldsymbol{k}$ 值相同的导带状态 A' 的跃迁。由此可见，本征吸收对能量大于 E_g 的光子都能发生，因此会形成一个具有长波吸收限 $\nu_0=E_g/h$ 的连续吸收带。

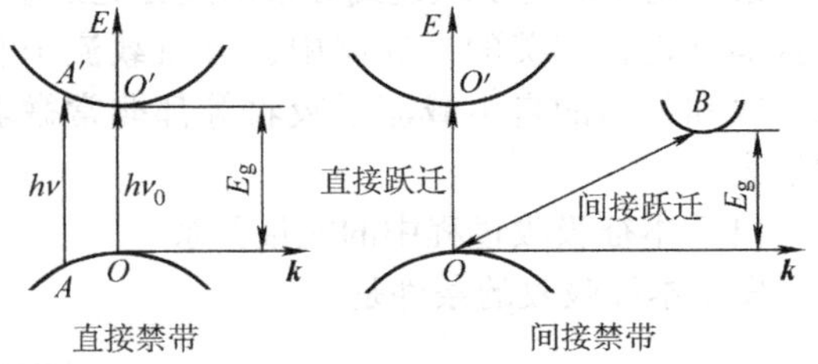

图 3-15　不同能带结构中的直接跃迁和间接跃迁

理论分析表明，对价带电子吸收光子的直接跃迁，如果对任何 $\boldsymbol{k}$ 值的跃迁都是允许的，则吸收系数与光子能量的关系为

⊖ 转引自参考文献［4］。

$$\begin{cases}\alpha = A(h\nu - E_g)^{1/2} & \text{当 } h\nu \geq E_g \\ \alpha = 0 & \text{当 } h\nu < E_g\end{cases}$$

式中，A 基本为一常数。按此关系，借助吸收光谱的测量就可以求出实验材料的禁带宽度 E_g。

2）间接跃迁与间接禁带半导体。对间接禁带半导体，如图3-15右边部分所示，任何直接跃迁所吸收的光子能量都要比其禁带宽度 E_g 大得多。因此，若只有直接跃迁，这类半导体应不存在与禁带宽度相当的光子吸收，但实际情况并非如此。这意味着在本征吸收中除了有符合选择定则的直接跃迁外，还存在另外一种形式的跃迁，即图3-15中的 $O \rightarrow B$ 跃迁。由于状态 O 和 B 之间不仅在能量上有禁带之隔，准动量上更有远非光子可以弥补的差别，准能量守恒不可能只是电子和光子之间的事情，因此在这种跃迁过程中必然有声子的参与。这种跃迁被称为间接跃迁。对这种由电子、光子和声子三者同时参与的跃迁过程，能量关系应该是 $h\nu_0 \pm E_p = \Delta E$（电子跃迁能量差）。其中，$E_p$ 表示声子能量，"+"代表吸收声子，"-"代表发射声子。因为声子的能量非常小，通常不超过数十毫电子伏，与材料的禁带宽度相比可忽略不计。因此，粗略地讲，电子跃迁前后的能量差仍等于所吸收的光子能量。

对波矢为 $\boldsymbol{q}$ 的格波，声子的准动量为 $\hbar\boldsymbol{q}$。在间接跃迁过程中，伴随声子的吸收或发射而保持准动量守恒的过程可表示为（$\hbar\boldsymbol{k}' - \hbar\boldsymbol{k}$）$\pm \hbar\boldsymbol{q}$ = 光子动量，即电子的动量差 ± 声子动量 = 光子动量。略去光子动量，得

$$\boldsymbol{k}' - \boldsymbol{k} = \mp \boldsymbol{q} \tag{3-148}$$

该式表明，在间接跃迁过程中，电子波矢的改变只能通过发射或吸收适当的声子来实现。例如，在图3-15右边所示的能带中，电子吸收光子从价带顶的 O 状态跃迁到导带底的 B 状态时，必须吸收一个 $q = k_B$ 的声子，或发射一个 $q = -k_B$ 的声子。但从能量守恒的角度考虑，当 $h\nu > E_g + E_p$ 时，吸收声子和发射声子的跃迁都可能发生；当 $E_g - E_p < h\nu \leq E_g + E_p$ 时，只能发生吸收声子的跃迁；当 $h\nu < E_g - E_p$ 时，跃迁则根本不能发生。因此，间接吸收的吸收限 $h\nu_0$ 可略小于 E_g。

总之，在本征吸收过程中，如果只考虑电子和光波的相互作用，根据动量守恒要求，只可能发生直接跃迁；如果还考虑电子与晶格的相互作用，则间接跃迁也是可能的。但是，由于间接跃迁一方面依赖于电子和光子的相互作用，另一方面还依赖于电子与声子的相互作用，因此在理论上是一种二级过程，其发生几率要比直接跃迁小得多。所以，间接跃迁要比直接跃迁的光吸收系数小。前者一般在 $10^3 cm^{-1}$ 数量级以下，而后者一般在 $10^4 \sim 10^6 cm^{-1}$ 范围。

图3-13所列八种半导体中，Ge、Si、GaP是典型的间接禁带半导体，其中Ge和Si的吸收曲线很清晰而全面地反映了上述各种吸收过程。当光子能量接近 $h\nu_0 = E_g$ 时，有声子参与的本征吸收开始，吸收系数随着光子能量的增大也在上升，但与属于直接禁带的GaAs等材料相比，上升率较低；但当 $h\nu$ 提高到与其布里渊区中心的导带极小值相对应的高度时，间接禁带半导体中的直接跃迁开始发生，吸收系数也开始陡峭升高，且吸收系数很大。图中无定形Si（即非晶硅）的吸收曲线不同于晶体Si的吸收曲线，其吸收限特征跟直接禁带材料一样明显。这是因为选择定则对光吸收的限制在非晶材料中得到松弛，电子在非晶材料中的跃迁不受准动量守恒的限制。

研究半导体的本征吸收光谱不仅可以根据吸收限决定禁带宽度，还有助于了解能带的复杂结构，用吸收曲线作为区分直接带隙和间接带隙半导体的重要依据。

3.5.3 其他吸收过程

实验中发现，波长比本征吸收限 λ_0 长的光波在实际的半导体材料中也能被吸收。这说明，除了本征吸收外，还存在着其他的光吸收过程，如激子（Exciton）吸收、杂质吸收、自由载流

子吸收等。

1. 激子吸收

在低温下测量吸收光谱时，发现某些晶体在本征连续吸收光谱出现以前，即在略小于 E_g 的能量区域会出现一系列光吸收线，而与之对应的光吸收过程并不像本征光吸收那样产生光电导，说明这种吸收不产生自由电子或空穴。

在这种过程中，由于光子能量 $h\nu < E_g$，价带电子受激发后虽然跃出了价带，但还不足以进入导带而成为自由电子，仍然受到空穴库仑场的作用。实际上，**受激电子和空穴互相束缚而结合在一起成为一个新的系统，这种结合称为激子，产生激子的光吸收称为激子吸收**。激子在晶体中某处产生后，并不一定停留在该处，也可以在整个晶体中运动。固定不动的激子称为束缚激子，可以移动的激子称为自由激子。由于激子是电中性的，因此自由激子的运动并不形成电流。

激子可以通过两种途径消失：一种是热激发或其他能量的激发使激子分离成为自由电子和空穴；另一种是通过复合而消失，同时以发射光子（或同时发射光子和声子）的方式释放能量。

激子中电子与空穴之间的作用类似氢原子中电子与质子之间的相互作用。因此，激子的能态也与氢原子相似，由一系列能级组成。如果电子与空穴都有各向同性的有效质量 m_n^* 和 m_p^*，则按氢原子的能级公式，激子的束缚能应为

$$E_{ex}^n = -\frac{q^4}{8\varepsilon_0^2\varepsilon^2h^2n^2}m_r^* \tag{3-149}$$

式中，q 是电子电量；n 是整数；$m_r^* = m_n^* m_p^* / (m_n^* + m_p^*)$，是电子与空穴的折合质量；$\varepsilon$ 和 ε_0 分别是半导体的介电常数和真空电容率。由上式可见，激子有无穷多个能级。$n=1$ 时是激子的基态能级 E_{ex}^1；$n\to\infty$时，$E_{ex}^{\infty}=0$ 相当于导带底能级，表示电子脱离空穴的束缚进入导带，同时空穴也获得自由。

图 3-16a、b 分别为激子能级的示意图和 GaAs 在 1.2K 极低温下的激子吸收光谱。激子基态和导带底之间存在着一系列激子的受激态，如图 3-16a 所示；图 3-16b 中本征吸收长波限以外的 3 个很明显的激子吸收峰与式（3-149）中 n 分别取 1、2、3 时计算出的能级相对应。由于激子高阶能级之间的间隔极小，已差不多是连续的，并且和本征吸收光谱混到了一起，所以其他吸收

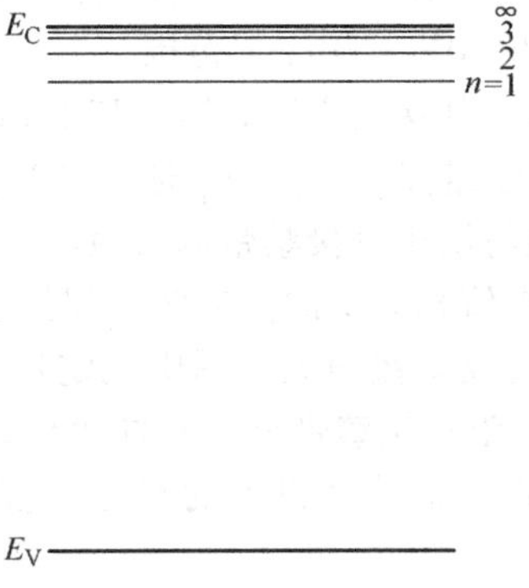

a) 激子能级示意图

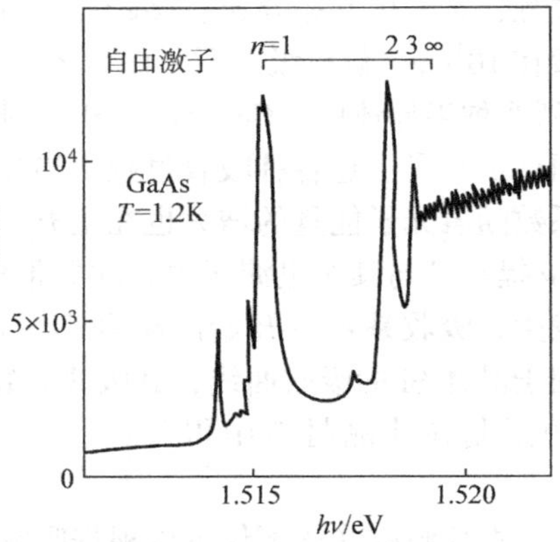

b) 1.2K下的GaAs激子吸收光谱

图 3-16 激子的能级及其吸收光谱㊀

㊀ 图 3-16b 转引自参考文献［3］。

峰已分辨不清。

半导体中的激子能级非常密集，激子吸收线与本征吸收的长波限差别不大，常常要在低温下用极高分辨率的测试仪器才能观察到。对 Ge 和 Si 等半导体，因为能带结构复杂，并且有杂质吸收和晶格缺陷吸收的干扰，激子吸收更不容易被观察到。因此，观察激子吸收需要在低温下使用纯度较高、晶格缺陷很少的样品。

2. 杂质吸收

束缚在杂质能级上的电子或空穴也可以引起光的吸收。正如 3.1 节中曾经提到的：就杂质能级上的电子而言，它可以吸收一个能量较大的光子跃迁到导带而注入一个电子，或吸收一个能量较小的光子跃迁入另一条杂质能级；同时，价带中的电子也可以吸收光子跃迁到杂质能级而在价带注入空穴。这种光吸收称为杂质吸收。

由于杂质能级属于束缚态，而束缚态电子没有确定的准动量，因而涉及杂质能级的电子跃迁过程不受选择定则限制。这说明，只要激发光子的能量适当，杂质能级上的电子可以向导带内的任意能级跃迁，价带内任意能级上的电子也可以向杂质能级跃迁，如图 3-17 所示。因此，杂质吸收产生的是连续光谱。图 3-17 还表明：由于杂质能级通常与导带底或价带顶总有一定距离，因而杂质吸收也是有长波限的，该吸收限由杂质电离能 E_i 决定；但在一般情况下，电子向导带底以上的较高能级跃迁或价带顶以下的较低能级跃迁的几率都比较小，因此，杂质吸收光谱一般是有一定宽度的带（峰），称为杂质吸收带（峰）；由于 E_i 总小于禁带宽度 E_g，因而杂质吸收带一定是在本征吸收限以外的长波方面；由于不同杂质能级的深浅不同，一般情况下杂质吸收带不止一个；杂质能级越深，能引起杂质吸收的光子能量也越大，吸收带就比较靠近本征吸收限；而对于浅施主和浅受主，相应的杂质吸收一般出现在远红外区，其吸收峰离本征吸收限较远。

上述杂质吸收曲线的基本特征如图 3-18 所示。

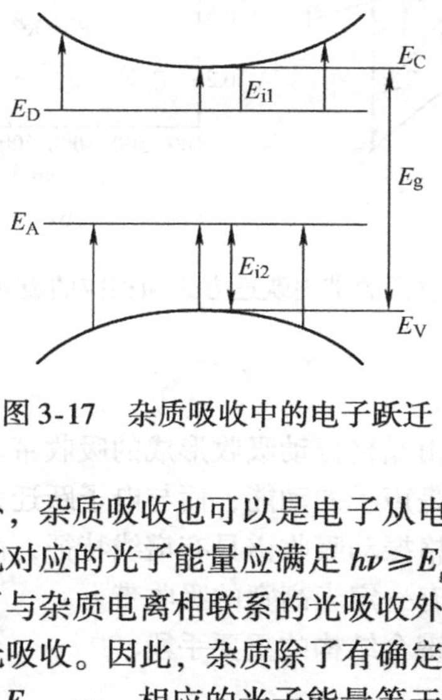

图 3-17 杂质吸收中的电子跃迁

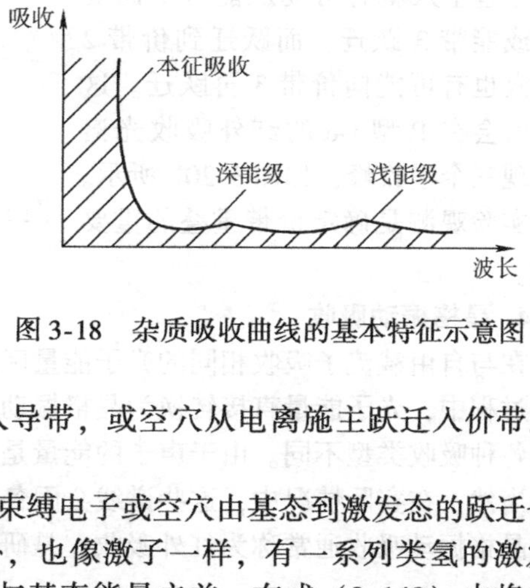

图 3-18 杂质吸收曲线的基本特征示意图

另外，杂质吸收也可以是电子从电离受主跃迁入导带，或空穴从电离施主跃迁入价带。这时，与此对应的光子能量应满足 $h\nu \geqslant E_g - E_i$。

除了与杂质电离相联系的光吸收外，杂质中心的束缚电子或空穴由基态到激发态的跃迁也可以引起光吸收。因此，杂质除了有确定能量的基态外，也像激子一样，有一系列类氢的激发态 E_1、E_2、E_3、…，相应的光子能量等于各激发态能量与基态能量之差。在式（3-149）中将电子和空穴的有效折合质量换为电子（或空穴）的有效质量，算出来的就是电子（或空穴）的各激发态能级，$E_\infty - E_0$ 就是杂质的电离能，其结果与式（1-26）完全一样。图 3-19 是 Si 中杂质 B 的吸收光谱，图中三个比较尖锐的吸收峰对应于受主 B 电离前的三个激发态吸收。峰值为 0.05eV 的宽吸收带对应于价带中各种能级上的电子向 B 受主能级激发时的光吸收，称为杂质电离吸收带。该吸收带的峰值与 Si 中 B 的电离能 0.045eV 基本吻合。图中，杂质电离吸收带还显示出吸收系数随光子能量的增大而下降的特征，这是因为价带电子向受主能级激发的几率随着能级对价带顶距离的增加而急速下降。

由于杂质吸收比较弱，特别在杂质固溶度较低、杂质浓度难以提高的情况下，观测杂质吸收尤其困难。对于浅能级杂质，电离能 E_i 较小，只能在低温下，当大部分杂质未被电离时才能观测到。

3. 自由载流子吸收

除了价带与导带之间、杂质缺陷能级与价带或导带之间电子跃迁的吸收之外，电子在导带底与导带内各较高能级之间的跃迁和空穴在价带顶与价带内各较低能级之间的跃迁，也都会吸收光子，称为自由载流子吸收。这种吸收的特点是没有吸收限，即不受最低能量的限制，并为连续谱，其吸收强度随着光子能量的降低而升高，一般在能量较低的红外区域。

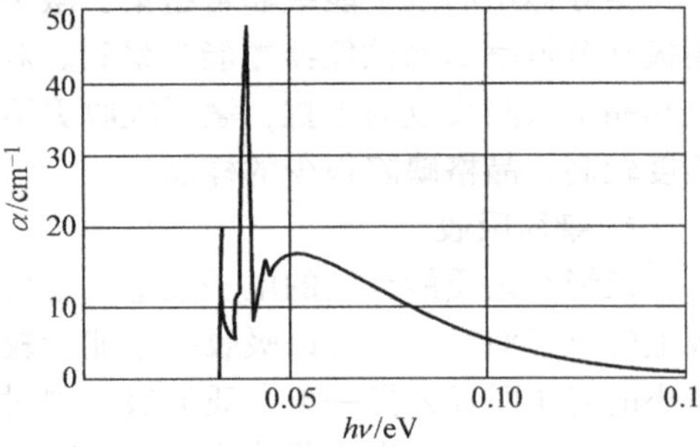

图 3-19　Si 中 B 的吸收光谱㊀

自由载流子吸收因为不涉及杂质束缚态，需同时满足能量守恒和动量守恒。对导带而言，由于所有能级的波矢都不相同，电子在导带内的跃迁跟本征吸收中的间接跃迁相似，在吸收光子的同时必须伴随着吸收或发射声子。

由于价带结构的复杂性，一般半导体的空穴吸收谱与电子吸收谱很不相同。图 3-20a 为 Ge 的价带结构。对这种类型的价带，其中每一波矢 $\boldsymbol{k}$ 都对应着三个独立的能量状态，同时价带顶还有两个状态是简并的，空穴主要分布在这两个简并态及其附近，而第三个分裂的带因为能量较低而总被电子填满。当 P 型掺杂在价带 1 中产生了一定密度的空穴时，这些空穴就有可能从能带 1 向能带 2 或能带 3 跃迁，而跃迁到价带 2 的空穴也有可能向价带 3 再跃迁。这样，就会在 P 型 Ge 的红外吸收光谱中出现三个吸收峰，如图 3-20b 所示。这个实验观测是确定价带重叠的重要依据。

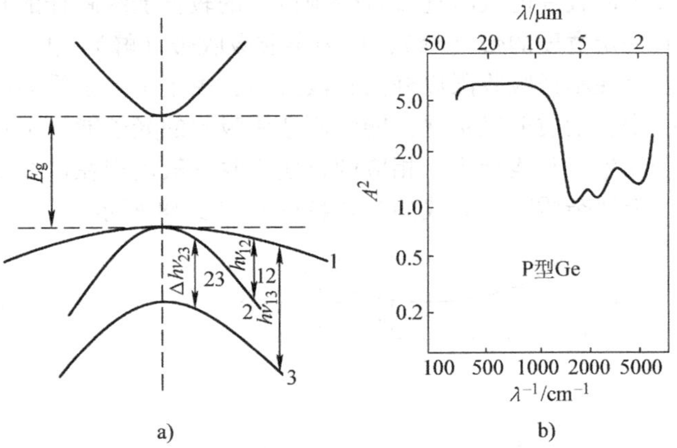

图 3-20　P 型 Ge 中空穴的带内跃迁方式和相应的吸收光谱㊁

4. 晶格振动吸收

在与自由载流子吸收相同的光子能量区还会发现一些由晶格振动吸收形成的吸收带。在这种吸收过程中，光子能量直接转换为晶格振动的动能，也就是声子的动能，而与电子跃迁无关。与前述各种吸收类型不同。由于声子的能量是量子化的，晶格振动吸收谱具有谱线特征，而非连续谱。当然，在实际情况中，这些谱线会因各种原因展宽成有一定半高宽的吸收带。

晶格振动吸收通常称为红外吸收，是研究材料组分和键合结构的重要手段。

3.6　半导体的光电导和光致发光

光吸收在半导体中产生了额外载流子，这些额外载流子的引入必然使半导体的电导率升高。如果这时半导体中存在电场或载流子的浓度梯度，这些额外载流子就会作定向运动，形成电流。

㊀ 转引自参考文献［1］。

㊁ 转引自参考文献［3］。

这种由光照引起半导体宏观电导率升高的现象称为光电导。另一方面，额外载流子总有复合的倾向，不管它们是否作定向运动，也不管注入载流子的光是否存在，只要有额外载流子存在，复合过程就存在。若复合过程中释放能量的方式是发射光子，被光激发的半导体就会发光。这种由光照引起的半导体发光现象称为光致发光（Photoluminescence）。光致发光和光电导是半导体在光照所致的非平衡状态下所特有的一对孪生电子过程。此前，我们已多处提及半导体的光电导并略作讨论，本节从光电导器件的角度对其作一些必要的补充，着重对光致发光作较详细的讨论。

3.6.1 半导体的光电导

本章之初，式（3-2）对本征光电导作出了一个简明的定义。在这个定义里，使用热平衡载流子的迁移率作为光注入的额外载流子的迁移率。这个处置是否合理呢？众所周知，由于半导体中载流子密度较低，处于热平衡状态的载流子全都分布于导带底或价带顶，即热平衡载流子只有势能而无动能。但非平衡态似应有所不同。当电子被 $h\nu \geqslant E_g$ 的光子从价带激发到导带的时候，能量增值大于 E_g 的额外电子必然比热平衡电子有较高的能量，如果它们参与导电的话，其迁移率自然与热平衡电子的迁移率不同。但这些电子事实上难以直接参与导电，它们刚一产生就通过“热化”（即发射声子），在极短的时间内舍去多余的能量，降到导带底与热平衡电子能量相同。如前所述，“热化”过程的时间（即晶格弛豫时间）很短，只有 $10^{11} \sim 10^{12}$ s。因此，可以认为在整个光电导过程中，光生额外载流子与热平衡载流子具有相同的迁移率。

如前所述，杂质吸收有可能单方面产生额外电子或额外空穴，从而产生光电导，即**杂质光电导**。不过，杂质光电导与本征光电导相比因杂质浓度较低而比较微弱。

1. 稳态光电导及其弛豫过程

（1）稳态光电导

设 I 表示按光子数计算的入射光的强度（即单位时间通过单位面积的光子数），α 为被光照物体对入射光的吸收系数（单位长度内吸收的光子数），那么，$I\alpha$ 即表示单位体积被照射物在单位时间里吸收的光子数。若以 β 表示量子产额，即被照射物每吸收一个光子所能产生的电子–空穴对数，则电子–空穴对的产生率即可表示为

$$G = \beta I \alpha \tag{3-150}$$

由于光子还会被不产生额外载流子的其他机构吸收，如形成激子等，因而 β 一般小于1。

由于复合过程的客观存在，Δn 和 Δp 不可能随着光照时间的延长而无限上升。经过一段时间，当电子和空穴的复合率等于产生率，即 $R=G$ 时，光生载流子密度即达到其稳定值 Δn_s，如图3-21中粗实线所示。这时，光电导 $\Delta\sigma$ 也达到其稳定值 $\Delta\sigma_s$，称之为稳态光电导。

设光生电子和空穴的小注入寿命分别为 τ_n 和 τ_p，根据式（3-150）可将稳态光生电子和空穴密度分别表示为

$$\Delta n_s = \beta I\alpha\, \tau_n, \qquad \Delta p_s = \beta I\alpha\, \tau_p \tag{3-151}$$

从而稳态光电导为

$$\Delta\sigma_s = q\beta I\alpha(\mu_n \tau_n + \mu_p \tau_p) \tag{3-152}$$

可见，稳态光电导与 μ、τ、β 和 α 四个参数有关。其中，β 和 α 表征光和物质的相互作用，决定于光生载流子的激发过程；μ 和 τ 则表征载流子与物质之间的相互作用，决定于载流子的输运过程和额外载流子的复合过程。

同样，当光照停止后，光电流也会逐渐消失，如图3-22所示。

（2）光电导的弛豫过程

光照下光电导率逐渐上升和光照停止后光电导率逐渐下降的现象，称为光电导的弛豫现象，

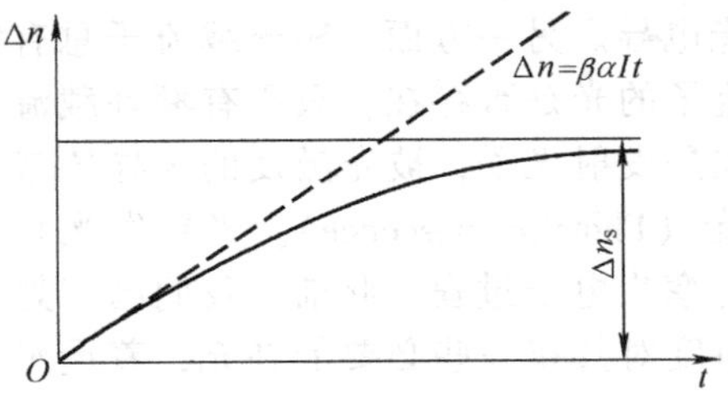

图 3-21 注入过程中光生载流子密度随时间的变化

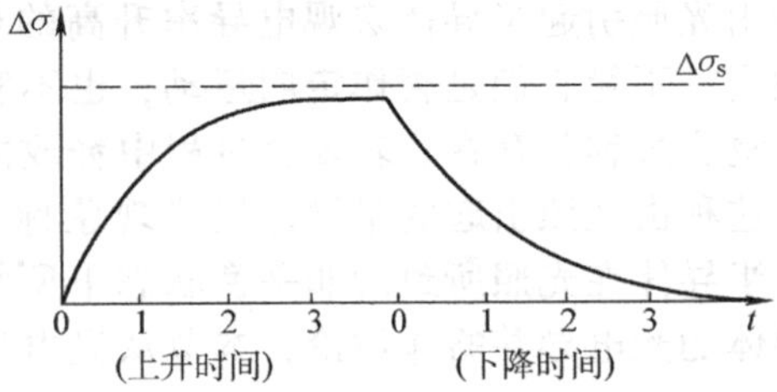

图 3-22 光电导的弛豫过程

相应的过程称为弛豫过程。下面讨论弛豫过程中光生载流子密度（或光电导）与光照时间的关系。为简单起见，采用一种载流子起作用的情况，即设 $\Delta p\approx 0$。

1）小注入情况。设 $t=0$ 时开始光照，光强为 I。小注入时光生载流子寿命τ是定值，复合率 R 等于 $\Delta n/\tau$。在光照过程中，Δn 的上升率应为

$$\frac{\mathrm{d}\Delta n}{\mathrm{d}t}=G-R=\beta\alpha I-\frac{\Delta n}{\tau} \tag{3-153}$$

分离变量并积分，利用起始条件($t=0$ 时 $\Delta n=0$)，得方程的解为

$$\Delta n=\beta I\alpha\,\tau(1-\mathrm{e}^{-t/\tau}) \tag{3-154}$$

可见，小注入情况下，光生载流子密度（或光电导）按指数规律上升，当 $t\gg\tau$时达到 $\Delta n_{\mathrm{s}}=\beta I\alpha\,\tau$的稳定状态。光照停止后 $G=0$，描述光生载流子密度下降过程的方程及其解与式(3-4)和式（3-6）形式上完全相同。利用式（3-151），可将复合过程中光生载流子密度随时间的变化表示为

$$\Delta n=\Delta n_{\mathrm{s}}\mathrm{e}^{-t/\tau}=\beta I\alpha\,\tau\,\mathrm{e}^{-t/\tau} \tag{3-155}$$

于是，小注入情况下的光电导弛豫过程即可相应地分别对产生过程和复合过程表示为

$$\Delta\sigma=\Delta\sigma_{\mathrm{s}}(1-\mathrm{e}^{-t/\tau}),\qquad \Delta\sigma=\Delta\sigma_{\mathrm{s}}\mathrm{e}^{-t/\tau} \tag{3-156}$$

以上两式是具有相同时间常数τ的指数函数，τ即小注入少子寿命，通常也被称为弛豫时间。

2）大注入情况。在注入光很强以至 $\Delta n_{\mathrm{s}}\gg n_0$ 和 p_0，载流子寿命τ不再是定值，这时复合率变为 $r\Delta n^2$，描述 Δn 上升和下降的微分方程应改写为

上升时
$$\frac{\mathrm{d}(\Delta n)}{\mathrm{d}t}=\beta\alpha I-r(\Delta n)^2 \tag{3-157}$$

下降时
$$\frac{\mathrm{d}(\Delta n)}{\mathrm{d}t}=-r(\Delta n)^2 \tag{3-158}$$

利用初始条件 $t=0$ 时 $\Delta n=0$（上升时）和 $t=0$ 时 $\Delta n=\Delta n_{\mathrm{s}}=(\beta\alpha I/r)^{1/2}$（下降时），解出大注入情况下描述 Δn 弛豫过程的曲线方程，即

上升时
$$\Delta n=(\beta\alpha I/r)^{1/2}\tanh[(\beta\alpha Ir)^{1/2}t] \tag{3-159}$$

下降时
$$\Delta n=(\beta\alpha I/r)^{1/2}[1+(\beta\alpha Ir)^{1/2}t]^{-1} \tag{3-160}$$

由此可见，在大注入情况下，由于直接辐射复合的大注入寿命$\tau=1/(r\Delta n)$不再是常数，而是光照强度和时间的函数，因而光电导的弛豫过程比较复杂。

2. 光电导灵敏度与光电导增益

对光电导材料，通常用确定光照下的光电导与热平衡电导率之比

$$\frac{\Delta\sigma}{\sigma_0}=\frac{\Delta n\mu_n+\Delta p\mu_p}{n_0\mu_n+p_0\mu_p} \tag{3-161}$$

来评估其光电导灵敏度。对本征光电导，因为 $\Delta n=\Delta p$，引入 $b=\mu_n/\mu_p$，于是

$$\frac{\Delta\sigma}{\sigma_0}=\frac{(1+b)\Delta n}{bn_0+p_0} \tag{3-162}$$

从上式可以看出，要制成灵敏度高的光敏电阻，应该使 n_0 和 p_0 较低。因此，光敏电阻一般用高阻材料制成或者在低温下使用。

光敏元器件的光电导灵敏度定义为单位光照度所能产生的稳态光电导 $\Delta\sigma_s$。在一定光照下，$\Delta\sigma_s$（或 Δn_s）越大，元器件的灵敏度也越高，从 $\Delta n_s=\beta\alpha I\tau$ 可以看出，τ越长，Δn_s 就越大，灵敏度也就越高。但是，光电导的弛豫时间也决定着光敏元器件对光信号反应的快慢。τ越长，光电导产生和消失的时间越长，即对光信号反应慢；τ越短，则反应快。反应快慢对光敏元器件也是一个很重要的参量。特别对高频光信号，弛豫时间必须足够短才能跟得上光信号的变化。因此，在实际应用中，必须根据实际要求来选用额外载流子寿命适当的材料。

光电导灵敏度也是元器件结构的函数。用同一种材料制成的光敏电阻，如果结构不同，可以产生不同的光电导效果。通常用光电导增益来评价元器件结构的光电导灵敏度。对如图3-23所示的光敏电阻，在外加电压 U 的作用下，光生载流子（设为电子）在两电极间的定向运动形成电路中的光电流。在此过程中，每当一个电子在电场作用下到达正电极，负电极必会同时在光敏电阻中释放一个电子，以保持电中性。若光生电子从一个电极漂移到另一个电极所需的时间（渡越时间）τ_t 与其寿命τ_n 相比很短，则在一个光生电子因复合而消失之前就会有许多电子相继通过两个电极。因此，电极间距短的光敏电阻比电极间距长的光敏电阻灵敏度高。通常用光电导增益因子 g 来反映结构参数的影响，定义为光生载流子的寿命与其渡越时间之比：

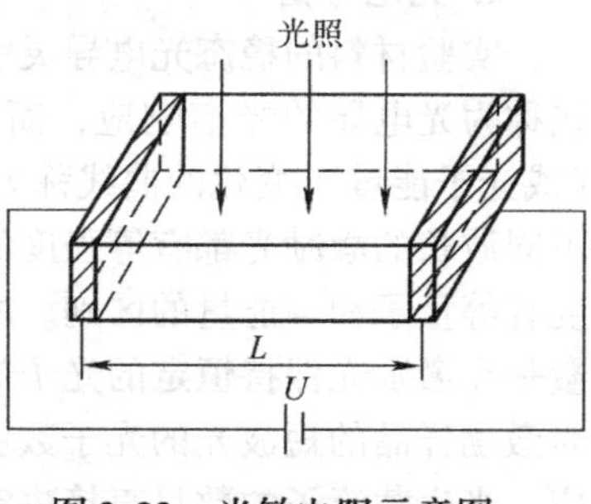

图3-23 光敏电阻示意图

$$g=\tau_n/\tau_t \tag{3-163}$$

若外加电压为 U，电子迁移率 μ_n，电极间距离为 L，则渡越时间

$$\tau_t=L^2/(\mu_n U) \tag{3-164}$$

因而光电导增益因子

$$g=\tau_n\mu_n U/L^2 \tag{3-165}$$

显然，对寿命长、迁移率高的材料，在两电极很靠近的情况下，其光电导增益 g 可以很大。

3. 复合和陷阱效应对光电导的影响

前面对额外载流子复合过程的讨论大都只限于小注入，并且假设复合中心对两种载流子的俘获系数大致相等，因而本征吸收产生的两种额外载流子密度相等。但是实际情况往往并非如此。实验证明，有些半导体在满足本征激发的光照条件下并不能观察到光生电子和光生空穴对光电导的共同贡献。例如，P 型 Cu_2O 的本征光电导主要是光生空穴的贡献，而 N 型 CdS 的本征光电导主要是光生电子的贡献。这说明，虽然在本征吸收后产生的额外电子和额外空穴数目相等，但只有其中一种能自由运动，另一种则被前面讨论过的陷阱束缚着。

因为光敏电阻一般使用高阻材料，其多数载流子 n_0 或 p_0 很小，式(3-62)所示的有效陷阱条件比较容易得到满足。在一般材料中，具有陷阱作用的杂质和缺陷的浓度大约在 $1\times10^{15}\sim1\times10^{19}\text{cm}^{-3}$，很可能比热平衡载流子密度大，陷阱作用往往十分强烈。

额外载流子陷阱有少子陷阱和多子陷阱之分，对光电导所起的作用各不相同。

如前所述，少子陷阱有提高稳态光电导灵敏度的作用。因此，常在光电导材料中掺入能起少子陷阱作用的杂质。

多子陷阱主要存在于一些特殊场合。例如，在高度补偿的半导体中，杂质浓度可能比热平衡载流子密度高得多，高浓度的被补偿杂质即有可能成为额外多子的陷阱，对光电导的弛豫过程起延长时间的作用。仍以N型半导体为例，若其中除了复合中心之外还存在浓度很高的电子陷阱，那么，光照产生的额外电子将大部分被陷阱俘获，即被陷电子的密度 Δn_t 远大于导带中的自由光生电子的密度 Δn_s。因此，在从光照开始到进入稳态的弛豫过程中，还包含了光生电子逐渐填充陷阱的过程。由于 Δn_t 最终可比 Δn_s 高若干个数量级，陷阱填充过程显然要大大延长光电导上升的弛豫时间。光照停止后，除了导带中的额外电子通过复合中心与空穴复合外，陷阱中的电子也会逐步释放出来通过复合中心与空穴复合，这样才能最终重归平衡态。因此，光电导的衰减时间也将大大延长。特别对能级较深的陷阱，被陷电子的热产生率很小，光电导的衰减时间将主要决定于这个缓慢的电子释放过程。这就是说，多子陷阱主要起延缓光电导弛豫过程的作用，作用大小在很大程度上决定于陷阱的深度。不仅如此，既然光生多子大部分被陷阱俘获，能带中自由的额外多子就有了更多与额外少子复合的机会，而陷阱释放被陷多子需要一定时间，因此，有多子陷阱时对光电导作贡献的额外载流子密度就会比没有多子陷阱时低，从而**使光电导灵敏度下降**。

4. 光电导谱

实验材料的稳态光电导灵敏度（或光电导相对值）随激励光波长（或光子能量）变化的曲线称为光电导的光谱响应，简称光电导谱。实验材料的稳态光致发光信号强度随激励光波长（或光子能量）变化的曲线称为光致发光谱。无论是光电导谱还是光致发光谱，其测试和表示对不同波长的激励光都有等强度的要求。由于不同波长的光的单个光子具有不同的能量，因此等强度有等量子和等能量的区别。所谓等量子，是指在波长变化时保持光子数不变，也就是说光谱测量是在激励光保持恒定的光子流密度下进行的；而等能量是指能流密度相等。这样，等能量测试时激励样品的短波光的光子数就要比长波光少。因为光电导和光致发光都是吸收光子的直接效应，光生载流子的数目直接决定于激励光子的数目，而不是光子流的总能量，所以测量光电导谱和光致发光谱时以采用等量子条件为宜。

光电导谱和光致发光谱是研究半导体材料能带结构及其中的杂质与缺陷能级的重要手段，特别是光致发光谱，其峰状或带状特征与材料的禁带宽度和杂质、缺陷能级的位置有更加清楚的对应关系。

如前所述，半导体的本征吸收和杂质吸收都有长波限，所以光电导谱也具有长波限特征，但一般很难肯定长波限的确切位置。对禁带宽度未知的材料，一般以光电导相对值下降到1/2最大值时的波长作为长波限。图3-24是几种典型的本征光电导谱实验曲线，其长波限特征都很明显，但也都不很确定。其中，PbSe的光电导谱是不同温度下的等能量谱，其短波区的光电导相对值降幅较大，主要是光子数随着光子能量的升高而减少的缘故；Ge的光电导谱在短波区也有下降特征，但因为是等量子谱，不会是激励光子数减少的结果，应与表面复合有关。对于短波光子，波长越短吸收越集中在样品表面附近，而表面附近的额外载流子因为表面复合速率较高而寿命相对较短，因而光电导会下降。图3-24b中，上面三个属于不同CdS样品的光电导谱在长短波之间出现峰值，正是这个原因所致。PbSe在不同温度下的测试结果表明长波限会随着温度的升高向短波方向移动，反映了材料的禁带随着温度的升高而变窄。

对于掺杂半导体，光照可使束缚于杂质能级上的电子或空穴电离，因而增加了导带或价带的载流子密度，产生杂质光电导。图3-25是用含杂质Fe的Ge样品获得的一个典型杂质光电导谱。当 $h\nu\approx0.72\text{eV}$ 时，曲线急速上升，表示本征光电导的开始。在 $h\nu<0.72\text{eV}$ 的长波区域出现的光电导即是杂质光电导。光电导曲线在0.3eV附近迅速下降，表示杂质光电导也有明显的长波限特征。杂质光电导长波限的测量已经成为研究杂质能级的重要方法。

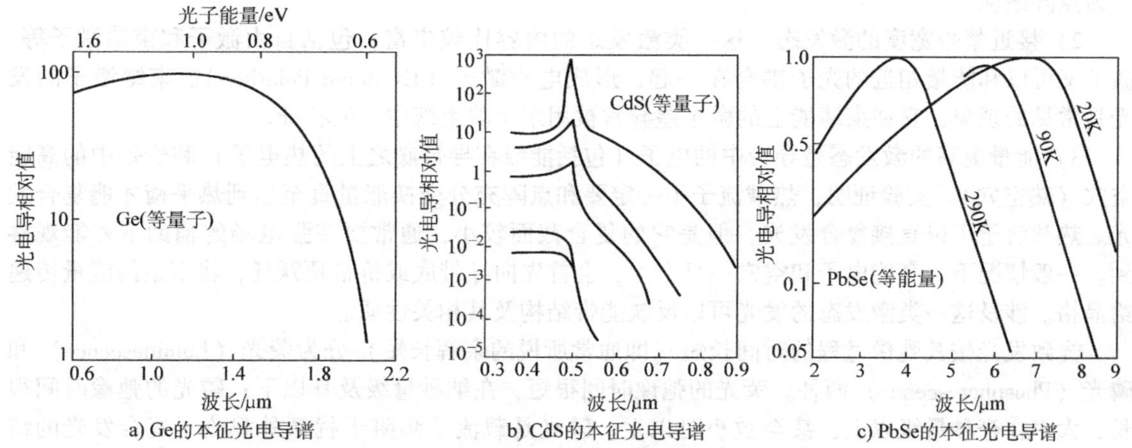

a) Ge的本征光电导谱 b) CdS的本征光电导谱 c) PbSe的本征光电导谱

图 3-24 Ge、CdS 和 PbSe 的本征光电导谱㊀

由于杂质电离能比禁带宽度 E_g 小很多，从杂质能级上激发电子或空穴所需的光子能量比较小，因此，杂质半导体作为远红外波段的探测器，具有重要的作用。例如，选用不同的杂质，Ge 探测器的使用范围可以从 10μm 延伸到 120μm。

由于杂质原子浓度比半导体材料本身的原子密度小很多个数量级，所以和本征光电导相比，杂质光电导是十分微弱的。同时，杂质光电导所涉及的能量都在红外光范围，激发光实际上不可能很强。因此，测量杂质光电导一般都要在低温下进行，以保证平衡载流子密度（暗电导）小，使杂质中心上的电子或空穴基本上都处在束缚状态。例如，对电离能 $E_i \approx 0.01\text{eV}$ 的杂质能级，必须采用液氦低温；对于较深的杂质能级，可以在液氮温度下进行。

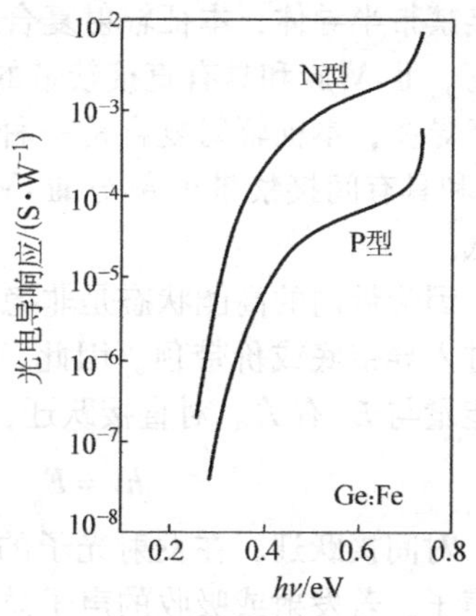

图 3-25 杂质光电导的光谱分布㊁

以上讨论只涉及光子的激发，而实际上，所有高能带电粒子，如电子束、α 粒子、β 粒子和其他核子流，同样能引起半导体电导率的显著增大。

3.6.2 半导体的光致发光

光致发光是多种形式荧光（Fluorescence）现象中的一种。从量子力学的角度，这种现象是物质吸收光子跃迁到较高能级后返回低能态时放出光子的宏观反映。光致发光大致由光吸收、能量传递及光发射三个阶段组成。光的吸收与发射都发生在不同能级之间，激发态只是其中的一个末态或始态，而能量传递则是激发态的运动。

半导体中激发态的分布按能量的高低分为三个区域：

1）低于禁带宽度的激发态。这一类激发态主要涉及杂质和缺陷等分立中心。关于这些激发态能谱及其性质的研究，涉及杂质缺陷中心与晶格点阵的相互作用。随着这一相互作用的加强，吸收及发射谱带都由窄变宽，温度效应也由弱变强，特别是猝灭现象变强，使一部分激发能量转

㊀ 转引自参考文献［1］。

㊁ 转引自参考文献［5］。

变为点阵振动。

2）接近禁带宽度的激发态。这一类激发态的内容比较丰富，包括自由激子和束缚激子等。激子又可以和能量相近的光子耦合在一起，形成电磁激子（Excitonic Polariton）。束缚激子的发光是常见的现象，它在束缚能上的微小差异常被用来反映束缚中心的特征。

3）能量更高的激发态是导带中的电子（包括能级在导带底之上的热电子）和价带中的高能空穴（热空穴）。实验证明，热载流子不一定要和点阵充分交换能量直至达到热平衡才能复合发光。热载流子可以直接复合发光，但是它的复合截面较小，通常要在强电场的辅助下才能观察到。一般情况下，高能电子和空穴一旦产生，会首先向导带底或价带顶跃迁，将多余的能量传递给晶格。涉及这一类激发态的发光可以反映能带结构及其相关性质。

光致发光按其弛豫过程的时间长短（即通常所说的余辉长短）分为荧光（Luminescence）和磷光（Phosphorescence）两种。荧光的弛豫时间很短，在纳秒量级及其以下；磷光的弛豫时间很长，大多在毫秒量级以上，甚至数小时以上。磷光是载流子陷阱干扰额外载流子复合发光的结果。这里只讨论发射荧光的光致发光（Photoluminescence）。

1. 本征辐射复合（带间复合发光）

如前所述，导带电子跃迁到价带与空穴复合并伴随发射光子的过程称为本征辐射复合。对于直接禁带半导体，本征辐射复合为直接复合，全过程只涉及一对电子空穴和一个光子，辐射效率较高。Ⅱ-Ⅵ族和具有直接禁带的部分Ⅲ-Ⅴ族化合物的主要发光过程属于这种类型。对于间接禁带半导体，本征辐射复合是一种伴随着声子发射的间接复合过程，其发生几率较小。Ge、Si、SiC 和具有间接禁带的部分Ⅲ-Ⅴ族化合物的本征复合发光属于这种类型，其特点是发光效率较低。

因为带内的高能状态是非稳状态，载流子即使受激进入了这些状态，也会很快通过“热化”而进入导带底或价带顶。因此，带间跃迁所发射的光子能量与 E_g 有关。对直接跃迁，发射光子的能量满足

$$h\nu = E_g \tag{3-166}$$

对间接跃迁，在发射光子的同时会伴随发射或吸收声子，若发射或吸收的声子总能量为 E_p，则发射光子的能量

$$h\nu = E_g \pm E_p \tag{3-167}$$

由于电子和空穴通常分布在导带底和价带顶一个 kT 的能量范围内，本征复合发光光谱是一个宽度为 kT 量级的谱带，但其峰值对应于以上二式定义的 $h\nu$。

图 3-26 是一个掺 Cd 的 GaAs 样品在三个不同温度下测到的光致发光谱。其中，标注 BB（Band to Band）的即是其带间复合发光峰。图中可见，带间复合发光峰的峰值随着温度的升高向低能方向移动，与 GaAs 的禁带宽度及其随温度变化的规律一致；另外，峰的宽度随温度升高而增大，与相应的 kT 值大致相符。

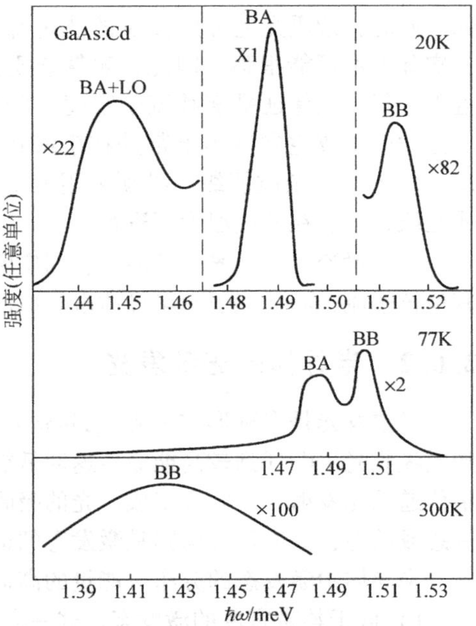

图 3-26 掺 Cd 的 GaAs 的光致发光谱[⊖]

2. 通过杂质的辐射复合

在涉及杂质能级的辐射复合过程中，电子从导带跃迁到杂质能级，或从杂质能级跃迁到价带，或仅仅在杂质能级之间跃迁。由于这种跃迁不受选

⊖ 转引自参考文献 [3]。

择定则的限制，发生几率较高，是间接禁带半导体，特别是宽禁带发光材料中的主要辐射复合机构。

图3-26中标注BA（Band to Accepter）的发光峰即是GaAs导带电子向Cd受主跃迁时产生的。低温下，受主杂质电离度小，受主能级上的束缚空穴比价带中的自由空穴密度高，BA发光可以占优势。随着温度的升高，自由空穴密度逐渐高于束缚空穴密度，BA发光就会逐渐让位于BB发光，并在室温下因杂质全部电离而消失。这个过程在图3-26中反映得很清楚。

下面着重讨论电子在施主-受主杂质之间的跃迁。如图3-27所示，当半导体中同时存在施主和受主杂质时，两者之间的库仑作用力使受激态能量增大，其增量ΔE与施主-受主对的间距r成反比。当电子从施主向受主跃迁时，若没有声子参与，发射光子的能量为

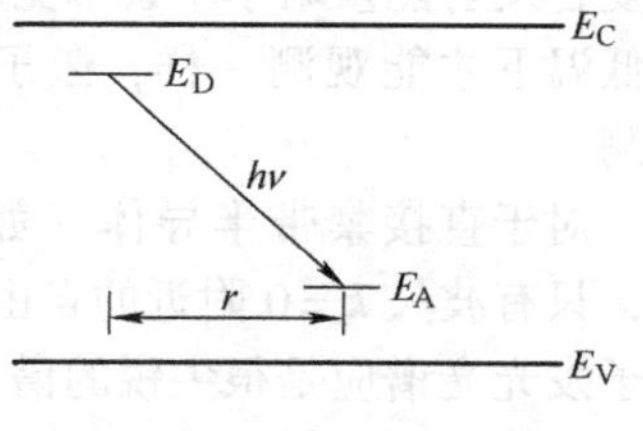

图3-27 施主-受主间的电子跃迁

$$h\nu = E_g - (\Delta E_D + \Delta E_A) + q^2/(4\pi\varepsilon\varepsilon_0 r) \qquad (3\text{-}168)$$

式中，ΔE_D和ΔE_A分别代表施主和受主的电离能；ε是发光材料的介电常数。

由于施主和受主一般以替位原子出现在晶格中，因此，其间距r只能取原子间距的整数倍，相应的光子能量为不连续数值，对应于一系列不连续的发射谱线。但这只在r较小，即电子在相邻的施主和受主间跃迁时才可区分；随着r的增大，发射光子的能量差别越来越小，而且电子从施主向受主跃迁所要穿过的距离也越来越大，跃迁几率越来越小。因此杂质发光主要发生在相邻施主-受主之间，称为施主-受主对（D-A对）发光。

GaP是以通过杂质的辐射复合作为主要发光机构的典型材料，其室温禁带宽度$E_g=2.26\text{eV}$，但因是间接禁带，本征辐射复合效率很低。图3-28列出了GaP中的几种主要的非本征辐射复合机构，它们是：

（1）施主-受主对发光中心（Zn-O对或Cd-O对发光中心）

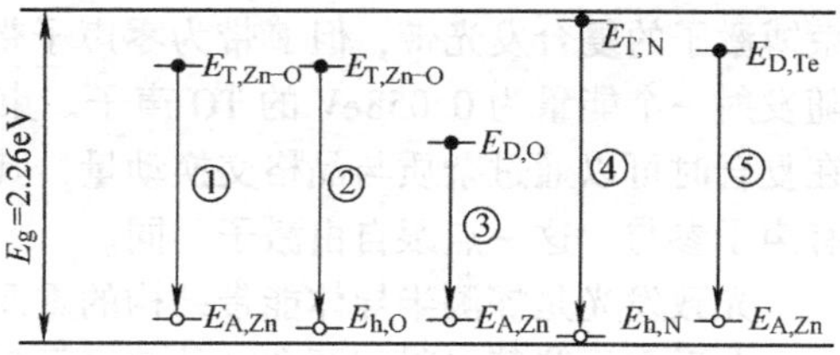

图3-28 GaP禁带中的杂质对辐射复合机构

O和Zn共掺的GaP材料经过适当热处理后，O和Zn分别取代相邻的P原子和Ga原子，其中O产生一条导带以下0.89eV的深施主能级，Zn形成一条价带以上0.06eV的浅受主能级。当这两个杂质原子在P型GaP中处于相邻格点时，形成一个电中性的Zn-O络合物，起等电子陷阱作用，束缚能为0.3eV。与之相关的复合过程按图3-28中标注的顺序有下列三种：

图3-28过程①中Zn-O络合物俘获一个电子，邻近的Zn中心俘获一个空穴形成一种激子状态。激子的淬灭（即杂质俘获的电子与空穴相复合）发射波长约为660nm的红光。在GaP的所有发光过程中，这一辐射复合过程的效率较高。

图3-28过程②中Zn-O络合物俘获一个电子后，再俘获一个空穴形成另一种类型的束缚激子，其空穴束缚能级E_h在价带顶以上0.037eV处。这种激子复合时发射的也是红光。

图3-28过程③中孤立O中心俘获的电子与Zn中心俘获的空穴相复合，也发射红光。

（2）GaP中的其他非本征发光中心

图3-28过程④中**N等电子中心**。N在GaP中取代P起等电子陷阱作用，其能级位置在导带下0.008eV处。N等电子陷阱俘获电子后再俘获空穴形成束缚激子，其空穴束缚能级E_h在价带之上0.011eV处。这种激子复合时发绿光。

图3-28过程⑤中**Te-Zn施主-受主对**。若GaP材料中还掺有Te等浅施主杂质，Te中心俘获

的电子与 Zn 中心俘获的空穴相复合，发射波长为 550nm 左右的绿光。

总结以上五种情况可知，不含 O 的 P 型 GaP 可以发绿色光，而含 O 的 GaP 主要发红色光。因此，要提高绿光发射效率，必须避免 O 的掺入。但是 O 的去除十分困难，因此，GaP 绿色发光二极管效率不高。

3. 激子复合发光

与 3.5.3 节所讨论的激子吸收所对应的是激子复合，激子复合发射能量略小于禁带宽度的光子。跟激子吸收光谱要在低温下才能观测一样，激子发光光谱也要在低温下才能观测。

对于直接禁带半导体（如 GaAs），由于选择定则的约束，只有波矢 $\boldsymbol{k}=0$ 附近的自由激子才可以复合发光。因此，激子发光光谱应是很尖锐的谱线。不过，受杂质、自由载流子及声子等相互作用的影响，$\boldsymbol{k}$ 守恒对激子复合发光的限制也会有所放宽，因而视激发光强度、杂质浓度及温度等条件的不同，实际测到的自由激子荧光线也有一定宽度。与这不同的是，间接禁带半导体中自由激子的复合必须有声子相助，其发光光谱就一定具有带的特征。图 3-29a 是一个纯度较高的 Si 样品在 18K 低温下的光致发光谱。其中，标注 A、B、D、E 的，是四个伴随声子发射的自由激子发光谱带。D 带对应于发射一个纵声学声子（LA），E 带对应于发射一个横声学声子（TA），A 带和 B 带则对应于发射两个声子。图 3-29b 是一个掺杂浓度较高的 Si 样品在 2.5K 极低温下的光致发光谱。其中，D 带与上图的 D 带相同，C 带和 F 带都是束缚激子的复合发光带，但 F 带为零声子带，C 带对应于伴随发射一个能量为 0.058eV 的 TO 声子。束缚于杂质的激子在复合时可以通过杂质与晶格交换动量，其复合跃迁可以没有声子参与。这一点跟自由激子不同。

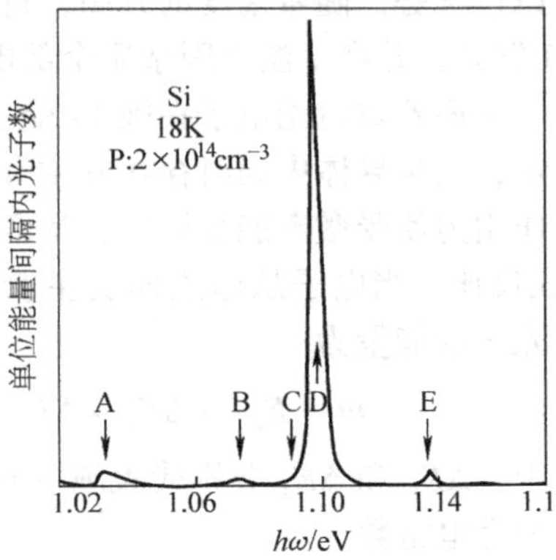

a) 纯度较高的Si

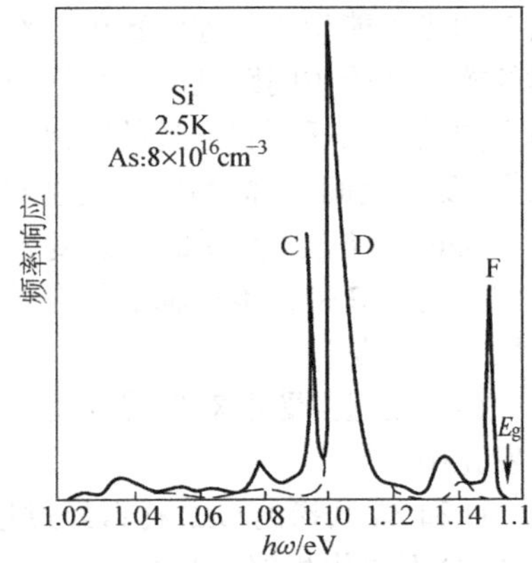

b) 掺杂浓度较高的Si

图 3-29 Si 的低温光致发光光谱[⊖]

光致发光是探测半导体能带结构的重要方法之一，也是研究杂质和缺陷等材料问题和额外载流子复合，电、声子相互作用等物理问题的重要手段，在半导体物理学的发展进程中具有无可替代的重要作用。

习　题

3-1　对 B 浓度为 $N_A=5\times10^{16}\mathrm{cm}^{-3}$ 的 Si 样品，室温下一恒定光源在其中均匀地产生密度为 $10^{15}\mathrm{cm}^{-3}$、寿命为 5μs 的额外载流子。请问：①此 Si 样品的少子是什么导电类型？②光照关闭后 10μs 时少子密度还有多少？

3-2　习题 3-1 中，若该样品光照前（$t<0$）处于热平衡状态，从光照开始时（$t=0$ 时刻）计时，求：①光生载流子的产生率；②光照开始后 t 时刻的少数载流子密度。

3-3　对 $N_D=5\times10^{16}\mathrm{cm}^{-3}$ 的 Si 样品，室温下一恒定光源在其中均匀地产生额外载流子，产生率 $G=5\times10^{21}\mathrm{cm}^{-3}\mathrm{s}^{-1}$。试确定额外载流子的产生过程中，该样品电导率随时间的变化规律。设 $\tau_n=10^{-6}\mathrm{s}$、$\tau=10^{-7}\mathrm{s}$、$\mu_n=1000\mathrm{cm}^2/(\mathrm{V\cdot s})$，$\mu_p=420\mathrm{cm}^2/(\mathrm{V\cdot s})$。

⊖ 转引自参考文献［3］。

3-4 一受主浓度为$5\times10^{14}\mathrm{cm}^{-3}$的P型Si样品，额外载流子的注入使其$E_{\mathrm{Fn}}-E_{\mathrm{F}}=0.01kT$，请问是大注入还是小注入？若注入使得$E_{\mathrm{F}}-E_{\mathrm{Fp}}=0.01kT$，情况又如何？

3-5 $T=300\mathrm{K}$时，某N型半导体的$n_0=10^{15}\mathrm{cm}^{-3}$、$n_{\mathrm{i}}=1.5\times10^{10}\mathrm{cm}^{-3}$。在非平衡状态下，假设额外载流子的密度为$\Delta n=\Delta p=10^{13}\mathrm{cm}^{-3}$，试计算准费米能级的位置。

3-6 在$N_{\mathrm{A}}=5\times10^{16}\mathrm{cm}^{-3}$的P型Si中注入密度为$0.1N_{\mathrm{A}}$的额外载流子，求室温下准费米能级的位置。

3-7 $N_{\mathrm{A}}=10^{16}\mathrm{cm}^{-3}$的P型GaAs样品，室温下50μm内额外载流子密度由$10^{14}\mathrm{cm}^{-3}$均匀下降为0，试计算准费米能级相对于本征费米能级的变化。

3-8 对含有单一复合中心的本征半导体，若复合中心能级与本征费米能级重合，求额外载流子的寿命。

3-9 热平衡状态下，某半导体的$p_0=10^{16}\mathrm{cm}^{-3}$、$n_{\mathrm{i}}=1.5\times10^{10}\mathrm{cm}^{-3}$，少子寿命为$2\times10^{-7}\mathrm{s}$。①确定电子的热平衡复合率；②如果额外电子的密度$\Delta n=10^{12}\mathrm{cm}^{-3}$，那么电子的复合率改变了多少？

3-10 Si中杂质P的浓度为$10^{17}\mathrm{cm}^{-3}$，硅棒的末端($x=0$)产生过剩电子和空穴，少子的寿命为1μs，电子的扩散系数为$D_{\mathrm{n}}=25\mathrm{cm}^2/\mathrm{s}$，空穴的扩散系数为$D_{\mathrm{p}}=10\mathrm{cm}^2/\mathrm{s}$。若$\Delta n(0)=\Delta p(0)=10^{15}\mathrm{cm}^{-3}$，试确定稳态时$x>0$处电子的浓度和空穴的浓度。

3-11 一块施主浓度为$2\times10^{16}\mathrm{cm}^{-3}$的Si，含均匀分布的Au，浓度为$3\times10^{15}\mathrm{cm}^{-3}$，表面复合中心密度为$10^{10}\mathrm{cm}^{-2}$，已知Si中Au的$r_{\mathrm{p}}=1.15\times10^{-7}\mathrm{cm}^3/\mathrm{s}$，表面复合中心的$r_{\mathrm{S}}=2\times10^{-6}\mathrm{cm}^3/\mathrm{s}$，求：①小注入条件下的少子寿命、扩散长度和表面复合速度；②在产生率$G=10^{17}/(\mathrm{s}\cdot\mathrm{cm}^3)$的均匀光照下的表面空穴密度和表面空穴流密度。

3-12 在一块N型GaAs中，$T=300\mathrm{K}$时，电子密度在0.10cm距离内从$1\times10^{18}\mathrm{cm}^{-3}$到$7\times10^{17}\mathrm{cm}^{-3}$线性变化。若电子扩散系数$D_{\mathrm{n}}=225\mathrm{cm}^2/\mathrm{s}$，求扩散电流密度。

3-13 一Si样品中电子密度为$n(x)=10^{15}\exp(-x/L_{\mathrm{n}})\mathrm{cm}^{-3}(x\geqslant0)$，其中$L_{\mathrm{n}}=10^{-4}\mathrm{cm}$；电子扩散系数为$D_{\mathrm{n}}=25\mathrm{cm}^2/\mathrm{s}$。求以下3种情况中的电子扩散电流密度：①$x=0$；②$x=10^{-4}\mathrm{cm}$；③$x\to\infty$。

3-14 一Si样品中空穴密度$p(x)=2\times10^{15}\exp(-x/L_{\mathrm{p}})\mathrm{cm}^{-3}(x\geqslant0)$，空穴扩散系数$D_{\mathrm{p}}=10\mathrm{cm}^2/\mathrm{s}$，$x=0$处的扩散电流密度$J_{\mathrm{p}}=6.4\mathrm{A}/\mathrm{cm}^2$，求$L_{\mathrm{p}}$。

3-15 某N型半导体的施主杂质密度按照$N_{\mathrm{D}}=10^{16}-10^{18}x$（$\mathrm{cm}^{-3}$）的规律在$0\leqslant x\leqslant1\mu\mathrm{m}$范围内线性变化，其中$x$的单位为cm。求该半导体在$T=300\mathrm{K}$的热平衡状态下的电场。

3-16 $T=300\mathrm{K}$时，一Si样品中电子密度按$n(x)=10^{16}\exp(-x/18)(\mathrm{cm}^{-3})$规律在$0\leqslant x\leqslant25\mu\mathrm{m}$范围内变化，已知$D_{\mathrm{n}}=25\mathrm{cm}^2/\mathrm{s}$，$\mu_{\mathrm{n}}=960\mathrm{cm}^2/(\mathrm{V}\cdot\mathrm{s})$，体内总电子电流（包括扩散电流和漂移电流）密度$J_{\mathrm{n}}=-40\mathrm{A}/\mathrm{cm}^2$恒定不变。求该样品中电场随$x$的分布。

3-17 海恩斯-肖克莱实验中，N型Ge样品的长度为1cm，外加电压$U_1=2.5\mathrm{V}$。A和B两个触点相距0.75cm。实验测定载流子在触点A注入样品后160μs时刻，脉冲最大值到达触点B，试确定空穴迁移率。

3-18 面积为$1\mathrm{cm}^2$、厚度为0.1cm的Si样品均匀吸收了波长为630nm、功率为1W的光照，设每个吸收光子均产生一个电子-空穴对，求产生率；若少子寿命为10μs，求稳定光照下光生载流子的密度。

3-19 能量为$h\nu=1.65\mathrm{eV}$的光子入射GaAs，为使已进入光子的75%都能被吸收，试计算所需材料厚度；若使已进入光子的75%不被吸收，试计算所需材料的厚度（吸收系数可参考图3-13）。

3-20 考虑用光子能量$h\nu=1.9\mathrm{eV}$的光入射一个$\tau_{\mathrm{p}}=10\mathrm{ns}$的N型GaAs样品。①希望表面附近的稳态额外载流子密度$\Delta p=10^{15}\mathrm{cm}^{-3}$，计算所需的入射功率密度（不计表面效应和表面反射）；②在表面以下什么位置，产生率下降到表面处的20%（吸收系数可参考图3-13）？

第4章

PN 结

前三章讨论的都是具有单一导电类型的 N 型或 P 型半导体。将一块 P 型半导体和一块 N 型半导体键合在一起，或在一块 P 型（N 型）半导体中局部掺入较高浓度的 N 型（P 型）杂质，通过补偿使其局部转变为 N 型（P 型），半导体中就会出现 P 型和 N 型共存的界面，这就是 PN 结。PN 结是半导体器件的基本结构之一，几乎存在于各种半导体器件之中。因此，了解和掌握 PN 结的特性是设计和用好半导体器件的基础。

本章着重介绍 PN 结的基本概念，并对其电流–电压特性、电容–电压特性和击穿特性作简略讨论。在此基础上对 PN 结的光伏效应和发光现象及其应用作一简略介绍。

4.1 PN 结的形成及其平衡态

4.1.1 PN 结的形成及其杂质分布

1. PN 结形成法简介

半导体产业形成近 60 年来，已开发了多种形成 PN 结的方法，其中主要方法如下：

（1）合金法（Alloying Technology）

把高纯铝箔（或小颗粒）置于 N 型单晶硅片的清洁表面上，压紧并加热到略高于 Al-Si 系统共熔点（580℃）的温度，使 Al-Si 界面交互熔渗形成共熔体，然后降低温度使之凝固，这时的 Si 片表面就会因高浓度 Al 的杂质补偿作用而转变为 P 型，它与未被补偿的 N 型 Si 片之间即形成一个 PN 结，称为铝硅合金结。欲在 P 型 Si 上用同样的方法制造 PN 结，需改用 Au-Sb 合金，即用真空镀膜法在 P 型 Si 的清洁表面镀覆一层含 Sb 0.1% 的金膜，然后在 400℃左右令其合金化；Au-Sb 合金中的 Sb 在这里作为 N 型掺杂剂将 P 型 Si 的表面补偿为 N 型。

合金结的特点是合金掺杂层的杂质浓度高，而且分布均匀；由于所用衬底一般情况下都是杂质浓度较低且分布均匀的 Si 片，因此形成的 PN 结具有杂质浓度突变性较大的特点，如图 4-1 所示。具有这种杂质分布形式的 PN 结通常称为单边突变结，记为 P^+N 结或 PN^+ 结，角标 $^+$ 号表示重掺杂。图中 x_j 表示结深，即 P-N 界面至表面的距离。合金结的结深对合金工艺的温度和时间十分敏感，较难控制，因而合金法重复性较差，不适合于大规模生产，目前在工业中已不常使用。

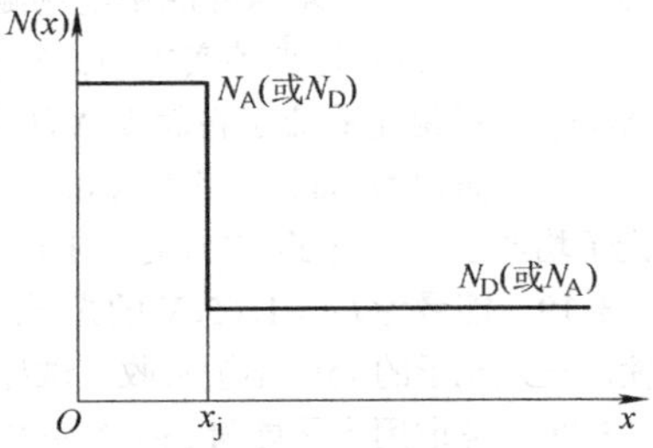

图 4-1 理想单边突变结的杂质分布

（2）扩散法（Diffusion Technology）

高温下，杂质原子能以一定速率从固体表面向体内扩散并形成一定浓度分布，扩散法就是利用杂质的这种性质在半导体近表面的一定深度内掺入较高浓度的反型杂质，将 N 型半导体的近表层补偿为 P 型，或将 P 型半导体的近表层补偿为 N 型，从而形成 PN 结。不过，扩散法需要在较高温度下操作，而且形成的是渐变式的杂质分布，如图 4-2所示。图中，参数$(Dt)^{1/2}$表示杂质的扩散长度，反映不同扩散时间下杂质进入半导体内的平均深度。图 4-2 中所示的这两种分布，一种是表面杂质浓度始终保持不变的余误差分布，另一种是杂质总量保持不变的高斯分布，都是半导体中扩散杂质最常见的分布形式，也都有很明显的渐变特征，因而扩散法不适合于元器件尺寸越来越小的大规模集成电路，目前只在半导体分立元器件行业中继续应用。

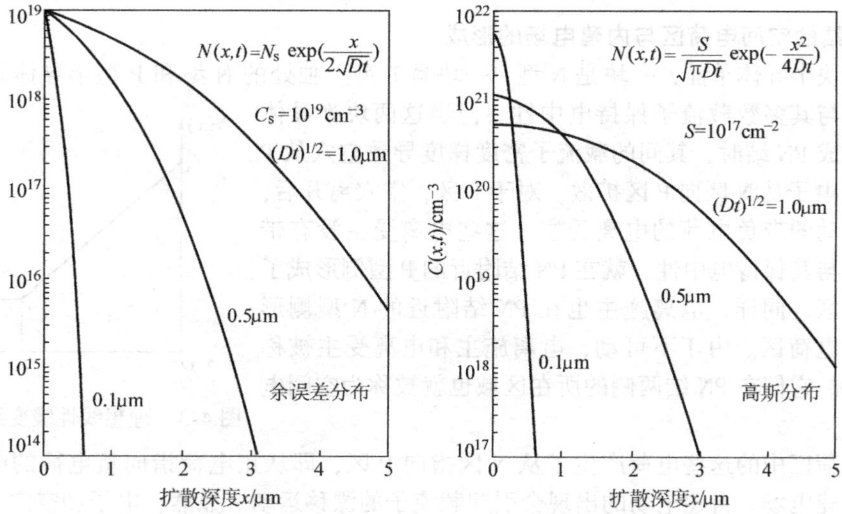

a) 余误差分布　　b) 高斯分布

图 4-2　扩散掺杂形成的两种主要杂质分布

（3）离子注入法（Ion-implantation Technology）

离子注入法采用气相杂质源，在高强度的电磁场中令其离化（即电离），并静电加速至较高能量后注入到半导体适当区域的适当深度，通过补偿其中的异型杂质形成 PN 结。与扩散法相比，这种方法的最大特点是掺杂区域和浓度能够精确控制，而且杂质分布接近于图 4-1 所示的突变结。用离子注入法形成 PN 结不需要扩散法那样高的温度，因高能离子注入而受到损伤的晶格也只需在适当高的温度下退火即可修复，因此不会引起注入区周边杂质的扩散，是集成电路工艺普遍采用的掺杂方法。

（4）外延法（Epitaxial Technology）

无论是气相外延法还是液相外延法，都可以在 N 型或 P 型半导体衬底上直接生长一层导电类型相反的半导体薄层，无需通过杂质补偿即可直接形成 PN 结。用这种方法形成 PN 结时，只需在生长源中加入与衬底杂质导电类型相反的杂质，在薄层生长的同时实现实时的原位掺杂。这种方法形成的杂质分布更接近于图 4-1 所示的理想突变结分布。

（5）直接键合法（Direct bonding Technology）

将 N 型和 P 型半导体片经过精细加工和活化处理的两个清洁表面在室温下扣接在一起，然后在高真空和适当的温度与压力下，令原本属于两个表面的原子直接成键而将两块晶片结合成一个整体，同时形成 PN 结。这种方法比气相外延一般需要的温度低，能形成最接近理想状态的突变结。

用以上这些方法可以形成 PN 结，但可形成的不仅是 PN 结，还有 P^+P 或 N^+N 同型结以及不同材料的生长等。为此，“半导体工艺”课程将对其作更详细的介绍，这里不赘述。

2. PN 结的杂质分布

PN 结的杂质分布是讨论 PN 结特性的基础。虽然用不同工艺形成的 PN 结杂质分布各不相同，但为了讨论问题的方便，通常将 PN 结两侧的杂质分布从理论上归纳为突变结和线性缓变结两种。合金结，高表面浓度的浅扩散结，以及用离子注入法、外延法和直接键合法形成的 PN 结一般可按图 4-1 所示的突变结看待；而低表面浓度的深扩散结一般应按图 4-3 所示的线性缓变结处理。

4.1.2 热平衡状态下的 PN 结

1. PN 结的空间电荷区与内建电场的形成

考虑两块半导体单晶，一块是 N 型，一块是 P 型。独处的 N 型和 P 型半导体靠电离杂质和少数载流子与其多数载流子保持电中性。但当这两块半导体紧密结合形成 PN 结时，其间的载流子密度梯度导致空穴从 P 区向 N 区、电子从 N 区向 P 区扩散。对于 P 区，空穴离开后，留下了不可动的带负电荷的电离受主。这些电离受主没有带正电的空穴与其保持电中性，就在 PN 结附近的 P 型侧形成了一个负电荷区。同样，电离施主也在 PN 结附近的 N 型侧形成了一个正电荷区。由于不可动，电离施主和电离受主被称为空间电荷。它们在 PN 结两侧的所在区域也就被称为空间电荷区。

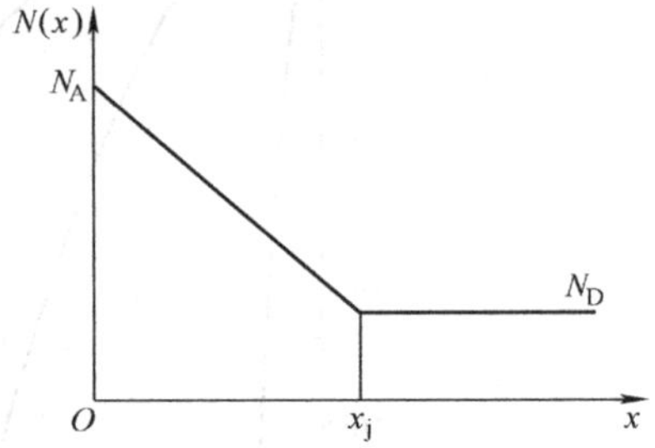

图 4-3 理想线性缓变结的杂质分布

空间电荷区中的这些电荷产生了从 N 区指向 P 区，即从正电荷指向负电荷的电场，称为内建电场或自建电场。自建电场的出现会引起载流子的漂移运动。显然，电子和空穴的漂移方向与它们各自的扩散方向相反。因此，自建电场起着阻碍电子和空穴继续扩散的作用。

随着扩散运动的进行，空间电荷逐渐增多，空间电荷区逐渐扩展。空间电荷区内的自建电场随着空间电荷的增多而逐渐增强，载流子的漂移运动也随之逐渐加强。在无外加电压的情况下，载流子的扩散和漂移最终将达到动态平衡，两种载流子的扩散电流和漂移电流各自因大小相等、方向相反而抵消。因此，没有外加电压的 PN 结中没有净电流。这时的空间电荷数量一定，空间电荷区不再继续扩展而保持一定的宽度 X_D 和一定的内建电场强度 $\mathcal{E}$，如图 4-4 所示。**这种情况被称为 PN 结的热平衡状态，处于热平衡状态的 PN 结称为平衡 PN 结。**

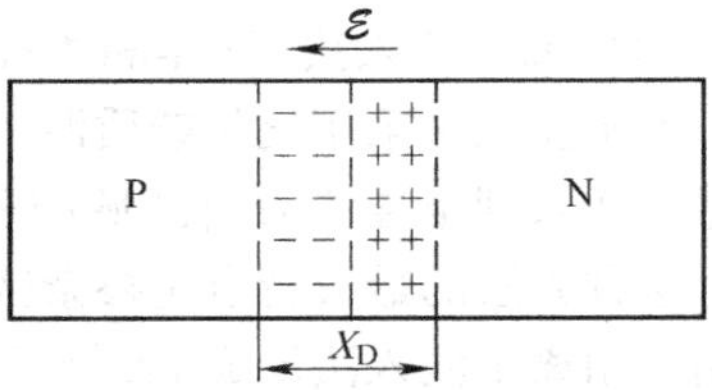

图 4-4 平衡 PN 结空间电荷区示意图

2. 平衡 PN 结的能带结构

图 4-4 示意性地表现了平衡 PN 结中电荷分布和电场分布的空间状态。那么，与此对应的电子能量状态，即能带结构会是什么样子呢？众所周知，电场因电荷而生，而电场就是电势的梯度，有电场的地方就有电势高低的差别。这就是说，在平衡 PN 结空间电荷区的两端存在电势的差别。电势有差别即意味着电子的势能有差别，也就是空间电荷区两端的导带底不等高。因为 PN 结的形成并不改变导带电子和价带电子之间的能量关系，即不改变材料的禁带宽度，所以，导带底出现多大差别，价带顶也必出现多大的差别。通常把 PN 结空间电荷区能带的这样一种刚性改变称为能带弯曲。

以上对 PN 结形成过程的简单描述说明，能带弯曲是 PN 结在形成之初发生载流子转移的结果。我们知道，载流子在一个热平衡系统中的分布是由其费米能级决定的，载流子的转移必会引起费米能级的变化，因而能带弯曲必与费米能级的变化有关。下面，就从费米能级的变化进一步讨论 PN 结的能带弯曲。

(1) 能带弯曲

在用同一种半导体的 P 型薄片和 N 型薄片结合成 PN 结之前，二者的能带都是平直的，如图 4-5a 所示。在同一个能量参照系中，二者的导带底和价带顶都分别在同一能量水平上，但费米能级的位置不相同。P 型薄片的费米能级 E_{Fp} 较低，N 型薄片的费米能级 E_{Fn} 较高。当二者结合成一个 PN 结系统时，按照费米能级的定义，系统在热平衡状态下应具有统一的费米能级 E_F。这是通过电子从费米能级高的 N 区流向费米能级低的 P 区，以及空穴从 P 区流向 N 区来实现的。在载流子转移的过程中，E_{Fn}下降，E_{Fp}上升，直至 $E_{Fn}=E_{Fp}=E_F$ 时达到平衡。随着费米能级的移动，空间电荷区外的整个能带随之平移，从而导致空间电荷区内的能带弯曲，使得空间电荷区内费米能级与导带底和价带顶的距离处处不同，如图 4-5b 所示。如前所述，空间电荷区的能带弯曲本质上是产生内建电场 $\mathcal{E}$ 的自然结果。由于内建电场从 N 区指向 P 区，空间电荷区内电势 $V(x)$ 由 N 区向 P 区降低($\mathcal{E}=-\mathrm{d}V/\mathrm{d}x$)，电子的电势能 $-qV(x)$ 则由 N 区向 P 区升高，即 P 区能带相对 N 区上移，直至费米能级处处相等。

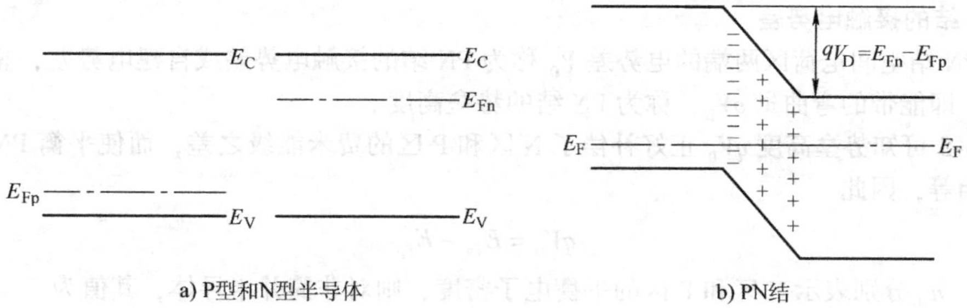

图 4-5 热平衡状态下的 P 型和 N 型半导体以及 PN 结的能带图

由于能带弯曲，空间电荷区成为阻挡电子由 N 区向 P 区、空穴由 P 区向 N 区继续转移的势垒区。

(2) 热平衡 PN 结的费米能级

下面进一步证明热平衡状态下 PN 结中费米能级处处相等。

热平衡 PN 结中不存在外加电场，但存在自建电场 $\mathcal{E}$。就电子而言，这时流过 PN 结的总电子电流密度 J_n 应等于由载流子密度差引起的电子扩散电流密度和自建电场引起的电子漂移电流密度之和，即

$$J_n = n_0 q\mu_n |\mathcal{E}| + qD_n \frac{\mathrm{d}n_0}{\mathrm{d}x} \tag{4-1}$$

由

$$n_0 = N_C \exp\left(-\frac{E_C - E_F}{kT}\right) \tag{4-2}$$

得

$$\frac{\mathrm{d}n_0}{\mathrm{d}x} = -\frac{n_0}{kT}\left(\frac{\mathrm{d}E_C}{\mathrm{d}x} - \frac{\mathrm{d}E_F}{\mathrm{d}x}\right) \tag{4-3}$$

将式 (4-3) 代入式 (4-1) 并考虑到 $D_n = kT\mu_n/q$，得

$$J_n = n_0 q\mu_n |\mathcal{E}| - n_0\mu_n\left(\frac{\mathrm{d}E_C}{\mathrm{d}x} - \frac{\mathrm{d}E_F}{\mathrm{d}x}\right) \tag{4-4}$$

其中

$$\frac{\mathrm{d}E_C}{\mathrm{d}x} = -q\frac{\mathrm{d}V(x)}{\mathrm{d}x} = q|\mathcal{E}| \tag{4-5}$$

表示自建电场引起的能带弯曲。所以，式 (4-4) 可化为

$$J_n = n_0\mu_n \frac{\mathrm{d}E_F}{\mathrm{d}x} \tag{4-6}$$

对空穴电流也可得到类似结果，即

$$J_p = p_0\mu_p \frac{dE_F}{dx} \tag{4-7}$$

因为热平衡状态下 $J_n = J_p = 0$，以上二式表明热平衡时

$$\frac{dE_F}{dx} = 0 \tag{4-8}$$

即热平衡状态下 PN 结中费米能级处处相等。

3. PN 结的接触电势差

平衡 PN 结空间电荷区两端的电势差 V_D 称为 PN 结的接触电势差或自建电势差，相应的电子势能之差，即能带的弯曲量 qV_D，称为 PN 结的势垒高度。

从图 4-5 可知势垒高度 qV_D 正好补偿了 N 区和 P 区的费米能级之差，而使平衡 PN 结的费米能级处处相等，因此

$$qV_D = E_{Fn} - E_{Fp} \tag{4-9}$$

令 n_{n0}、n_{p0} 分别表示 N 区和 P 区的平衡电子密度，则对非简并半导体，其值为

$$n_{n0} = N_C \exp\left(\frac{E_{Fn} - E_C}{kT}\right), \qquad n_{p0} = N_C \exp\left(\frac{E_{Fp} - E_C}{kT}\right) \tag{4-10}$$

两式相除取对数得

$$\ln \frac{n_{n0}}{n_{p0}} = \frac{1}{kT}(E_{Fn} - E_{Fp}) \tag{4-11}$$

因为 $n_{n0} \approx N_D$，$n_{p0} \approx n_i^2/N_A$，所以，接触电势差可表示为

$$V_D = \frac{1}{q}(E_{Fn} - E_{Fp}) = \frac{kT}{q}\ln\frac{N_D N_A}{n_i^2} \tag{4-12}$$

上式表明，接触电势差 V_D 和 PN 结两边的掺杂浓度、温度及材料的禁带宽度有关。在一定的温度下，突变结两边掺杂浓度越高，V_D 越大；禁带越宽，n_i 越小，V_D 也越大，所以 Si PN 结比 Ge PN 结的 V_D 大。若对 PN 结两边的杂质浓度分别取 $N_A = 10^{17}\text{cm}^{-3}$、$N_D = 10^{15}\text{cm}^{-3}$，在室温下可以算得 V_D 对 Si 为 0.7V，对 Ge 为 0.32V，对 GaAs 为 1V。

【例 4-1】 一个 Si 突变结的 P 区和 N 区掺杂浓度分别为 $N_A = 10^{18}\text{cm}^{-3}$、$N_D = 5\times10^{15}\text{cm}^{-3}$。计算 300K 下平衡态费米能级的位置，按计算结果画出能带图并确定势垒高度 qV_D 的大小，并与按式（4-12）计算的 qV_D 相比较。

解： 假定室温下 P 区和 N 区的杂质都已完全电离，则平衡态费米能级相对于各自本征费米能级的位置可按式（2-78）分别求得：

$$E_{ip} - E_F = kT\ln\frac{p_p}{n_i} = 0.0259\ln\frac{10^{18}}{1.5\times10^{10}}\text{eV} = 0.467\text{eV}$$

$$E_F - E_{in} = kT\ln\frac{n_n}{n_i} = 0.0259\ln\frac{5\times10^{15}}{1.5\times10^{10}}\text{eV} = 0.329\text{eV}$$

两式相加得势垒高度 $qV_D = 0.796\text{eV}$，据此绘制的平衡态能带如图 4-6 右侧所示。按式（4-12）计算的势垒高度：

$$qV_D = kT\ln\frac{N_D N_A}{n_i^2} = 0.0259\ln\frac{5\times10^{33}}{2.25/10^{20}}\text{eV} = 0.796\text{eV}$$

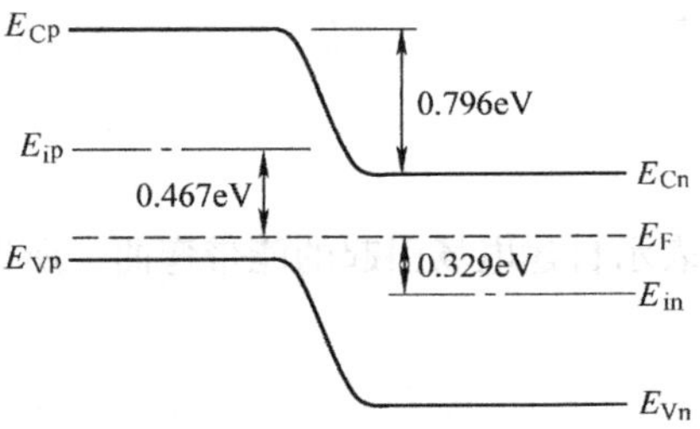

图 4-6 例 4-1 图

二者十分吻合。

4. 平衡 PN 结的载流子分布

如图4-7a 所示，对一个平衡 PN 结取 P 区电势为零，则势垒区中任意一点 x 的电势 $V(x)$ 皆为正值；越接近 N 区的点，其电势越高；在势垒区邻接 N 区的边界 x_n 处，电势达到最高值 V_D。由此知 N 区电子的势能 $E(x_n)=E_{Cn}=-qV_D$，势垒区内任意点 x 处电子势能即为$E(x)=-qV(x)$，因而电子在 P 区的势能比在 N 区高 qV_D，在势垒区内的势能比在 N 区高$qV_D-qV(x)$，如图4-7b 所示。

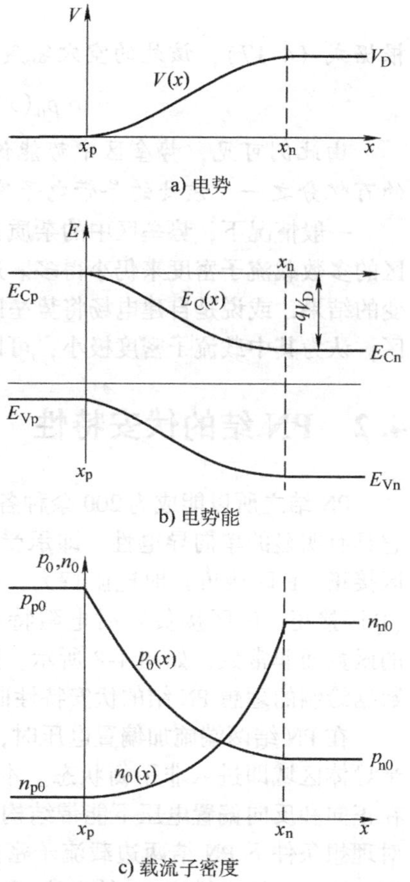

图 4-7 平衡 PN 结势垒区中的电势、电势能和载流子密度

对非简并半导体，势垒区内点 x 处的电子密度 $n_0(x)$ 可表示为导带底等效态密度与几率函数之积：

$$n_0(x)=N_C\exp\left[-\frac{E_C(x)-E_F}{kT}\right]$$

利用式（4-10），也可将 $n_0(x)$ 表示为 N 区热平衡电子密度 n_{n0}与相应的几率函数之积：

$$n_0(x)=n_{n0}\exp\left[\frac{E_{Cn}-E_C(x)}{kT}\right] \tag{4-13}$$

因为 $E_{Cn}=-qV_D$，$E_C(x)=-qV(x)$，上式即

$$n_0(x)=n_{n0}\exp\left[\frac{qV(x)-qV_D}{kT}\right] \tag{4-14}$$

当 $x=x_n$ 时，$V(x)=V_D$，所以 $n(x_n)=n_{n0}$；当 $x=x_p$ 时，$V(x)=0$，所以 $n(x_p)=n_{n0}\exp[-qV_D/(kT)]$；而 $n(x_p)$就是 P 区中的热平衡电子密度 n_{p0}，因此，势垒区中的热平衡电子密度又可表示为 P 区热平衡电子密度 n_{p0}与相应的几率函数之积：

$$n_0(x)=n_{p0}\exp\left[\frac{qV(x)}{kT}\right] \tag{4-15}$$

该式表明，**势垒区电子密度随着电势升高而指数地从 P 区的少子水平升高到 N 区的多子水平。**

同理，可知点 x 处的空穴密度可表示为

$$p_0(x)=p_{n0}\exp\left[\frac{qV_D-qV(x)}{kT}\right] \tag{4-16}$$

式中，p_{n0}是 N 区的热平衡空穴密度。当 $x=x_n$ 时，$V(x)=V_D$，故得 $p(x_n)=p_{n0}$；当 $x=x_p$ 时，$V(x)=0$，则 $p(x_p)=p_{n0}\exp[qV_D/(kT)]$，$p(x_p)$就是 P 区中热平衡多数载流子空穴的密度 p_{p0}。因此，平衡 PN 结势垒区的空穴密度又可表示为

$$p_0(x)=p_{p0}\exp\left[-\frac{qV(x)}{kT}\right] \tag{4-17}$$

它表示，**势垒区中空穴密度随着电势升高而指数地从 P 区的多子水平降低到 N 区的少子水平。**

根据以上讨论，平衡 PN 结中电子和空穴的密度分布大致如图 4-7c 所示。

【例 4-2】对一个势垒高度为 0.7eV 的热平衡态 PN 结，求其势垒区中势能比 N 区导带底高 0.1eV 处的电子密度和空穴密度。

解：根据式（4-14），该 PN 结势垒区中 $qV_D - qV(x) = 0.1\text{eV}$ 处的热平衡电子密度为

$$n_0(x) = n_{n0}e^{-\frac{0.1}{0.026}} \approx \frac{n_{n0}}{50} \approx \frac{N_D}{50}$$

根据式（4-17），该处的空穴密度为

$$p_0(x) = p_{p0}e^{\frac{0.6}{0.026}} \approx 10^{-10}p_{p0} \approx 10^{-10}N_A$$

由此例可见，势垒区中势能仅比 N 区导带底高 0.1eV 处的空穴密度只有 P 区空穴密度的百亿分之一，该处的导带电子密度也只有 N 区电子的 1/50。

一般情况下，势垒区中的杂质在室温附近虽已全部电离，但其中的载流子密度比起 N 区和 P 区的多数载流子密度来仍小得多。这是因为自建电场引起势垒区内能带弯曲，而费米能级保持不变的结果，或说是自建电场将势垒区内的载流子扫除殆尽的结果。因此，通常也称势垒区为耗尽区，认为其中载流子密度极小，可以忽略。

4.2 PN 结的伏安特性

PN 结之所以能成为 200 余种各式各样半导体元器件最重要的基本结构单元，主要原因在于它具有明显的单向导电性，即承受反向偏置电压（N 区接正、P 区接负）时电阻特大，承受正向偏置电压（P 区接正、N 区接负）时电阻特小，且阻值是电压的函数而非常数，如图 4-8 所示。这是一个根据真实数据绘制的理想 PN 结的伏安特性曲线。

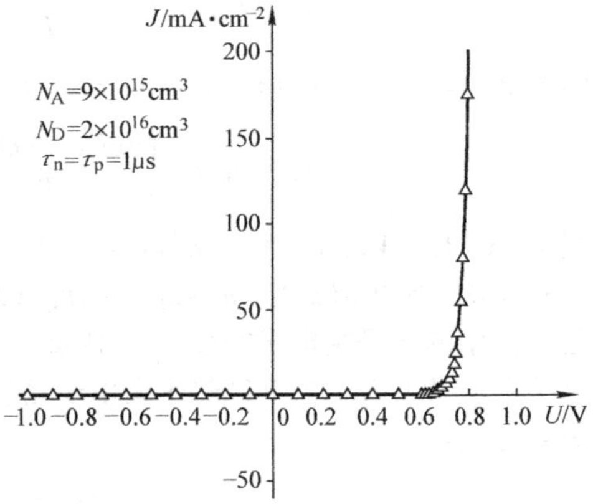

图 4-8　一个理想 Si PN 结的伏安特性曲线

在 PN 结两端施加偏置电压时，PN 结及其两边的半导体区域即进入非平衡状态。本节首先根据 PN 结在正向和反向偏置电压下能带结构的不同变化，通过对理想条件下 PN 结两边载流子密度分布及其运动模型的建立，导出描述 PN 结电流-电压特性的肖克莱方程式，借以了解 PN 结单向导电性的物理本质；然后针对实际情况分析理想方程的主要偏差，对实际 PN 结的伏安特性加深了解。

4.2.1 广义欧姆定律

对 $n = n_0 + \Delta n$、$p = p_0 + \Delta p$ 的非平衡态 PN 结，用与 4.1 节证明平衡 PN 结中费米能级处处相等的同样推演方法，可得到与式（4-6）和式（4-7）类似的结果：

$$J_n = n\mu_n \frac{dE_F}{dx}, \qquad J_p = p\mu_p \frac{dE_F}{dx} \tag{4-18}$$

不同之处仅在于载流子密度 n 和 p 代表的可以是非平衡态（$\Delta n \neq 0$、$\Delta p \neq 0$），也可以是平衡态。

以上两式被称为广义欧姆定律。与之对应的是第 2 章中由式（2-1）或式（2-5）表示的微分形式的欧姆定律，即半导体中的电流密度与电场强度成正比。将式（2-5）与式（4-18）比较一下可知二者形式上完全一致，本质上也无太大差别。式（2-5）本来就可写成

$$J_n = n_0 q\mu_n\left(-\frac{dV}{dx}\right) = n_0\mu_n \frac{dE_C}{dx}, \qquad J_p = p_0 q\mu_p \frac{dV}{dx} = p_0\mu_p \frac{dE_V}{dx}$$

因为式（2-5）描述的对象是掺杂均匀的电中性半导体，其 E_C 和 E_V 之间的距离以及 E_F 至

E_C 和 E_V 的距离都无空间变化。以上二式亦可改写成

$$J_n = n_0\mu_n \mathrm{d}E_F/\mathrm{d}x, \qquad J_p = p_0\mu_p \mathrm{d}E_F/\mathrm{d}x$$

所以，式（2-5）只是式（4-18）对掺杂均匀半导体的一个特例，而式（4-18）也适合于 PN 结这样的掺杂不均匀（一边 N 型、一边 P 型）的系统，因而冠以广义二字。

由于 PN 结中既存在电场又存在载流子密度的不均匀分布，因而既有漂移电流又有扩散电流，对电流的描述比较复杂（见式（4-1））。引入广义欧姆定律则大大简化了对 PN 结电流的描述。不仅如此，广义欧姆定律更深刻地揭示了电流的动力，即电荷是否流动并不单纯取决于是否存在电场，而是取决于费米能级是否有空间坐标上的变化。若费米能级随位置变化，则 PN 结中必有电流；若费米能级处处相等，则 PN 结中必没有电流。式（4-18）还表明，由于电流必须连续，而空间某处费米能级梯度 $\mathrm{d}E_{Fn}/\mathrm{d}x$ 和 $\mathrm{d}E_{Fp}/\mathrm{d}x$ 的大小与该处载流子密度的高低有关。因此，**当电流密度一定时，载流子密度高的地方，E_{Fn} 和 E_{Fp} 随空间位置的变化较小，而载流子密度低的地方，E_{Fn} 和 E_{Fp} 随空间位置的变化就比较大。**因此，式（4-18）还有助于了解势垒区费米能级的变化情况。后面，将利用它直接写出通过势垒区的电流密度。

4.2.2 理想状态下的 PN 结伏安特性方程

在讨论 PN 结的伏安特性时，通常假设空间电荷区中载流子完全耗尽，因而外加电压完全降落在这个区域中。除此之外，理想状态所要求的条件还包括：

1）耗尽区有突变的边界，边界之外的半导体保持电中性。

2）构成材料为非简并半导体，载流子统计可用玻耳兹曼近似。

3）外加偏压不足以改变电中性区多数载流子的密度，稍后会知道，这指的是正偏压下的小注入。

4）正偏压下电流通过耗尽区时没有复合损耗，反偏压下电流通过空间电荷区时亦无产生电流加入，即正、反向电流完全由少数载流子的扩散引起，在整个耗尽区内各自保持为常数。

有此理想化的假设，数学模型的建立和推演比较简单，而物理概念会更加清晰。

1. 正向偏置下的 PN 结

（1）势垒区的变化与载流子运动

对 PN 结加正向电压 U 时，完全降落在势垒区上的电压 U 产生与势垒区自建电场方向相反的电场，起削弱势垒区自建电场的作用，使其中的空间电荷相应减少。因此，正偏置使 PN 结势垒区变窄，高度下降，由 qV_D 变为 $q(V_D-U)$，如图 4-9 所示。

势垒区电场减弱即破坏了载流子扩散与漂移之间原有的平衡，削弱了漂移运动，使扩散流大于漂移流。所以，在加正向偏压时，产生了电子从 N 区向 P 区以及空穴从 P 区向 N 区的净扩散流。电子通过势垒区扩散入 P 区，在边界 $x=x_p$ 处形成电子的积累，成为 P 区的额外少数载流子，结果使 x_p 处电子密度比 P 区内部高，形成了从界面 x_p 向 P 区内部的电子扩散流。这些额外电子边扩散边与 P 区的空穴复合，经过比扩散长度大若干倍的距离后，才全部被复合掉。这一段区域称为扩散区。在一定的正向偏压下，单位时间从 N 区注入到界面 x_p 处的额外电子具有一定的密度，并在扩散区内形成稳定的分布。所以，当正向偏压一定时，在界面 x_p 处形成的电子扩散流不会改变。同理，在边界 x_n 处也有一个不变的流向 N 区内部的空穴扩散流，如图 4-9 所示。

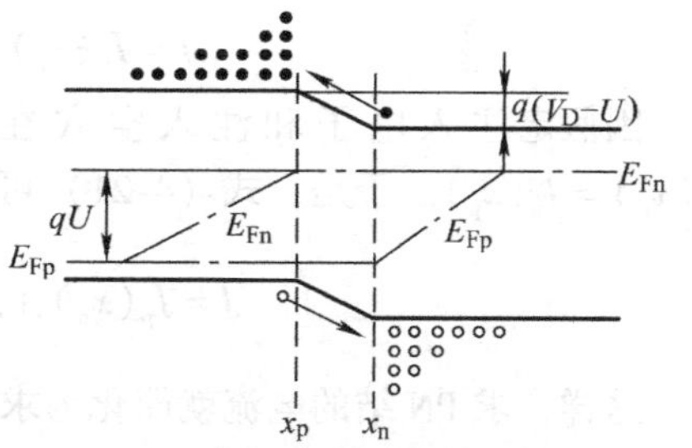

图 4-9 正偏 PN 结的能带图及载流子注入

N 区的电子和 P 区的空穴都是多数载流子，正向电压将它们分别注入到 P 区和 N 区，形成 P

区和N区的少子扩散电流。这种由外加正向偏压的作用使额外载流子进入半导体的过程称为额外载流子的电注入。提高正偏压可使势垒降得更低，额外少子的注入量就会增大。

（2）能带结构

在正向偏压下，PN结的N区和P区都累积有对方注入的少数载流子。在额外少数载流子存在的区域内，必须用电子的准费米能级 E_{Fn} 和空穴的准费米能级 E_{Fp} 取代平衡时的统一费米能级 E_F。外加正向电压 U 的大小决定了两条准费米能级的间隔，即

$$E_{Fn}-E_{Fp}=qU \tag{4-19}$$

势垒高度也因此降低了 qU，变为 $q(V_D-U)$。

按照广义欧姆定律，有净电流流过PN结，说明准费米能级将随空间变化。但是，在空穴扩散区内，电子密度高，故电子的准费米能级 E_{Fn} 变化很小，可看成不变；但空穴密度较小，故空穴的准费米能级 E_{Fp} 变化较大。从P区注入N区的额外空穴，在边界 x_n 处密度最高，随着向远离 x_n 方向的扩散，因不断与电子复合而密度逐渐减小，故 E_{Fp} 为一斜线；到了与 x_n 的距离远大于 L_p 的地方，注入空穴密度衰减为零，E_{Fp} 即与 E_{Fn} 相等。因为注入空穴的密度主要在扩散区内衰减，E_{Fp} 的变化也主要发生在扩散区内，在势垒区内的变化则可忽略不计。

对P型侧的电子扩散区可作类似分析。

综上所述，准费米能级 E_{Fp} 从P型中性区到边界 x_n 处为一水平线，在空穴扩散区逐渐上升，到注入空穴为零处与 E_{Fn} 相汇合；同样，E_{Fn} 从N型中性区到边界 x_p 处为一水平线，在电子扩散区逐渐下降，到注入电子为零处与 E_{Fn} 相汇合。

（3）正偏置PN结的扩散电流

正偏压使PN结势垒降低，使穿越PN结的扩散电流超过漂移电流，P侧和N侧分别通过空间电荷区向对方注入少子空穴和电子。这些注入的少子因较大的密度差而向其纵深扩散，且一边扩散一边与多数载流子复合，形成指数衰减形式的密度梯度。按第3章推导的载流子一维扩散方程，在空间电荷区边界 x_p 和 x_n 处的少子扩散电流密度即可分别写成

$$J_n(x_p)=\frac{qD_n}{L_n}\Delta n(x_p),\qquad J_p(x_n)=\frac{qD_p}{L_p}\Delta p(x_n) \tag{4-20}$$

通过PN结的总电流是通过同一截面的电子电流和空穴电流之和，即

$$J=J_p(x_n)+J_n(x_n)\text{或}J=J_p(x_p)+J_n(x_p) \tag{4-21}$$

因假定注入电子和注入空穴在通过空间电荷区时没有复合，即 $J_n(x_n)=J_n(x_p)$，$J_p(x_n)=J_p(x_p)$。于是，式（4-21）可等价为

$$J=J_p(x_n)+J_n(x_p)=\frac{qD_p}{L_p}\Delta p(x_n)+\frac{qD_n}{L_n}\Delta n(x_p) \tag{4-22}$$

这样，求PN结的电流就简化为求空间电荷区边界处注入载流子的密度 $\Delta p(x_n)$ 和 $\Delta n(x_p)$。

（4）注入载流子的密度

以上分析表明，虽是非平衡状态，但空间电荷区P侧边界 x_p 处的费米能级与N型中性区的费米能级是基本一致的，即 x_p 处的电子密度可以用 E_{Fn} 求解。但是，正偏压下 E_{Fn} 比零偏压下升高了 qU，即 x_p 处的电子密度在正偏压下是零偏压下平衡密度 n_{p0} 的 $\exp(qU/kT)$ 倍，即

$$n(x_p)=n_{p0}\exp\left(\frac{qU}{kT}\right) \tag{4-23}$$

同理，N型侧边界 x_n 处的空穴密度

$$p(x_n)=p_{n0}\exp\left(\frac{qU}{kT}\right) \tag{4-24}$$

于是，在这两个地方注入的额外载流子密度即可分别表示为

$$\Delta n(x_p) = n(x_p) - n_{p0} = n_{p0}\left[\exp\left(\frac{qU}{kT}\right) - 1\right]$$

$$\Delta p(x_n) = p(x_n) - p_{n0} = p_{n0}\left[\exp\left(\frac{qU}{kT}\right) - 1\right] \tag{4-25}$$

根据第3章讨论注入载流子的扩散所得到的结论，这些注入载流子将在其各自的扩散区内因复合而指数衰减，由此形成的稳态分布可分别表示为

$$\Delta n(x) = \Delta n(x_p)\exp\left(\frac{x_p + x}{L_n}\right) = n_{p0}\left[\exp\left(\frac{qU}{kT}\right) - 1\right]\exp\left(\frac{x_p + x}{L_n}\right)$$

$$\Delta p(x) = \Delta p(x_n)\exp\left(\frac{x_n - x}{L_p}\right) = p_{n0}\left[\exp\left(\frac{qU}{kT}\right) - 1\right]\exp\left(\frac{x_n - x}{L_p}\right) \tag{4-26}$$

这里，坐标原点定在空间电荷区的P、N两侧边界 x_p 和 x_n 之间。考虑到这一点，这两个注入载流子的分布式不难由第3章的式（3-72）通过坐标变换直接写出。

（5）肖克莱方程式

将式（4-25）代入式（4-22），即得通过PN结的总电流密度

$$J = \left(\frac{qD_p p_{n0}}{L_p} + \frac{qD_n n_{p0}}{L_n}\right)\left[\exp\left(\frac{qU}{kT}\right) - 1\right] \tag{4-27}$$

令

$$J_S = \frac{qD_p p_{n0}}{L_p} + \frac{qD_n n_{p0}}{L_n} \tag{4-28}$$

则式（4-27）可改写为

$$J = J_S\left[\exp\left(\frac{qU}{kT}\right) - 1\right] \tag{4-29}$$

这就是理想PN结的电流电压方程式，又称肖克莱方程式。

【例4-3】 试计算正偏压下 P^+N 结的注入比。

解： 正偏压下 P^+N 结的注入比定义为从P区注入到N区的空穴流密度与从N区注入到P区的电子流密度之比。由式（4-20）可将注入比表示成

$$\frac{J_p(x_n)}{J_n(x_p)} = \frac{D_p L_n \Delta p(x_n)}{D_n L_p \Delta n(x_p)}$$

将式（4-25）代入上式，并设两边的杂质都已完全电离，即 $p_{n0} = n_i^2/N_D$，$n_{p0} = n_i^2/N_A$，于是得注入比

$$\frac{J_p(x_n)}{J_n(-x_p)} = \frac{D_n L_n p_{n0}}{D_n L_p n_{p0}} = \frac{\mu_p L_n N_A}{\mu_n L_p N_D}$$

若忽略电子和空穴之间的迁移率之差和扩散长度之差，则近似有

$$\frac{J_p(x_n)}{J_n(-x_p)} \propto \frac{N_A}{N_D}$$

此例说明：**PN结的注入比主要取决于P区与N区的掺杂浓度之比，浓度差越大，注入比越大。**注入比是元器件设计者非常关心的一个参数。例如，在设计双极晶体管的时候，为了保证发射区与基区有较大的注入比，通常要求发射区的掺杂浓度至少比基区高两个数量级以上。

2. 反向偏置下的 PN 结

当 PN 结加反向偏压 $-U$ 时，反向偏压在势垒区产生的电场与内建电场方向一致，因而使势垒区电场升高，区域展宽，势垒高度由 qV_D 增高为 $q(V_D+U)$，如图 4-10 所示。势垒区电场升高，破坏了载流子的扩散运动和漂移运动之间的原有平衡，增强了载流子的漂移运动，使漂移电流大于扩散电流。这时 N 区边界 x_n 附近的空穴被势垒区的强电场驱向 P 区，而 P 区边界 x_p 附近的电子被驱向 N 区。当这些少数载流子被电场驱走后，就形成与正向注入时方向恰好相反的少数载流子的密度梯度，P 区和 N 区内部的少子就会分头向势垒区方向扩散，形成反向偏压下的电子扩散电流和空穴扩散电流。这种情况好像少数载流子不断地被抽出来，所以称为少数载流子的抽取。PN 结中总的反向电流等于势垒区边界 x_n 和 x_p 附近少数载流子扩散电流之和。因为少子密度很低，而扩散长度基本不变，所以反偏压形成的少子密度梯度较小。当反向电压高到一定程度时，边界处的少子密度可以认为是零。这时，少子密度梯度不再随电压变化，因此反向扩散电流也不随电压变化。所以，在反向偏压的作用下，PN 结的电流较小并且几乎不随电压变化。

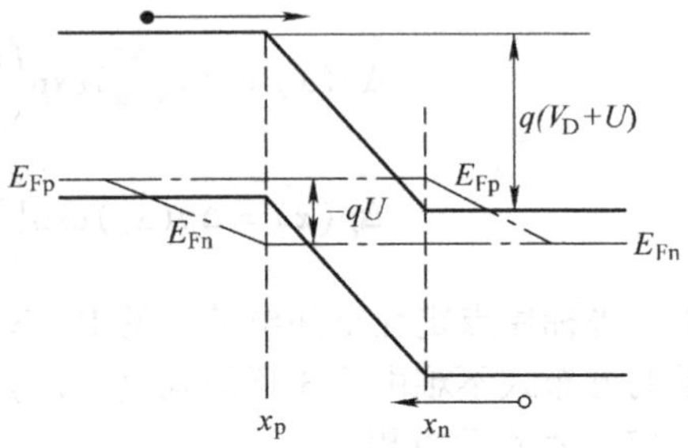

图 4-10　反偏压下 PN 结的能带与费米能级

在 PN 结被反向偏置时，准费米能级在势垒区及其两侧的少子扩散区中的变化规律与正向偏置时相似，即在势垒区中无变化，变化仍主要发生在少子扩散区中。所不同的是空穴准费米能级 E_{Fp}和电子准费米能级 E_{Fn}的相对位置变了。正偏置时 E_{Fn}高于 E_{Fp}，而反偏时 E_{Fp}高于 E_{Fn}，如图 4-10所示。这个改变使扩散区内少数载流子的准费米能级至其相应能带的距离（即 N 侧 E_{Fp}距价带顶的距离，P 侧 E_{Fn}距导带底的距离）比其零偏置时的距离更大，因而导致少子欠缺，而不是正偏压下的少子累积，即少子扩散区中 Δn 和 Δp 相对于热平衡态为负值，如图 4-11 所示。图 4-11是式（4-26）在 $|U| >> kT/q$ 时的示意图，从中可以看到不同偏置状态下 PN 结两侧扩散区内少子密度的不同分布情况。从式（4-26）不难看出，对 $|U| >> kT/q$ 的反偏压，N 侧扩散区内$\Delta p(x) = -p_{n0}\exp[(x_n - x)/L_p]$，其值在 $x = x_n$ 附近趋于 $-p_{n0}$，即 $p(x)$在扩散区内从 p_{n0}衰减至零；同样，P 侧扩散区内 $\Delta n(x)$也在 $-x_p$ 附近趋于 $-n_{p0}$，即 $n(x)$在扩散区内从 n_{p0}衰减至零。正是这样的密度分布导致少子从 P、N 两侧向势垒区方向扩散，与正偏压注入少子的扩散方向正好相反，由此形成 PN 结的反向电流。

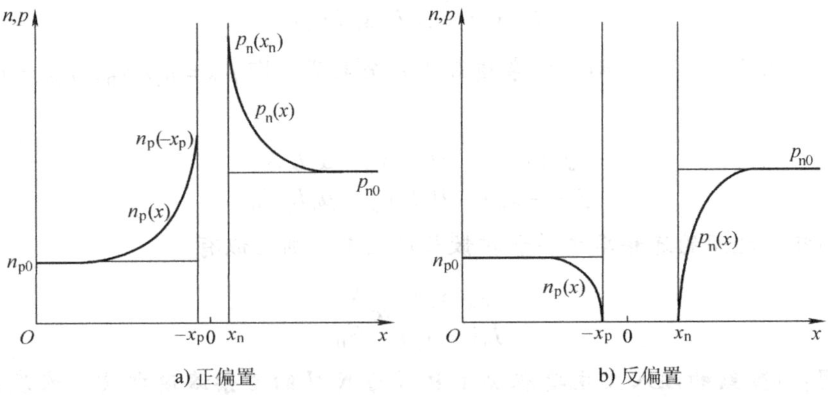

图 4-11　不同偏置状态下 PN 结扩散区及其附近的少数载流子密度分布示意图

肖克莱方程式虽然是针对正向偏置情况推导出来的，但也适用于反偏置状态。在反偏置状

态，$U<0$。当 qU 的绝对值远大于 kT 时，式（4-29）因指数项远小于 1 而变为

$$J_R = -J_S$$

所以，J_S 表示理想状态下 PN 结反向电流的大小。

3. 理想 PN 结的伏安特性

图 4-8 所示理想 Si PN 结的伏安特性曲线就是根据肖克莱方程式（4-29）绘制的。绘制曲线所需要的参数标注于图中空白处。图中反向电流–电压关系表现出明显的饱和特征；而正向电流–电压关系表现出明显的转折特征，对应于外加正向电压接近于接触电势差 V_D 时额外载流子注入明显增强的状态。此电压常被称为转折电压或门限电压。

因为肖克莱方程是针对 PN 结的理想状态，所以曲线非常鲜明地反映了 PN 结的单向导电性。从肖克莱方程式可以看出 PN 结具有如下特点。

（1）单向导电性

室温下，$kT/q=0.026\text{V}$，外加正向电压 U_F 一般在其 10 倍以上，故 $\exp[qU_F/(kT)]\gg 1$，根据式（4-29）可将正向电流密度表示为

$$J_F = J_S \exp\left(\frac{qU_F}{kT}\right) \tag{4-30}$$

这表明正向电流随偏压的升高而指数增大。

对反向偏压，因 $U_R<0$，当 $q|U_R| >> kT$ 时，$\exp[qU_R/(kT)]\to 0$，式（4-29）化为

$$J_R = -J_S = -\left(\frac{qD_p p_{n0}}{L_p} + \frac{qD_n n_{p0}}{L_n}\right) \tag{4-31}$$

式中，负号表示电流方向与正向电流相反。该式表明，反向电流密度的大小在反偏压超过 kT/q 的若干倍后即与其无关，故称 $-J_S$ 为反向饱和电流密度。

由此可见，PN 结的正向和反向伏安特性是不对称的，具有单向导电性，此即整流效应。

（2）温度依赖性

PN 结的伏安特性对温度十分敏感。首先，决定 J_S 大小的诸因子，除常数 q 外皆为温度的函数。因为式（4-31）中两项的情况相似，所以任取其中一项即可考察其温度依赖性。根据扩散长度与少子寿命对温度的依赖性，可设 D_n/τ_n 与 T^γ 成正比，这里 γ 为一常数。于是，由

$$J_S \approx \frac{qD_n n_{p0}}{L_n} = q\left(\frac{D_n}{\tau_n}\right)^{1/2}\frac{n_i^2}{N_A} \tag{4-32}$$

可将 J_S 对温度的依赖关系表示为

$$J_S \propto T^{\gamma/2}\left[T^3 \exp\left(-\frac{E_g}{kT}\right)\right] = T^{3+\gamma/2}\exp\left(-\frac{E_g}{kT}\right) \tag{4-33}$$

式中，$T^{3+\gamma/2}$ 随温度变比较缓慢，故 J_S 随温度变化主要由 $\exp[-E_g/(kT)]$ 决定。由于 E_g 也是温度的函数，需用绝对零度时的禁带宽度 $E_g(0)$ 将其表示为 $E_g=E_g(0)+\beta T$。于是 J_S 对温度的依赖性变成

$$J_S \propto T^{3+\gamma/2}\exp\left[-\frac{E_g(0)}{kT}\right] \tag{4-34}$$

由此可见，PN 结的反向电流密度随着温度的升高而指数上升，并且 $E_g(0)$ 越大的半导体，其 J_S 随温度的变化幅度越大。

为了考察 PN 结正向电流的温度依赖性，令 $E_g(0)=qU_{g0}$。这里 U_{g0} 为绝对零度时导带底和价带顶的电势差。于是，由式（4-34）和式（4-30）可将正向电流对温度的依赖关系表示为

$$J_F \propto T^{3+\gamma/2} \exp\left[\frac{q(U_F - U_{g0})}{kT}\right] \tag{4-35}$$

即 PN 结 J_F 也随温度升高而指数上升，但 $E_g(0)$ 较大的半导体，其 J_F 随温度变化的幅度较小。

4.2.3 PN 结伏安特性对理想方程的偏离

理想电流电压方程式与 Si 和 GaAs 等材料的 PN 结实际情况偏离较大，Si PN 结伏安特性实测曲线与理想曲线的比较如图 4-12 所示。图中可见，实际 PN 结的反向电流比理论值大得多，而且不饱和，随反向偏压的增大略有增加。产生这种偏差的主要原因是在理想状态中没有考虑势垒区中载流子的产生，而由此引起的产生电流对反向电流的贡献其实很大。在正偏状态，实际特性与理想特性只在电流中等大小的 b 段十分吻合；而在电流较小的 a 段，PN 结的实际正向电流明显高于理论值；而在电流较大的 c 段，其函数关系实为 $J \propto \exp[qU/(2kT)]$；当正向电流进一步增大时，$J-U$关系逐渐从指数关系演化为线性关系，如曲线 d 段所示。造成正向特性这些偏差的主要原因，首先是理想方程忽略了空间电荷区中载流子的产生与复合对电流的贡献；其次，理想方程的推导只考虑了小注入状态；第三，理想方程视 PN 结空间电荷区以外的部分不分担外加电压，而事实上这些部分的电阻并不为零，尤其在大电流状态下的压降不可忽略；第四，理想方程未考虑界面态和表面电场对 PN 结特性的影响。下面简略分析前三个因素的影响，表面电场效应留待专业课程去讨论。

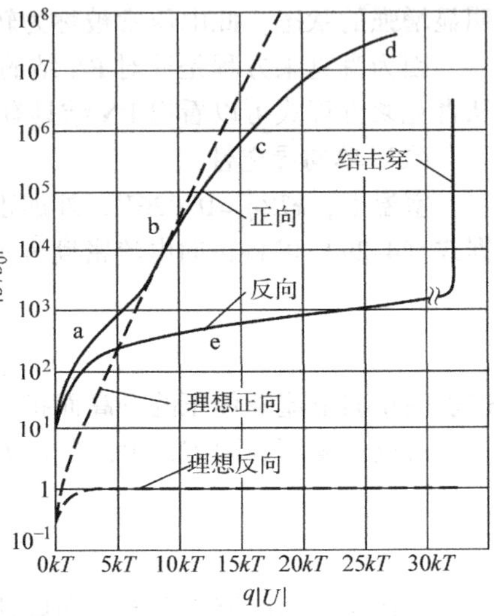

图 4-12 Si PN 结伏安特性的实验曲线与理想曲线

1. 实际 PN 结的非饱和反向电流

PN 结处于热平衡状态时，势垒区内载流子通过复合中心的产生率等于复合率。当 PN 结加反向偏压时，势垒区内的电场增强，热激发通过复合中心产生的电子-空穴对来不及复合就被强电场驱走，因而载流子的产生率大于复合率，形成另一部分反向电流，称为势垒区的产生电流。若以 I_G 表示此电流，以 A 表示 PN 结的面积，X_D 表示势垒区宽度，则有

$$I_G = qGX_DA \tag{4-36}$$

式中，G 表示净产生率。对复合中心能级 E_T 与本征费米能级 E_i 重合，且 $r_n = r_p = r$ 的有效复合中心，因 $n_1 = p_1 = n_i$ 且势垒区内 $n_i \gg n$ 和 p，于是由第 3 章式（3-35）化简得势垒区内的净复合率为

$$U = -\frac{n_i}{2\tau} \tag{4-37}$$

实际上这个负的净复合率就是净产生率 G，即

$$G = -U = \frac{n_i}{2\tau} \tag{4-38}$$

所以，产生电流密度即为

$$J_G = \frac{qn_iX_D}{2\tau} \tag{4-39}$$

现以 P^+N 结为例比较一下势垒区产生电流与反向扩散电流的大小。利用 $n_{n0}p_{n0} = n_i^2$ 和 $n_{n0} =$

N_D，由式（4-31）知其反向扩散电流密度可表示为

$$J_{RD} = \frac{qD_p n_i^2}{L_p N_D} \tag{4-40}$$

对于禁带宽度较小的Ge，其 n_i^2 较大，在室温下从式（4-40）算得的 J_{RD} 比从式（4-39）算得的 J_G 大得多，所以扩散电流在反向电流中起主要作用，实际Ge PN结的伏安特性因而与肖克莱方程吻合较好。但是对于Si，因其禁带较宽，n_i^2 较小，J_G 的值比 J_{RD} 值大很多，因此在反向电流中是势垒区的产生电流占主要地位。由于势垒区宽度 X_D 随反向偏压的增加而变宽，所以势垒区的产生电流不会饱和，随反向偏压增加而缓慢增加。

2. 实际PN结的正向电流密度

在正向偏压作用下从N区流向P区的电子和从P区流向N区的空穴在经过势垒区的时候，实际会有部分被复合掉。这部分载流子并未能注入扩散区，对扩散电流并无贡献，而是构成了另一股正向电流，称为复合电流。下面对复合电流的大小作一近似计算，并对复合电流与扩散电流的相对大小进行一下比较。

（1）正偏PN结的复合电流

这里同样假定复合中心与本征费米能级重合，即 $n_1 = p_1 = n_i$，同时令 $r_p = r_n = r$，则根据式(3-35)可将复合率表示为

$$R = \frac{rN_T(np - n_i^2)}{n + p + 2n_1} \tag{4-41}$$

在正向电压 U 作用下的势垒区中，电子和空穴的密度之积应满足下式

$$np = n_i^2 \exp\left(\frac{qU}{kT}\right) \tag{4-42}$$

二者在密度相等，即 $n = p = n_i \exp[qU(x)/(2kT)]$ 时相遇而复合的机会最大，即最大复合率为

$$R_{max} = rN_T \frac{n_i\left[\exp\left(\frac{qU}{kT}\right) - 1\right]}{2\left[\exp\left(\frac{qU}{2kT}\right) + 1\right]} \tag{4-43}$$

当 $qU \gg kT$ 时，式（4-43）分子分母中的1皆可忽略，原式变为

$$R_{max} = \frac{n_i}{2\tau} \exp\left(\frac{qU}{2kT}\right) \tag{4-44}$$

将最大复合率对整个势垒区积分，即可得复合电流密度为

$$J_{FR} = \int_0^{x_D} qR_{max}\,dx \approx qn_i \frac{X_D}{2\tau} \exp\left(\frac{qU}{2kT}\right) \tag{4-45}$$

此结果表明，复合电流密度随外加正向电压的上升而呈指数增大。

（2）同时考虑复合电流和扩散电流的PN结正向电流

在复合电流增大到不容忽略时，PN结的正向电流密度就应是扩散电流密度与复合电流密度之和。对 P^+N 结和 $qU \gg kT$ 的偏置条件，其总的正向电流密度可由式（4-30）和式（4-45）合并而得，即

$$J_F = J_{FD} + J_{FR} = qn_i\left[\sqrt{\frac{D_p}{\tau_p}} \frac{n_i}{N_D} \exp\left(\frac{qU}{kT}\right) + \frac{X_D}{2\tau_p} \exp\left(\frac{qU}{2kT}\right)\right] \tag{4-46}$$

因为复合电流的大小与 $\exp[qU/(2kT)]$ 成正比，而扩散电流的特征是与 $\exp[qU/(kT)]$ 成正

比。因此，不妨把同时考虑了扩散和复合的正向电流密度与正向电压的关系表示为

$$J_F \propto \exp\left(\frac{qU}{mkT}\right) \tag{4-47}$$

式中，m 在 1～2 之间取值。当 $m=2$ 时，PN 结正向偏置时以复合电流为主；当 $m=1$ 时，PN 结正向电流以扩散电流为主。一般情况下，实际 PN 结伏安特性方程的 m 值大都在 1～2 之间，说明两种电流成分同时存在。

（3）扩散电流和复合电流之比

利用式（4-46），PN 结正向电流的两种成分之比可表示为

$$\frac{J_{FD}}{J_{FR}} = \frac{2n_i L_p}{N_D X_D}\exp\left(\frac{qU}{2kT}\right) \tag{4-48}$$

该式表明，决定 PN 结正向电流两种成分之比的因素很多、很复杂，既有材料方面的因素（n_i 和 L_p），也有元器件结构方面因素（N_D 和 X_D），还有工作条件方面的因素（U 和 T）。在元器件一定和温度一定的情况下，当 U 较低时，$\exp[qU/(2kT)]$ 较小，而 Si 在室温下的 n_i 又远小于 N_D，故此时的比值 J_{FD}/J_{FR} 会小于 1，即复合电流占主要地位，其值比扩散电流大很多，这就是图 4-12 中曲线的 a 段。随着正向偏压的逐渐上升，$\exp[qU/(2kT)]$ 迅速增大，比值 J_{FD}/J_{FR} 也随之从小于 1 变为大于 1 进而远大于 1，致使复合电流可予忽略，这就是图 4-12 中曲线的 b 段。

由于扩散电流和复合电流都是本征载流子密度的函数，与 PN 结材料的禁带宽度有关。对于像 Si 和 GaAs 这样禁带稍宽的材料，在 U 较低而电流较小时由复合电流起支配作用；而对于 Ge 这样的窄禁带材料，室温下的 n_i 较高，比值 J_{FD}/J_{FR} 很容易大于 1，即扩散流密度在正向偏置电压不是很高时一直占主导地位，因此 Ge PN 结伏安特性的理论值与实验值符合较好。

由于复合电流的比重加大会减少 PN 结中的少子注入，所以凡是利用少子注入工作的 PN 结元器件，如本章将要介绍的半导体发光二极管（LED）和半导体激光器，都要避免在小电流状态下工作。硅晶体管也是这样，其电流放大系数在小电流条件下会变小。

（4）大注入条件下的正向电流

当正偏压进一步升高到注入的额外少子密度接近或超过该区的多数载流子密度时，PN 结即进入大注入状态。对单边突变结，大注入首先发生在轻掺杂一侧的少子扩散区，如 P^+N 结 N 型侧的空穴扩散区。当大注入发生时，积累在扩散区内的注入空穴形成一定的密度分布 $\Delta p_n(x)$。在扩散区紧邻势垒区的边界 x_n 处，其值 $\Delta p_n(x_n)$ 接近乃至超过 N 区的多数载流子密度 n_{n0}，因而破坏了 N 区的电中性。为了保持电中性，N 区的多数载流子（电子）必相应地有所增加，并在空穴扩散区形成电子密度分布 $\Delta n_n(x)$，且与 $\Delta p_n(x)$ 相等，即在扩散区紧邻势垒区的边界 x_n 处，其值 $\Delta n_n(x_n)$ 也会接近乃至超过该区的热平衡多数载流子密度 n_{n0}。这将使电子也会沿空穴扩散方向扩散。但是电子一旦离开原位就会破坏电中性，从而因电子-空穴间的静电引力产生一个内建电场。该内建电场会引起电子的漂移倾向，正好抵消电子的扩散倾向，使电子保持在原位不动。扩散区存在内建电场意味着正向偏压 U 在其中部分降落，而使势垒区不能专享全部外加电压，复合电流的比例重新增大，伏安特性重新偏离 $m=1$ 的指数变化规律，如图 4-12 中曲线 c 段所示。

当正偏压再进一步升高，注入电流进一步增大时，还必须考虑势垒区和扩散区以外区域体电阻上的分压。这样，正偏压的增量分配在 PN 结势垒区上的部分就会更小，正向电流的上升也就更趋缓慢，如图 4-12 中曲线的 d 段所示。

正是由于有扩散区和中性区体电阻对大注入状态下 PN 结正偏压的分压作用，降落在势垒区上的正偏压分量永远不会大于或等于接触电势差 V_D，因而不会出现 N 区导带底高于 P 区导带底的情况。

4.3 PN 结电容

在 PN 结施加正反向偏压时，势垒区宽度及其中的空间电荷数量会随着外加电压的变化而变化。由于空间电荷是不能移动的杂质离子，其数量的变化实际上是由电子或空穴的充入与放出来实现的。这和一个电容器的充放电相似。这种由外加偏压在 PN 结势垒区产生的电容效应称为势垒电容，通常用 C_T 表示。除此之外，在正向偏压的作用下还有空穴从 P 区注入 N 区，电子从 N 区注入 P 区，从而分别在 N 区和 P 区近边界处的扩散区中形成额外空穴和额外电子的积累。当正向偏压变化时，扩散区内积累的额外载流子就会相应地增减，类似于电容的充放电。这种由正向偏压在扩散区产生的电容效应称为 PN 结的扩散电容，通常用 C_D 表示。

扩散电容效应只在正偏置状态下是明显的，而势垒电容在正、反偏置状态下都很明显。

PN 结的势垒电容和扩散电容都随外加电压的变化而变化，表明它们是可变电容。因此，PN 结电容要用微分电容来表示。对一个在固定直流偏压 U 作用下的 PN 结，当一个微小的交流电压 $\mathrm{d}u$ 叠加于其上并引起电荷变化 $\mathrm{d}Q$ 时，该直流偏压下的微分电容即定义为

$$C = \mathrm{d}Q/\mathrm{d}u \tag{4-49}$$

由于不同直流偏压下 PN 结的势垒区宽度和电荷数不同，扩散区的电荷累积状态也不相同，因而 PN 结的微分电容对不同的直流偏压有不同的大小。

由于电荷变化与 PN 结区的杂质分布有关，讨论 PN 结电容需要对单边突变结和线性缓变结区别进行。本课程着重于基本概念的清楚诠释，因此只讨论较为简单的单边突变结，对线性缓变结的电容问题留待元器件物理学等相关课程讨论。

4.3.1 PN 结势垒区的电场及电势分布

1. 零偏置状态

（1）势垒区的电荷密度

在 PN 结势垒区中耗尽层近似和杂质完全电离的情况下，空间电荷区中的电荷全部是电离施主和电离受主。其中，N 区一侧的正空间电荷密度完全由施主浓度决定，P 区一侧的负电荷密度完全由受主浓度决定。对突变结来说，N 区有均匀的施主杂质浓度 N_D，P 区有均匀的受主杂质浓度 N_A。若正负空间电荷区的宽度分别为 x_n 和 x_p，且定界面为 $x=0$，如图 4-13a、b、c 所示，则势垒区的总宽度 $X_D = x_n + x_p$，而正负空间电荷区的电荷密度分别为

$$\begin{cases} \rho(x) = -qN_A & (-x_p < x < 0) \\ \rho(x) = qN_D & (0 < x < x_n) \end{cases} \tag{4-50}$$

为满足电中性条件，势垒区内正负电荷总量需相等，即

$$qN_A x_p = qN_D x_n = Q \tag{4-51}$$

式中，Q 是单位面积势垒区中的空间电荷数。此关系表明，**势垒区正、负空间电荷区的宽度与其杂质浓度成反比，势垒区主要在杂质浓度低的一边扩展。**

（2）势垒区的电场

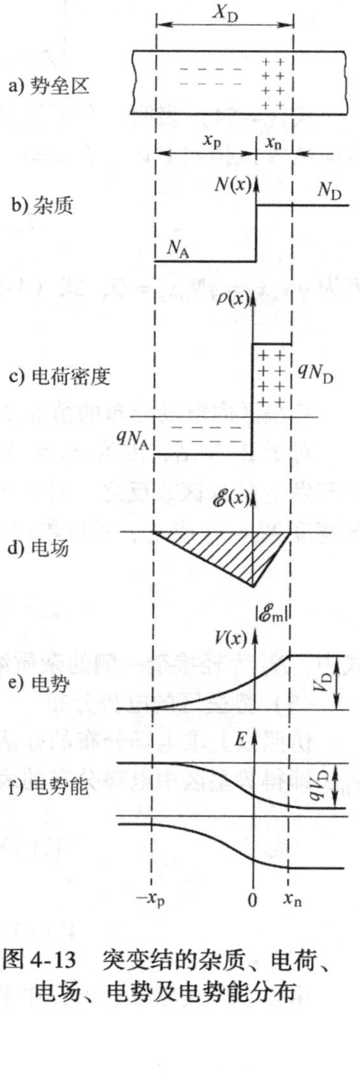

图 4-13 突变结的杂质、电荷、电场、电势及电势能分布

突变结势垒区内的泊松方程为

$$\begin{cases}\dfrac{d^2V_1(x)}{dx^2}=\dfrac{qN_A}{\varepsilon\varepsilon_0} & (-x_p<x<0)\\ \dfrac{d^2V_2(x)}{dx^2}=-\dfrac{qN_D}{\varepsilon\varepsilon_0} & (0<x<x_n)\end{cases}\tag{4-52}$$

式中，$V_1(x)$、$V_2(x)$分别是负、正空间电荷区中各点的电势；ε 和 ε_0 分别表示半导体的介电常数和真空电容率。为了了解 PN 结两边电场随 x 变化的情况，将以上两式分别从 $-x_p$ 到 x 和从 x_n 到 x 积分一次，并注意到电场 $\mathcal{E}=-dV/dx$，即得

$$\begin{cases}\mathcal{E}_1(x)-\mathcal{E}_1(-x_p)=-\dfrac{qN_A}{\varepsilon\varepsilon_0}(x+x_p)\\ \mathcal{E}_2(x)-\mathcal{E}_2(x_n)=\dfrac{qN_D}{\varepsilon\varepsilon_0}(x-x_n)\end{cases}\tag{4-53}$$

因为电场集中在势垒区内，势垒区外电场为零，即 $\mathcal{E}_1(-x_p)=0$、$\mathcal{E}_2(x_n)=0$，所以，由以上两式知 PN 结两侧的电场分布分别为

$$\begin{cases}\mathcal{E}_1(x)=-\dfrac{qN_A}{\varepsilon\varepsilon_0}(x+x_p) & (-x_p<x<0)\\ \mathcal{E}_2(x)=\dfrac{qN_D}{\varepsilon\varepsilon_0}(x-x_n) & (0<x<x_n)\end{cases}\tag{4-54}$$

式（4-54）表明，在零偏置状态下的突变结势垒区中，电场强度是位置 x 的线性函数。电场方向从 N 区指向 P 区。在 $x=0$ 处，电场强度达到最大值，即

$$\mathcal{E}_m=\mathcal{E}_1(0)=-\frac{qN_A}{\varepsilon\varepsilon_0}x_p=\mathcal{E}_2(0)=-\frac{qN_D}{\varepsilon\varepsilon_0}x_n\tag{4-55}$$

因为 $qN_Ax_p=qN_Dx_n=Q$，式（4-55）即

$$\mathcal{E}_m=-\frac{Q}{\varepsilon\varepsilon_0}\tag{4-56}$$

势垒区内电场分布的情况如图 4-13d 所示。

对于 P^+N 结，因为 $N_A\gg N_D$，所以 $x_n\gg x_p$，即 P^+ 区的电荷面密度很大，势垒区的扩展几乎全部发生在 N 区。反之，对于 N^+P 结，势垒区扩展主要发生在 P 区。在这种情况下，因为势垒区宽度 $X_D\approx x_n$ 或 x_p，所以单边突变结的最大电场强度 $\mathcal{E}_m$ 可表示为

$$\mathcal{E}_m=-\frac{qN_BX_D}{\varepsilon\varepsilon_0}\tag{4-57}$$

式中，N_B 为轻掺杂一侧的杂质浓度。

（3）势垒区的电势分布

仿照以上求电场分布的办法对电场表达式积分，并利用边界条件 $V_1(-x_p)=0$ 和 $V_2(x_n)=V_D$，即得势垒区中电势分布的表达式为

$$V_1(x)=\frac{qN_A}{2\varepsilon\varepsilon_0}(x+x_p)^2\qquad(-x_p<x<0)\tag{4-58}$$

$$V_2(x)=V_D-\frac{qN_D}{2\varepsilon\varepsilon_0}(x-x_n)^2\qquad(0<x<x_n)\tag{4-59}$$

由以上二式可以看出，在平衡 PN 结的势垒区中，电势分布具有抛物线形式，如图 4-13e 所

示。因 $V(x)$ 表示点 x 处的电势，而 $-qV(x)$ 则表示电子在 x 点的电势能，因此 PN 结势垒区的能带如图 4-13f 所示，其变化趋势与电势的变化趋势相反。

根据电势分布的连续性，由式（4-58）和式（4-59）可知

$$V_2(0) = V_D - \frac{qN_D}{2\varepsilon\varepsilon_0}x_n^2 = V_1(0) = \frac{qN_A}{2\varepsilon\varepsilon_0}x_p^2 \tag{4-60}$$

由此得突变结的接触电势差

$$V_D = \frac{q(N_A x_p^2 + N_D x_n^2)}{2\varepsilon\varepsilon_0} \tag{4-61}$$

（4）势垒区宽度 X_D

由 $X_D = x_n + x_p$ 和 $N_A x_p = N_D x_n$，得

$$x_n = \frac{N_A X_D}{N_D + N_A}, \qquad x_p = \frac{N_D X_D}{N_D + N_A} \tag{4-62}$$

将式（4-62）代入表达式（4-61），得

$$V_D = \frac{q}{2\varepsilon\varepsilon_0}\frac{N_A N_D}{N_D + N_A}X_D^2 \tag{4-63}$$

令

$$N_B = \frac{N_A N_D}{N_D + N_A} \tag{4-64}$$

称 N_B 为 PN 结两侧杂质的约化浓度，因而势垒区宽度为

$$X_D = \sqrt{\frac{2\varepsilon\varepsilon_0 V_D}{qN_B}} \tag{4-65}$$

式（4-65）表示了突变结的势垒区宽度跟杂质浓度和接触电势差的关系。大体上可以认为：杂质浓度越高，势垒区越窄；当杂质浓度一定时，接触电势差较大的突变结势垒区较宽。

从式（4-64）不难看出，单边突变结的约化杂质浓度就是轻掺杂一侧的杂质浓度。例如对 P^+N 结，因 $N_A \gg N_D$，所以 $N_B \approx N_D$；同时，因 $x_n \gg x_p$，故 $X_D \approx x_n$。这说明，单边突变结的势垒区主要在轻掺杂一边展开，其宽度与轻掺杂一边的杂质浓度的平方根成反比。

已知单边突变结势垒区的最大电场强度为

$$\mathcal{E}_m = -\frac{qN_B X_D}{\varepsilon\varepsilon_0} \tag{4-66}$$

将其代入式（4-65）并略加整理后得

$$V_D = -\frac{\mathcal{E}_m X_D}{2} \tag{4-67}$$

这表明，突变结的接触电势差 V_D 相当于图 4-13d 中的三角形面积，三角形的底为势垒区宽度 X_D，高为最大电场强度 $\mathcal{E}_m$。

2. 偏置状态

以上讨论只适用于没有外加电压的 PN 结。当 PN 结上加有外加电压 U 时，按耗尽层近似，U 全部降落在势垒区，而 U 为正时与 V_D 方向相反，势垒区的总电压于是应记为 $V_D - U$。正偏置时 $U>0$，势垒区两端的电势差减小；反偏置时 $U<0$，势垒区两端的电势差变大。这样，以上关于势垒区宽度的公式（4-65）即可用 $V_D - U$ 取代 V_D 而推广于外加电压场合：

$$X_{D}=\sqrt{\frac{2\varepsilon\varepsilon_{0}(V_{D}-U)}{qN_{B}}} \tag{4-68}$$

对于 P^+N 结

$$X_{D}\approx x_{n}=\sqrt{\frac{2\varepsilon\varepsilon_{0}(V_{D}-U)}{qN_{D}}} \tag{4-69}$$

对于 N^+P 结

$$X_{D}\approx x_{p}=\sqrt{\frac{2\varepsilon\varepsilon_{0}(V_{D}-U)}{qN_{A}}} \tag{4-70}$$

由以上三式可以看出：突变结的势垒区宽度 X_D 与势垒区上的总电压 V_D-U 的平方根成正比。在正向偏压下，V_D-U 随 U 的升高而减小，故势垒区变窄。在反向偏压下，V_D-U 随着 U 的绝对值的增大而增大，故势垒区变宽。

4.3.2 势垒电容

利用约化杂质浓度 N_B，可将单位面积势垒区内的总电量表示为

$$|Q|=qN_{B}X_{D} \tag{4-71}$$

将式（4-68）代入上式，得外加电压下 PN 结单位面积势垒区内的总电量为

$$|Q|=\sqrt{2\varepsilon\varepsilon_{0}qN_{B}(V_{D}-U)} \tag{4-72}$$

由微分电容的定义将单位面积势垒电容（势垒比电容）表示为

$$C_{TS}=\left|\frac{dQ}{dU}\right|=\sqrt{\frac{\varepsilon\varepsilon_{0}qN_{B}}{2(V_{D}-U)}}=\frac{\varepsilon\varepsilon_{0}}{X_{D}} \tag{4-73}$$

为获得上式的最后结果利用了式（4-68）。这一结果与平行板电容器公式在形式完全一样。因此，可以把外加电压下的 PN 结势垒电容等效为一个平行板电容器的电容，势垒区宽度即相当于平板电容器两极板间的距离。不过，PN 结的势垒区宽度与外加电压有关，因此，PN 结势垒电容是随外加电压而变化的非线性电容，而平板电容器的电容则是一恒量。

若一个突变 PN 结的结面积为 A，则其总势垒电容

$$C_{T}=A\sqrt{\frac{\varepsilon\varepsilon_{0}qN_{B}}{2(V_{D}-U)}}=\frac{A\varepsilon\varepsilon_{0}}{X_{D}} \tag{4-74}$$

对 P^+N 结或 N^+P 结，只需将以上公式中的 N_B 替换为轻掺杂侧的杂质浓度。

以上结果表明：

1）减小结面积以及降低轻掺杂一边的杂质浓度可减小结电容。

2）突变结势垒电容与 V_D-U 的平方根成反比，因而反向偏压越大，势垒电容越小，若外加电压随时间变化，势垒电容也随时间而变。利用势垒电容的这一特性可制成变容元器件。

以上结论在半导体元器件的设计和生产中有重要的意义。

需要说明的一点是：以上对问题的处理利用了耗尽层近似，这对于加反向偏压是适用的。然而，当 PN 结正偏置时，势垒区中一方面有伴随着势垒高度和势垒区宽度变化的充放电现象，另一方面又有大量额外载流子流过势垒区，它们对势垒电容也有贡献。但在推导势垒电容的公式时没有考虑这一因素。因此，以上公式不适用于加正向偏压的情况。不过，**工程上常常以零偏压势垒电容的 4 倍作为正偏压势垒电容的近似值。**

正偏压下势垒电容的算法留待元器件物理课程中讨论。

4.3.3 扩散电容

前面已经指出，PN 结加正向偏压时，由于少子的注入，单边突变结两侧的扩散区内会形成一定数量额外少子的积累，而且它们的密度随正向偏压的变化而变化，从而形成了扩散电容。

对注入到 N 区和 P 区的额外少子运动过程的讨论，就是第 3 章讨论的无限厚样品的一维稳态扩散问题。按其求解结果，知道这些额外少子在 PN 结两边的扩散区中分别以 x_n 和 x_p 为起点沿扩散方向按指数规律衰减，如式（4-26）和图 4-11a 所示。

对由式（4-26）定义的 $\Delta p(x)$ 和 $\Delta n(x)$ 在各自的扩散区内积分，就得到单位面积扩散区内所积累的总电荷量：

$$Q_p = \int_{x_n}^{\infty} q\Delta p(x)\,dx = qL_p p_{n0}\left[\exp\left(\frac{qU}{kT}\right) - 1\right] \tag{4-75}$$

$$Q_n = \int_{-\infty}^{-x_p} q\Delta n(x)\,dx = qL_n n_{p0}\left[\exp\left(\frac{qU}{kT}\right) - 1\right] \tag{4-76}$$

以上公式中将积分限定为无穷大，是为了数学处理上的方便。这样做和将积分限定为扩散区边界的效果是一样的，因为在扩散区以外，额外载流子已经衰减为零。

由此可以算得 P 侧和 N 侧单位面积扩散区的微分电容分别为

$$C_{DPS} = \frac{dQ_p}{dU} = \frac{q^2 p_{n0} L_p}{kT}\exp\left(\frac{qU}{kT}\right) \tag{4-77}$$

$$C_{DNS} = \frac{dQ_n}{dU} = \frac{q^2 n_{p0} L_n}{kT}\exp\left(\frac{qU}{kT}\right) \tag{4-78}$$

上式电容符号的脚标中，P 和 N 分别代表 P 型和 N 型；S 表示单位面积电容（比电容）。总微分扩散比电容即为

$$C_{DS} = C_{DPS} + C_{DNS} = \frac{q^2(n_{p0}L_n + p_{n0}L_p)}{kT}\exp\left(\frac{qU}{kT}\right) \tag{4-79}$$

对单边突变结的微分扩散电容主要考虑重掺杂扩散区，如 P^+N 结的微分扩散电容应为

$$C_D = AC_{DPS} = \frac{Aq^2 p_{n0} L_p}{kT}\exp\left(\frac{qU}{kT}\right) \tag{4-80}$$

式中，A 为单边突变结的面积。因为这里使用的额外载流子密度分布是稳态公式，所以以上结果只适用于低频情况。随着频率的提高，扩散电容将减小。

由于扩散电容随正偏压按指数关系增加，而势垒电容与 $V_D - U$ 的平方根成反比，所以在正偏压较高时，扩散电容会在 PN 结电容中起主要作用。

半导体 PN 结的电容效应明显依赖于其中的杂质分布。前文集中讨论了单边突变结的电容问题，没有讨论与其他类型杂质分布相关的电容问题。但是，通过下面这个例题可以看到，对不同的杂质分布，讨论问题的方式完全一样，结论也是大同小异。

【例 4-4】 设 P^+N 结的 P 区杂质浓度高但均匀分布，而 N 区杂质浓度的分布具有如下函数形式：

$$N_D(x) = Bx^m$$

式中，B 和 m 皆为常数。试计算该 P^+N 结的电场分布、电势分布、接触电势差、势垒区宽度和比势垒电容。

解：作为单边结，其势垒区主要在轻掺杂一边展开，即势垒区宽度 $X_D \approx x_n$。将坐标原点定在 PN 结界面，则适合于该 PN 结空间电荷区 $0<x<x_n$ 的泊松方程可表示为

$$\frac{d\mathcal{E}}{dx}=\frac{qN_D(x)}{\varepsilon\varepsilon_0}=\frac{qBx^m}{\varepsilon_0\varepsilon}$$

将上式从 0 到 x 积分，并注意到界面上电场最强，即 $\mathcal{E}(0)=\mathcal{E}_m$，则有

$$\mathcal{E}(x)-\mathcal{E}_m=\frac{qBx^{m+1}}{\varepsilon\varepsilon_0(m+1)}$$

另由 $E(x_n)=0$ 解得

$$\mathcal{E}_m=-\frac{qBx_n^{m+1}}{\varepsilon\varepsilon_0(m+1)}$$

因此可得电场分布

$$\mathcal{E}(x)=\frac{qBx^{m+1}}{\varepsilon\varepsilon_0(m+1)}-\frac{qBx_n^{m+1}}{\varepsilon\varepsilon_0(m+1)}=\frac{qB(x^{m+1}-x_n^{m+1})}{\varepsilon\varepsilon_0(m+1)}$$

由于 $\mathcal{E}=-dV/dx$，上式即

$$\frac{dV}{dx}=\frac{qB(x_n^{m+1}-x^{m+1})}{\varepsilon\varepsilon_0(m+1)}$$

由于 P^+ 空间电荷区很窄，其中的电势降落可予忽略，而取 $V(0)=0$，将上式从 0 到 x 积分，得

$$V(x)=\frac{qB}{\varepsilon\varepsilon_0(m+1)}\left(x_n^{m+1}x-\frac{x^{m+2}}{m+2}\right)$$

当 $x=x_n$ 时，$V(x_n)=V_D$，于是得接触电势差

$$V_D=V(x_n)=\frac{qB}{\varepsilon\varepsilon_0(m+1)}\left(x_n^{m+1}x_n-\frac{x_n^{m+2}}{m+2}\right)=\frac{qBx_n^{m+2}}{\varepsilon\varepsilon_0(m+2)}$$

由此得势垒区宽度

$$X_D\approx x_n=\left[\frac{\varepsilon\varepsilon_0(m+2)V_D}{qB}\right]^{\frac{1}{m+2}}$$

若该 P^+N 结处于偏置状态，相当于势垒高度由 qV_D 变为 $q(V_D-U)$，即偏置状态下的势垒区宽度变为

$$X_D=\left[\frac{\varepsilon\varepsilon_0(m+2)(V_D-U)}{qB}\right]^{\frac{1}{m+2}}$$

由式 (4-73)，可知势垒比电容为

$$C_{TS}=\frac{\varepsilon\varepsilon_0}{X_D}=\left[\frac{qB(\varepsilon\varepsilon_0)^{(m+1)}}{(m+2)(V_D-U)}\right]^{\frac{1}{m+2}}$$

本例题所求之解适合于多种杂质分布：

1）当 $m=0$ 时，$N_D(x)=B$，即 N 区杂质均匀分布，该 P^+N 结为单边突变结，解题结果与正文结果相同。

2）当 $m=1$ 时，$N_D(x)=Bx$，即 N 区杂质线性分布，所得结果适合于单边线性缓

变结。

3）当 $m<0$ 时，该 P^+N 结称为超突变结。

在这三种结中，电容随电压的变化以超突变结最大，突变结次之，线性缓变结最小。

4.3.4 用电容－电压法测量半导体的杂质浓度

利用PN结势垒电容与掺杂浓度和外加电压之间的函数关系，可以测量单边突变结附近的杂质浓度或杂质浓度梯度。例如，对 P^+N 结或 N^+P 结，将式（4-74）等号两边平方后取倒数，得

$$C_T^{-2}=\frac{2(V_D-U)}{A^2\varepsilon\varepsilon_0 qN_B} \tag{4-81}$$

对 U 求导，得

$$\frac{dC_T^{-2}}{dU}=-\frac{2}{A^2\varepsilon\varepsilon_0 qN_B} \tag{4-82}$$

此结果表明，单边突变PN结势垒电容值平方的倒数与外加电压呈线性函数关系，其斜率与轻掺杂侧的杂质浓度成正比。

于是，用 $C-U$ 测试仪测量出一个单边突变PN结在不同反偏压下的势垒电容值 C_T，然后将这些测试数据做成 $C_T^{-2}-U$ 函数曲线，即可利用式（4-82）由曲线的斜率算出轻掺杂区的杂质浓度 N_B。

从式（4-81）还可看出，曲线 $C_T^{-2}-U$ 函数曲线在电压轴上的截距即是该PN结的接触电势差 V_D。

从例4-4的求解结果可知，单边线性缓变结（即重掺杂侧浓度均匀而轻掺杂侧杂质浓度线性变化的PN结）的势垒比电容与电压之间的关系为

$$C_{TS}=\left[\frac{qB(\varepsilon\varepsilon_0)^2}{3(V_D-U)}\right]^{\frac{1}{3}}$$

因此，对一个单边线性缓变结，也可以用类似方法将 $C-U$ 测试数据做成 $C_T^{-3}-U$ 函数曲线，该曲线也是一条直线。根据直线的斜率即可算出该线性缓变PN结轻掺杂区的杂质浓度梯度 B，并由直线在电压轴上的截距确定出接触电势差 V_D。

4.4 PN结击穿

肖克莱方程的另一个局限是不能反映PN结击穿。所谓击穿，是指反偏PN结在一定电压下突然从高阻状态转变为低阻状态，因而反向电流急剧升高的现象，如图4-14所示。由于击穿，PN结不能承受无限升高的反向电压。发生击穿时的反偏电压 U_{BR} 称为PN结的击穿电压。

PN结击穿时电流急剧增大的基本原因不是迁移率升高，而是载流子密度升高。

PN结有三种不同的击穿机制，分别称为雪崩击穿（Avalanche Breakdown）、隧道击穿和热电击穿。其中，前两种与第三种有很大的差别。雪崩击穿和隧道击穿属于场致击穿，以空间电荷区中电场强度高到一定程度为条件；而热电击穿属于功耗型击穿，击穿时电流迅速增大，电压反而降低，因而击穿后即不可恢复。雪崩击穿和隧道击穿是可恢复的击穿。

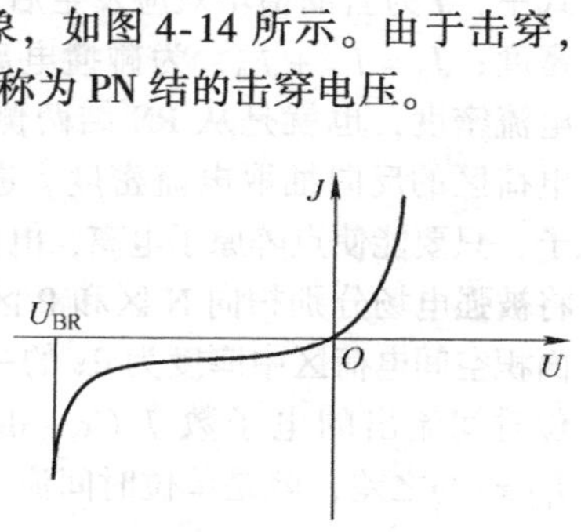

图4-14 PN结的击穿

4.4.1 雪崩击穿

1. 反偏 PN 结空间电荷区中的载流子雪崩倍增效应

当 PN 结承受反向电压时，其空间电荷区中存在较强的电场。以任何方式进入其中的载流子都会被此电场加速。当此电场随着反偏电压的上升而变得足够强，以至被加速的载流子在受到散射之前已被加速到具有高于半导体禁带宽度 E_g 的能量，这个高能载流子即有可能向点阵原子传递能量而使其电离，即将价带中的电子激发到导带，产生一个电子－空穴对。该过程称为**碰撞电离**。在电场足够强、空间电荷区足够宽的情况下，这些新产生的二次电子和空穴也同样会被加速成为高能载流子，然后去电离点阵原子产生更多的新电子空穴对。如此不断地增殖下去，就会引起空间电荷区中载流子密度的急剧增加，称为载流子的**雪崩倍增效应**。反偏 PN 结在空间电荷区发生载流子雪崩倍增效应时，其反向电流就会急剧增大，这就是 PN 结的**雪崩击穿**。发生雪崩击穿时加在 PN 结上的电压叫**雪崩击穿电压**，通常用 U_B 表示。

不同材料的空间电荷区中发生载流子雪崩倍增效应的电场强度不会相同，这与其点阵原子被电离的难易程度有关。通常用电离率 α 来描述一种材料的点阵原子被电离的难易程度，定义为**空间电荷区中平均一个载流子在电场的加速作用下漂移单位距离能够产生的电子–空穴对数**。显然，电离率与材料的禁带宽度有关，当然也会取决于温度和电场强度等客观因素。图 4-15 给出的是室温下几种半导体的电子电离率 α_n 和空穴电离率 α_p 随电场变化的实验曲线，材料名称下面的括号中标注的是这种材料的禁带宽度。从图中可以看到，宽禁带半导体的 α_n 和 α_p 差别不大，而且在相同电场下比窄禁带材料的电离率小得多，说明材料的禁带越宽，这种材料的 PN 结空间电荷区中就越不易发生雪崩倍增效应，其雪崩击穿电压就越高。

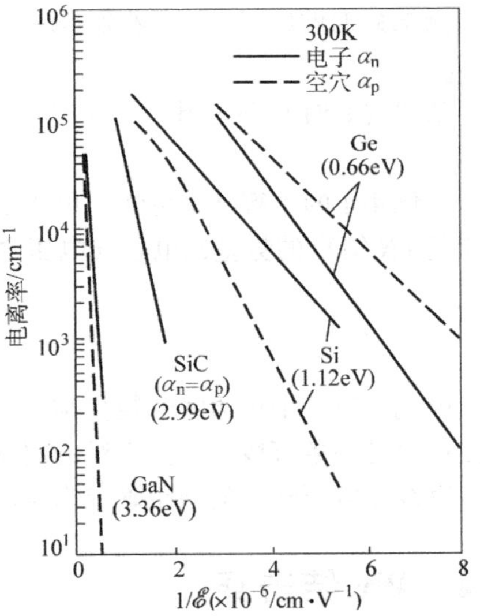

图 4-15 一些半导体的电离率与电场倒数的关系⊖

2. 倍增因子与雪崩击穿条件

下面借助电离率来分析反偏 PN 结的雪崩倍增过程，讨论雪崩击穿发生的条件。为便于分析，忽略电子与空穴电离率的差别，即令 $\alpha_n = \alpha_p = \alpha$。

首先定义**雪崩倍增因子 M 为碰撞电离引起的反向电流密度的增长倍数**，即

$$M = \frac{J}{J_R} \tag{4-83}$$

式中，J 为雪崩倍增效应发生后流过反偏 PN 结的电流密度；$J_R = J_{n0} + J_{p0}$，为碰撞电离前 PN 结的反向饱和电流密度，也就是从 PN 结两侧少子扩散区进入空间电荷区的反向抽取电流密度。进入空间电荷区的载流子，只要能使点阵原子电离，电离产生的电子和空穴都将被强电场分别扫向 N 区和 P 区。对图 4-16 所示单位面积空间电荷区中厚度为 dx 的一个微小区域而言，单位时间流出的电子数 $J_n(x + dx)/q$ 与流入的电子数 $J_n(x)/q$之差，就是单位时间流入的全部电子和空穴在

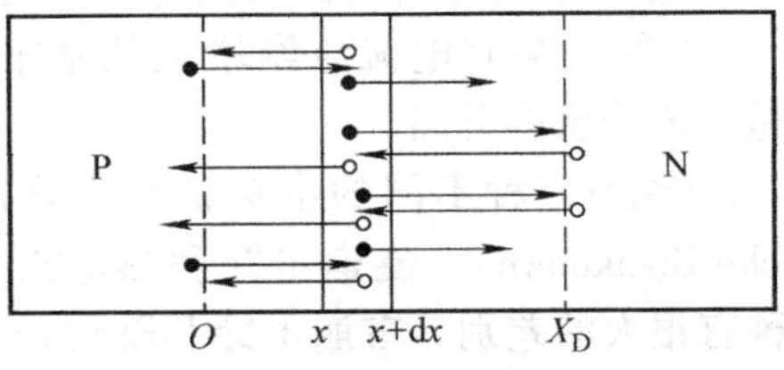

图 4-16 空间电荷区中的载流子倍增示意图

⊖ 转引自参考文献［4］。

其中通过碰撞电离所能产生的电子数。按定义，其值为流入的载流子总数 $J_p(x)/q + J_n(x)/q$ 与电离率和该区域体积的乘积，即

$$\frac{J_n(x+dx)}{q} - \frac{J_n(x)}{q} = \left[\frac{J_p(x)}{q} + \frac{J_n(x)}{q}\right]\alpha dx$$

此式即

$$dJ_n(x) = [J_p(x) + J_n(x)]\alpha dx = J\alpha dx \tag{4-84}$$

参照图4-16，若将空间电荷区的原点定在P侧边界，则对电子流而言应对上式从0到 x 积分，于是得

$$\int_0^x dJ_n(x) = \int_0^x J\alpha dx = J\int_0^x \alpha dx = J_n(x) - J_{n0} \tag{4-85}$$

同理，单位时间流出该区域的空穴数与流入的空穴数之差

$$\frac{J_p(x)}{q} - \frac{J_p(x+dx)}{q} = \left[\frac{J_p(x)}{q} + \frac{J_n(x)}{q}\right]\alpha dx \tag{4-86}$$

也应是单位时间流入的全部电子和空穴在其中通过碰撞电离所能产生的空穴数，即

$$-dJ_p(x) = [J_p(x) + J_n(x)]\alpha dx = J\alpha dx \tag{4-87}$$

对空穴，上式则应从 X_m（空间电荷区的最大宽度或N侧边界的坐标）到 x 积分，即

$$\int_{X_m}^x dJ_p(x) = -\int_{X_m}^x J\alpha dx = J\int_x^{X_m} \alpha dx = J_p(x) - J_{p0} \tag{4-88}$$

将式（4-85）和式（4-88）相加并利用式（4-83），于是得

$$M = \frac{J}{J_R} = \frac{1}{1 - \int_0^{X_m} \alpha dx} \tag{4-89}$$

由此看出，当 $M \to \infty$ 时，J 趋于无穷大，即PN结发生雪崩击穿。所以，雪崩击穿的条件即是

$$\int_0^{X_m} \alpha dx = 1 \tag{4-90}$$

上式说明：**一个载流子在通过空间电荷区时只要能够通过碰撞电离产生一个电子-空穴对，PN结就会被雪崩击穿。**

3. 雪崩击穿电压

按照电离率 α 的定义，可将 $1/\alpha$ 理解为能使一个载流子通过碰撞电离产生一对新的电子-空穴对而必须在空间电荷区中漂移的路程，也就是雪崩倍增条件所要求的空间电荷区最小宽度。

我们知道，空间电荷区的宽度与外加电压和材料的掺杂浓度有关。对空间电荷区主要在轻掺杂一侧展宽的 P^+N 或 N^+P 单边突变结，式（4-68）给出了空间电荷区宽度与偏压 U 的对应关系。根据上述雪崩倍增条件求出空间电荷区的最小宽度，代入式（4-68），即可求出雪崩击穿电压 U_B 与轻掺杂侧杂质浓度 N_B 的关系。对Si P^+N 结，此关系为（单位为V）

$$U_B = 60(N_B/10^{16})^{-0.75} \tag{4-91}$$

该式表明，若要提高PN结承受反向电压的能力，就要降低其轻掺杂一侧的掺杂浓度。因为浓度越低，空间电荷区越宽，电场强度达到雪崩临界值的电压就越高。

大多数Si功率器件以 P^+N 结作为高电压的承受结，其N区的掺杂浓度根据阻断电压的需要一般不超过 $10^{15}/cm^3$，即 μ 可取为常数 $1350cm^2/(V\cdot s)$。于是，上述关系也可换算成用N型Si的电阻率 ρ 来表示的下列形式（单位为V）：

$$U_B = 95.14\rho^{3/4} \tag{4-92}$$

4.4.2 隧道击穿

雪崩击穿发生在至少一边是轻掺杂的 PN 结中，其击穿电压一般较高。当 PN 结两边杂质浓度都很高，但仍属于非简并半导体时，在较低的反偏电压下也会发生击穿。这种击穿叫隧道击穿（Zener Breakdown），因其击穿机制最初是由齐纳提出来解释电介质击穿现象的，也称齐纳击穿。

1. 隧道击穿原理

对于两边掺杂浓度都比较高的 PN 结，其反偏电压下的空间电荷区很窄，不很高的反向电压就会在其中产生很强的电场，致使能带极度弯曲，将 N 区的导带底 E_{Cn} 降低到 P 区的价带顶 E_{Vp} 之下，并使空间电荷区变得很薄，如图 4-17 所示。这时 P 区的一些价带电子必然与 N 区导带底的一些空状态能量相等。按照量子力学的电子隧穿原理，若二者之间的距离 Δx（隧穿长度）小于电子的平均自由程（室温下约为 10nm），则 P 区价带中的电子就会直接隧穿禁带进入 N 区导带，使 PN 结反向电流激增。这就是重掺杂 PN 结的隧道击穿。

2. 隧穿几率

根据量子力学，电子对势垒的隧穿几率为

$$P = \exp\left\{-4\pi\left(\frac{2m_n^*}{h^2}\right)^{1/2}\int_{x_1}^{x_2}[E(x) - E]^{1/2}\mathrm{d}x\right\} \tag{4-93}$$

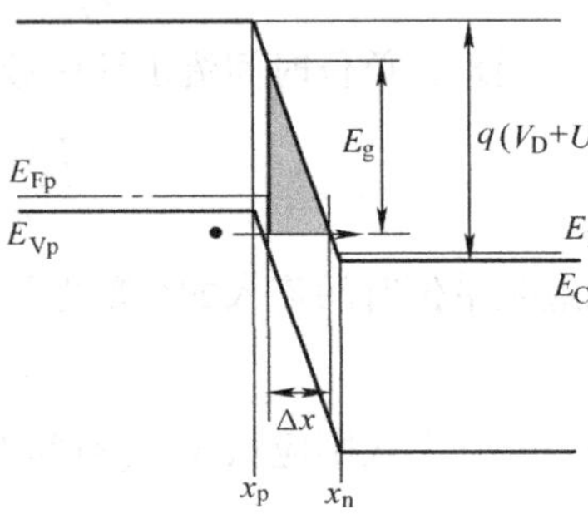

图 4-17 反偏 PN 结的隧道击穿

式中，$E(x)$表示点 x 处的势垒高度；E 为电子能量；x_1 和 x_2 为势垒区的边界。针对这里讨论的情况，可将电子隧穿的势垒看成直角三角形，其高为禁带宽度，底边长为隧穿长度，如图 4-17 中阴影部分所示。为了计算方便起见，令电子能量 $E=0$，并假定势垒区内有一恒定电场 $|\mathcal{E}|$，因而电子在 x 点处的能量

$$E(x) = q|\mathcal{E}|x \tag{4-94}$$

将其代入式（4-93）的积分中，并取积分上、下限分别为 Δx 和 0，则

$$P = \exp\left[-4\pi\left(\frac{2m_n^*}{h^2}\right)^{1/2}\int_0^{\Delta x}(q|\mathcal{E}|)^{1/2}x^{1/2}\mathrm{d}x\right] \tag{4-95}$$

计算可得隧穿几率 P 与电场 $|\boldsymbol{E}|$ 的函数关系：

$$P = \exp\left[-\frac{8\pi}{3}\left(\frac{2m_n^*}{h^2}\right)^{1/2}E_g^{3/2}\frac{1}{q|\mathcal{E}|}\right] \tag{4-96}$$

或利用关系 $E_g = q|\mathcal{E}|\Delta x$ 将其表示为隧穿长度 Δx 的函数：

$$P = \exp\left[-\frac{8\pi}{3}\left(\frac{2m_n^* E_g}{h^2}\right)^{1/2}\Delta x\right] \tag{4-97}$$

由以上二式可以看出，对于确定的半导体材料，势垒区中的电场强度 $|\mathcal{E}|$ 越大，或隧穿长度 Δx 越短，则电子穿过势垒的几率 P 就越大。在电场 $|\mathcal{E}|$ 大到一定程度，或 Δx 短到一定程度时，P 区价带中大量的电子就会隧穿势垒注入到 N 区的导带之中，使反向电流急剧增大。这就是 PN 结的隧道击穿。这时的外加反向偏压即为隧道击穿电压。

利用式（4-97）可以算出确定隧穿长度所对应的隧穿几率。例如，对双侧重掺杂的 Si PN 结，当外加反向电压使 Δx 降到 3.1nm 左右时，算得隧穿几率约为 10^{-10}。利用式（4-96）则可算

出为达到确定的隧穿几率所需要的电场强度。

就一般情况而言，若PN结材料的禁带宽度为 E_g，其隧道击穿电压一般低于 $4E_g/q$，而雪崩击穿电压高于 $6E_g/q$。击穿电压介于 $4E_g/q$ 和 $6E_g/q$ 之间时，击穿具有混合机制。

值得一提的是，需要注意隧道击穿与隧道二极管的区别。隧道二极管是由简并半导体构成的PN结二极管，没有反向阻断特性。虽然反向电流都是隧穿电流，但隧道击穿是在反向电压超过一定大小后才有隧穿电流产生，而隧道二极管一有反向电压就有隧穿电流。因此，隧道二极管并无隧穿电压。

4.4.3 热电击穿

通常对PN结伏安特性的讨论皆以温度不变为前提。在此前提下，对于一个处于反向偏置状态的PN结，其反向漏电流 I_r 在反向电压介于 kT/q 与雪崩击穿电压 U_B 之间时基本保持为常数。但是，由于PN结处于反向偏置状态时的阻抗很高，尽管反向漏电流很小，它在高压阻断状态下的功耗以及随之产生的焦耳热却不容忽略。如果有良好的散热系统将这些热量及时传出，使PN结保持在热平衡状态，则结温可保持不变，反向漏电流也不会改变；否则结温就会升高。按式(4-31)，一个 P^+N 结的反向饱和电流密度可表示为

$$J_S = qD_p\frac{p_{n0}}{L_p} = qD_p\frac{n_i^2}{L_pN_D} \tag{4-98}$$

由此可以看出，反向饱和电流密度 $J_S \propto n_i^2$。而

$$n_i^2 \propto T^3\exp\left(-\frac{E_g}{kT}\right) \tag{4-99}$$

即 n_i^2 随着温度的升高按指数规律上升。因此，随着结温的升高，反向饱和电流密度也迅速上升，产生的热能也迅速增大，进而又导致结温升高，反向饱和电流密度再增大，形成热电正反馈。如此反复循环，最后使 J_S 无限增大而发生击穿。这种由于热不稳定性引起的击穿，称为热电击穿。热电击穿对双极型晶体管常称为二次击穿，对MOSFET常称为“热奔”（Thermal Run-away）。对于禁带宽度比较小的半导体如Ge PN结，由于反向饱和电流密度较大，Ge晶体管在室温下都有可能发生二次击穿。

图4-18描绘了热电击穿过程。图中的平行线族表示 P^+N 结在不同温度下的反偏等温伏安特性曲线，其相应的函数如式（4-98）所示（这里只考虑反向漏电流的扩散电流分量）。图中的双曲函数型曲线族是该 P^+N 结在不同结温下的等温热耗曲线，相应的函数用反向阻断状态下的消耗功率表示为

$$\frac{T_j - T_a}{R_{th}} = I_RU_R \tag{4-100}$$

式中，T_j 和 T_a 分别代表结温和环境温度；R_{th} 表示从PN结至散热器表面的等效热阻。

实际情况中，反偏PN结常常难以保持其稳定的安全结温。遇到这种情况，元器件温度就会持续上升。这时，PN结的反向伏安特性就应由式（4-98）和式（4-100）共同决定。也就是说，在热电击穿发生之前，PN结的伏安特性曲线实际上由图4-18中两组曲线的等温交点构成，是一条变温电流-电压曲线，并呈现电流越大、电

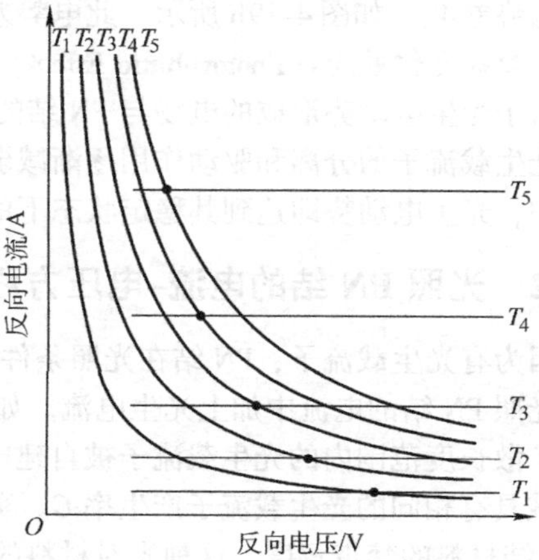

图4-18　热电击穿时的PN结反向伏安特性示意图

压越低的负阻特征。如果任其发展下去，不但反向电流会越来越大，结温更会越来越高，乃至高达材料的熔点，PN结即因晶体的局部烧熔而毁坏。所以，热电击穿是一种不可恢复的毁坏性击穿，电子学实验和工程应用中常常发生的“烧管子”事故就是这种情况。为了避免热电击穿的发生，应用电路中需预置较高的限流电阻。

用禁带较宽的材料做成的PN结，热电击穿发生时的结温较高，因而不容易“烧管子”；而禁带较窄、反向饱和电流密度较高的PN结，如用Ge做的PN结元器件，室温下就很容易发生热电击穿。

4.5 PN结的光伏效应

4.5.1 光生电动势原理

PN结受到光照的时候，能量$h\nu$等于或大于禁带宽度E_g的光子将在其透入深度限定的范围内产生额外电子-空穴对。与处于偏置状态的PN结类似，光照下的PN结也处于非平衡状态。任何非平衡态中的额外电子-空穴对都有通过复合恢复平衡态的自发倾向。所以，要实现光电转换的目的，必须在光注入的额外电子-空穴对复合之前，把它们分开。在第3章讨论的光电导现象中，这个分离作用是通过外加电压来实现的。PN结对光生电子-空穴对的空间分离不依靠外加电压，靠的是空间电荷区的自建电场。只要光子能够穿透到空间电荷区，光在空间电荷区中产生的电子-空穴对马上就会被自建电场分开，分别扫向N区和P区，如图4-19a所示。不仅如此，与空间电荷区毗邻的P区一个扩散长度内的光生电子和N区一个扩散长度内的光生空穴，受浓度梯度的驱使会从两边向空间电荷区扩散，因为扩散距离在扩散长度之内，也能够到达空间电荷区边沿而被结电场分别扫向N区和P区。

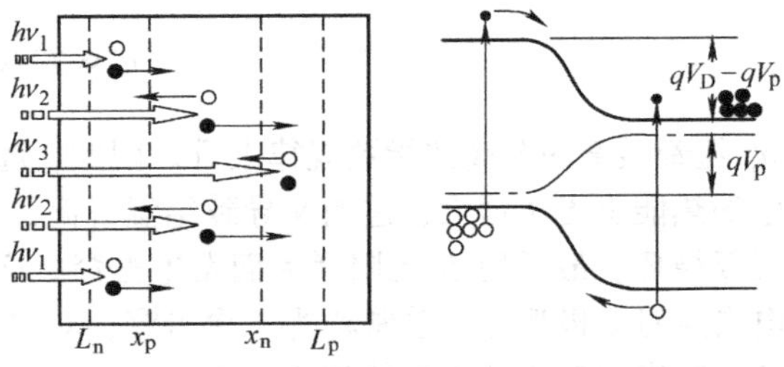

a) 光生载流子的分离和运动　　b) 能带图

图4-19　光照下的PN结

若光照PN结处于开路状态，被自建电场源源不断地扫向P区的光生空穴即在P端逐渐累积起来，扫向N区的电子也在N端逐渐累积起来，形成一个与平衡PN结内建电势差方向相反的电势差V_p，如图4-19b所示。此电势差称为**光生电动势，产生光生电动势的效应即光生伏特效应，简称光伏效应（Photovoltatic Effect）**。

由于光生电动势形成的电场与PN结的自建电场方向相反，随着光生电动势的升高，自建电场对光生载流子的分离和驱动作用逐渐减弱，最后完全消失，使PN结两端不再有光生载流子新的累积，光生电动势即达到其稳定状态下的最大值。

4.5.2 光照PN结的电流-电压方程

因为有光生载流子，PN结在光照条件下的电流-电压方程会与暗状态下的方程有所不同，要在无光照PN结的电流中加上光生电流。如前所述，光生电流就是PN结空间电荷区及其两侧各一个扩散长度范围内的光生载流子被自建电场扫出空间电荷区而形成的电流。理想情况下，这3个区域具有相同的光生载流子产生率G。实际情况中，这意味着辐照光子的能量恰好等于或略高于PN结材料的禁带宽度。这种光对材料的穿透深度较大，在不太厚的PN结各层中的吸收基本均匀。因为有自建电场的牵引，这三个区域中光生载流子的复合可以忽略，全部光生载流子都能流出空间电荷区形成光电流。这样，光生电流密度J_L可表示为

$$J_L = qG(L_n + L_p + X_D) \tag{4-101}$$

式中，L_p 和 L_n 分别是 N 区空穴和 P 区电子的扩散长度；X_D 是空间电荷区的宽度。

因为 PN 结光生电流的方向与其正向电流的方向相反，所以光照 PN 结的总电流密度应等于暗状态下的正向电流密度与光生电流密度的代数和。于是，理想情况下，光照 PN 结的电流–电压方程即可在肖克莱方程的基础上直接写出，即

$$J = J_S\left[\exp\left(\frac{qU}{kT}\right) - 1\right] - J_L \tag{4-102}$$

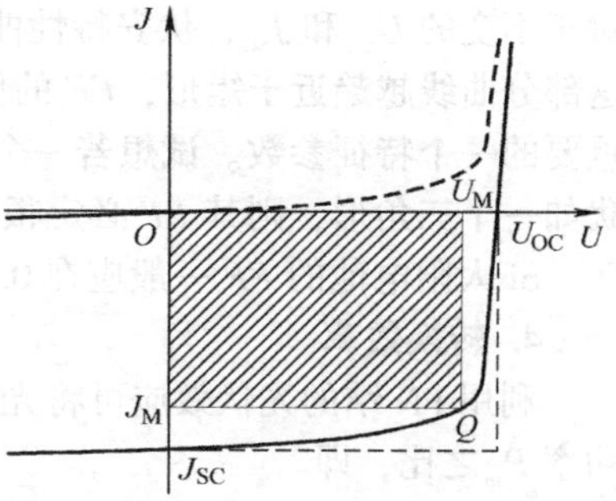

图 4-20 理想 PN 结暗状态（虚线）和光照态（实线）下的伏安特性

PN 结光、暗两态的伏安特性曲线如图 4-20 所示。图中可见，光照下的伏安特性曲线与坐标轴有两个交点，分别代表光照 PN 结在外加电压为零时的电流密度和电流密度为零时的外加电压，称为短路电流（密度）和开路电压，通常分别用 J_{SC} 和 U_{OC} 表示，是光照 PN 结和以 PN 结为核心的光电池的重要特征参数。

4.5.3 光照 PN 结的特征参数

1. 短路电流

在式（4-102）中令 $U=0$，即知短路电流密度 J_{SC} 就是光生电流密度 J_L，式中的负号表示其方向与 PN 结的正向电流方向相反。对短路电流即光生电流可以这样来理解：在 PN 结受到光照因而有光生载流子被自建电场扫出空间电荷区的时候，如果用一根导线将结两头的电极短接，这些被扫出空间电荷区的光生载流子就不会在 PN 结两头累积而产生电动势，而会通过短接回路形成电流，其方向在 PN 结内由 N 向 P、PN 结外由 P 向 N，与 PN 结正向电流方向相反。因为是短路，光生载流子流出体外没有欧姆损耗，相应的电流密度仍由式（4-101）决定。

2. 开路电压

在式（4-102）中，令 $J=0$ 即得开路电压的表达式：

$$U_{OC} = \frac{kT}{q}\ln\left(\frac{J_L}{J_S} + 1\right) \approx \frac{kT}{q}\ln\frac{J_L}{J_S} \tag{4-103}$$

式（4-103）中，可以作第二步的近似处理是因为 PN 结的光电流 J_L 与其无光照时的反向饱和电流 J_S 之比一般都很大。该式表明，光照 PN 结的开路电压主要决定于 J_L/J_S 的比值大小。在 J_L 相等的前提下，参照 J_S 的表达式（4-28）可知，使用禁带较宽的材料做成的 PN 结 U_{OC} 较大；对同种材料做成的 PN 结，少子寿命较长时 U_{OC} 较大。由于 U_{OC} 就是最大的光生电动势，其值受到 PN 结自建电动势的限制，因此在不影响其他参数的情况下，提高掺杂浓度以扩大 PN 结两边的费米能级之差，也能使 U_{OC} 较大。

Si PN 结的 U_{OC} 最大能做到 0.8V，GaAs 的 U_{OC} 最大能做到 1.0V 左右。

加在光照 PN 结上的正向电压，在其值不超过 U_{OC} 的情况下，可以用来模拟光生电动势对 PN 结自建电场的消减作用。这时，外电路中反向电流（光生电流）随着外加正向电压的升高而逐渐减小的过程，就是光生电动势逐渐升高、逐渐削弱自建电场对光生载流子对的分离和驱动作用的过程。当外电路中净电流为零，即自建电场的作用完全被抵消时，加在 PN 结上的正向电压显然就等于开路电压。工程实践中就是用这种方法来测量太阳电池的开路电压。

3. 填充因子

在图 4-20 中，光照态伏安特性曲线在坐标系第 4 象限部分的形状也是 PN 结光电转换性能高低的一个关键特征，因为这部分曲线的丰满程度决定了光照 PN 结最大输出功率的大小。设其上一点

Q 定义了光照 PN 结的最大输出功率，对应的负载电压和负载电流分别为 U_M 和 J_M，则将最大输出功率 $P_M = U_M J_M$ 与乘积 $U_{OC} J_{SC}$ 之比定义为填充因子 FF。FF 越大，光照 PN 结的输出功率越大。

形象地看，FF 是图 4-20 中由 Q 点确定的阴影面积对由 U_{OC} 和 J_{SC} 确定的矩形区域的填充比。对于不变的 U_{OC} 和 J_{SC}，伏安特性曲线在第 4 象限的形状不同，阴影区的面积相差会很大。显然，这部分曲线越趋近于矩形，FF 的值就越大，输出功率也就越大。因此，FF 实际是比 U_{OC} 和 J_{SC} 更重要的一个特征参数。试想若一个光照 PN 结的 U_{OC} 和 J_{SC} 也很大，但特性曲线在第 4 象限的形状犹如一个三角形，则其 FF 必定很小，也难以有较大的功率输出。

Si 太阳电池的 FF 一般应在 0.7 ~ 0.85。

4. 转换效率

利用 PN 结的光伏效应可将光能转换为电能，转换效率定义为最大输出功率 $U_M J_M$ 与输入光功率 P_{in} 之比，即

$$\eta \equiv \frac{J_M U_M}{P_{in}} = \frac{FF \cdot J_{SC} U_{OC}}{P_{in}} \tag{4-104}$$

式中利用了 FF 的定义。该式说明，作为 PN 结光伏效应强弱的主要考核指标，转换效率完全由上述三个特征参数决定。利用 PN 结的光伏效应制造高效光电池或太阳电池，必须首先对 PN 结的这三个特征参数有深刻的了解。

4.6 PN 结发光

半导体电致发光的额外载流子注入有两种方式：场注入和结注入。场注入指的是均匀高阻材料在强电场下通过载流子的雪崩倍增效应（俄歇产生）获得额外载流子的注入方式，效率不高，通常只有单极性半导体，如 ZnS 发光器件才采用这种方式。因此，结注入，尤其是利用 PN 结在正向偏置条件下的注入作用产生额外载流子，是半导体发光二极管（LED）和半导体激光器获得工作载流子的主要方式。

4.6.1 发光原理

PN 结的发光过程主要包括额外载流子的注入和复合发光两部分。就额外载流子的复合发光机构而言，电致发光与第 3 章讨论过的光致发光没有什么差别，这里不再赘述。就额外载流子的注入而言，发光二极管跟普通 PN 结二极管本质上也没有多大不同。事实上，任何 PN 结在传输正向电流的时候，都伴随有额外载流子的复合发光。图 4-21 就是 SiC 晶闸管在正向导通时发光的照片。Si PN 结器件正向导通时同样会发光，只不过 Si 的禁带较窄，发射的是肉眼看不到的红外光，但可以用红外探测器或红外成像器件来观察。通过对发光区域随时间扩展情况的观察了解电流扩展的瞬态特性，或利用发光强度的均匀性来评价 PN 结器件电流分布的均匀性。目前光伏产业已普遍采用这种方法来检验太阳电池的质量。

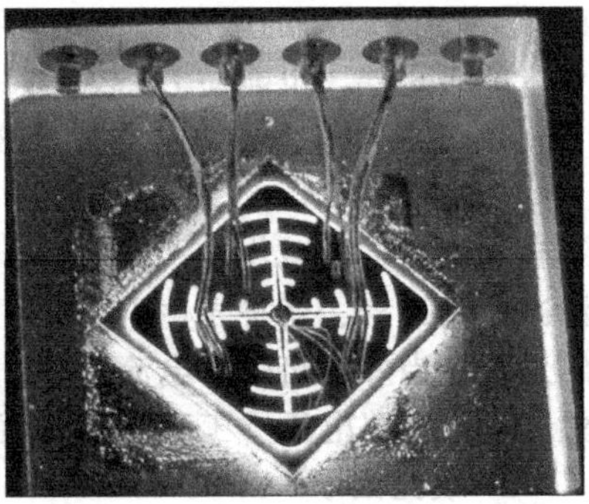

图 4-21 一个 SiC 晶匣管正向导通时的注入载流子复合发光

PN 结发光的关键问题有两个：一个是注入效率问题，另一个是发光效率问题。

1. 注入效率

注入效率 $\eta_{注}$ 定义为 PN 结的有效注入电流与总电流之比。$\eta_{注}$ 不等于 1，意味着 PN 结的正向电流中包含不能向有源区注入电子–空穴对的成分，如表面复合电流等由有源区

外的电流机构形成的电流，这些电流称为附加电流。附加电流对有效注入电流的竞争，使注入到有源区中的额外载流子数减少，$\eta_{注}$ 下降。

2. 发光效率

发光效率又称外量子效率 $\eta_{外}$，定义为

$$\eta_{外}=\frac{\text{单位时间发射到外部的光子数}}{\text{单位时间注入的电子-空穴对数}}$$

按此定义，发光效率的高低决定于两个物理过程：一个是额外电子-空穴对的复合过程；另一个是在复合过程中产生的光子向外传输的过程。

复合过程的效率用内量子效率 $\eta_{内}$ 来表示，其定义为

$$\eta_{内}=\frac{\text{单位时间产生的光子数}}{\text{单位时间注入的电子-空穴对数}}$$

按此定义，$\eta_{内}$ 的大小决定于注入的电子-空穴对有多少参与了发射光子的复合。如前所述，额外载流子的复合有辐射复合和无辐射复合之分，后者对前者的竞争是影响 PN 结内量子效率的主要原因。所以，$\eta_{内}$ 的大小决定于这两个过程发生几率的相对大小，也即辐射复合寿命τ_r 和无辐射复合寿命τ_{nr}的相对长短。由于辐射复合率正比于 $1/\tau_r$，无辐射复合率正比于 $1/\tau_{nr}$，因此，$\eta_{内}$ 可写成

$$\eta_{内}=\frac{1}{1+\tau_r/\tau_{nr}} \tag{4-105}$$

由此可见，只有当$\tau_{nr}\gg\tau_r$，即无辐射复合过程的发生几率远小于辐射复合过程的发生几率时，才能观察到有效的光子发射。因此，以发光为目的 PN 结二极管（LED）通常用能带结构为直接跃迁型的材料来制备。这类材料的辐射复合寿命τ_r 很短，通常在纳秒量级，而τ_{nr} 较长，通常在微秒甚至毫秒量级，因而 $\eta_{内}$ 较大，基本为 1。但是，如果这种材料含有较高浓度的深能级，深能级的无辐射复合中心作用也会缩短其τ_{nr} 至接近τ_r 的量级，从而使 $\eta_{内}$ 降低。所以，为了提高 LED 的 $\eta_{内}$，不但要采用直接禁带型材料，还要避免引入无辐射复合中心。间接禁带半导体的τ_{nr}一般较长，通常在数十微秒甚至毫秒量级，但辐射复合寿命τ_r 更长，达到秒量级，因而用这类材料做的 PN 结 $\eta_{内}$ 很小，不适合于做 LED。

辐射复合所产生的光子并不是全部都能离开 PN 结有源区向外发射。从有源区产生的光子在向外传输的过程中有一部分会被 PN 结材料自身吸收（吸收损耗）。同时，费涅耳损耗与临界角损耗等光学因素也会使单位时间内发射到 PN 结体外的光子数减少。费涅耳损耗是指 LED 的前表面将向外发射的光子反射回来而引起的损耗；而临界角损耗指的是发射光子由内至外射向 LED 表面的角度超过临界角时，引起全内反射而导致的损耗。

用光学效率 $\eta_{光}$（也称出光效率）来表征 PN 结中产生光子向外传输过程的效率，其定义为

$$\eta_{光}=\frac{\text{单位时间发射到外部的光子数}}{\text{单位时间产生的光子数}}$$

由于半导体材料的折射率较高(n 为 3 ~ 4)，PN 结表面与透明电极或空气的界面有很高的反射率，费涅耳损耗和临界角损耗有可能损失相当大部分（30% 左右）已产生的光子。

显然，PN 结发光效率（外量子效率）可表示为内量子效率和光学效率之积：

$$\eta_{外}=\eta_{内}\eta_{光}$$

对于像 GaAs、2H-GaN 这一类直接禁带半导体，直接辐射复合在额外载流子的复合过程中占主导地位，因此用这些材料做的 LED 内量子效率比较高，可接近 100%，但能够从有源区实际发射出去的光子，所占比例却不一定很高。例如，室温下利用 Zn-O 复合发光的 GaP 红光 LED 的

$\eta_{外}$ 最高只能达到15%，GaP(N)绿光LED的 $\eta_{外}$ 只有0.7%。

为了提高LED的发光效率，不但要选择内量子效率高的材料，还要采取适当措施提高光学效率。例如，将LED芯片表面做成球面，并使发光区域处于球心，这样可以避免表面的全反射。由于晶体对光的吸收随着温度的升高而增强，因此，发光效率将随温度升高而下降。

4.6.2 半导体激光器原理

激光（Laser-Light Amplification by Stimulated Emission of Radiation）一词是“利用辐射的受激发射进行光量子放大”的缩写，是一种亮度极高、方向性和单色性极好的相干光辐射。**激光器分固体激光器和气体激光器两大类。半导体激光器是固体激光器的重要组成部分，主要用于通信，覆盖从红外到近紫外的整个波段。例如，常用的激光材料GaAs可发射红外激光，固溶体 $GaAs_{1-x}P_x$ 可发射可见激光，新兴的GaN基激光器发射蓝色和近紫外激光。**

1. 自发辐射和受激辐射

自发辐射，就是电子不受任何外界因素的作用而自发地从高能状态 E_2 向低能状态 E_1 跃迁并发射一个能量为 $h\nu_{12}=E_2-E_1$ 的光子，正如前面所述的LED发光过程。受激辐射，就是电子在光辐射的激励下从激发态向基态跃迁的辐射过程。在这种过程中，电子同样是从高能状态 E_2 向低能状态 E_1 跃迁并发射一个能量为 $h\nu_{12}=E_2-E_1$ 的光子，但要预先受到另一个能量同样为 $h\nu_{12}$ 的光子的激励。半导体激光器和半导体LED的根本差别，就在于除了额外载流子的注入与自发辐射，还有这样一个很关键的受激辐射过程。

自发辐射和受激辐射是两种不同的光子发射过程。自发辐射中所有电子的跃迁都是随机的，所发射的光子虽然具有相等的能量 $h\nu_{12}$，但它们的位相和传播方向各不相同；而受激辐射中发射光子的频率、位相、方向和偏振态等全部特性都与入射光子完全相同。同时，如果激励光子原本就是由能级 E_2 到 E_1 的电子跃迁过程产生的，则一个受激辐射过程可同时发射两个同频率、同位相、同方向的光子。

2. 受激辐射的必要条件

对上述频率为 ν_{12} 的光子而言，它既可能被能级 E_1 上的电子吸收而使之激发到能级 E_2，也可能激励能级 E_2 上的电子使之跃迁到能级 E_1 而产生受激辐射。这两个过程的发生几率哪个更大，取决于电子在能级 E_1 和 E_2 的分布情况。一般情况下，低能级 E_1 上的电子密度远高于高能级 E_2 的电子密度，因而频率为 ν_{12} 的光子通常在能级 E_1 和 E_2 之间引起光的吸收；然后，被激发到 E_2 的电子又自发地跃迁回 E_1，发射出最多不超过入射光子数的频率为 ν_{12} 的光子。但是，若处在高能级 E_2 上的电子密度高于低能级 E_1 的电子密度，则该系统在频率为 ν_{12} 的光子流作用下，受激辐射将超过光的吸收。这样，该系统将发射出能量为 $h\nu_{12}$，但数目超过入射数目的光子，这种现象即为**光量子放大**，出射光即为激光。通常把高能级比低能级电子密度高的反常情况称为**分布反转或粒子数反转**。

因此，分布反转是产生激光的必要条件，**为了让PN结发射激光，必须在半导体中首先形成导带底比价带顶电子密度高的分布反转状态。**

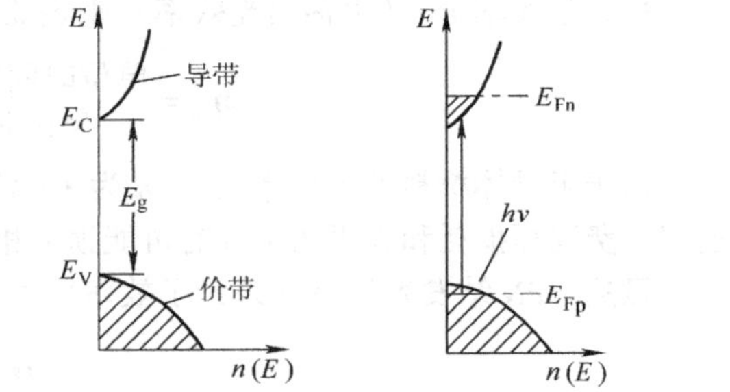

a) 下半导体的电子平衡热分布　b) 由光照产生的反转分布

图4-22 0K下半导体的电子热平衡分布和由光照产生的反转分布

对价带全满、导带全空的处于绝对零度的半导体，借助能量大于禁带宽度 E_g 的光的激发，可以将价带顶一定能量范围内的电子全部转移到导带底，将导带底一定能量范围内的状态全部填满，如图4-22所示。因为绝对零度下费米能级以上的能级必然全空，费米能级以下的能级必然全满，所以对这样一个受到光照的非平衡电子系统，价带顶腾空状态的最低能级就是空穴的准费米能级 E_{Fp}，导带底占满状态的最高能级就是电子的准费米能级 E_{Fn}。这样，在 E_{Fn} 和 E_{Fp} 的范围内就实现了电子密度的分布反转。若入射光子的能量 $h\nu$ 能满足关系

$$E_g \leqslant h\nu < (E_{Fn} - E_{Fp}) \tag{4-106}$$

则该系统就会发生受激辐射。

若将该受到光照的非热平衡系统置于 $T \neq 0\text{K}$ 的状态，则电子就有一定几率去占据在 0K 时空着的状态，而 0K 时被占据状态中的电子也有一定几率被热激发出来而使之成为未被占据的状态。这样，电子在导带底和价带顶的分布将发生变化。系统在入射光 $h\nu$ 的作用下，既有可能发生光吸收及其后的自发辐射，也有可能发生不吸收光子的受激辐射。哪一个过程占优势，决定于这两个过程发生几率的相对大小。因为受激辐射是导带中能量为 E 的状态中的电子向价带中能量为 $E - h\nu$ 的空状态跃迁的过程，所以，受激辐射的发生几率应与导带中所有被电子占据状态的密度

$$\int N_C(E) f_C(E)\, \mathrm{d}E$$

和价带中所有未被电子占据但能量为 $E - h\nu$ 的空状态的密度

$$\int N_V(E - h\nu)[1 - f_V(E - h\nu)]\, \mathrm{d}E$$

的乘积成正比。这里，$N_C(E)$ 和 $N_V(E - h\nu)$ 分别是导带中能量为 E 的状态和价带中能量为 $E - h\nu$ 的状态的密度，$f_C(E)$ 和 $f_V(E - h\nu)$ 分别是电子占据这两种状态的几率，而 $1 - f_V(E - h\nu)$ 自然就是状态 $E - h\nu$ 空着的几率。

与受激辐射相反，吸收是价带中能量为 $E - h\nu$ 的电子向导带中能量为 E 的空状态跃迁的过程。因此，光吸收过程的发生几率就应与导带中所有能量为 E 的空状态的密度

$$\int N_C(E)[1 - f_C(E)]\, \mathrm{d}E$$

和价带中所有已被电子占据但能量须为 $E - h\nu$ 的状态的密度

$$\int N_V(E - h\nu) f_V(E - h\nu)\, \mathrm{d}E$$

的乘积成正比。这里，$1 - f_C(E)$ 自然是导带中能量为 E 的状态未被电子占据的几率。

由此可见，要使受激辐射占优势，必须是

$$f_C(E)[1 - f_V(E - h\nu)] > [1 - f_C(E)] f_V(E - h\nu) \tag{4-107}$$

利用准费米能级 E_{Fn} 和 E_{Fp}，可知 $f_C(E)$ 和 $f_V(E - h\nu)$ 分别为

$$f_C(E) = \frac{1}{1 + \exp\left(\dfrac{E - E_{Fn}}{kT}\right)}, \quad f_V(E - h\nu) = \frac{1}{1 + \exp\left(\dfrac{E - h\nu - E_{Fp}}{kT}\right)} \tag{4-108}$$

将这两个几率函数代入不等式（4-107），可知半导体在非零温度下受能量 $h\nu \geqslant E_g$ 的入射光激励而发生受激辐射的必要条件是

$$E_{Fn} - E_{Fp} > h\nu \tag{4-109}$$

这说明，要产生受激辐射，必须使电子和空穴的准费米能级之差 $E_{Fn} - E_{Fp}$ 大于入射光子的能量 $h\nu$，而 $h\nu$ 须不小于禁带宽度 E_g，即 $E_{Fn} - E_{Fp} > E_g$。

3. PN 结激光器原理

由此可见，要在半导体中实现分布反转，必须使其导带保持高密度的电子，价带保持高密度的空穴。这种反常分布需要由外界输入能量来维持。跟水泵提升水平面一样，靠外力将电子不断

激发并维持在高能级上的过程被称为泵浦。半导体激光器一般采用 PN 结正向注入的方式泵浦电子。

为了能够有效地通过注入式泵浦实现 PN 结的分布反转，其 P 区和 N 区都必须重掺杂至简并状态。平衡时，费米能级在 P 区进入价带，在 N 区进入导带内，如图 4-23a 所示。外加正向偏压 U 使 PN 结进入非平衡状态，电子的准费米能级 E_{Fn} 和空穴的准费米能级 E_{Fp} 之间拉开距离 qU。因两边都是简并半导体，该 PN 结的平衡态势垒很高，即使正向偏压加大到 $qU \geqslant E_g$，也还不足以使势垒消失。因此，可使用较高的正向偏压，使结面附近 $E_{Fn} - E_{Fp} > E_g$，形成分布反转区，如图 4-23b 所示。半导体 PN 结激光器的分布反转区一般很薄，厚度只有 1μm 左右，但却是激光器的核心部分，称为有源区。

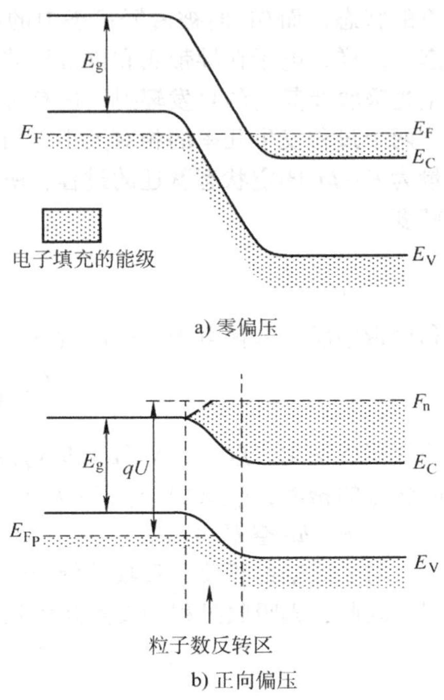

图 4-23 结型激光器能带图

除了注入式泵浦，也可采用电子束或激光作为泵源。这种泵浦方式尤其适用那些难于制成 PN 结的半导体发光材料。

分布反转只是半导体激光器产生受激辐射的必要条件，要能稳定发射激光，还需要满足其他一些条件。首先，半导体 PN 结激光器需要通过自身的自发辐射产生激励光。在 PN 结处于正向偏置状态的初期，其有源区中大量注入的额外载流子开始时完全是自发地复合，引起自发辐射，发射一定能量的光子，但这些光子的相位和传播方向各不相同。大部分光子一旦产生，立刻穿出有源区，但也有小部分光子严格地沿平行于 PN 结结平面的方向传播，如图 4-24 所示。这些方向一定的光子作为激励光源随后引起其他电子-空穴对复合的受激辐射，产生更多能量相同、方向相同的光子。这样的受激辐射随着注入电流的增大而逐渐增大，形成高强度的单色光，但其相位仍很杂乱，还不是相干光。

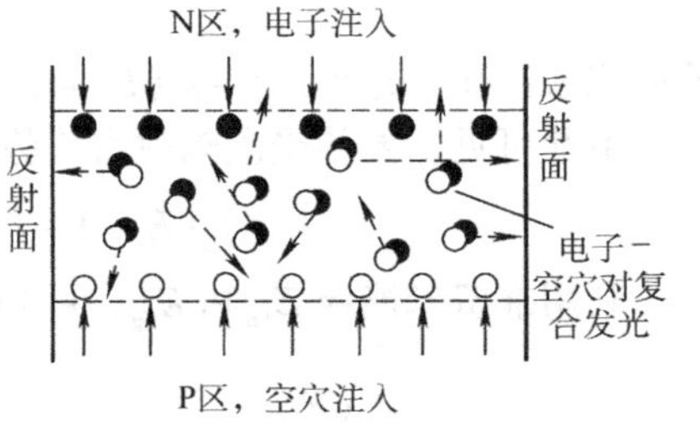

图 4-24 有源区辐射复合示意图

要使受激辐射达到发射激光的要求，即产生强度更大的单色相干光，必须依靠共振腔的作用。在 PN 结激光器中，用垂直于结平面的两个严格平行的晶体解理面作为天然反射镜面形成所谓法布里–珀罗（Fabry-Perot）共振腔，如图4-24所示。当一定频率的受激辐射沿平行于结平面的方向在反射面间来回反射，最终形成两列方向相反的波而相叠加时，就会在共振腔内形成驻波。设两个反射面的间距（共振腔长度）为 l，激光器材料的折射率为 n，受激辐射的真空波长为 λ，λ/n 即是辐射在半导体激光器中的波长，则受激辐射在共振腔内振荡的结果，是只有那些半波长的整数倍恰好等于共振腔长度的驻波才能存在，即

$$m\left(\frac{\lambda}{2n}\right)=l \tag{4-110}$$

式中，m 取整数。不符合这个条件的波很快被损耗掉，而满足这个条件的一系列特定波长的受激辐射则在共振腔内保存下来，并继续来回反射，形成振荡。

受激辐射在共振腔内来回反射时，也会因吸收、散射及反射面透射等损耗机制而衰减。不过，注入电流则会使有源区内的受激辐射不断增强，即使之获得增益。损耗和增益的消长决定着

最终能否有激光的发射。若用 g 和 α 分别表示单位长度传播路径内辐射强度的增益（即增益系数）和损耗（即损耗系数），用 I 代表辐射强度，则可将辐射的增益方程和损耗方程分别写为

$$\frac{\mathrm{d}I}{\mathrm{d}x}=gI,\qquad -\frac{\mathrm{d}I}{\mathrm{d}x}=\alpha I \tag{4-111}$$

损耗系数 α 概括了反射面透射以外的全部腔内损耗。若腔内损耗完全由吸收所致，则 α 即为激光器材料对辐射的吸收系数。α 主要决定于激光器材料的性质及其掺杂浓度。激光器做成之后，其值基本不变，而增益系数 g 的大小则取决于注入电流。当电流较小时，增益很小；电流增大，增益也逐渐增大。当注入电流增大到可使增益等于全部损耗时，才开始有激光的发射。因而称增益等于损耗时的注入电流密度 J_T 为阈值电流密度，相应的增益系数 g_T 为阈值增益系数。

由增益方程和损耗方程可知，增益和损耗各按指数规律增长或衰减，即

$$I(x)=I_0\mathrm{e}^{gx},\qquad I(x)=I_0\mathrm{e}^{-\alpha x} \tag{4-112}$$

设共振腔反射面的反射率为 R，由 I_0 在共振腔中经两个反射面的来回反射之后仍应等于 I_0 的阈值条件

$$R^2\mathrm{e}^{(g_T-\alpha)2l}=1 \tag{4-113}$$

不难证明（可参考习题20），在达到阈值条件时，需是

$$g_T l=\alpha l+\ln\frac{1}{R} \tag{4-114}$$

因而阈值增益系数

$$g_T=\alpha+\frac{1}{l}\ln\frac{1}{R} \tag{4-115}$$

式（4-114）中，$g_T l$ 为共振腔的总增益；αl 为共振腔内的总损耗；$\ln(1/R)$ 为端面的透射损耗。以上结果表明，损耗小，g_T 就小，阈值电流密度 J_T 就会降低。

对于激光器，阈值电流密度 J_T 和阈值增益 g_T 是两个重要的参数。要使激光器能够高效率工作，必须降低阈值，即减少各种损耗，降低损耗系数 α，提高反射面的反射率 R。因此，作为激光器材料，要选择晶格完整性高、掺杂浓度适当的晶体。同时，反射面要尽可能达到光学镜面的标准。

综上所述，半导体PN结激光器要能正常工作必须具备以下三个基本条件：

1）通过高浓度掺杂PN结的正向注入形成载流子分布反转，使受激辐射占优势。

2）具有共振腔，借以实现光量子放大。

3）正向电流密度达到或超过阈值，使增益至少等于损耗。

4. 激光器材料

GaAs是最早发现的半导体激光材料，已获得广泛研究和应用。其他Ⅲ-Ⅴ族化合物的光电子性质大多与GaAs相类似，也可用于制造激光器。GaP与GaAs以不同的比例制成固溶体 $GaAs_{1-x}P_x$，可获得波长范围为840nm（$x=0$ 的纯GaAs）到640nm（$x=0.40$ 的 $GaAs_{1-x}P_x$）的激光。InP的禁带宽度略小于GaP，其激光波长相应地向长波方向移动（$\lambda_0\approx 900$nm）。GaSb、InAs和InSb的激光波长分别为1560nm、3110nm和5180nm，进入更远的红外区。这样的激光器必须在很低的温度下工作。除了Ⅲ-Ⅴ族化合物可以用于注入式激光器外，其他材料，如一些Ⅳ-Ⅵ族化合物（即铅盐PbS、PbSe和PbTe等）也能制成PN结注入式激光器。GaN及其固溶体不但是制造高亮度短波光LED和白光LED的理想材料，也是制造短波长激光器的理想材料。

Ⅱ-Ⅵ族化合物虽然禁带普遍较宽，又都是直接禁带，是用途较广的光电子学材料，但由于杂质自补偿引起的单极性问题和晶格的完整性问题，目前还难以做成理想的PN结激光器。

习 题

4-1 对 $N_A = 1 \times 10^{17}\text{cm}^{-3}$、$N_D = 1 \times 10^{15}\text{cm}^{-3}$ 的突变 PN 结，通过计算比较其制造材料分别为 Si 和 GaAs 时室温下的自建电势差。

4-2 习题 4-1 中，分别对 Si PN 结和 GaAs PN 结求其势垒区中 1/2 势垒高度处的电子密度和空穴密度。

4-3 设 Si PN 结处于室温零偏置时其 N 区的 $E_C - E_F = 0.21\text{eV}$，P 区的 $E_F - E_V = 0.18\text{eV}$。①画出该 PN 结的能带图；②求 P 区与 N 区的掺杂浓度 N_A 和 N_D；③确定接触电势差 V_D。

4-4 一 Si 突变 PN 结的 N 区 $\rho_n = 10\Omega \cdot \text{cm}$、$\tau_p = 5\mu\text{s}$；P 区 $\rho_p = 0.1\Omega \cdot \text{cm}$、$\tau_n = 1\mu\text{s}$，在室温环境及任意正向偏压下，试计算：①空穴电流与电子电流之比；②反向饱和电流密度；③0.5V 正向电压下的电流密度。

4-5 计算当结温从 300K 上升到 450K 时，Si PN 结反向饱和电流增加的倍数。

4-6 对习题 4-1 所设的 PN 结，求正向偏压为 U 时，电子和空穴的准费米能级在空间电荷区两侧边界 x_n 和 x_p 处距本征费米能级的距离。

4-7 设 Si PN 结两边的掺杂浓度分别为 $N_D = 5 \times 10^{16}\text{cm}^{-3}$ 和 $N_A = 2 \times 10^{16}\text{cm}^{-3}$，$T = 300\text{K}$。求其在 0.61V 正向偏压下空间电荷区两侧边界处 x_n 和 x_p 的少子密度。

4-8 对于 Ge、Si、GaAs 3 种 PN 结，以 Si 为准求另外两种在室温下的归一化反向饱和电流密度，设 3 种 PN 结的掺杂情况相同，载流子的寿命和迁移率也相同。

4-9 若计入反向偏压下空间电荷区的产生电流，并以 $J_G/J_{RD} = 1$ 作为 PN 结反向特性偏离理想状态的表征，相应的反向电压即为偏离理想状态的临界电压。以 Si 为准求 Ge 反偏 PN 结的临界电压，设 $X_D \propto |U|^{1/2}$，并假定二者除本征载流子密度不同外，其余参数完全相同。

4-10 对 $N_A = 5 \times 10^{16}\text{cm}^{-3}$、$N_D = 5 \times 10^{15}\text{cm}^{-3}$ 的 Si PN 结，计算其室温零偏压下的 x_n、x_p、X_D 和 $|\mathcal{E}_{max}|$。若其他条件保持不变，将材料换成 GaAs，能获得的 $|\mathcal{E}_{max}|$ 是多少？

4-11 N 型 Si 与本征 Si 也可形成一种特殊的结，该结可用 N 型 Si 和轻掺杂 P 型 Si 形成的 PN 结来近似。假设 $T = 300\text{K}$，$N_D = 10^{16}\text{cm}^{-3}$、$N_A = 10^{12}\text{cm}^{-3}$，求零偏压下的 V_D、x_n、x_p 和 $|E_{max}|$，画出电场随距离变化的曲线。

4-12 有一 GaAs 突变 PN 结处于 300K 下的平衡态。已知总空间电荷区的 20% 宽度属于 P 型区，且接触电势差为 $V_D = 1.20\text{V}$。求 P 区和 N 区的掺杂浓度、空间电荷区的宽度以及最大的电场强度。

4-13 设 Si PN 结的 $N_A = 5 \times 10^{16}\text{cm}^{-3}$、$N_D = 5 \times 10^{15}\text{cm}^{-3}$。若该 PN 结在室温下处于 5V 反偏状态，试求其空间电荷区的宽度 X_D 和 $\mathcal{E}_{max}$。若其他条件保持不变，将材料换成 GaAs，结果如何？

4-14 已知 Si PN 结的 P 区掺杂浓度 $N_A = 10^{18}\text{cm}^{-3}$，现要求其室温 25V 反向电压下的 $\mathcal{E}_{max} = 3 \times 10^5\text{V/cm}$，其 N 区掺杂浓度应为多少？

4-15 $T = 300\text{K}$ 时，GaAs 反偏 PN 结的 $\mathcal{E}_{max} = 2.5 \times 10^5\text{V/cm}$。设该 PN 结两侧的掺杂浓度分别为 $N_D = 5 \times 10^{15}\text{cm}^{-3}$ 和 $N_A = 8 \times 10^{15}\text{cm}^{-3}$，试确定产生这个最大电场的电压。

4-16 对习题 4-15 所设之 PN 结，计算 x_n 和 x_p 处少子密度不大于相应多子密度 10% 时的最大正向偏压。

4-17 一个理想 N^+P 结的 $N_D = 50N_A$，$T = 300\text{K}$ 时的 $V_D = 0.752\text{V}$，$U_R = 10\text{V}$ 时的 $E_{max} = 1.14 \times 10^5\text{V/cm}$，求 x_p 和 C_T。

4-18 求 Si PN 结在结温从 300K 升至 310K 时正向电流密度的变化。为维持结电流不变，正向偏压应如何变化？

4-19 对于 Si PN 结，若 $T = 300\text{K}$ 下 $\tau_{p0} = 0.1\,\tau_{n0}$、$\mu_n = 2.4\mu_p$，试以 N_D/N_A 和 σ_n/σ_p 为变量导出注入比的表达式。

4-20 根据一个 Si P^+N 结在 300K 下的 C-U 测试结果绘制了一条 $C_T^{-2} - U$ 曲线，其斜率为 $1.32 \times 10^{15}\text{cm}^4\text{F}^{-2}\text{V}^{-1}$，电压轴上的截距为 -0.855V，求 N 区的掺杂浓度。

4-21 欲用 N 型 Si 片通过 P 型扩散工艺补偿掺杂做成一个反向阻断电压为 1800V 的 P^+N 结，应选择电阻率至少多高的 Si 片？若 P^+ 层厚度定为 $50\mu\text{m}$，Si 片至少应该多厚？假定空间电荷区完全在 N 区展开。

4-22 Si PN 结的掺杂浓度为 $N_A = N_D = 10^{18}\text{cm}^{-3}$，发生隧道击穿时的临界电场为 10^6V/cm，求击穿

电压。

4-23 用光子能量为1.2eV、强度为2mW的光照射一Si光电池。若反射率为0.25，量子产额$\beta=1$，并设全部光生载流子都能到达电极。①求300K下的光生电流；②若其暗状态下的反向饱和电流为10^{-8}A，求开路电压。

4-24 对一个具有下列相关参数的Si PN结太阳电池计算其300K时的开路电压：$N_A=5\times10^{18}\,cm^{-3}$，$N_D=10^{16}\,cm^{-3}$；$D_n=25cm^2/s$，$D_p=10cm^2/s$；$\tau_n=5\times10^{-6}s$，$\tau_p=10^{-6}s$；$J_L=15mA/cm^2$。

4-25 设PN结激光器的共振腔长度为l，端面反射率为R，损耗系数即吸收系数为α，试证其阈值增益为

$$g_t=\alpha+\frac{1}{l}\ln\frac{1}{R}$$

第5章

金属–半导体接触

金属–半导体接触（简称金–半接触）包括肖特基势垒接触和欧姆接触两类。前者具有类似于PN结的非对称、非线性伏安特性，是多种半导体元器件的核心结构；后者具有对称的线性伏安特性，而且阻值极低，作为电极，是所有半导体元器件和集成电路不可缺少的要件。本章主要讨论肖特基势垒接触的成因及其伏安特性，对欧姆接触只作简略介绍。

5.1　金属–半导体接触及其平衡状态

与PN结因为P型半导体和N型半导体的费米能级之差而产生接触电势差一样，金属–半导体接触也会因为金属和半导体的费米能级之差而产生接触电势差。不过，就同种半导体而言，N型材料一定比P型材料的费米能级高，因而PN结接触电势差的方向是一定的；而不同金属和不同导电类型半导体的费米能级会有不同的相对高度，因此，金属–半导体接触的接触电势差内涵要丰富一些，有势垒（阻挡）型接触和非势垒（非阻挡）型接触的区别。

5.1.1　金属和半导体的功函数

1. 金属的功函数

从固体物理学中可以知道，**绝对热力学零度下的费米能级 E_F 是全空态和全满态的分界能级**。也就是说，在绝对零度，金属中的电子填满了费米能级 E_F 以下的所有能级，而高于 E_F 的能级则全部处于空态。在一定温度下，也只有 E_F 能级以下几个 kT 范围内的电子受到热激发，由低于 E_F 的能级跃迁到高于 E_F 的能级上去，成为**金属中的价电子或称自由电子**。虽说这些价电子可以在整个金属中自由运动，但要逸出金属还必须获得足够高的能量以克服金属原子对它的束缚。

严格来讲，电子在金属中被束缚的程度与电子所在位置的环境（原子势场）有关。所以，金属的结晶形态不同，电子逸出时所需要的能量大小也就不同；从同种金属的不同晶面逸出，需要外界做功的大小也会有差别。不过，这些差别并不很大，不到平均逃逸能量的1/10。因此，一般把这些能量的平均值定义为电子的逸出功，或称金属的**功函数**，常用 W_M 表示。所以，金属中的电子相当于是处在一个深度为 W_M 的势阱之中，如图5-1所示。

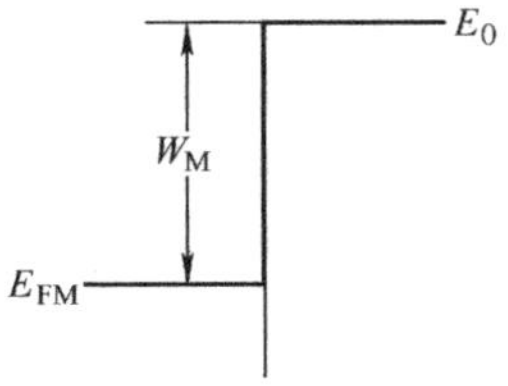

图5-1　金属中的电子势阱

金属的功函数定义为

$$W_M = E_0 - E_{FM} \tag{5-1}$$

式中，E_0 表示真空中静止电子的能量；E_{FM}表示金属的费米能级。功函数 W_M 即表示从金属向真空发射一个电子所需要的最低能量。显然，**功函数的大小反映了电子在金属中被束缚的强弱。** W_M 越大，电子越不容易离开金属。

若不考虑其他细节，确定金属的功函数可视为常数，大小约为几个eV。图5-2给出了一些元素（包含一些非金属元素）的功函数随其原子序数变化的情况。这些数据是利用超高真空中具有洁净表面的样品测出的，其精确度较早期发表的数据高。图中可见，功函数的大小随着原子序数的递增而按元素周期表的周期变化。低价金属的功函数较低，非金属元素的功函数较高，即功函数与电负性的变化规律一致。

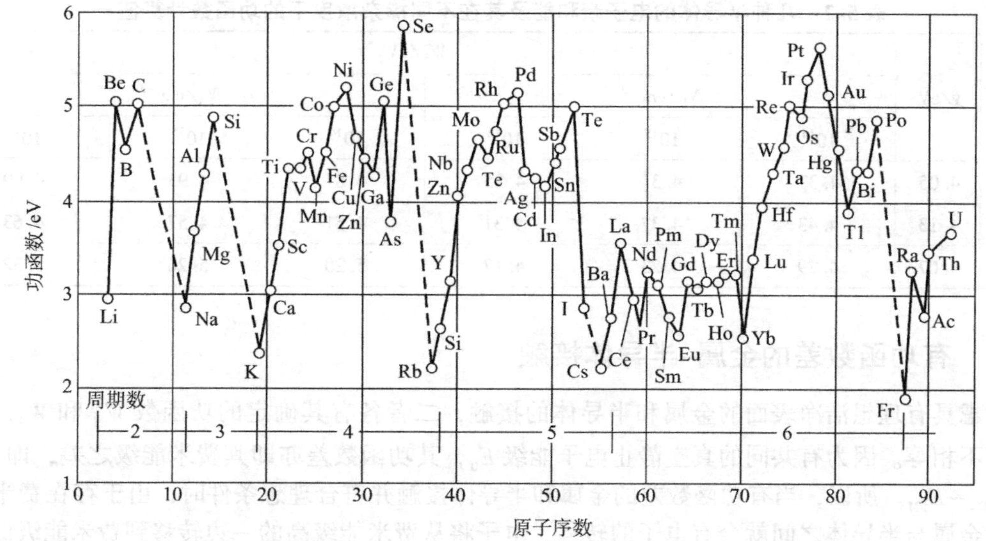

图 5-2　用真空中的洁净表面测出的一些元素的功函数与其原子序数的关系[注]

为便于更准确地引用功函数数据，表 5-1 列出了几种常见元素的功函数，其值取自 1978 年出版的《Metal-semiconductor Contacts》一书中的表 2. 1。

表 5-1　几种常见元素的功函数　　　　（单位：eV）

元素	Al	Cu	Au	W	Ag	Mo	Pt
功函数	4. 18	4. 59	5. 20	4. 55	4. 42	4. 21	5. 43

2. 半导体的功函数

和金属类似，也把 E_0 与半导体的费米能级之差称为半导体的功函数，用 W_S 表示，即

$$W_S = E_0 - E_{FS} \tag{5-2}$$

由于半导体的费米能级 E_{FS} 会随杂质浓度变化，所以，**半导体的功函数 W_S 是杂质浓度的函数，而不像金属那样基本为一常数**。还应注意的是，半导体的费米能级只是电子占据能级的水平标志，并非电子的最高能量状态。如图 5-3 所示，非简并半导体中电子被激发后处在导带底的几率最大，即热平衡电子的最高能量为 E_C。因此，E_0 与 E_C 之间的能量差才是半导体中电子逸出体外所需要的最低能量。此能量称为**电子亲和能**，其值为

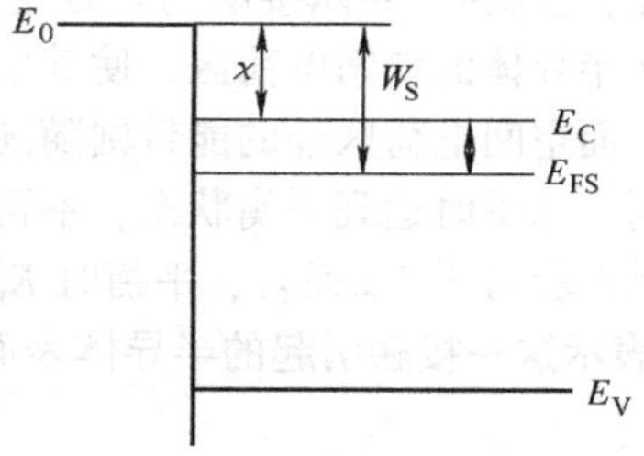

图 5-3　半导体的功函数和电子亲和能

$$\chi = E_0 - E_C \tag{5-3}$$

利用电子亲和能，半导体的功函数又可表示为

$$W_S = \chi + (E_C - E_{FS}) = \chi + E_n \tag{5-4}$$

式中，$E_n = E_C - E_{FS}$是费米能级与导带底的能量差。表 5-2 给出了 Si、Ge 和 GaAs 的电子亲和能及其在不同掺杂浓度下的功函数计算值。

[注] 转引自参考文献［4］。

表 5-2 几种半导体的电子亲和能及其在不同掺杂浓度下的功函数计算值

材料	χ/eV	W_S/eV					
		N_D/cm^{-3}			N_A/cm^{-3}		
		10^{14}	10^{15}	10^{16}	10^{14}	10^{15}	10^{16}
Si	4.05	4.37	4.31	4.25	4.87	4.93	4.99
Ge	4.13	4.43	4.37	4.31	4.51	4.57	4.63
GaAs	4.07	4.29	4.23	4.17	5.20	5.26	5.32

5.1.2 有功函数差的金属–半导体接触

考虑具有理想洁净表面的金属和半导体的接触，二者各有其确定的功函数 W_M 和 W_S，一般情况下不相等。因为有共同的真空静止电子能级 E_0，其功函数差亦即其费米能级之差，即 $W_M - W_S = E_{FS} - E_{FM}$。所以，当有功函数差的金属和半导体接触并符合理想条件时，由于存在费米能级之差，金属与半导体之间就会有电子的转移，电子将从费米能级高的一边转移到费米能级低的一边，直到二者费米能级持平而进入热平衡态为止。

本节先讨论各种不同接触的热平衡状态。

1. 金属与N型半导体的接触

(1) $W_M > W_S$ 的情况

图5-4是功函数为 W_M 的金属与功函数为 W_S 的N型半导体接触前后半导体导带底及其费米能级变化的示意图。$W_M > W_S$ 意味着半导体的费米能级高于金属的费米能级。当金属与N型半导体紧密接触成为一个统一的电子系统时，半导体中的电子将向金属转移，使金属表面荷负电，而靠近半导体表面的区域则形成了由电离施主构成的正空间电荷层，由此产生了由半导体指向金属的内建电场，具有阻止电子进一步从半导体流向金属的作用。同时，由于转移电子在金属表面的分布极薄，金属表面的电荷密度要比半导体表面大得多，类似于单边突变 P^+N 结。因此，金属–半导体接触的自建电场所引起的电势变化主要发生在半导体的空间电荷区，使其中的能带向上弯曲形成**电子势垒**；而空间电荷区外的能带则随同 E_{FS} 一起下降，直到与 E_{FM} 处在同一水平时达到平衡状态，不再有电子的净流动，如图5-4b所示。相对于 E_{FM} 而言，平衡时 E_{FS} 下降幅度为 $W_M - W_S$。若以 V_D 表示这一接触引起的半导体表面与体内的电势差，显然有

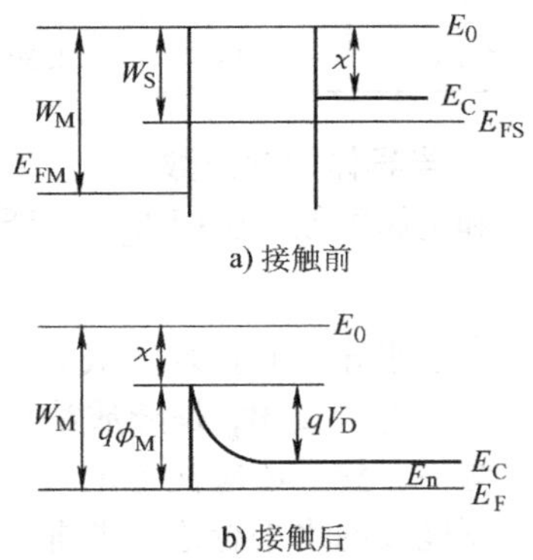

图5-4 $W_M > W_S$ 的金属与N型半导体接触前后的能带

$$qV_D = W_M - W_S \tag{5-5}$$

式中，V_D 为接触电势差或半导体的表面势；qV_D 也就是半导体中的电子进入金属所必须越过的势垒高度。当然，金属中的电子若要进入半导体，也要越过一个势垒。按图5-4，其高度为

$$q\phi_M = W_M - \chi = qV_D + E_n \tag{5-6}$$

式中，$q\phi_M$ 即肖特基势垒的高度。显然，**肖特基势垒高度只与金属的功函数和半导体的亲和能有关，与半导体掺杂与否没有关系。**

以上表明，当金属与N型半导体接触时，若 $W_M > W_S$，则在半导体表面形成一个由电离施主构成的正空间电荷区，其中电子浓度极低，是一个高阻区域，常称为**电子阻挡层**。电子阻挡层内存在方向由体内指向表面的自建电场，它使半导体表面电子的能量高于体内，能带向上弯曲，即形成电子的表面势垒，因此该空间电荷区又称**电子势垒区**。

（2）$W_M < W_S$ 的情况

若 $W_M < W_S$，电子将从金属流向半导体，在半导体表面区域形成负空间电荷区。由此产生由半导体表面指向体内的自建电场，导致半导体的能带自体内到表面向下弯曲，使半导体表面的电子密度比体内高得多，因而是一个高电导区域，称之为**反阻挡层**。$W_M < W_S$ 时金属和 N 型半导体在平衡状态下的能带如图 5-5 所示。反阻挡层是很薄的高电导层，它对半导体和金属之间接触电阻的影响极小。所以，反阻挡层与电子阻挡层不同，在平常的实验中觉察不到它的存在。

2. 金属与 P 型半导体的接触

金属和 P 型半导体接触时，形成阻挡层的条件与 N 型半导体的情况相反：当 $W_M > W_S$ 时，能带向上弯曲，导致表面比体内空穴密度更高，形成 P 型反阻挡层；当 $W_M < W_S$ 时，能带向下弯曲成为**空穴势垒**，形成 P 型阻挡层。金属和 P 型半导体接触的能带如图 5-6 所示。

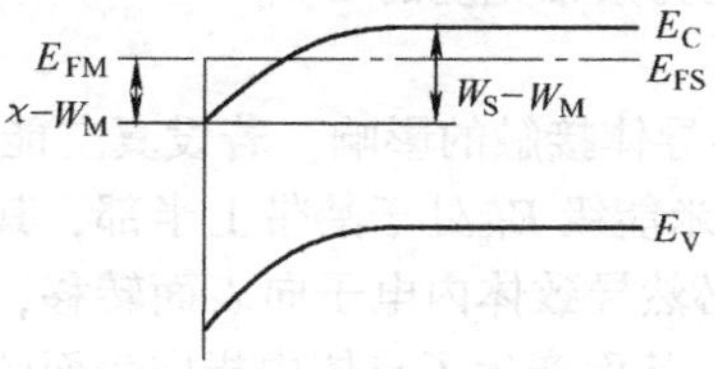

图 5-5 $W_M < W_S$ 时金属和 N 型半导体在平衡状态下的能带

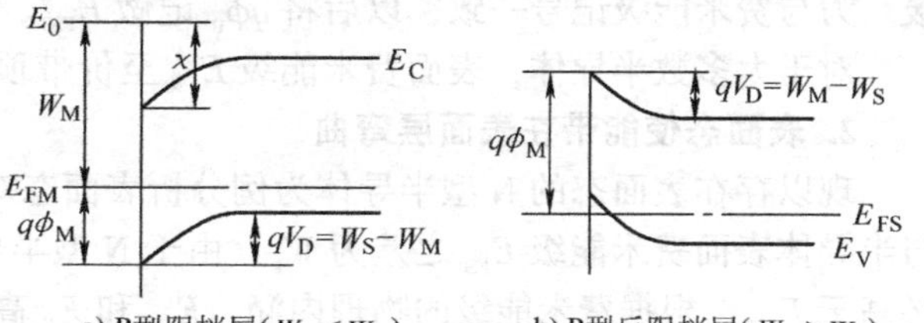

a) P型阻挡层（$W_M < W_S$）　b) P型反阻挡层（$W_M > W_S$）

图 5-6 金属和 P 型半导体接触能带图

3. 肖特基势垒接触

在以上讨论的 4 种接触中，形成阻挡层的两种，即 $W_M > W_S$ 时金属与 N 型半导体的接触和 $W_M < W_S$ 时金属与 P 型半导体的接触，分别在半导体表面层形成了电子势垒和空穴势垒，因而这种金属-半导体接触称为**肖特基势垒接触**。

肖特基势垒接触的特点是其金属-半导体界面的两侧都是同种载流子的势垒，虽然势垒高度不同，但在无外加电压的平衡状态，单位时间从界面两侧越过势垒的载流子数相等。因此，处于平衡态的肖特基势垒接触没有净电流。

5.1.3 表面态对接触电势差的影响

根据式（5-6），当两种功函数不同的金属与某种电子亲和能为 χ 的半导体接触时，会形成高低不等的势垒 $q\phi_{M1}$ 和 $q\phi_{M2}$，势垒高度之差应为这两种金属的功函数之差 $W_{M1}-W_{M2}$。但是实际情况并非如此。表 5-3 列出了几种金属分别与 N 型 Ge、Si、GaAs 接触时形成的势垒高度 $q\phi_M$ 的测量值。可以看出，Au 和 Al 分别与 N 型 GaAs 接触时，势垒高度仅相差 0.15eV。而 Au 的功函数为 5.20eV，Al 的功函数为 4.18eV，两者相差 1.02eV，远比 0.15eV 大。大量的测量结果表明，不同金属之间虽然功函数相差很大，但它们与同一种半导体接触时形成的势垒高度相差却很小。这说明实际情况中金属功函数对势垒高度的决定作用不是唯一的，还存在着影响势垒高度的其他因素。这个因素就是半导体表面态。

表 5-3 N 型 Ge、Si、GaAs 与一些金属的 $q\phi_M$

金属		Au	Al	Ag	W	Pt
W_M/eV		5.20	4.18	4.42	4.55	5.43
$q\phi_M$/eV	N 型-Ge	0.45	0.48	—	0.48	—
	N 型-Si	0.79	—	—	0.69	—
	N 型-GaAs	0.95	0.80	0.93	0.71	0.94

1. 关于表面态

第3章中已指出，在半导体表面的禁带中存在着连续分布的能量状态，即表面态，表面态会影响表面附近额外载流子的寿命及其分布。第4章中也曾指出，表面态会影响PN结的伏安特性。这里讨论表面态对金属－半导体接触的影响。关于表面态的成因，跟第3章、第4章一样暂不考虑，留待第7章较详细地讨论。

作为一种电子能态，表面态也可以与半导体体内的电子态交换载流子，从而也有施主与受主之分。若表面态被电子占据时呈电中性，施放电子后带正电，类似于施主杂质，称为施主型表面态；若表面态空着时呈电中性，接受电子后带负电，类似于受主杂质，则称为受主型表面态。表面能级在禁带中形成一定分布，并存在一个距离价带顶 $q\phi_0$ 的特征能级。$q\phi_0$ 以下的能级基本被电子占满，而 $q\phi_0$ 以上的能级基本上全空，与金属的费米能级类似，因此将 $q\phi_0$ 称为**表面费米能级**。为与费米能级记号一致，以后将 $q\phi_0$ 记做 E_{FS0}。

对于大多数半导体，表面费米能级 E_{FS0} 至价带顶的距离约为禁带宽度的1/3。

2. 表面态使能带在表面层弯曲

现以存在表面态的N型半导体为例分析表面态对金属–半导体接触的影响。若设真空能级 E_0 与半导体表面费米能级 E_{FS0} 之差为 W_L，由于N型半导体的费米能级 E_{Fn} 处于禁带上半部，其位置必高于 E_{FS0}。根据费米能级的物理内涵，E_{FS0} 和 E_{Fn} 高低不等必然导致体内电子向表面转移，使表面带负电，同时在靠近表面的近表面附近形成正空间电荷区，从而产生了自体内指向表面的自建电场，使表面费米能级上升、体内费米能级下降，表面区能带因此而弯曲，形成高度为 $qV_D = E_{Fn} - E_{FS0}$ 的表面势垒，使电子不再向表面态填充。达到平衡的标志是半导体表面与体内具有统一的费米能级 E_F。如果表面态密度不高，近表面层电子对表面态的填充水平提高较大，平衡时统一的费米能级就停留在距 E_{FS0} 较远的高度。这时，表面能带弯曲较小，势垒 qV_D 较低，如图5-7所示。如果表面态密度很高，以致近表面层向其转移了大量电子仍难以提高表面能级的电子填充水平，表面费米能级的提高可以忽略，故平衡时体内费米能级 E_{Fn} 就会下降很多而向 E_{FS0} 靠近，表面能带弯曲较大。若表面态密度高得无法让 E_{FS0} 因为电子的填充而向上移动，则势垒高度 $qV_D = E_{Fn} - E_{FS0}$，其值即为表面势垒的最高值，如图5-8所示。

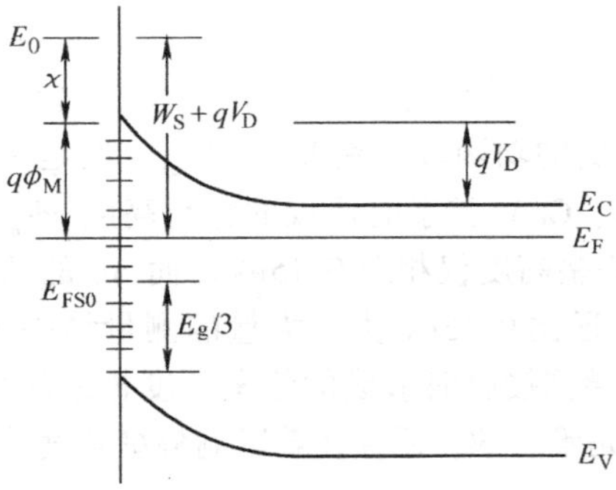

图5-7 表面态密度较低时的N型半导体能带

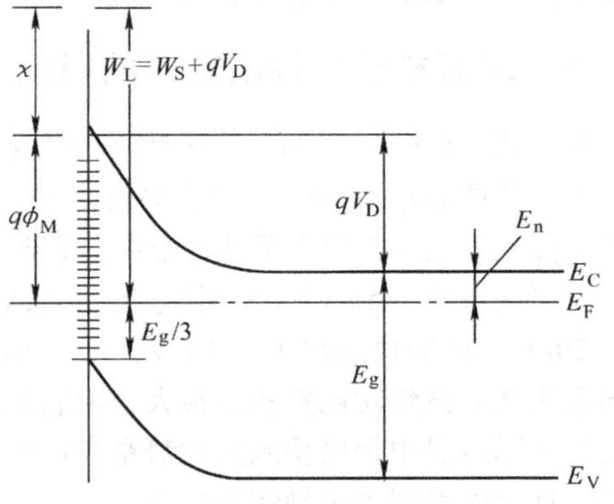

图5-8 表面态密度很高时的N型半导体能带图

3. 表面态改变半导体的功函数

如果不存在表面态，半导体的功函数决定于费米能级在禁带中的位置，即 $W_S = \chi + E_n$。如果存在表面态，半导体即使不与金属接触，其表面也会形成势垒，从而使 E_0 与其费米能级之差变为无表面态功函数 W_S 与表面势垒 qV_D 之和，如图5-7或图5-8所示，即表面态使半导体的功函数变为

$$W_S' = \chi + qV_D + E_n = W_S + qV_D \tag{5-7}$$

在表面态密度很高时，由图 5-8 可知

$$W_S' = E_0 - E_{FS0} = W_L \tag{5-8}$$

上式说明，**高表面态密度半导体的功函数由表面费米能级 E_{FS0} 的位置决定而与体内费米能级的位置无关**。在这种情况下，半导体的费米能级被固定在表面费米能级 E_{FS0} 处，施主浓度的高低不影响它的位置，表面势垒的高度也不再有明显改变。

4. 表面态对金属–半导体接触的影响

如果用表面态密度很高的半导体与金属相接触，由于半导体表面释放和接纳电子的能力很强，整个金属–半导体系统费米能级的调整主要在金属和半导体表面之间进行。这样，无论金属和半导体之间功函数差别如何，由表面态产生的半导体表面势垒区几乎不会发生什么变化。平衡时，金属的费米能级与半导体的费米能级被固定在 E_{FS0} 附近。这就是说，当半导体的表面态密度很高时，由于它可屏蔽金属接触的影响，使得半导体近表面层的势垒高度和金属的功函数几乎无关，而基本上仅由半导体的表面性质所决定。对于含高密度表面态的 N 型半导体，即使是与功函数较小的金属（即 $W_M < W_S$）接触，也有可能形成 N 型阻挡层。当然，这是极端情况。实际上，由于表面态密度的不同，功函数差的金属与半导体接触时，接触电势差仍有一部分要降落在半导体表面之下，金属功函数对表面势垒的高度还是会产生不同程度的影响，但影响不大。

以上的解释符合实际测量的结果。因此，研究开发金属–半导体接触型元器件时，保持半导体表面的低态密度非常重要。

5.1.4 欧姆接触

前面着重讨论了金属和半导体的肖特基势垒接触。但在实际应用中最不可缺少的还是能够不失真地从半导体中引出电信号的纯电极接触。这种接触不产生明显的附加阻抗，也不会像 PN 结那样以注入和抽取的方式使半导体的载流子密度发生改变。这就是另一类重要的金属–半导体接触——**欧姆接触**。从理论上讲，任何两种物体的接触都会产生电阻，即接触电阻。欧姆接触也不例外，但其阻值应为不随电压变化的常数，且在理想情况下应该趋于零。

在本节讨论的金属–半导体接触的四种情况当中，两种反阻挡层接触在半导体表面形成的是一个多数载流子的高密度区，符合欧姆接触的低阻、线性条件。如此看来，欧姆接触的实现似乎只是一个选对材料的问题。但正如前面所讨论的，高密度表面态的存在使 Ge、Si、GaAs 这些常用半导体无论与什么样的金属接触都会形成阻挡层，即便是 N 型材料与高功函数金属接触，或 P 型材料与低功函数金属接触，都很难形成反阻挡层。因此，工程中通常不采用根据功函数选择金属材料的办法，而用对接触面实行重掺杂的方法形成欧姆接触，即通过重掺杂使半导体表面势垒区变得非常窄，借助隧穿效应将势垒接触变为欧姆接触。

如前所述，PN 结的空间电荷区宽度与杂质浓度有关，重掺杂 PN 结的空间电荷区可以薄到电子的隧穿长度之下。这样的 PN 结因电子隧穿而失去空间电荷区对载流子的阻挡作用。对金属–半导体接触而言，如果半导体是重掺杂，其阻挡层也会很薄。借助单边突变结计算势垒区宽度的式（4-69），对 Si 可以算出：当 $N_D = 10^{18}\text{cm}^{-3}$、$\varepsilon = 12$、$V_D - U = 0.8\text{V}$ 时，势垒宽度只有 10nm。因此，即便是功函数较大的金属与 N 型 Si 的接触，只要在其表面预先形成一个宽度略大于 10nm、施主浓度不低于 10^{18}cm^{-3} 的 N^+ 层，该接触的阻挡层就不会宽于 10nm，对包括低能电子在内的所有电子都失去阻挡作用，因而接触电阻很小，从势垒型接触变为欧姆接触。

制作欧姆接触最常用的方法就是在半导体表面首先形成一个同型重掺杂薄层，然后再淀积金属，形成金属 – N^+N 结或金属 – P^+P 结构。由于低阻接触层的引入，金属的选择就比较自由。

在半导体表面淀积金属电极的方法很多，常用的有蒸发、溅射和电镀等。

在半导体工艺中常用的欧姆接触材料有 Al 和 Au 等。用难熔金属与 Si 形成的金属 Si 化物（Silicide），如 PtSi、Pd_2Si、RhSi、NiSi、MoSi 等，既可用于制作肖特基势垒接触，也可用于制作欧姆接触，二者的差别就在于其间有无重掺杂的低阻接触层。

【例 5-1】计算 $N_D = 10^{17}cm^{-3}$ 的 N 型 Si 在室温下的功函数。若不考虑表面态的影响，它分别和 Al、Au、Mo 紧密接触时形成阻挡层还是反阻挡层？并设 $W_{Al} = 4.18eV$、$W_{Au} = 5.20eV$、$W_{Mo} = 4.21eV$。

解： 设室温下杂质全电离，则由

$$n_0 = N_C \exp\left(-\frac{E_C - E_F}{kT}\right) = N_C \exp\left(-\frac{E_n}{kT}\right) = N_D$$

解得

$$E_n = kT\ln\frac{N_C}{N_D} = 0.0259 \times \ln\frac{2.8 \times 10^{19}}{10^{17}} eV = 0.15eV$$

查表 5-1 知 Si 的电子亲和能为 4.05eV，代入式（5-4）得 Si 的功函数 $W_{Si} = 4.05 + 0.15eV = 4.20eV$。

查表 5-2 知 $W_{Al} = 4.18eV < W_{Si}$，所以不考虑表面态影响时，该 N 型 Si 与 Al 接触形成反阻挡层；而 W_{Au} 和 W_{Mo} 均大于 W_{Si}，所以 Au 和 Mo 与 N 型 Si 接触在不考虑表面态影响时均形成阻挡层。

5.2 金属-半导体接触的非平衡状态

如前所述，处于平衡态的肖特基势垒接触没有净电流通过。这是因为平衡时金属费米能级与半导体费米能级处于同一水平位置，从半导体进入金属的电子流和从金属进入半导体的电子流大小相等，方向相反，达成动态平衡。如果在肖特基势垒接触上外加偏置电压 U，由于半导体一侧的阻挡层是载流子密度极低的空间电荷区，而金属一侧电子密度很高，该电压主要降落在半导体阻挡层上，阻挡层两边的电势差，即表面势，就会相应地有所改变，即从 V_D 变为 $V_D + U$。这样，阻挡层的宽度和势垒高度就会随着外加电压的变化而改变。由于金属一侧没有外加电压的降落，其势垒高度不变。于是，外加电压就改变了界面两侧势垒的相对高低，平衡态即被打破，分别从两侧越过金属-半导体界面的同种载流子数不再相等，净电流不为零。由此产生的电流的大小和方向决定于偏置电压引起的势垒高度的相对变化，由此形成肖特基势垒型金属-半导体接触的伏安特性。

5.2.1 不同偏置状态下的肖特基势垒

1. 势垒高度

按前节的定义，平衡态肖特基势垒接触的半导体表面与体内电位之差（表面势）为 V_D。于是，当有外加电压 U 全部降落于其上时，二者之间的电位差即变为 $V_D + U$。阻挡层电子势垒的高度也相应地从 qV_D 变为 $q(V_D + U)$。类似于对 PN 结偏置电压正负的定义，将使半导体一侧势垒降低的外加电压定义为正偏压。因此，对金属与 N 型半导体的肖特基势垒接触，金属接正、半导体接负为正偏置；对 P 型半导体则相反。按此定义，**正偏置时 U 与平衡态表面势 v_D 符号相反，阻挡层势垒高度为 $q(V_D - U)$；反偏置时，U 与平衡态表面势 v_D 符号相同，阻挡层势垒高度为 $q(V_D + U)$**。参照图 5-9 针对 N 型半导体肖特基势垒接触的不同偏置情况可见，偏置电压使半导体和金属处于非平衡状态，二者没有统一的费米能级。半导体内部费米能级和金属费米能级之差，即等于外加电压引起的静电势能之差 qU。

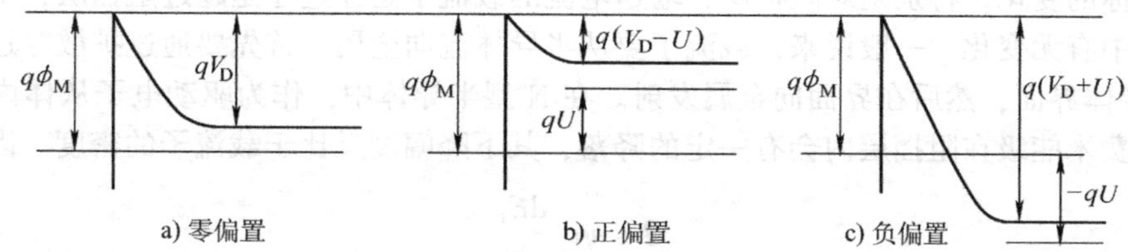

图 5-9 $W_M > W_S$ 的金属与 N 型半导体接触处于不同偏置状态的能带示意图

由于外加电压在金属一侧没有降落，偏置状态下，电子在金属一侧的势垒高度 $q\phi_M$ 不会随电压变化而变化，永远保持其平衡态的高度不变。

2. 势垒区的宽度、电场和电容

金属和 N 型半导体接触形成肖特基势垒接触时，金属表面荷负电且有远高于半导体的电荷密度，半导体近表面区则存在等量的正空间电荷，其分布情况和具有同样电场分布的 P^+N 单边突变结完全相同。因此，在讨论单边突变结时所得到的一些有关势垒区参数的结果可直接应用到肖特基势垒接触之中，即平衡态势垒区的宽度 X_D、最大电场强度 E_m 和势垒比电容 C_{TS}分别为

$$X_D = \sqrt{\frac{2\varepsilon_0\varepsilon V_D}{qN_D}},\quad E_m = \sqrt{\frac{2qN_DV_D}{\varepsilon_0\varepsilon}},\quad C_{TS} = \sqrt{\frac{\varepsilon_0\varepsilon qN_D}{2V_D}} = \frac{\varepsilon_0\varepsilon}{X_D} \tag{5-9}$$

偏置状态下，按上述对偏置电压的定义，只需将以上各式中的 V_D 替换成 $V_D - U$，即可得到不同偏置状态的对应参数，即

$$X_D = \sqrt{\frac{2\varepsilon_0\varepsilon(V_D-U)}{qN_D}},\quad E_m = \sqrt{\frac{2qN_D(V_D-U)}{\varepsilon_0\varepsilon}},\quad C_{TS} = \sqrt{\frac{\varepsilon_0\varepsilon qN_D}{2(V_D-U)}} = \frac{\varepsilon_0\varepsilon}{X_D} \tag{5-10}$$

由此可见，**在 $U>0$ 的正向偏置状态，半导体一侧的空间电荷区宽度、最大电场强度都随着外加电压的升高而减小，而势垒电容则随之增大；与之相反，在 $U<0$ 的反向偏置状态，空间电荷区宽度、最大电场强度随着外加电压的升高而变大，而势垒电容则随之减小。这个规律跟单边突变结完全一致。**

3. 电流密度

正偏置时，从半导体进入金属的载流子数会因势垒高度的降低而显著增加，但从金属到半导体的同类载流子则因肖特基势垒高度 $q\phi_M$ 不变而没有变化，因而形成较大的正向电流。外加正向电压越高，势垒降低越多，正向电流越大。反向偏置时，由于半导体一侧势垒升高、金属一侧的势垒高度仍然不变，从半导体进入金属的载流子数显著减小，从金属流向半导体的同类载流子数占相对优势，两相抵消得到从金属到半导体的净电流，方向与正向电流方向相反。但是，金属中的电子要越过相当高的势垒 $q\phi_M$ 才能进入半导体，因此反向电流密度极小。另一方面，由于金属一侧的势垒不随外加电压变化，从金属进入半导体的载流子数恒定不变，而从半导体进入金属的载流子则随反向电压的升高而减少，当反向电压升高到其值可忽略不计时，反向电流即趋于饱和。所以，不同偏置条件下的肖特基势垒接触与 PN 结类似，**也具有单向导电性甚至反向电流的饱和性**，因而这种接触也是一种**整流接触**。不过，**肖特基势垒接触的正、反向电流都是由多数载流子传输的**，在这点上与 PN 结有本质不同。

5.2.2 正偏肖特基势垒区中的费米能级

对 N 型半导体与高功函数金属的肖特基势垒接触而言，正向电压 U 将半导体一侧的费米能

级提高到比金属一侧费米能级高 qU 的位置，从而驱动电子源源不断地从半导体流向金属。由于此电流既有漂移成分，也有扩散成分，电流密度满足的是广义欧姆定律，即净电流决定于费米能级随空间坐标的变化。特别是对阻挡层，输运电流的载流子是穿过还是越过阻挡层，要看费米能级在阻挡层中有无变化。一般说来，载流子要从半导体流向金属，首先要通过扩散穿过势垒区到达金属–半导体界面，然后在界面向金属发射。在N型半导体中，作为驱动电子从体内向界面扩散的动力，费米能级在阻挡层内会有一定的降落，其下降幅度反比于载流子的密度，因为

$$J = n\mu_n \frac{dE_F}{dx} \tag{5-11}$$

一般情况下，费米能级在金属–半导体界面上仍有一定差别，以使电子由半导体向金属的发射超过由金属向半导体的发射，形成由半导体流向金属的净电子流，这就是图5-10a所示的一般情况。费米能级在界面上差别的大小应正好使扩散到界面的电子都能发射到金属中去而不造成积累。

正向偏压下费米能级在阻挡层中变化的两种极端情况如图5-10b、c所示。图5-10b表示阻挡层很薄，其厚度小于电子平均自由程，电子不需要通过扩散穿过阻挡层到达金属–半导体界面，而是直接在半导体阻挡层的内沿向金属发射。图5-10c表示阻挡层较厚，费米能级的全部变化都发生在阻挡层内，因而在金属–半导体界面上近似相等，这时电子完全通过扩散渡越阻挡层进入金属。

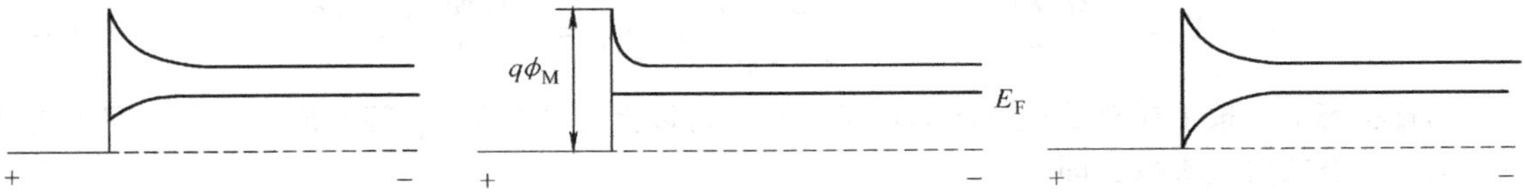

a) 一般情形　　b) 薄势垒　　c) 厚势垒

图5-10　正向偏压在不同金属–半导体接触势垒层中引起的费米能级变化

对肖特基势垒电流–电压特性的理论分析主要依据后两种极端情况进行，分别称为热电子发射理论和扩散理论。

5.2.3　厚势垒金属–半导体接触的伏安特性

对于N型阻挡层，当势垒宽度比电子的平均自由程大得多时，电子渡越势垒区要发生多次碰撞，这样的阻挡层称为厚阻挡层。对厚阻挡层问题的讨论通常采用扩散理论进行。

扩散理论假定正向电压引起的半导体与金属的费米能级之差 qU 全部降落在半导体的阻挡层中。这样，阻挡层中既存在电场，又存在载流子密度梯度。因此在计算通过势垒的电流时，必须同时考虑电子的漂移和扩散运动。但是，对这种既有电子势能变化又有载流子浓度变化的复杂情况，采取分别计算漂移电流和扩散电流而后求和的办法比较麻烦，而利用广义欧姆定律则比较简单。这时，问题归结为求阻挡层内费米能级的变化。

阻挡层内 n 是 x 的函数，dE_F/dx 也是 x 的函数。对任何一个隐形的指数函数 $e^{Z(x)}$，恒有

$$\frac{de^{Z(x)}}{dx} = e^{Z(x)}\frac{dZ(x)}{dx} \tag{5-12}$$

因此可将广义欧姆定律电流方程式（5-11）中的微分项表示成

$$\frac{dE_F}{dx} = kT\exp\left(\frac{-E_F}{kT}\right)\frac{d}{dx}\exp\left(\frac{E_F}{kT}\right) \tag{5-13}$$

将此式连同

$$n = N_C \exp\left[-\frac{E_C(x) - E_F(x)}{kT}\right] \tag{5-14}$$

代入广义欧姆定律电流方程式（5-11），即得

$$\frac{J}{\mu k T N_C}\exp\left(\frac{E_C}{kT}\right) = \frac{d}{dx}\exp\left(\frac{E_F}{kT}\right) \tag{5-15}$$

设阻挡层内迁移率为常数，以金属-半导体界面为坐标原点对上式两边在阻挡层内积分，即有

$$\frac{J}{\mu k T N_C}\int_0^{X_D}\exp\left[\frac{E_C(x)}{kT}\right]dx = \exp\left[\frac{E_F(X_D)}{kT}\right] - \exp\left[\frac{E_F(0)}{kT}\right] \tag{5-16}$$

式（5-16）左边的被积函数是一个指数函数，它随着 x 的增大而急剧减小，因而积分主要取决于 $x=0$ 附近 E_C 的大小，因此把 $E_C(x)$ 的函数关系按三角形势垒近似为

$$E_C(x) = E_C(0) - q\mathcal{E}_m x \tag{5-17}$$

式中，$\mathcal{E}_m$ 是空间电荷区的最大电场强度。将此设定函数代入式（5-16）中的积分式，即得

$$\int_0^{X_D}\exp\left[\frac{E_C(x)}{kT}\right]dx = \exp\left[\frac{E_C(0)}{kT}\right]\int_0^{\infty}\exp\left(-\frac{q\mathcal{E}_m x}{kT}\right)dx = \frac{kT}{q\mathcal{E}_m}\exp\left[\frac{E_C(0)}{kT}\right] \tag{5-18}$$

将此积分结果代入式（5-16），略加整理即得肖特基势垒接触在扩散模型下的电流电压方程式

$$J = q\mu\mathcal{E}_m N_C \exp\left[-\frac{E_C(0) - E_F(0)}{kT}\right]\left\{\exp\left[\frac{E_F(X_D) - E_F(0)}{kT}\right] - 1\right\} \tag{5-19}$$

已知式中 $E_C(0) - E_F(0) = q\phi_M$、$E_F(X_D) - E_F(0) = qU$，所以最终结果可表示为

$$J = J_{SD}\left(e^{\frac{qU}{kT}} - 1\right) \tag{5-20}$$

式中

$$J_{SD} = q\mu\mathcal{E}_m N_C e^{-\frac{q\phi_M}{kT}} \tag{5-21}$$

由式（5-20）和式（5-21）不难看出，肖特基势垒接触的电流主要由因子 $\exp(qU/kT) - 1$ 决定。

对 $U>0$ 的正向偏压，若 $qU \gg kT$，式（5-20）变为

$$J = J_{SD}e^{\frac{qU}{kT}}$$

即正向偏压稍有增大之后，正向电流密度随电压升高而指数增大，与 PN 结的正向伏安特性相似。

对 $U<0$ 的反向偏置状态，当 $|qU| \gg kT$ 时，上式即

$$J = -J_{SD}$$

即 J_{SD} 是流经肖特基势垒接触的反向电流，其值由式（5-21）决定。但由该式不难看出，由于空间电荷区的最大电场强度 $\mathcal{E}_m$ 是反向偏压的函数，所以 J_{SD} 会随外加电压的变化而缓慢变化，并不饱和。这一点与理想 PN 结的反向伏安特性不同。根据以上讨论，可将由扩散理论得到的肖特基势垒接触的伏安特性示意地描绘成图 5-11 所示的曲线。

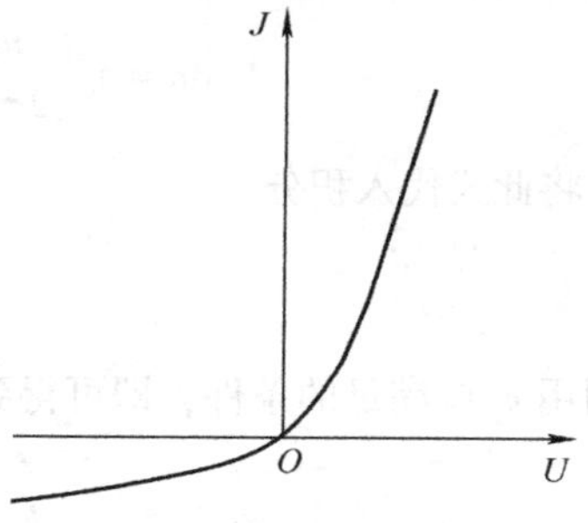

图 5-11 肖特基势垒接触的伏安特性

扩散理论适合于迁移率较低的材料。

5.2.4 薄势垒金属–半导体接触的伏安特性

当阻挡层很薄，以致厚度小于电子平均自由程时，扩散理论不再适用。在这种情况下，半导体中距金属–半导体界面一个电子自由程范围内的电子，只要它们的动能能够超过势垒高度，就可以自由地通过阻挡层进入金属。当然，金属中能超越势垒顶点的电子也都能进入半导体。这样，**电流密度的计算就归结为计算单位时间内能够通过距界面一个平均自由程范围内的任何平面**（包括金属–半导体界面），**且动能超过势垒高度的载流子数目。这就是热电子发射理论。**

仍以轻掺杂 N 型非简并半导体的阻挡层为例，设坐标系的 x 方向与金属–半导体界面垂直。

先计算在正向电压 U 的作用下，由半导体向金属发射的电子流。因为正向偏压已将半导体阻挡层的势垒高度降低为 $q(V_D-U)$，所以，在距离界面一个电子平均自由程范围内沿 x 方向运动，且动能为

$$\frac{1}{2}m_n^* v_x^2 \geqslant q(V_D-U)$$

的电子都能越过阻挡层向金属发射。这就要求向金属发射的电子在 x 方向的速度 v_x 至少达到

$$v_{x0}=\sqrt{\frac{2q(V_D-U)}{m_n^*}}$$

对 v_y、v_z 则没有限制。于是问题简化为求满足条件 $v_x>v_{x0}$的电子所产生的电流。

根据第 3 章的讨论，半导体单位体积中能量在 $E\sim(E+\mathrm{d}E)$范围内的电子数是

$$\begin{aligned}\mathrm{d}n' &= g_C(E)f_B(E)\mathrm{d}E=4\pi\frac{(2m_n^*)^{3/2}}{h^3}(E-E_C)^{1/2}\exp\left(-\frac{E-E_F}{kT}\right)\mathrm{d}E\\ &=4\pi\frac{(2m_n^*)^{3/2}}{h^3}(E-E_C)^{1/2}\exp\left(-\frac{E-E_C}{kT}\right)\exp\left(-\frac{E_C-E_F}{kT}\right)\mathrm{d}E\end{aligned} \tag{5-22}$$

式中，$E-E_C$ 即电子的动能，其值可用电子的速度表示为 $E-E_C=\frac{1}{2}\mathrm{m}_n^* v^2$，于是

$$\mathrm{d}E=m_n^* v\mathrm{d}v \tag{5-23}$$

将式（5-23）代入式（5-22），并利用非简并半导体热平衡电子密度 n_0 的统计公式，即可得到单位体积中速度在 $v_x\sim(v_x+\mathrm{d}v_x)$，$v_y\sim(v_y+\mathrm{d}v_y)$，$v_z\sim(v_z+\mathrm{d}v_z)$范围内的电子数为

$$\mathrm{d}n'=n_0\left(\frac{m_n^*}{2\pi kT}\right)^{3/2}\exp\left[-\frac{m_n^*(v_x^2+v_y^2+v_z^2)}{2kT}\right]\mathrm{d}v_x\mathrm{d}v_y\mathrm{d}v_z$$

显然，就单位截面积而言，在长度与速度 v_x 的数值相等的体积中的电子，在单位时间内都可到达金属和半导体的界面。这些电子的数目是

$$\mathrm{d}n=n_0\left(\frac{m_n^*}{2\pi kT}\right)^{3/2}\exp\left[-\frac{m_n^*(v_x^2+v_y^2+v_z^2)}{2kT}\right]v_x\mathrm{d}v_x\mathrm{d}v_y\mathrm{d}v_z$$

将此式代入积分

$$J_{SM}=\int qv_x\mathrm{d}n$$

并利用 v_x 应满足的条件，即可得到从半导体发射到金属的电子所产生的电流密度：

$$J_{SM}=\int qv_x\mathrm{d}n=\frac{4\pi qm_n^*k^2T^2}{h^3}\mathrm{e}^{-\frac{q\phi_M}{kT}}\mathrm{e}^{\frac{qU}{kT}} \tag{5-24}$$

在式（5-24）中令

$$A^* = \frac{4\pi q m_n^* k^2}{h^3} \tag{5-25}$$

则可将积分结果写成

$$J_{SM} = A^* T^2 e^{-\frac{q\phi_M}{kT}} e^{\frac{qU}{kT}} \tag{5-26}$$

式中，A^*为有效理查逊常数。理查逊常数 $A = 4\pi q m_0 k^2/h^3 = 120.1\,A/(cm^2 \cdot K^2)$，是描述导体或半导体向真空发射热电子的束流大小的物理量。比值 A^*/A 就是电子有效质量与惯性质量之比。

电子从金属到半导体的势垒高度不随外加电压变化。所以，从金属向半导体发射的电子所形成的电流密度 J_{MS}是个常量，它应与热平衡条件下$(U=0)$的 J_{SM}大小相等方向相反。即

$$J_{MS} = -A^* T^2 e^{-\frac{q\phi_M}{kT}} \tag{5-27}$$

于是总电流密度为

$$J = J_{SM} + J_{MS} = A^* T^2 e^{-\frac{q\phi_M}{kT}} (e^{\frac{qU}{kT}} - 1) = J_{ST}(e^{\frac{qU}{kT}} - 1) \tag{5-28}$$

式中

$$J_{ST} = A^* T^2 e^{-\frac{q\phi_M}{kT}} \tag{5-29}$$

是反偏肖特基势垒接触的反向电流，因有效理查逊常数和金属一侧的电子势垒皆与外加电压无关，J_{ST}具有不随电压变化的饱和性。显然，由热电子发射理论得到的伏安特性式（5-28）与由扩散理论得到的伏安特性式（5-20）形式上是一样的，所不同的是 J_{ST}与外加电压无关，但却是一个更强烈地依赖于温度的函数。

Ge、Si、GaAs 都有较高的载流子迁移率，即有较大的平均自由程，因而在室温下，这些半导体材料的肖特基势垒中的电流输运机构，主要是多数载流子的热电子发射。

5.2.5 金属-半导体接触的少子注入问题

前面的理论分析中只讨论了多数载流子的运动，完全没有考虑少数载流子在肖特基势垒接触的输运问题中所起的作用。实际上，少数载流子的影响在**有些**情况下也比较显著。

对于 N 型阻挡层，体内电子密度为 n_0，而金属-半导体接触界面处的电子密度是

$$n(0) = n_0 \exp\left(\frac{-qV_D}{kT}\right) \tag{5-30}$$

这个密度差引起电子由内部向接触面扩散，但平衡时被自建电场抵消，净电流为零。N 型半导体的势垒和阻挡层都是对电子而言，而电子的阻挡层就是空穴的积累层，能带弯曲使积累层内比积累层外的空穴密度高，在表面最大，如图 5-12 所示。若用 p_0 表示积累层外的空穴密度，则表面空穴密度即可表示为

$$p(0) = p_0 \exp\left(\frac{qV_D}{kT}\right) \tag{5-31}$$

这个密度差将引起空穴自表面向内部扩散，平衡时也恰好被电场作用抵消。加正向电压时，势垒降低，空穴扩散作用占优势，形成自外向内的空穴流，它所形成的电流与电子电流方向一致。因此，**部分正向电流是由少数载流子空穴载荷的**。

若令接触面的导带底和价带顶分别为 $E_C(0)$和 $E_V(0)$，当功函数差引起的能带弯曲使接触面上的平衡态费米能级与 $E_V(0)$的距离 $E_F - E_V(0)$等于材料的导带底与费米能级之差 $E_C - E_F$ 时，$p_0(0)$就和 n_0 相近，同时 $n_0(0)$也近似等于 p_0。这样，表面阻挡层中空穴和电子的情况几乎完全

相同，只是空穴的势垒顶在阻挡层的内边界。

在有外加电压的非平衡状态，阻挡层边界处的电子密度会保持平衡态的值。但对于空穴则不然。加正向电压时，累积层中的空穴将从界面流向半导体的体内，但它们并不能立即流走，也不会立即因复合而消失，而要在阻挡层的边界形成一定积累，然后再依靠扩散运动继续流入半导体内部，与P^+N结的情况类似，如图5-12所示。这说明，加正向电压时，阻挡层边界上的空穴浓度将比平衡时有所增加。因为平衡值p_0很小，所以相对增加比较显著。不过，空穴在阻挡层边界的积累也会阻挡界面空穴的进一步注入。因此，空穴对电流贡献的大小还决定于空穴越过阻挡层边界之后的扩散效率。扩散效率越高，少数载流子对电流的贡献越大。

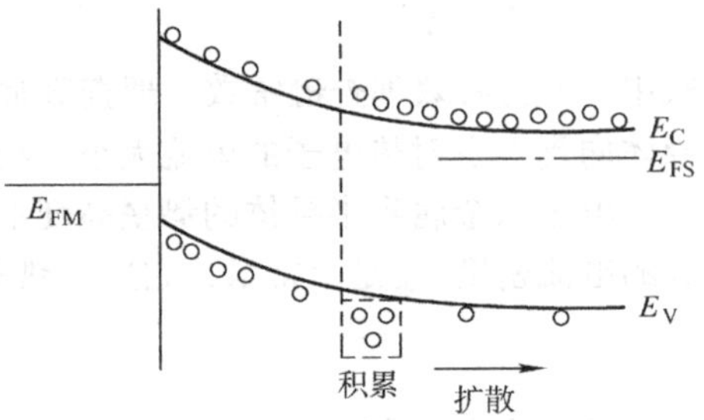

图5-12 肖特基势垒接触中的少子注入

少数载流子电流与总电流之比称为少数载流子的注入比，用γ表示。N型阻挡层的少子注入比$\gamma = J_p/(J_n + J_p)$在小注入条件下很小。对N型Si平面型肖特基势垒接触，其室温下的γ值远不到0.1%。虽然γ值会随着电流密度的增大而增大，但平面型元器件的注入比仍不会很高。对一个用Au和$N_D = 10^{15}\text{cm}^{-3}$的N型Si构成的平面肖特基势垒接触，其正向电流密度达到350A/cm^2时的γ值也只有大约5%。

事实上，通过对接触金属及接触方式的选择可以避免少子注入，也可利用少子注入。面接触肖特基势垒二极管基本上不存在少子注入问题，为多数载流子元器件。但点接触肖特基势垒二极管的少子注入效应则比较明显。正如第3章所指出的，从接触点向半导体体内注入的少数载流子按180°立体角扩散，扩散效率很高，累积较小。

【例5-2】 某金属与$N_D = 10^{15}\text{cm}^{-3}$的N型Si（111）晶面接触形成肖特基势垒，已知势垒高度为0.50eV。求：①室温下加0.5V正向偏压时的电流密度；②该金属的功函数；③适用于热电子发射理论时的正向电流密度；④少子注入比。已知$N_C = 2.8\times10^{19}\text{cm}^{-3}$、$\chi = 4.05\text{eV}$、$L_p = 10\mu\text{m}$、$D_p = 15\text{cm}^2/\text{s}$、$n_i = 1.5\times10^{10}\text{cm}^{-3}$、$A^* = 252\text{A}\cdot\text{cm}^{-2}\text{K}^{-2}$

解： 1）借用PN结正向注入电流的算法，将相关数据代入P^+N结的理想肖克莱方程式即得注入少子电流密度：

$$J_p = \frac{qn_i^2 D_p}{N_D L_p}(e^{qU/kT} - 1) = \frac{1.6\times10^{-19}\times(1.5\times10^{10})^2\times15}{10^{15}\times10^{-3}}(e^{\frac{0.5}{0.0259}} - 1)\text{A}\cdot\text{cm}^{-2} = 0.12\text{A}\cdot\text{cm}^{-2}$$

2）为计算所用金属的功函数，首先由

$$E_n = E_C - E_F = kT\ln\frac{N_C}{N_D} = 0.0259\times\ln\frac{2.8\times10^{19}}{10^{15}}\text{eV} = 0.27\text{eV}$$

算得
$$W_S = \chi + E_n = (4.05 + 0.27)\text{eV} = 4.32\text{eV}$$

由此求得
$$W_M = W_S + qV_D = (4.32 + 0.5)\text{eV} = 4.82\text{eV}$$

3）将相关数据代入式（5-28）得正向电流密度：

$$J_n = A^* T^2 e^{-\frac{q\phi_M}{kT}}(e^{\frac{qU}{kT}} - 1) = 252\times300^2 e^{-\frac{0.5+0.27}{0.0259}}(e^{\frac{0.5}{0.0259}} - 1)\text{A}\cdot\text{cm}^{-2} = 3.2\times10^4\text{A}\cdot\text{cm}^{-2}$$

4）由此得少数载流子的注入比为

$$\gamma = \frac{J_p}{J} \approx \frac{J_p}{J_n} = \frac{0.12}{3.2\times10^4} = 3.7\times10^{-6}$$

5.2.6 非平衡态肖特基势垒接触的特点及其应用

如前所述，肖特基势垒型的金属-半导体接触具有与 PN 结类似的电流-电压关系，即它们都具有单向导电性，但二者又有所不同。肖特基势垒接触有以下显著特点：

首先，与 PN 结正向导通时由 PN 结两侧注入少数载流子形成积累然后扩散形成电流的机制不同，肖特基势垒型金属-半导体接触的正向电流直接由半导体的多数载流子传导，不存在额外载流子的注入和积累，在反向偏压时不会出现反向恢复电流，因而具有良好的高频特性和较低的功率消耗，因为反向恢复电流的归零需要一定时间，而此过程中又因结电压不为零而有无用的功率消耗。

其次，对于相同的势垒高度，肖特基势垒接触的反向电流，无论是符合扩散理论的 J_{SD} 还是符合热电子发射理论的 J_{ST}，都要比 PN 结的反向饱和电流大得多。换言之，对于同样大小的正向电流，肖特基势垒接触的导通电压要比 PN 结低得多。Si 肖特基势垒接触的正向电压一般只有 0.3V 左右，而 Si PN 结的正向电压一般在 0.7V 以上。

因为有以上特点，以肖特基势垒接触为核心的肖特基势垒二极管在高速集成电路、微波技术等许多领域广为应用。例如，在 Si 晶体管的基极与集电极之间连接一个肖特基势垒二极管组成钳位晶体管，应用到 Si 高速 TTL 电路中，可明显提高电路的速度。此外，用 Pt 的 Si 化物 Pt Si 与施主浓度约为 $5\times10^{15}cm^{-3}$ 的 N 型外延 Si 相接触制成的金属-半导体雪崩二极管，能产生连续的微波振荡，且输出功率相当大。

肖特基势垒的另一特点是其势垒高度在不受表面态影响的情况下非常灵敏地依赖于金属的功函数。选择不同的金属，可在较宽的范围内改变势垒高度。这为利用肖特基势垒接触作为控制栅制造场效应晶体管提供了更大的设计空间，而 GaAs 等化合物半导体的肖特基势垒栅场效应晶体管的功率和降噪性能都比纯 PN 结构成的双极晶体管好。肖特基势垒型元器件的制造工艺更是比 PN 结器件简单得多。

习　题

5-1　用不同波长的光照射置于真空中的 Au、Ag、Cu 三种金属和施主浓度皆为 $1\times10^{16}cm^{-3}$ 的 Ge、Si、GaAs 三种半导体的清洁表面，欲使其向真空发射电子，求各自的激发光临界波长。计算时需要的相关参数见表 5-1 和表 5-2（下同）。

5-2　计算 $N_D=5\times10^{16}cm^{-3}$ 的 N 型 Si 在室温下的功函数。将其分别与 Al、W、Pt 三种金属的清洁表面相接触，若不考虑表面态的影响，形成的是阻挡层还是反阻挡层？分别画出能带图并进行说明。

5-3　用 $N_D=3\times10^{15}cm^{-3}$ 的 N 型 Si 与金属 Cr 形成理想的肖特基势垒接触。求 300K 下该接触的肖特基势垒高度及接触电势差，以及在 5V 反向偏压下的最大电场强度及势垒比电容。

5-4　功函数为 4.3eV 的金属与电子亲和能为 4.0eV 的 P 型 Si 形成一个金属-半导体接触，已知 Si 的受主浓度 $N_A=5\times10^{16}cm^{-3}$、$T=300K$。①计算肖特基势垒高度；②大致绘出零偏、正偏 0.25V 和反偏 3V 状态下的能带示意图。

5-5　施主浓度为 $10^{15}cm^{-3}$ 的 N 型 Si 与 Al 接触，已知 Al 的功函数为 4.18eV，Si 的电子亲和能为 4.05eV。分别针对下述两种情况画出金属-半导体接触能带示意图并标出半导体表面势的大小：①不考虑表面态影响；②若表面态密度很大，且表面态为电中性时的功函数为 4.78eV。

5-6　某金属与均匀掺杂的 N 型 Si 形成肖待基势垒接触，已知半导体一边的势垒高度 $qV_D=0.6eV$、$N_D=5\times10^{15}cm^{-3}$，试求在 5V 反向偏压下的阻挡层厚度、最大电场强度以及单位面积的势垒电容，并画出该接触的 $1/C^2$ 与 V_D-U 的关系曲线。

5-7　图 5-13 为同一种金属与不同半导体构成的两个肖特基势垒接触在 300K 下的 C-U 曲线，试根据曲线分别求出半导体的掺杂浓度以及相应的肖特基势垒高度。

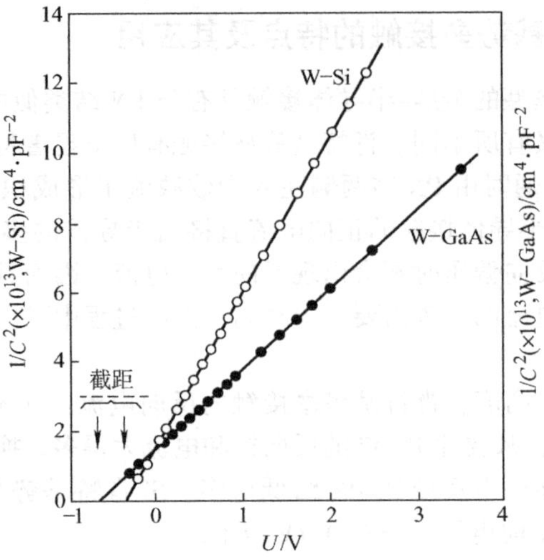

图5-13 习题5-7图

5-8 对金属与N型半导体的接触，若预先在半导体表面加入一重掺杂层，然后再淀积金属层，即形成$M\text{-}N^+\text{-}N$结构，便可形成欧姆接触，试画出该结构的能带示意图并解释之。

5-9 具有相同横截面积和0.5mA正向电流的PN结二极管和肖特基势垒二极管，肖特基二极管的反向饱和电流为5×10^{-7}A，二者的正向压降差值为0.30V。计算PN结的反向饱和电流。

5-10 Au与掺杂浓度为$N_D=5\times10^{16}\text{cm}^{-3}$的N型GaAs形成一个理想肖特基势垒接触，若要在300K下得到5A/cm^{2}的电子电流密度，需要加多大的正向电压？要想将电流密度提高一倍，正向电压应加多大？

5-11 一个肖特基二极管和一个PN结二极管的接触面积均为$5\times10^{-4}\text{cm}^2$。肖特基二极管的反向饱和电流密度为$3\times10^{-8}\text{A/cm}^2$，PN结二极管的反向饱和电流密度为$3\times10^{-12}\text{A/cm}^2$。当这两个二极管在300K下都产生1mA正向电流时，各自的正向压降是多少？

5-12 PN结二极管和肖特基二极管在300K下的反向饱和电流密度分别为$5\times10^{-12}\text{A/cm}^2$和$7\times10^{-8}\text{A/cm}^2$。PN结二极管的接触面积为$8\times10^{-4}\text{cm}^2$。当肖特基势垒二极管的正向电流为1.2mA时，其正向压降为0.265V。请计算该肖特基势垒二极管的接触面积。

第6章

异质结和纳米结构

第4章讨论的是由同一种半导体材料构成的PN结，这种PN结两侧的禁带宽度相同，需要强调这一点的时候称之为同质结。本章介绍的异质结，是两种不同半导体材料的结合，因而PN结两侧的能带不相同。能带的差异为半导体结型器件增加了设计自由度，使器件的性能得到明显改善，并直接产生了一些新功能器件，因此异质结理论和异质结技术在半导体科技领域的地位日显突出。异质结不仅仅作为一种器件结构而存在和应用，它也是量子阱和超晶格材料的结构基础。由于量子阱和超晶格中的薄层厚度一般都在纳米范围，通常将其统称为纳米结构。本章主要讨论异质结的构成原则、能带结构、伏安特性等基本问题及其主要应用，并简略介绍量子阱和超晶格的物理性质。

6.1 异质结的构成及其能带

异质结是由两种具有不同能带结构的半导体构成的，但不是任意两种材料都可以构成异质结或有必要用来构成异质结。两种材料能不能构成异质结有其晶格匹配和热特性匹配方面的限制，有没有必要构成这种异质结则要看其能带的结合有没有什么特点。因此，本节首先讨论异质结组成材料的匹配问题，然后讨论各种类型异质结的能带结合部特征。

6.1.1 异质结的构成与类型

1. 异质结的构成

异质结通常由两种不同性质的半导体单晶薄层构成，但由于在结合面需保持晶格的连续性，因而这两种材料至少要在结合面上具有相近的晶体结构。不过，两种非晶半导体也可以构成异质结，一些探索性的研究也用多晶甚至非晶材料与单晶构成异质结。但是，这些异质结有很严重的界面态问题，若非特别需要，通常并不采用。本章只讨论单晶材料与单晶材料构成的异质结。

（1）晶格匹配

用两种单晶材料构成异质结必须满足晶格匹配和热匹配的要求。**在异质结物理中，通常将组成材料的晶格失配率Δ小于0.5%时的搭配称为晶格匹配，晶格失配率Δ大于0.5%时则视为晶格失配。**

一般情况下将晶格失配率Δ定义为两种材料晶格常数之差的绝对值$|a_1 - a_2|$与其晶格常数的平均值$a=(a_1+a_2)/2$之比。但对异质外延，Δ则通常定义为衬底材料与外延层材料晶格常数之差的绝对值$|a_s - a_e|$与外延层晶格常数a_e之比（见参考文献［4］）。二者略有不同。

热匹配本质上也指的是晶格匹配，即不同温度下的晶格匹配。由于异质结一般要在高温条件下制备，如果外延层与衬底的热匹配状况不佳，异质结中就很容易出现由热失配引起的晶格缺陷。在这个问题上，制备工艺后期的降温过程很关键。对于常温失配率小而高温失配率大的配对，冷却过快会使高温下生成的高密度位错“冻结”下来，使异质结界面在常温下具有高密度位错；对于常温失配率大而高温失配率小的配对，虽然快速冷却可降低异质结界面的位错密度，但室温下较大的晶格失配又会在外延层中产生很大应力，严重时甚至会使外延层皲裂。

一些半导体异质结的晶格常数和晶格失配率见表6-1。对于异质外延，斜杠后为衬底。

表 6-1 一些半导体异质结的晶格常数和晶格失配率

材料	Ge/Si	Ge/GaAs	GaAs/AlAs	GaN/6H-SiC	GaN/蓝宝石	3C-SiC/Si
晶格常数/nm	0.56575/0.54307	0.56575/0.56533	0.56533/0.56622	0.3189/0.3081	0.3189/0.2747 *	0.43596/0.54307
$\|a_1-a_2\|/a$	4.1%	0.07%	0.16%	3.4%	14.9%	21.9%
$\|a_s-a_e\|/a_e$	4.0%	0.07%	0.16%	3.39%	13.9%	24.6%

* 蓝宝石的晶格常数 $a=0.4758$nm。以蓝宝石为衬底进行异质外延时，外延物通常取代其表面层的 Al 原子而与氧原子成键，因而与外延层相匹配的是氧子晶格，其晶格常数为 $a/\sqrt{3}$。

(2) 异质结材料

一些在异质结技术中常用的半导体材料在 4.2K 低温状态下的禁带宽度和晶格常数的关系如图 6-1 所示。图中一个坐标点代表一种半导体，纵坐标是这种材料的禁带宽度，横坐标是这种材料的晶格常数。定位于图中同一阴影区内的一组材料基本符合晶格匹配的要求。原则上，同一组中任意两种禁带宽度不同的材料都可以形成晶格匹配的异质结。不过，图中可见，若全凭自然条件，能用来构成晶格匹配异质结的材料非常有限。

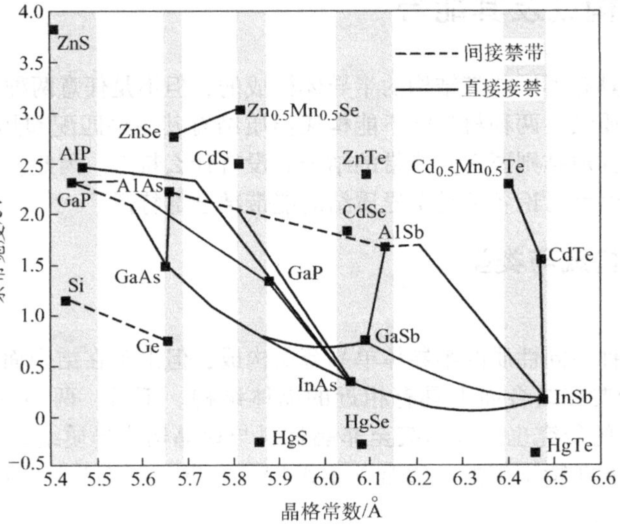

图 6-1 一些常用异质结材料的禁带宽度和晶格常数㊀

注：1Å = 0.1nm

借助于固溶体技术调整晶格常数，可以在每一组材料中增加一些固溶体成员。图 6-1 中，除了已经标出的两种固溶体材料 $Zn_{0.5}Mn_{0.5}Se$ 和 $Cd_{0.5}Mn_{0.5}Te$ 以外，凡有线条相连的两种材料皆可形成组分稳定的固溶体，其连线正表示这种固溶体的禁带宽度与其平均晶格常数的函数关系。因此，由阴影区内的连线所定位的固溶体也就与同一区内的其他材料是晶格匹配的。由于固溶体材料的晶格常数随组分比变化，根据需要确定好组分比例，就可以制备更多具有特定能带结构且晶格匹配的异质结。从图 6-1 可见，AlAs 和 GaAs 及其任意组分固溶体，AlSb 和 GaSb 及其任意组分固溶体，CdTe 和 InSb 及其任意组分固溶体等就是这种情况。GaP 和 Si、GaAs 和 Ge 的晶格匹配也相当不错。除此之外，在这张图中没有反映的 GaN 与 6H-SiC 和 ZnO 的晶格匹配度也相当高。但是，很多材料从能带结构上看是理想的异质结配对，但晶格却很不匹配，如 Si 和 Ge、GaP 和 GaAs 等。

㊀ 转引自参考文献 [10]。

(3) 应变异质结

晶格失配会在异质结界面及其附近引入高密度的位错等电学缺陷，使异质结的性能降低。不过实验表明，如果两种材料的晶格常数不是严重失配，以一种材料为衬底外延生长另一种材料的薄层时，只要生长层足够薄，也可以形成高品质的异质结。这是应变作用的结果。也就是说，在进行晶格失配材料的异质外延初期，生长层中的原子首先会按照衬底材料的晶格常数来排列，而不是按照它们自己固有的原子间距。这样，界面两侧的不同物质就具有相同的晶格常数。此现象称为异质材料的应变生长或赝晶生长。但是在应变生长过程中，生长层或因缩短了原子间距而产生压应力，或因拉长了原子间距而产生拉应力。随着应变层的增厚，应力逐渐积累到不能维持衬底晶格常数的程度，就要通过产生位错等缺陷来释放，并不再维持衬底的晶格常数而按自身的晶格常数生长。因此，应变生长层都有一个临界厚度或称极限厚度。

应变生长层的临界厚度 t_C 与外延材料的晶格常数 a_e、外延材料与衬底材料的晶格失配度 Δ 有关，通常用如下经验公式来估计：

$$t_C \approx \frac{a_e}{2\Delta} = \frac{a_e^2}{2|a_s - a_e|} \tag{6-1}$$

式中，a_s 为衬底的晶格常数。

应变生长在晶格失配率高达7%的情况下仍能进行。

应变层不但有优质的结晶品质，其禁带宽度也因为晶格常数的改变而有所变化，从而为器件设计增加了一个额外的选择自由度，也算是半导体能带工程的一个内容。

【**例6-1**】根据表6-1计算在Si衬底上外延Ge应变层的临界厚度。

解：将已知条件代入式（6-1），即得

$$t_C \approx \frac{0.56575}{2\times 0.04}\text{nm} = 7.1\text{nm}$$

此厚度约等于二、三十个原子层，由此可对应变层的厚度有个大致概念。

2. 异质结的分类

根据PN结两侧材料改变的缓急程度，首先将异质结分为突变异质结和缓变异质结。用两种材料直接键合而成的异质结是典型的突变异质结，用液相外延法生长组分不同的两种同系固溶体构成的异质结一般是缓变异质结。当然，制备固溶体异质结的工艺不同，其材料缓变区的宽度也有很大差别。以 $GaAs/Al_xGa_{1-x}As$ 异质结为例，其Al的组分比 x 从10%到90%的渐变区，在用液相外延法制备的外延片中可达数十个原子层；而改用分子束外延法（MBE）制备时可不超过2个原子层，也是很典型的突变异质结；用MOCVD法制备的外延片一般也能保持这个水平。由于突变异质结的能带图相对比较简单，现代异质结器件又大多采用MBE和MOCVD这些先进工艺来制备，因此本章只讨论突变异质结。

根据构成异质结的两种材料的导电类型，异质结又分为以下两类：

(1) 反型异质结

构成反型异质结的两种材料不仅能带结构不同，其导电类型也不相同。例如，由P型Ge与N型Si构成的PN结即为反型异质结，记为PN-Ge/Si或P-Ge/N-Si；如果Ge/Si异质结由N型Ge与P型Si构成，则记为NP-Ge/Si或N-Ge/P-Si。在器件应用中常见的反型异质结有PN-Ge/Si、PN-Si/GaAs、PN-Si/ZnS、PN-GaAs/GaP、NP-Ge/GaAs、NP-Si/GaP、PN-InGaN/GaN等。

(2) 同型异质结

构成同型异质结的两种材料只是能带结构不同，其导电类型相同，如NN-Ge/Si、NN-Si/GaAs、NN-GaAs/ZnSe、PP-Si/GaP、NN-Si/SiC等。由于构成材料的禁带宽度相差很大，同型异质结往往也会产生较高的接触电势差，具有类似于同质PN结的单向导电性。

用符号表示异质结时通常将窄禁带材料的化学符号放在前面。

本章旨在讨论异质结的基本原理，因此重点讨论反型异质结。

6.1.2 理想异质结的能带结构

异质结的能带结构取决于形成异质结的两种半导体材料的电子亲和能、禁带宽度、导电类型、掺杂浓度和界面态等多种因素，因此不能像同质结那样直接从费米能级推断其能带结构的特征。

界面态使异质结的能带结构有一定的不确定性，而一个良好的异质结应有较低的界面态密度，因此在讨论异质结的能带结构时先不考虑界面态的影响。

1. 突变反型异质结

（1）热平衡状态下的能带结构

图6-2a为禁带宽度分别为E_{g1}和E_{g2}（$E_{g1}<E_{g2}$）的P型半导体和N型半导体在形成PN异质结前的热平衡能带图。图中，W_1和W_2分别表示两种材料的功函数；χ_1、χ_2分别表示两种材料的电子亲和能。用下标“1”和“2”分别表示窄禁带和宽禁带材料的物理参数。

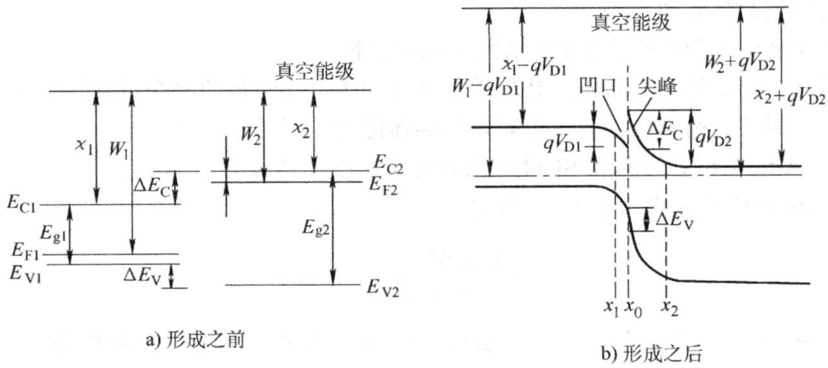

图6-2 突变PN异质结在形成之前和形成之后的平衡能带图

当二者紧密接触时，跟同质PN结一样，电子从N型半导体流向P型半导体，使N型半导体的费米能级降低，能带上翘；同时使P型半导体的费米能级升高，能带下弯，直至PN结两侧半导体的费米能级相等时为止，如图6-2b所示。这时，两侧半导体有统一的费米能级，并在结平面的两边形成空间电荷区。由于不考虑界面态，空间电荷区中正、负电荷数相等。正、负空间电荷之间产生电场，也称为内建电场。因为存在电场，电子在空间电荷区中各点有不同的附加电势能，即能带会弯曲，其总弯曲量仍等于二者费米能级之差。这些都跟同质PN结一样。不同之处主要有两点：**一是因为两种材料的介电常数不同，内建电场在交界面处会不连续；二是因为两种材料的禁带宽度不同，能带的弯曲会出现一些新的特征。**对于图6-2所示的这种能带配合，即窄禁带材料的禁带包含在宽禁带材料的禁带之中的情况，禁带宽度的不同使能带弯曲出现了与同质PN结不同的两个重要特征：

1）在界面处，N型宽禁带半导体的导带翘起一个“尖峰”，这个“尖峰”成为N型半导体这一边的电子势垒qV_{D2}，相应的区域成为电子耗尽区，也即由电离施主构成的空间电荷区；同时，P型窄禁带半导体的导带弯下一个“凹口”，在价带中形成空穴势垒qV_{D1}，相应的区域成为空穴耗尽区，也即由电离受主构成的空间电荷区。“凹口”和“尖峰”的同时存在起到了在窄禁带P型层表面囤积电子而阻止其向宽禁带N型侧运动的作用。这就是PN异质结的载流子限制作用。

2）导带和价带在界面处都发生了突变。导带底在界面处的突变 ΔE_C 为两种材料的电子亲和能之差，即

$$\Delta E_C = \chi_1 - \chi_2 \tag{6-2}$$

价带顶的突变自然就是两种材料禁带宽度之差的剩余部分，即

$$\Delta E_V = (E_{g1} - E_{g2}) - (\chi_1 - \chi_2) \tag{6-3}$$

以上二式对所有突变异质结普遍适用，称为**安德森定则**。在异质结物理中，ΔE_C 和 ΔE_V 分别称为导带阶和价带阶，是很重要的异质结参数。

值得一提的是，真空能级代表的是电子在真空中的最低能量，是固定不变的。异质结的能带结构中只有界面上的各个能量状态仍保持着接触前与真空能级的相对关系。因为电子要向真空发射必须首先到达界面，所以，若界面附近的能带发生了弯曲，界面以内的导带底与真空能级的差就不再是电子亲和能，而应该是电子亲和能加上能带的弯曲量。例如，N 型一侧未弯曲的导带底与真空能级的差就应该等于该材料的电子亲和能 χ_2 加上导带的弯曲量 qV_{D2}。

对由 N 型窄禁带材料与 P 型宽禁带材料构成的突变异质结，其能带结构的形成及特征与此相似，读者可作为练习自行讨论。不过要注意的一点是，这时的能带弯曲所形成的“尖峰”应出现在 P 型宽禁带半导体的价带顶。

（2）热平衡状态下的接触电势差和空间电荷区宽度

由图 6-2 不难看出，PN 异质结的接触电势差 V_D（或能带总弯曲量 qV_D）跟 PN 同质结一样，由结两边的费米能级之差决定。即

$$qV_D = qV_{D1} + qV_{D2} = W_1 - W_2 \tag{6-4}$$

同第 4 章讨论突变 PN 同质结一样，由求解结两边空间电荷区的泊松方程，可以求出接触电势差在结两边的分量，即

$$V_{D1} = \frac{qN_A}{2\varepsilon_1\varepsilon_0}(x_0 - x_1)^2 = \frac{qN_A}{2\varepsilon_1\varepsilon_0}X_1^2,\ V_{D2} = \frac{qN_D}{2\varepsilon_2\varepsilon_0}(x_2 - x_0)^2 = \frac{qN_D}{2\varepsilon_2\varepsilon_0}X_2^2 \tag{6-5}$$

式中，ε_0 为真空电容率；ε_1 和 ε_2 分别是 P 型窄禁带材料和 N 型宽禁带材料的介电常数；N_A 和 N_D 分别是二者的掺杂浓度；x_0、x_1 和 x_2 分别是结平面、P 型侧和 N 型侧空间电荷区边界面的坐标，如图 6-2 所示。以上二式在 $\varepsilon_1 = \varepsilon_2$ 时即与第 4 章导出的突变 PN 同质结的接触电势差公式相同。

相应地，PN 结两边的空间电荷区宽度分别为

$$X_1 = \left[\frac{2\varepsilon_1\varepsilon_2\varepsilon_0 N_D V_D}{qN_A(\varepsilon_1 N_A + \varepsilon_2 N_D)}\right]^{1/2},\ X_2 = \left[\frac{2\varepsilon_1\varepsilon_2\varepsilon_0 N_A V_D}{qN_D(\varepsilon_1 N_A + \varepsilon_2 N_D)}\right]^{1/2} \tag{6-6}$$

异质结空间电荷区的总宽度即为

$$X_D = X_1 + X_2 = \left[\frac{2\varepsilon_1\varepsilon_2\varepsilon_0(N_A + N_D)^2 V_D}{qN_A N_D(\varepsilon_1 N_A + \varepsilon_2 N_D)}\right]^{1/2} \tag{6-7}$$

上式在 $\varepsilon_1 = \varepsilon_2$ 时即与突变 PN 同质结的空间电荷区宽度公式相同。

通过求解泊松方程，还可以了解异质结空间电荷区中的电场分布情况。对突变异质结，因为 PN 结两边杂质分布是均匀的，所以电场在 PN 结两边会线性变化，其最大值出现在异质结界面上。但是，由于 $\varepsilon_1 \neq \varepsilon_2$，PN 结两边的电场会在界面上不连续，即 P 型侧和 N 型侧的最大电场强度不相等。介电常数较大的一边，其最大电场强度较低，如图 6-3 所示。

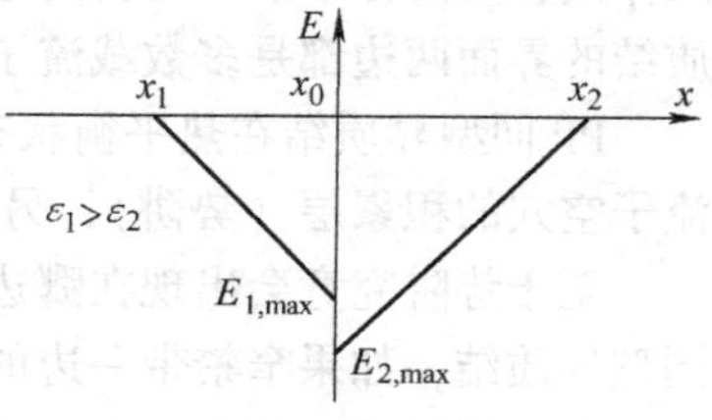

图 6-3 突变 PN 异质结空间电荷区中的电场分布

(3) 势垒电容

仿照第4章求突变PN同质结势垒电容的办法，可求得突变PN异质结微分势垒比电容的表达式为

$$C_{TS}=\left[\frac{\varepsilon_1\varepsilon_2\varepsilon_0 qN_AN_D}{2(\varepsilon_1N_A+\varepsilon_2N_D)(V_D-U)}\right]^{1/2} \tag{6-8}$$

式中，U为外加电压。该式在$\varepsilon_1=\varepsilon_2$时即与第4章导出的突变PN同质结的微分势垒比电容的表达式相同。从式（6-8）不难看出，对面积为A的突变PN异质结，其微分势垒电容$C_T=AC_{TS}$的平方值的倒数$1/C_T^2$与外加电压U呈线性变化关系。用C-U测试仪测出一个突变PN异质结的势垒电容C_T在不同外加电压U下的值，作出$1/C_T^2$对U的函数图，该图形应为一直线。将该直线延长到与电压轴相交，即可由交点的坐标定出该异质结的接触电势差V_D。此外，由$1/C_T^2$-U直线的斜率

$$\frac{\mathrm{d}(C_T^{-2})}{\mathrm{d}U}=\frac{2(\varepsilon_1N_A+\varepsilon_2N_D)}{A^2\varepsilon_1\varepsilon_2\varepsilon_0 qN_AN_D} \tag{6-9}$$

即可由已知材料（如衬底）的杂质浓度算出另一种材料（外延层）的未知杂质浓度。

2. 突变同型异质结

(1) 热平衡状态下的能带结构

图6-4a、b分别为NN同型异质结和PP同型异质结在零偏压下的能带图。在这里同样假定窄禁带材料的禁带完全包含在宽禁带材料的禁带之中。

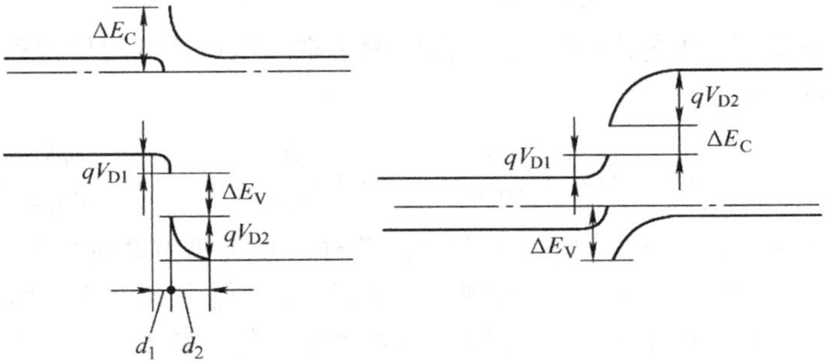

a) NN同型异质结　　b) PP同型异质结

图6-4　NN同型异质结和PP同型异质结能带结构示意图

对于图6-4a所示的NN同型异质结，由于宽禁带材料比窄禁带材料的费米能级高，所以电子将从宽禁带材料流向窄禁带材料，从而使宽禁带材料靠近界面的能带向上翘，窄禁带材料靠近界面的能带向下弯。对于N型半导体，能带下弯形成电子的积累层，能带上翘形成电子的耗尽层。由于宽禁带一侧的耗尽层往往在界面上形成一个导带尖峰，对窄禁带积累层中的电子有很强的约束作用，因而称窄禁带材料的电子积累层为势阱更为恰当。这种情况与反型异质结不同：反型异质结的界面两边都是多数载流子的势垒，而在同型异质结中总有一边是多数载流子的势阱。

PP同型异质结在热平衡状态下的能带图与NN同型异质结相似，同样是在一边形成多数载流子空穴的积累层（势阱），另一边形成多数载流子的耗尽层（势垒）。

至于势阱究竟会出现在哪边，这要看费米能级的相对位置（即功函数的相对大小）。对NN同型异质结，如果窄禁带一边的费米能级高（功函数$W_1<W_2$），接触时电子将从窄禁带一侧向宽禁带一侧转移，势垒就会出现在窄禁带一边，而在宽禁带一边形成势阱，与图6-4a所示情况相反。当然在这种情况下窄禁带材料的导带底一般也会在宽禁带材料的导带底之上，即窄禁带不

被宽禁带包含。对 PP 同型异质结，如果费米能级不像图 6-4b 所示那样是窄禁带一边高于宽禁带一边，而是相反，即 $W_1 > W_2$，则接触时空穴将从窄禁带材料向宽禁带材料转移，空穴势垒就会出现在窄禁带一边，而在宽禁带一边形成空穴势阱。当然在这种情况下窄禁带材料的价带底一般也会在宽禁带材料的价带底之下，也即窄禁带不被宽禁带包含。

在同型异质结中，导带阶和价带阶跟反型异质结一样按式(6-2)和式(6-3)确定。

(2) 同型异质结的势垒高度和势阱深度

对同型异质结，由电中性条件和泊松方程同样可以求出接触电势差的表达式，但这个表达式是一个超越方程。对 NN 同型异质结，其结果为

$$\exp\left(\frac{qV_{D1}}{kT}\right)-\frac{qV_{D1}}{kT}-1=\frac{\varepsilon_2 N_{D2}}{\varepsilon_1 N_{D1}}\left[\exp\left(-\frac{qV_{D2}}{kT}\right)+\frac{qV_{D2}}{kT}-1\right] \tag{6-10}$$

该式决定了接触电势差 V_D 在结两边的分配，也即势垒高度 qV_{D2} 与势阱深度 qV_{D1} 的比例，同时也决定了这种分配比例随能带弯曲程度的变化情况。

接触电势差 V_D 的变化，在热平衡状态下可由掺杂浓度的改变引起，也可是异质结材料搭配不同的结果，但更多的时候是在非平衡状态下随着偏置电压 U 的改变而改变。虽然式（6-10）表示的是无外加电压的热平衡状态，但其函数关系同样适合于偏置状态，只是要将式中的 V_{D1} 改为 $V_{D1}-U_1$，V_{D2} 改为 $V_{D2}-U_2$。这里，$U_1+U_2=U$ 表示外加电压在结两边空间电荷区的分配。对 NN 同型异质结，宽禁带一侧加正电压相当于反向偏置，外加电压记为 $-U$，能带的总弯曲量为 $q(V_D+U)$，窄禁带一边的势阱深度为 $V_{D1}+U_1$，宽禁带一边的势垒高度则为 $V_{D2}+U_2$。

图 6-5 为图 6-4a 所示 NN 异质结在反偏状态中窄禁带一侧的势阱深度随能带总弯曲量的增加而变化的情况。图中曲线以 $\varepsilon_1 N_{D1}$ 与 $\varepsilon_2 N_{D2}$ 的比值为参变量。图中可见，当窄禁带材料相对于宽禁带材料为重掺杂时，势阱所占比例甚小，但它会随着窄禁带材料相对掺杂浓度的降低而增大。这说明，能带弯曲主要发生在轻掺杂一边，跟反型结的情况类似。也就是说，如果想要强化 NN 同型异质结对电子的约束作用（陷阱作用），就要降低其势阱层的掺杂浓度；如果想要强化 NN 同型异质结对电子的阻挡作用（势垒作用），就要提高其势阱层的掺杂浓度，使势阱变浅，势垒升高。在 $\varepsilon_1 N_{D1} \gg \varepsilon_2 N_{D2}$ 且势阱深度 $q(V_{D1}+U_1) \ll kT$ 的情况下，能带弯曲主要集中在使宽禁带材料一侧的势垒增高上，这时的 NN 同型异质结犹如一个肖特基势垒接触。

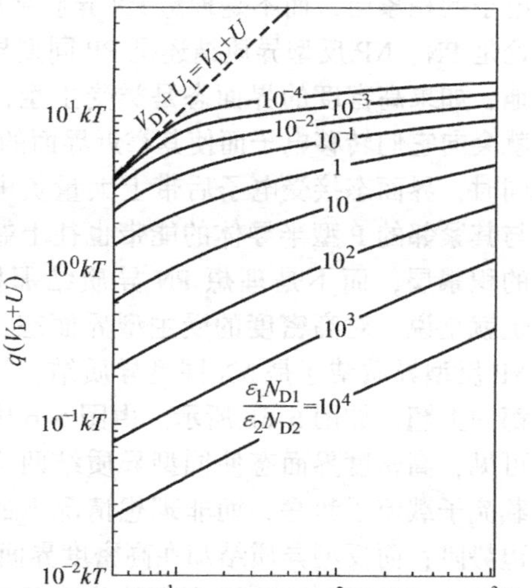

图 6-5 NN 同型异质结中窄禁带侧势垒高度随总势垒高度和相对杂质浓度的变化

以上讨论的是不考虑界面态的理想化同型异质结。在界面态的作用不容忽视时，同型异质结的能带结构会发生很大变化，必须对理想同型异质结能带图作必要的修正。

6.1.3 界面态对异质结能带结构的影响

1. 界面态密度

异质结的界面态主要来自构成材料之间的晶格失配，因为晶格失配必然在结合面上产生未饱和的悬挂键，而悬挂键会引入施主或受主能级。因此，异质结界面上的悬挂键密度即是界面态密度。突变异质结界面的悬挂键密度 ΔN_S 可以用两种材料在界面上的键密度之差来表示，即

$$\Delta N_S = N_{S1} - N_{S2} \tag{6-11}$$

式中，N_{S1}和N_{S2}分别为两种材料在结合面上的键密度，由材料的晶格常数和结合面的晶向决定。可将键密度粗略地理解为晶格平面上的格点密度。设异质结两边的材料都是正六方体结构的晶格，晶格常数分别为a_1和a_2，则可将式（6-11）改写为

$$\Delta N_S = \left|\frac{1}{a_2^2} - \frac{1}{a_1^2}\right| = \left|\frac{(a_1 - a_2)(a_1 + a_2)}{a_1^2 a_2^2}\right| \approx \frac{2|\Delta a|}{a^3} \tag{6-12}$$

式中，$\Delta a = a_1 - a_2$，$a = (a_1 + a_2)/2$为平均晶格常数，并设$a_1 a_2 \approx a^2$（见参考文献［9］）。

2. 界面态的影响

界面态对异质结能带结构的影响与第5章讨论的表面态对金属–半导体接触的影响类似。

对于低密度的界面态，无论其性质如何，都不会对异质结的能带结构带来实质性的影响，其基本形状不会有多大改变。但当界面态密度较高时，界面态中的电荷虽然还不会改变结两侧能带弯曲的方向，但已能明显改变某一侧空间电荷区的宽度和势垒高度。当有高密度的界面态存在于结合面上时，前述理想状态下因费米能级差应该从高费米能级侧转移到低费米能级侧的电子就会被界面态截收，能带弯曲主要受界面态的控制，弯曲程度甚至方向都有可能被界面电荷改变。根据表面态理论作出的计算结果表明，当金刚石型晶体的界面态密度达到$1\times10^{13}\,\text{m}^{-2}$以上时，即会出现这种情况。具体说，如果高密度的界面态是类施主型，则P型半导体就会向它们转移空穴（或说施主型界面态向P型半导体转移电子）而使其界面附近的能带向下弯；同时，界面态接受空穴（即释放电子）后带上大量正电荷，就会使与其紧邻的N型半导体的能带也往下弯，成为电子的积累层，而不是理想PN异质结那样的耗尽层。也就是说，对高密度的施主型界面态，无论是PN、NP反型异质结还是PP同型异质结，结两边的能带都是向下弯，如图6-6a所示。类似地，如果高密度的界面态是类受主型，N型半导体就会向它们转移电子而使其靠近界面的能带向上翘；同时，界面态接受电子后带上大量负电荷，就会使与其紧邻的P型半导体的能带也往上翘，成为空穴的积累层，而不是理想PN异质结那样的耗尽层。也就是说，对高密度的受主型界面态，无论是PN、NP反型异质结还是NN同型异质结，结两边的能带都向上翘，如图6-6b所示。由图6-6中的各种情况可见，高密度界面态使同型异质结两边皆成为多数载流子载流子势垒，而非理想情况下的一边势垒一边势阱；而反型异质结却在高密度界面态的作用下，从理想情况下的两边皆为多数载流子势垒变为一边势垒一边势阱。由此可见界面态对异质结问题的重要性。

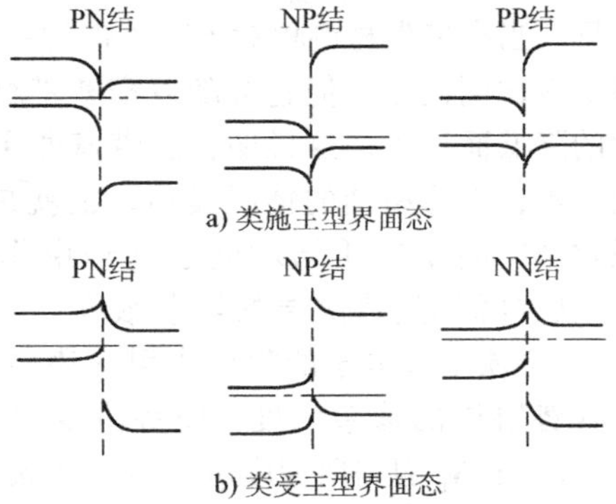

图6-6　高密度界面态影响下的异质结能带图

【例6-2】以具有金刚石型结构的两种半导体构成异质结，求结合面为（111）、（110）和（100）晶面时的界面态密度。

解：金刚石型结构和闪锌矿型结构的结晶学原胞和布喇菲格子不同，对键密度的计算要比用式（6-12）复杂一些。参照图6-7可知，一个金刚石晶胞中的（111）晶面为正三角形（图中阴影部分），其面积为$\sqrt{3}a^2/2$（a为晶格常数）。由于这个三角形的每个顶角原子为六个正三角形所共有，因而一个正三角形的三个顶角原子实际只相当于1/2个；每个腰心原子为两个正三角形所共有，一个正三角形实际只拥有三个腰心原子的一半。因此，该正三角形实际均摊两个原子，而（111）属于单键相连的晶面，即每$\sqrt{3}a^2/2$面积包含的键数为2，或

说金刚石结构（111）晶面的键密度是 $4/(\sqrt{3}a^2)$。因此，当晶格常数分别为 a_1 和 $a_2(a_1<a_2)$ 的两种具有金刚石型结构的半导体以（111）面结合为异质结时，其悬挂键密度为

$$\Delta N_{S(111)}=\frac{4}{\sqrt{3}}\left(\frac{1}{a_1^2}-\frac{1}{a_2^2}\right)$$

一个金刚石晶胞中的（110）晶面为边长分别为 $\sqrt{2}a$ 和 a 的矩形，所含原子数为 2（四个 1/4 顶角原子和两个 1/2 面心原子），但（110）晶面是双键相连的面，因而键密度为 $4/(\sqrt{2}a^2)$。因此，当晶格常数分别为 a_1 和 $a_2(a_1<a_2)$ 的两种具有金刚石型结构的半导体以（110）晶面结合为异质结时，其悬挂键密度为

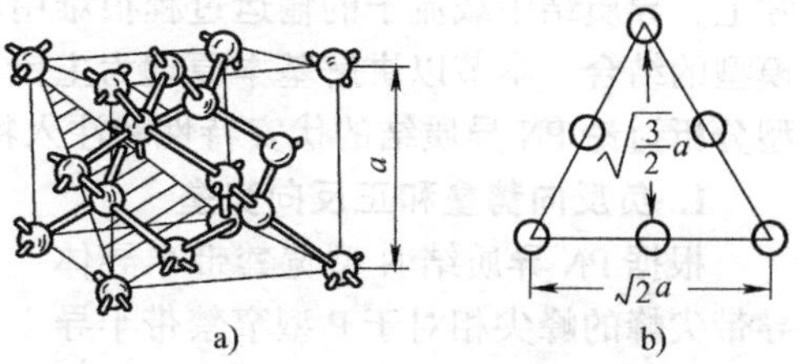

图 6-7 金刚石型结构（111）晶面内的键数

$$\Delta N_{S(110)}=\frac{4}{\sqrt{2}}\left(\frac{1}{a_1^2}-\frac{1}{a_2^2}\right)$$

（100）晶面为边长 a 的正方形，所含原子数也为 2（一个面心原子和四个 1/4 顶角原子），也是双键相连，因而键密度为 $4/a^2$。当晶格常数分别为 a_1 和 $a_2(a_1<a_2)$ 的两种具有金刚石型结构的半导体以（100）晶面结合为异质结时，其悬挂键密度为

$$\Delta N_{S(100)}=4\left(\frac{1}{a_1^2}-\frac{1}{a_2^2}\right)$$

与式（6-12）相比，可见悬键密度的计算需要针对具体的晶格类型和晶面，否则会产生误差。

本例题的上列公式也适合于闪锌矿型结构。应用这些公式可以估算任意两种金刚石型结构材料或闪锌矿型结构材料组成的异质结，如 Ge/Si 和 Ge/GaAs 等的悬挂键密度，见表6-2。这些计算结果证实 Ge 与 GaAs 的晶格匹配较好，而与 Si 的晶格失配较大。

表 6-2 Ge/GaAs 和 Ge/Si 异质结的悬挂键密度

异质结	晶格常数/nm	悬挂键密度/cm^{-2}
Ge/GaAs	0.56575/0.56531	（111）晶面 1.2×10^{12}
		（110）晶面 1.4×10^{12}
		（100）晶面 2.0×10^{12}
Ge/Si	0.56575/0.54307	（111）晶面 6.2×10^{13}
		（110）晶面 7.5×10^{13}
		（100）晶面 1.1×10^{14}

6.2 异质结特性及其应用

异质结特殊的能带结构决定其具有区别于同质 PN 结的优良特性，这主要指它的高注入比特性和因禁带宽度之差形成势垒而对注入载流子的限制特性，以及因为宽、窄禁带的配合使用而在光电探测和光电能量转换方面独具特色的广谱特性和窗口特性等。本节从讨论异质结的基本伏安特性出发来了解这些特性，然后简略介绍一下对这些特性的应用。

6.2.1 伏安特性

由于异质结的能带结构变化多端，分析和描述其伏安特性要比分析同质结困难得多。长期以来，人们针对异质结的不同类型和电压偏置状态下能带结构的不同特征提出了多种分析模型，如扩散模型、热电子发射模型、复合模型、隧穿模型以及扩散-发射、复合-隧穿等混合模型。实际上，异质结中载流子的输运过程很难用单一的模型来准确描述，往往需要用两种甚至两种以上模型的结合。本节以讲解基本原理为主旨，根据常见情况简要介绍利用扩散模型和热电子发射模型分析讨论 PN 异质结的伏安特性和注入特性的方法和结果。

1. 负反向势垒和正反向势垒

根据 PN 异质结 N 型宽禁带半导体导带尖峰的峰尖相对于 P 型窄禁带半导体导带底的高低，可将电子势垒分为负反向势垒和正反向势垒两种，如图 6-8 所示。其中，图 6-8a 为 N 区导带峰尖低于 P 区导带底的情况，称为负反向势垒或低势垒尖峰；图 6-8b 为 N 区势垒峰尖高于 P 区导带底的情况，称为正反向势垒或高势垒尖峰。显然，这里的“反向”是指电子从 P 型侧流向 N 型侧，这是 PN 结处于反偏状态时的电子流向。

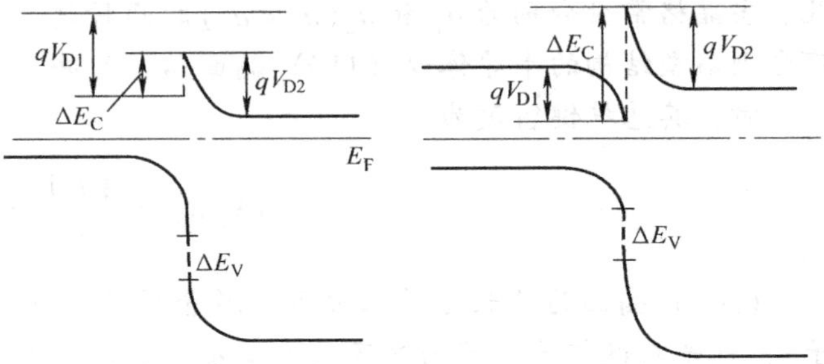

a) 负反向势垒　　b) 正反向势垒

图 6-8　PN 异质结的两种电子势垒

NP 异质结界面上只有 P 型宽禁带半导体的价带尖峰，按其峰尖相对于 N 型窄禁带半导体价带顶的高低，同样分为负反向势垒和正反向势垒两种。

需要注意的一点是，图 6-8 为热平衡状态。在偏置状态下，反向势垒的正、负有可能发生变化，有些负反向势垒在足够高的正向偏置电压下完全有可能变为正反向势垒，有些正反向势垒在足够高的反向偏置电压下完全有可能变为负反向势垒。

对异质结伏安特性的讨论要根据势垒尖峰的特点使用不同的模型。下面对正、负反向势垒这两种情况分别讨论之。

2. 负反向势垒 PN 异质结的伏安特性

参照图 6-8a 可知，热平衡时负反向势垒 PN 异质结的电子势垒和空穴势垒高度分别为

$$q(V_{D1}+V_{D2})-\Delta E_C=qV_D-\Delta E_C \tag{6-13}$$

$$q(V_{D1}+V_{D2})+\Delta E_V=qV_D+\Delta E_V \tag{6-14}$$

二者差别较大。在正向偏置电压 U 的作用下，其电子准费米能级向上移动，空穴准费米能级向下移动，总移动量为 qU。若其仍能保持负反向势垒异质结的特点，如图 6-9 所示，则其势垒区能带弯曲的基本情况与同质结 PN 结类似，即正向偏压下势垒降低、空间电荷区变窄，载流子主要通过扩散越过势垒，因而其伏安特性适合于用扩散电流模型来描述。

加正向偏压 U 后，电子势垒和空穴势垒分别变为

$$q(V_D-U)-\Delta E_C \tag{6-15}$$

$$q(V_D-U)+\Delta E_V \tag{6-16}$$

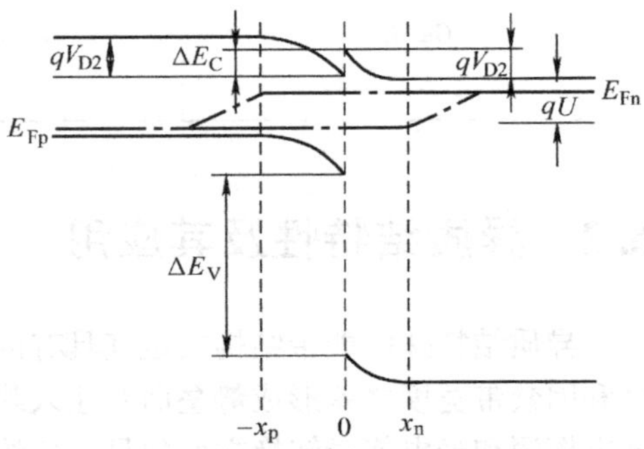

图 6-9　正向偏压下的负反向势垒 PN 异质结

按照用扩散电流模型建立同质 PN 结电流–电压方程式的相同方法和过程，可以得到正向偏压下从宽禁带一侧流过异质结的电子扩散电流和从窄禁带一侧流过异质结的空穴扩散电流密度表达式，分别为

$$J_n = \frac{qD_{n1}n_{10}}{L_{n1}}\left[\exp\left(\frac{qU}{kT}\right)-1\right],\ J_p = \frac{qD_{p2}p_{20}}{L_{p2}}\left[\exp\left(\frac{qU}{kT}\right)-1\right] \tag{6-17}$$

总电流密度即为

$$J = J_n + J_p = \left(\frac{qD_{n1}n_{10}}{L_{n1}}+\frac{qD_{p2}p_{20}}{L_{p2}}\right)\left[\exp\left(\frac{qU}{kT}\right)-1\right] = J_S\left[\exp\left(\frac{qU}{kT}\right)-1\right] \tag{6-18}$$

在形式上，该式与 PN 同质结的肖克莱方程极为相似。不同的是，PN 同质结中反向饱和电流由同一个禁带宽度下的 N 区少数载流子密度 p_{n0} 和 P 区少数载流子密度 n_{p0} 决定，在两区掺杂浓度差别不大时，二者接近相等；而在这里，PN 异质结的反向饱和电流由禁带宽度不同的两种材料的少数载流子密度决定，即使二者掺杂浓度相同，其值也相差很大。对这里讨论的具体情况，宽禁带 N 型半导体的少数载流子密度 p_{20} 必然远小于窄禁带 P 型半导体的少数载流子密度 n_{10}，而两种材料中少数载流子的扩散速度 D/L 一般不会相差太大，因而 J_p 实际上可以忽略。这说明，**PN 异质结在正向偏压下形成负反向势垒时，其正向电流主要是 P 型窄禁带材料注入到 N 区的电子扩散电流，即 $J \approx J_n$。**

3. 正反向势垒 PN 异质结的伏安特性

对于图 6-8b 所示的正反向势垒 PN 异质结，正向偏压下虽然能带弯曲量会减小，但仍会保持其正反向势垒的特征，从 N 区向 P 区扩散的电子仍面临着一个尖峰形势垒 $q(V_{D2}-U_2)$，如图 6-10 所示。图中，U_1 和 U_2 分别表示外加电压 U 在 P 区和 N 区的降落。这时，从 N 区内部扩散至势垒处的电子当中，只有能量高于势垒尖峰者才有可能通过热电子发射越过势垒进入 P 区，因而异质结电流主要受热电子发射机制的限制。利用讨论肖特基势垒电流–电压关系的热电子发射模型，可以算出在正向偏压下由 N 区向 P 区发射的电子电流密度为

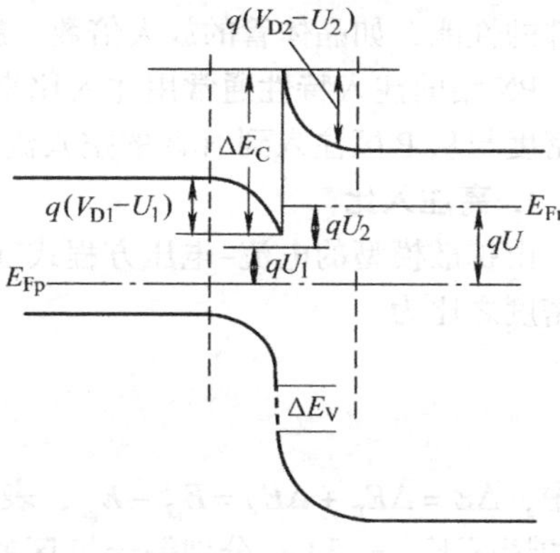

图 6-10 正向偏压下的正反向势垒异质结

$$J_2 = qn_{20}\left(\frac{kT}{2\pi m_2^*}\right)^{1/2}\exp\left[-\frac{q(V_{D2}-U_2)}{kT}\right] \tag{6-19}$$

从 P 区向 N 区发射的电子电流密度为

$$J_1 = qn_{10}\left(\frac{kT}{2\pi m_1^*}\right)^{1/2}\exp\left[-\frac{\Delta E_C - q(V_{D1}-U_1)}{kT}\right] \tag{6-20}$$

参照图 6-8 可知，热平衡状态下无论是具有哪种形式势垒的 PN 异质结，其 P 区和 N 区的导带底之差 ΔE 皆为 $qV_{D1}+qV_{D2}-\Delta E_C$。因此，异质结空间电荷区两边的热平衡电子密度 n_{10} 和 n_{20} 的关系可利用此能量差表示为

$$n_{10} = n_{20}\exp\left(-\frac{qV_{D1}+qV_{D2}-\Delta E_C}{kT}\right) \tag{6-21}$$

将此关系代入式（6-20），从 P 区向 N 区发射的电子电流密度可重新表示为

$$J_1 = qn_{20}\left(\frac{kT}{2\pi m_1^*}\right)^{1/2}\exp\left[-\frac{q(V_{D2}+U_1)}{kT}\right] \tag{6-22}$$

于是，总电子电流密度为

$$J = J_2 - J_1 = qn_{20}\left(\frac{kT}{2\pi m^*}\right)^{1/2}\exp\left(\frac{-qV_{D2}}{kT}\right)\left[\exp\left(\frac{qU_2}{kT}\right) - \exp\left(\frac{-qU_1}{kT}\right)\right] \tag{6-23}$$

式中，$m^* = m_1^* = m_2^*$，即假定两种材料的电子有效质量相等。

对这里讨论的正、反向势垒 PN 异质结，正向偏压下由 P 区发射到 N 区的电子电流很小，正向电流主要由从 N 区向 P 区发射的电子电流形成，式（6-23）中第 2 项可以略去，于是得

$$J \propto \exp\left(\frac{qU_2}{kT}\right) \propto \exp\left(\frac{qU}{kT}\right) \tag{6-24}$$

这说明发射模型也同样能得到正向电流密度随偏置电压按指数关系升高的结论。

需要注意的是，以上结果不能像肖特基势垒接触那样用于反偏置情况。因为反向偏压下窄禁带 P 区电子面临的势垒远低于宽禁带 N 区电子面临的势垒，反向电流主要由 P 区向 N 区发射的电子电流 J_1 形成。由于电子在 P 区是少数载流子，J_1 在较高的反向电压下应该趋于饱和，然而式（6-22）表明 J_1 在 $U<0$ 时会随其绝对值的升高而指数上升，这与事实不符。因此，式（6-19）~式（6-24）中 U 不能取负数。

6.2.2 注入特性

无论是同质结还是异质结，注入特性都是 PN 结的一个很重要的特性，它决定着很多 PN 结器件的性能，如晶体管的放大倍数、激光器的阈值电流和量子效率等。

PN 结的注入特性通常用注入比来表征。注入比定义为正向偏压下从 N 区注入到 P 区的电子流密度与从 P 区注入到 N 区的空穴流密度之比。

1. 高注入比

由扩散模型的电流–电压方程式（6-17）可得 PN 异质结正向偏压下电子电流密度与空穴电流密度之比为

$$\frac{J_n}{J_p} = \frac{D_{n1}n_{20}L_{p2}}{D_{p2}p_{10}L_{n1}}\exp\left(\frac{\Delta E}{kT}\right) \tag{6-25}$$

式中，$\Delta E = \Delta E_C + \Delta E_V = E_{g2} - E_{g1}$，表示 N 区和 P 区的禁带宽度之差。在 P 区和 N 区杂质完全电离的情况下，n_{20} 和 p_{10} 分别等于 N 区的掺杂浓度 N_{D2} 和 P 区的掺杂浓度 N_{A1}，于是式（6-25）可改写为

$$\frac{J_n}{J_p} = \frac{D_{n1}N_{D2}L_{p2}}{D_{p2}N_{A1}L_{n1}}\exp\left(\frac{\Delta E}{kT}\right) \approx \frac{N_{D2}}{N_{A1}}\exp\left(\frac{\Delta E}{kT}\right) \tag{6-26}$$

该式中最后的近似处理是因为 D_{n1} 与 D_{p2} 相差不大，L_{p2} 与 L_{n1} 相差也不大，而 $\exp(\Delta E/kT)$ 可远大于1。由此可知，即使 $N_{D2} < N_{A1}$，仍可得到很大的注入比。式（6-26）在 $\Delta E = 0$ 的情况下就表示同质结的注入比，其大小主要决定于结两侧材料的掺杂浓度之比。由此可见，在掺杂浓度之比相同的情况下，异质结的注入比是同质结注入比的 $\exp(\Delta E/kT)$ 倍。PN 异质结的高注入特性是其优于 PN 同质结的主要特征之一，是异质结在多种器件中被广为采用的重要原因。

【例 6-3】 对由 N 型 $Al_{0.3}Ga_{0.7}As$ 和 P 型 GaAs 构成的 PN 异质结，若 GaAs 的受主浓度为 $2\times10^{19}cm^{-3}$，$Al_{0.3}Ga_{0.7}As$ 的施主浓度为 $5\times10^{17}cm^{-3}$，求其室温下的注入比。

解： 查第 1 章表 1-7 知 $Al_xGa_{1-x}As$ 固溶体室温下禁带宽度与组分比 x 的关系为 $1.424 + 1.247x$。由此知 $Al_{0.3}Ga_{0.7}As$ 的禁带宽度为 1.798eV，GaAs 的禁带宽度为 1.424eV，该异质结的 $\Delta E = 0.374$eV。将各已知条件代入式（6-26）即得

$$\frac{J_n}{J_p} \approx \frac{N_{D2}}{N_{A1}}\exp\left(\frac{\Delta E}{kT}\right) = \frac{4\times10^{17}}{2\times10^{19}}\exp\left(\frac{0.374}{0.026}\right) \approx 10^5$$

这表明即使宽禁带 N 区掺杂浓度比 P 区低近两个数量级，就因禁带宽度相差较大而注入比仍可高达 10^5。

2. 超注入现象

在 PN 异质结中，由宽禁带一侧注入到窄禁带一侧的少数载流子密度可以超过宽禁带材料本身的多数载流子密度的现象，称为超注入现象。这一现象首先在由宽禁带 N 型 $Al_xGa_{1-x}As$ 和窄禁带 P 型 GaAs 组成的 PN 异质结中观察到。图 6-11 为这种异质结在加上很高正向偏压时的能带图。图中可见，正向偏压下 N 区导带底 E_{C2} 相对 P 区导带底 E_{C1} 随外加电压的升高而上升，当电压足够高而进入大注入时可将势垒基本拉平。由于导带阶的存在，这时 N 区导带底就会高于 P 区导带底。因为 P 区电子为少数载流子，其准费米能级随着电子密度的上升很快，在稳态正向电流很大时，结两边电子的准费米能级 E_{Fn} 可达到一致。在此情况下，由于 E_{C1} 比 E_{C2} 更低，距 E_{Fn} 更近，故 P 区电子密度 n_1 必高于 N 区电子密度 n_2。根据玻耳兹曼统计，n_1 和 n_2 可分别表示为

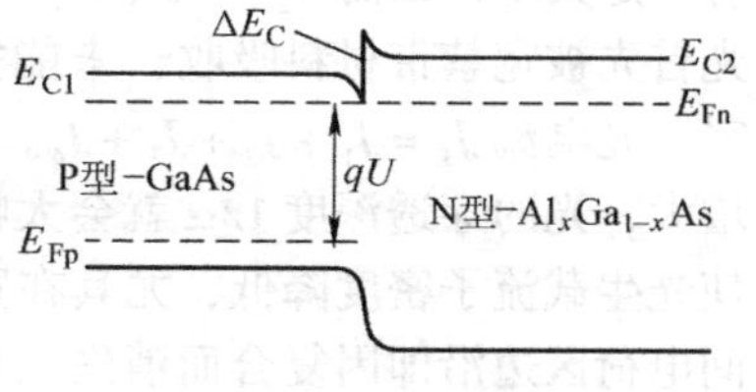

图 6-11 提高正向偏压时的 PN-GaAs/$Al_xGa_{1-x}As$ 异质结能带示意图

$$n_1 = N_{C1}\exp\left(-\frac{E_{C1}-E_{Fn}}{kT}\right), \quad n_2 = N_{C2}\exp\left(-\frac{E_{C2}-E_{Fn}}{kT}\right) \tag{6-27}$$

式中，N_{C1} 和 N_{C2} 分别表示 P 型 GaAs 和 N 型 $Al_xGa_{1-x}As$ 的导带底有效态密度，其值一般相差不大，可粗略认为两者相等，故由以上两式可得

$$\frac{n_1}{n_2} \approx \exp\left(\frac{E_{C2}-E_{C1}}{kT}\right) \tag{6-28}$$

式中，$E_{C2} > E_{C1}$，故 $n_1 > n_2$；若 $E_{C2} - E_{C1}$ 比 kT 大一倍，则 n_1 就会比 n_2 高一个数量级。因为常温下 kT 很小，这是很容易实现的。

超注入现象是异质结特有的另一重要特性，在半导体异质结激光器中得到了广泛应用。利用这个效应，可使注入到窄禁带区域中的少子密度达到 $1\times10^{18}\,cm^{-3}$ 以上，使激光器所要求的粒子数反转条件容易得到满足。

6.2.3 光伏特性

与 PN 同质结相比，PN 异质结因为结两侧材料的禁带宽度不同而对光有更广的光谱响应和利用。为讨论 PN 异质结的光谱响应，可将结附近区域分成四个小区。如图 6-12 所示，这四个小区分别是结两侧禁带宽度不同的两个空间电荷区，其宽度分别为 X_1 和 X_2；空间电荷区两侧 P 型窄禁带半导体的电子扩散区和 N 型宽禁带半导体的空穴扩散区，其宽度分别为电子扩散长度 L_n 和空穴扩散长度 L_p。当有适当波长的多色光分别在各小区被均匀吸收时，参照第 4 章对 PN 同质结光电流的讨论，可将 PN 异质结的光电流表示为

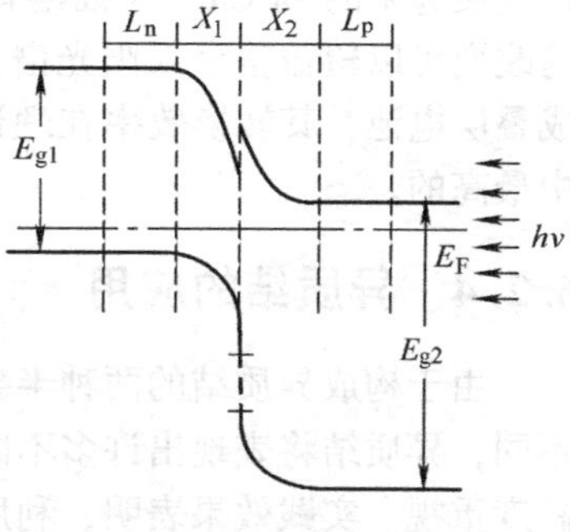

图 6-12 PN 异质结光吸收分区图

$$J_L = J_1 + J_2 + J_3 + J_4 = q[G_1(L_n + X_1) + G_2(L_p + X_2)] \tag{6-29}$$

与 PN 同质结光电流表达式（4-101）相比，其主要区别在于对禁带宽度不同的区域使用了不同的光生载流子产生率 G_1 和 G_2。因为产生率的大小决定于材料对入射光的吸收系数，而吸收系数是光波长的函数，而且不同材料对相同波长的光吸收系数一般并不相等，所以即便是同一波长的光，异质结两侧的光生载流子产生率也不相同。

现在考虑用不同能量的光从宽禁带一侧入射该异质结。当光子能量 $h\nu$ 比窄禁带材料的禁带宽度还小时，这些光子基本不被异质结吸收，产生率 G_1 和 G_2 皆为零，因而光电流为零。当 $E_{g1} < h\nu < E_{g2}$ 时，宽禁带材料对这些光子的吸收系数基本为零，而窄禁带材料对这些光子的吸收系数有一定大小，因而 G_2 为零、G_1 不为零，光电流 $J_L = J_1 + J_2$。当入射光子的能量 $h\nu = E_{g2}$ 时，入射光首先被宽禁带材料吸收，未能完全吸收的部分光子还会被窄禁带材料吸收，G_1 和 G_2 皆不为零，光电流 $J_L = J_1 + J_2 + J_3 + J_4$。但当 $h\nu > E_{g2}$ 时，由于吸收系数 α 随着光子能量的增大而大幅度增大，光的穿透深度 $1/\alpha$ 就会大幅度减小，吸收就有可能集中在宽禁带材料的表面，表面复合将使光生载流子密度降低，尤其在宽禁带材料的厚度大于 $X_2 + L_p$ 时，大量光生载流子扩散不到空间电荷区边沿即因复合而消失，光生电流将大幅度下降。所以，异质结的光谱响应主要集中在与 E_{g1} 和 E_{g2} 相当的光子能量之间的范围，在此范围之外的光谱响应很小。这就是异质结的“窗口效应”，窗口大小由两种材料的禁带宽度之差决定。对禁带宽度为 E_{g1} 的 PN 同质结，能量接近 E_{g2} 的高能光子会因其浅表面的强吸收而对光电流没有贡献；而对禁带宽度为 E_{g2} 的 PN 同质结，能量接近 E_{g1} 的低能光子不被吸收而穿透出去，对光电流也没有贡献。因此，PN 异质结比 PN 同质结的光谱响应宽得多。

利用异质结的宽光谱特点还可以做成由两个以上 PN 异质结叠加在一起的叠层电池，按材料禁带宽度由宽到窄的顺序从外向内串叠在一起，分别吸收短波光和长波光，从而达到充分利用太阳光谱的目的。设计单晶叠层电池的关键是两个串联电池的结合部。串联使两个 PN 结之间的 NP 结成为一个反向结，它会阻挡光生载流子的运动，并产生反向电压，降低光生电动势；但若将结两边皆设计为重掺杂，该结就很容易被光生载流子隧穿而失去阻挡作用，从而阻止结两边形成反向光电压，因而此结通常称为隧道结。但是，能隧穿的结同时也能起复合率极高的表面复合中心作用，这样又会削弱光生电流。因此，隧道结的优化是叠层电池能否实现高效转换的关键。图 6-13 是在已经成熟的 GaAs/Ge 单结电池制造技术的基础上发展起来的一种双异质结叠层电池结构示意图，其中包含了多种Ⅲ-Ⅴ族固溶体。最近发展起来的 $In_xGa_{1-x}N$ 固溶体，其禁带宽度随着 In 组分 x 的改变可以覆盖整个太阳光谱，如果利用这个系列的材料做成叠层电池，其转换效率在理论上有可能是半导体太阳电池中最高的。

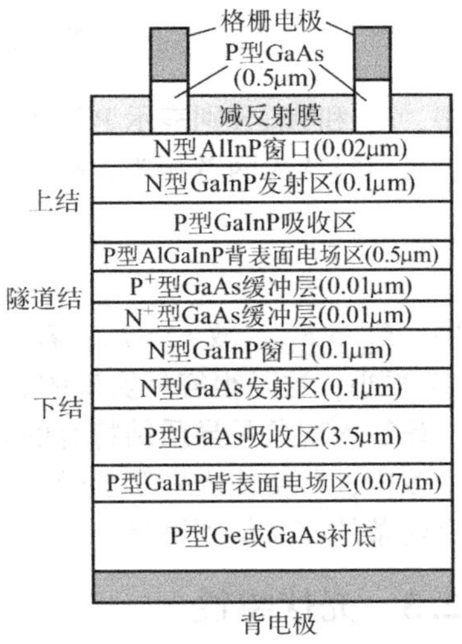

图 6-13 Ⅲ-Ⅴ族叠层电池结构

6.2.4 异质结的应用

由于构成异质结的两种半导体在禁带宽度、介电常数、折射率和吸收系数等物理参数上有所不同，异质结将表现出许多不同于同质结的性质。因此，利用异质结制作电子器件的技术受到了高度重视。实践效果表明，利用异质结制作的晶体管、激光器、LED、光电探测器和应变传感器等，比用同质结制作的同类器件性能优越得多。下面略举数例进行说明。

1. 高注入比晶体管

在 NPN 型双极型晶体管中，发射结的发射效率定义为

$$\gamma = J_n/(J_n + J_p) \tag{6-30}$$

式中，J_n 和 J_p 分别表示由发射区注入基区的电子电流密度和由基区注入发射区的空穴电流密度，当 γ 接近于 1 时，才能获得高的电流放大倍数。对于同质结的双极型晶体管，为了提高电子发射

效率，发射区的掺杂浓度应比基区掺杂浓度高几个数量级，因而基区掺杂浓度一般较低，电阻较大。为了减小基极电阻，只能增加基区厚度，这就减低了器件的截止频率。从前面的讨论中可以看到，若采用宽禁带N型半导体与窄禁带P型半导体形成的异质结作为发射结，则可获得很高注入比，提高发射效率。比如，例6-3所举的PN-GaAs/$Al_{0.3}Ga_{0.7}As$异质结，尽管P基区掺杂浓度比发射区掺杂浓度高得多，其注入比仍然很高，注入效率基本为1。即便考虑到Al组分较高时固溶体制备有困难而将Al组分从0.3降到0.2，会使得ΔE缩小至0.25eV，但其注入比仍可高达300，注入效率仍极接近于1。采用这种结构的双极型晶体管称为异质结双极型晶体管，简写为HBT，在微波和毫米波领域得到广泛应用。

由于$Al_xGa_{1-x}As$与GaAs有较好的晶格匹配，且研究最早，故早期的HBT用N型$Al_xGa_{1-x}As$和P型GaAs作为异质发射结。后来，随着异质结新材料的发展，现已开发出多种性能优良的HBT。其中之一是用宽禁带N型$Ga_{0.5}In_{0.5}P$与P型GaAs构成的异质结作为发射结在GaAs衬底上制作的HBT。$Ga_{0.5}In_{0.5}P$与GaAs也是晶格匹配的，二者的价带阶ΔE_V为0.30eV，导带阶ΔE_C为0.03eV，$\Delta E_V \gg \Delta E_C$。由图6-9或图6-10可以看到，$\Delta E_V$越大，正向偏压下空穴从P区进入N区所面临的势垒越高，空穴电流J_p越小，将更有利于提高注入比。采用这种材料和结构的HBT，在基区厚度为80nm、掺杂浓度为$6\times10^{19}cm^{-3}$的典型条件下，截止频率可达100GHz。

用异质结提高注入比的另一例子是用PN-$Si_{1-x}Ge_x$/Si异质结作为发射结的HBT。$Si_{1-x}Ge_x$固溶体的禁带宽度随Ge的组分x的提高而减小，且满足$\Delta E_V \gg \Delta E_C$的要求，故非常适合作为基区材料与Si相配合制作HBT。

2. 异质结激光器

就半导体激光器而言，应用异质结的优势在于可以用宽禁带材料禁锢注入载流子以提高注入效率和增益，同时也发挥其窗口作用而减少激光损耗。此外，异质结材料折射率的差异也可利用来增强反射而实现对辐射光的禁锢，使阈值电流降低。

（1）GaAs单异质结激光器

这种激光器于1969年问世，是用液相外延法在N型GaAs衬底上外延生长P型AlGaAs制成的。在进行AlGaAs液相外延的同时，熔体中的P型掺杂剂Zn通过原子扩散进入N型GaAs衬底的表面，通过杂质补偿形成GaAs PN同质结，构成P型AlGaAs/P型GaAs/N型GaAs的3层结构，分别称为限制层、有源层和注入层，如图6-14a所示。图6-14b和c分别表示其热平衡状态和正偏置状态下的能带图。由于AlGaAs比GaAs禁带宽，P型GaAs和P型AlGaAs之间存在较高的电子势垒，从N型GaAs注入到P型GaAs中的电子受其限制不能继续向P型AlGaAs扩散，使P型GaAs有源层中的电子密度增大，提高了增益。同时，P型AlGaAs因禁带宽而对来自GaAs的辐射光几乎无吸收，因而损耗较小。AlGaAs和GaAs除了禁带宽度不同而外，折射率也不相同，因为AlAs比GaAs折射率低，因此AlGaAs也比GaAs的折射率低，AlGaAs/GaAs界面就会有较高的反射率，将辐射光也限制在有源层内，减少了周围无源区对光的吸收。

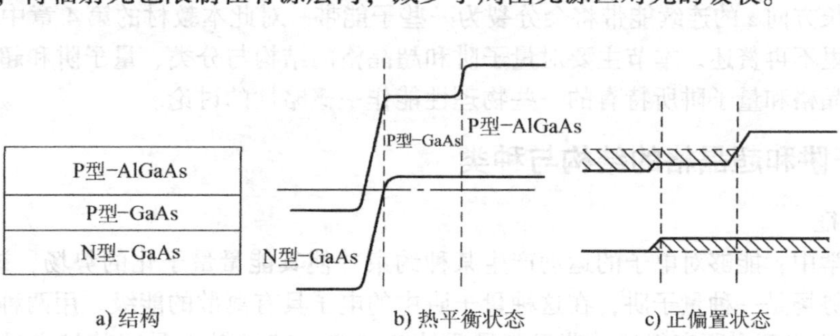

图6-14 单异质结激光器的结构和能带示意图

引入一个异质结形成限制层后，激光器的阈值电流密度明显下降，发光效率明显提高。这种 GaAs 激光器的阈值电流密度一般在 $10^4 \sim 1.5\times10^4 A/cm^2$ 范围，而 GaAs 同质结激光器的阈值电流密度可高达 $10^5 A/cm^2$。这在半导体激光器的开发初期是一个很有意义的技术进步。

（2）双异质结激光器

双异质结（DH）是最典型的半导体激光器结构，其主要构成是两个背靠背的异质结，如图 6-15a所示。在这种结构中，由禁带较窄的半导体材料（如 P 型 GaAs）做成厚度小于电子和空穴扩散长度的有源层，夹在禁带较宽的半导体材料（如 AlGaAs）做成的两个限制层之间，构成“三明治”结构。其中，N 型 AlGaAs 还起注入层的作用，在正向偏压下向有源层 P 型 GaAs 注入额外电子；P 型 AlGaAs 限制层因禁带较宽而形成电子势垒，将注入电子限制在有源层内，使其电子密度增高，提高激光器的增益。同时，N 型 AlGaAs 与 P 型 GaAs 之间的空穴势垒还可避免有源区的空穴反注入对电子注入效率的影响。比较一下图 6-14c和图 6-15a 就会明白，单异质结激光器中因为有源层和注入层禁带宽度相等，正向偏压下也必有空穴从 P 型 GaAs 有源层向 N 型 GaAs 反注入，这些注入空穴会在结的附近与注入电子复合，降低电子的注入效率。所以，双异质结激光器比单异质结激光器有更低的阈值电流密度（$10^3 \sim 3\times10^3 A/cm^2$）和更高的发光效率。由于阈值电流密度降低了一个数量级，激光器的发热问题得到极大改善，可靠性也得到很大提高，并延长了使用寿命。

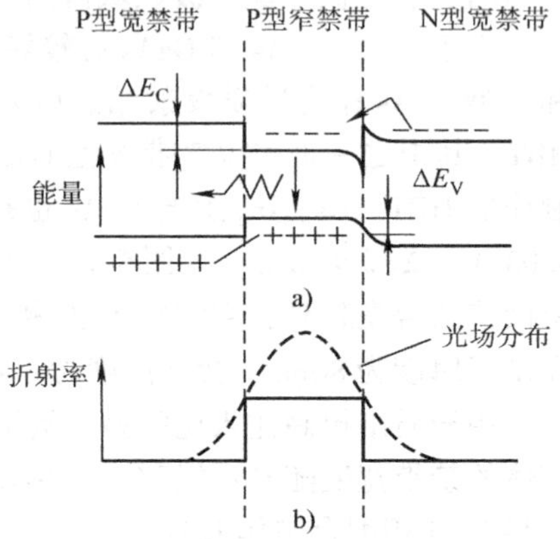

图 6-15　DH 激光器的载流子限制和光学限制

另外，在 DH 结构中，有源层因 AlGaAs/GaAs 界面的高反射率而形成平面波导，将光场限制在有源层附近，从而使内部损耗显著减小。若没有该波导的存在，光场将向高损耗介质中扩展，从而增大内部损耗，如图 6-15b 所示。由此可见，DH 结构在载流子限制和光学限制两方面都比单异质结结构优越得多。

6.3　半导体量子阱和超晶格

量子阱和超晶格都是利用禁带宽度不同的两种材料构成“背靠背”异质结，形成类似于双异质结那样的载流子势阱，对载流子的运动形成低维约束，使其能量状态产生新的量子化。

半导体超晶格的概念是 IBM 的日裔科学家江崎和华裔科学家朱兆祥为了开发新的负阻器件于 1968 年提出，并于 1970 年首先用 GaAs 和 GaAs 基固溶体实现的。他们认为，如果用两种晶格常数非常匹配但禁带宽度不同的材料 A 和 B，以薄层的形式周期性地交替生长在一起，则其中的电子沿薄层生长方向 z 的连续能带将会分裂为一些子能带。对此本教材的第 4 章中已作过一些概略的介绍，这里不再赘述。本节主要对量子阱和超晶格的结构与分类、量子阱和超晶格中的电子状态，以及超晶格和量子阱所特有的一些物理性能作一概略性的讨论。

6.3.1　量子阱和超晶格的结构与种类

1. 结构特征

在量子力学中，能够对电子的运动产生某种约束并使其能量量子化的势场，被称为量子阱。原子或分子的势场是一种量子阱，在这种量子阱中的电子具有离散的能级。用两种禁带宽度不同的材料 A 和 B 构成两个距离很近的背靠背异质结 B/A/B，若材料 A 是窄禁带半导体，且其导带底低于材料 B 的导带底，则当其厚度，亦即这两个“背靠背”异质结的距离小于电子的平均自由程（约100nm）时，电子即被约束在材料A中，形成以材料B为电子势垒、材料A为电子势阱的量子阱。若材料A还在价带顶上高于材料B，则该结构同时也是以材料B为空穴势垒、材料A为空穴势阱的量子阱，如图6-16a所示。由于这种量子阱只是对载流子在异质结平面的法线方向z上产生约束，电子在平行于异质结平面的方向上运动并不会受到限制，因而这种量子阱结构通常也被称为二维半导体。理想情况下，材料A和B会在界面上陡然发生能带变化，这种势阱称为方势阱。但在实际情况中，由于界面偏离完美的理想状态，加上材料掺杂的影响，异质结的导带底和价带顶能级不会正好在界面上形成陡峭台阶，因而实际量子阱的几何形状都比较复杂。不过，随着薄层材料现代生长技术的发展并日臻完善，大量的实验和理论研究都已表明，图6-16a所示的一维方势阱在大多数场合是对非掺杂量子阱的一个极好近似。因此，本节的讨论仅限于一维方势阱。

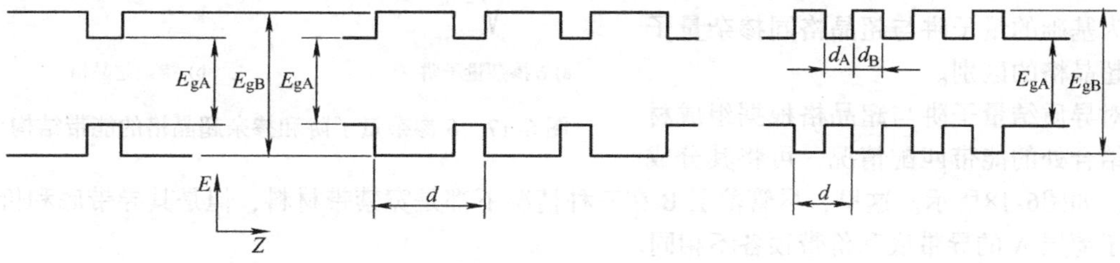

图6-16　半导体量子阱、多量子阱及超晶格的结构示意图

如果以各自不变的厚度将上述A、B两种薄层材料周期性地交替叠合在一起，即连续地重复生长多个量子阱，形成B/A/B/A/…结构，且A层厚度d_A远小于B层厚度d_B，如图6-16b所示，该结构即为多量子阱。在多量子阱结构中，势垒层的厚度d_B必须足够大，以保证一个势阱中的电子不能穿透势垒进入另一个势阱，即必须保证相邻势阱中的电子波函数相互之间没有重叠。

显然，多量子阱与超晶格的差别仅在于势垒层的厚薄，如图6-16c所示。在半导体超晶格中，势垒层要薄到足以使相邻势阱层中电子的波函数能够相互重叠。这样，超晶格中电子的运动就不仅受材料晶格周期势的影响，也同时受到一个沿薄层生长方向z展开的人工附加周期势场的影响。这个周期势场的周期$d = d_A + d_B$比晶格周期势的周期大。但是，由于d_A和d_B分别受电子自由程和电子波函数重叠的限制，二者之和d不会比晶格周期势的周期大很多，仍然是一个以nm为单位的微小长度。

以上主要从薄层几何尺寸的角度勾勒了量子阱、多量子阱和超晶格的基本结构及其区分。从组成材料的性质及其相互之间在能带结构上的复杂关系细看，量子阱与超晶格，特别是超晶格，还具有多种不同的特征。这里所说的能带结构，通常包括两个方面的含义：一是指异质结两边导带底和价带顶的相对位置，即导带底和价带顶在异质结处的交错（offset）状况；二是指能带在整个结区随空间距离的变化情况。

2. 量子阱和超晶格的分类

半导体量子阱和超晶格一般由同族的两种禁带宽度不同的材料组成，如Ⅳ族的Si和Ge、Si和GeSi；也有用不同族的两种材料组成，如Ⅳ族材料与Ⅱ-Ⅵ族材料、Ⅲ-Ⅴ族材料与Ⅱ-Ⅵ材料等。在这些材料中，既包括单一组分的元素半导体或化合物半导体，也包括多组分的固溶体。对固溶体薄层而言，在其生长过程中令组分比逐渐改变可使量子阱与超晶格的能带结构具有锯齿形或抛物线形等复杂特征。因此，按照组成材料的成分来区分，则有固定组分量子阱与超晶格、组分渐变量子阱与超晶格以及调制掺杂的量子阱与超晶格等。

所谓调制掺杂，是指用同一种材料，通过不同类型的掺杂来调制其能带结构，形成量子阱或超晶格。例如，用本征材料作为势垒层，用重掺杂 N^+ 薄层作势阱的所谓 δ 掺杂量子阱；通过周期性地改变薄层的杂质类型，做成 N-i-P-i 结构或 N-P-N-P 结构的掺杂超晶格等。这种类型的量子阱和超晶格显然与以异质结为基础的量子阱和超晶格有很大的差别，它实际上是利用电离杂质的静电势形成载流子势阱。由于在同一空间位置上只可能存在一种类型的有效电离杂质，因而掺杂量子阱永远只是一种载流子的量子阱，不可能像图 6-16a 所示那样既是电子势阱又是空穴势阱；掺杂超晶格是不同薄层中不同类型电离杂质的不同静电势形成的周期势场，电子和空穴显然是分别约束在不同导电类型的薄层里，不可能像图 6-16c 所示那样电子和空穴被约束在同一薄层里。

图 6-17a、b 分别为 δ 掺杂量子阱和 N-P-N-P 掺杂超晶格的能带结构示意图。对照图 6-16a、c，能更加直观地理解以异质结为基础的量子阱与超晶格同掺杂量子阱与超晶格的区别。

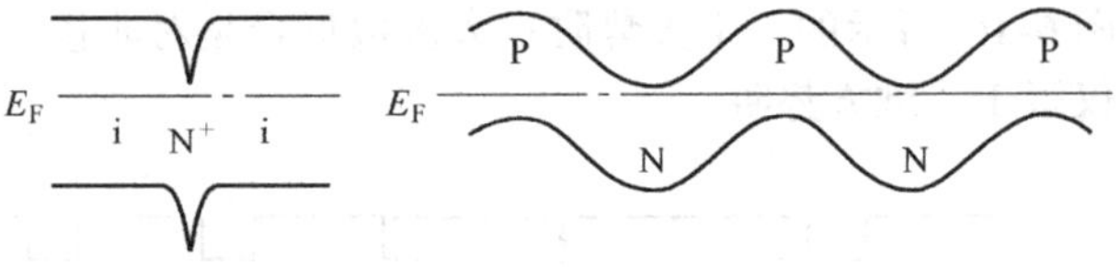

a) δ掺杂量子阱　　b) 掺杂超晶格

图 6-17　δ 掺杂量子阱和掺杂超晶格的能带结构

对异质结量子阱与超晶格根据组成材料在结合处的能带匹配情况，可将其分成三类，如图6-18所示。这里，尽管薄层 B 在三种情况下都是宽禁带材料，但是其导带底和价带顶相对于薄层 A 的导带底和价带顶各不相同。

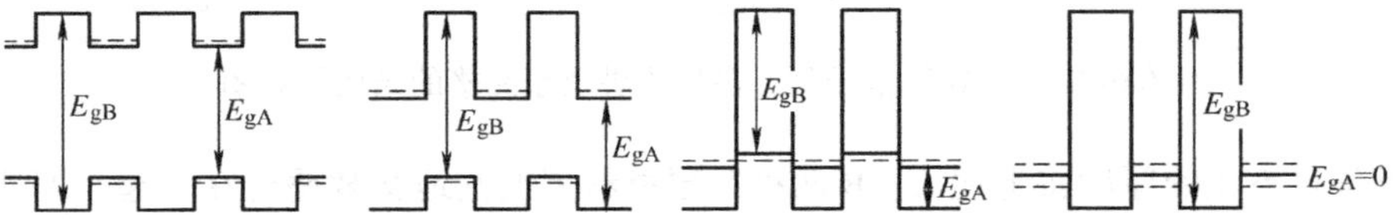

a) 第1类　　b) 第2类　　c) 第3类

图 6-18　异质结量子阱与超晶格的三种类型

1）第一类量子阱与超晶格：材料 A 的禁带完全包含在材料 B 的禁带之中，不论对电子还是空穴，材料 A 都是势阱，材料 B 都是势垒，即电子和空穴被约束在同一种材料薄层中。因此，在这种类型的量子阱和超晶格中，非热平衡载流子的复合几率较大。$GaAs/Al_{0.3}Ga_{0.7}As$ 和 $In_{0.53}Ga_{0.47}As/InP$ 是这一类超晶格的典型例子，其势阱层分别是 GaAs 和 $In_{0.53}Ga_{0.47}As$。

2）第二类量子阱与超晶格：在这类量子阱与超晶格中，两种材料各是一种载流子的势阱和另一种载流子的势垒，因而若材料 B 的导带底比材料 A 的高，其价带顶也一定比材料 A 的价带顶高。这样，材料 A 是电子势阱，材料 B 就是空穴势阱，电子和空穴分别约束在两种材料的薄层中，复合几率较小。这一类量子阱与超晶格还可细分为两种，即价带顶虽高但高不过另一种材料的导带底的交错型和整个禁带位于另一种材料的导带底以上的错位型。错位型第二类量子阱与超晶格的典型例子是 InAs/GaSb，GaSb 的价带顶比 InAs 的导带底还高。

3）第三类量子阱与超晶格：这类量子阱与超晶格实际上指由半导体和半金属组成的。由于半金属材料的导带底位于价带顶之下，其电子具有负有效质量，因而在与半导体形成量子阱与超晶格后实际上成为两个相邻半导体薄层之间的界面态。我们在第 1 章中介绍的 HgTe 这种半金属即可与半导体 CdTe 构成这种类型的超晶格。

图 6-18 中，虚线表示被约束载流子的能量，同时也是被约束载流子的位置标识，即第一类和第三类的两种载流子被约束在同一层中，而第二类的两种载流子被分别约束在不同层中。

除了由半导体薄层构成的量子阱和超晶格，还有由半导体细线或点构成的量子阱和超晶格，这种细线和点分别称为量子线和量子点，统称低维量子阱和低维超晶格。对于由半导体薄层构成的量子阱和超晶格，载流子的运动只在薄层的生长方向上有约束。当直径很小的窄禁带半导体细线被一种宽禁带材料包裹起来时，该细线即成为量子线阱；当有多条这样的细线并列，且相互之间通过极薄的宽禁带材料相耦合，则构成量子线超晶格。在量子线阱和量子线超晶格中，载流子只在沿量子线运动时不受约束，受约束的维数为2。类似地，当尺度极小的由窄禁带材料形成的精细点处于宽禁带材料的包围之中时，该精细点即成为令载流子的三维运动都受到约束的量子阱，称为量子点。大量的这种量子点集中在一起，但相互之间有极薄的宽禁带材料使之相互耦合，即构成量子点超晶格。

除了晶体，人们也尝试用非晶半导体形成量子阱或超晶格。由于近程序相同，同一物质的晶态和非晶态往往具有某些相似的性质。因此，当量子阱和超晶格的人工程序施加给非晶系统之后，某些在结晶超晶格系统中会出现的量子效应，特别是那些与电子态等主要依赖于短程序的性质有关的效应，如量子尺寸效应、持久光电导等，也同样有可能出现在非晶半导体超晶格中。众所周知，除了能隙中的定域态，非晶半导体中也有波函数相当扩展的扩展态。当这些扩展态中的载流子密度足够高时，非晶半导体中的载流子输运主要由扩展态载流子承担。当然，由于长程序的缺乏，非晶超晶格不可能与结晶超晶格处处相似。由于电子在非晶半导体中的平均自由程非常短，结晶超晶格中一些与长平均自由程有关的效应就不大可能在非晶超晶格中观察到。使用非晶半导体构成量子阱或超晶格的主要长处，是可以放宽对组成材料晶格匹配的要求，提高界面原子结合的柔性。同时，非晶材料的制备条件比较简单，并容易进行大面积淀积。用于非晶半导体超晶格的材料主要有 a-Si: H、a-Ge: H，以及 a-SiC: H、a-SiN: H 之类的 Si 基合金。

6.3.2 量子阱和超晶格中的电子状态

对于图 6-16a 所示的方形单势阱，电子在势阱层内沿薄层平面的运动与自由电子类似。但在垂直于势阱平面的 z 方向上，电子的运动要受到势垒的限制。设势垒高度为 qV_0（即 ΔE_C），电子在阱内的能量本征值为 E，则其阱外能量就是 $E+qV_0$，电子沿 z 方向的定态薛定谔方程对阱内、外的不同区域分别为

$$-\frac{\hbar^2}{2m^*}\frac{\mathrm{d}^2\psi}{\mathrm{d}z^2}=E\psi \qquad |z|<\frac{L_A}{2} \tag{6-31}$$

$$-\frac{\hbar^2}{2m^*}\frac{\mathrm{d}^2\psi}{\mathrm{d}z^2}=(E+qV_0)\psi \qquad |z|>\frac{L_A}{2} \tag{6-32}$$

式中，m^* 表示电子的有效质量。

势阱中电子的运动状态决定于势垒的高度 qV_0，首先考虑 qV_0 无穷大时薛定谔方程的解。若以势阱的中线来定坐标原点，那么与势垒无限高且无限厚相对应的边界条件，即可表述为波函数 $\psi(z)$ 在阱外及 $z=\pm L_A/2$ 处为零。在此边界条件下，以上薛定谔方程的归一化解与相应的能量本征值分别为

$$\psi_A=\left(z+\frac{L_A}{2}\right)\sqrt{\frac{2}{L_A}}\sin\frac{n\pi}{L_A},\quad E_n=\frac{h^2}{8m^*}\left(\frac{n}{L_A}\right) \tag{6-33}$$

式中，n 为量子数，取正整数。

这些结果表明，电子的运动被完全约束在阱无限深、阱壁无限厚的势阱平面之中，并且沿受约束方向的能量是量子化的，即形成了二维电子气（2DEG）。图 6-19 示意地画出了量子数 $n=1, 2, 3$ 时电子波函数的基本形状及其相应的能量本征值。严格说，图 6-19 实际上是电子的波函数图与能级图的合并。这种把

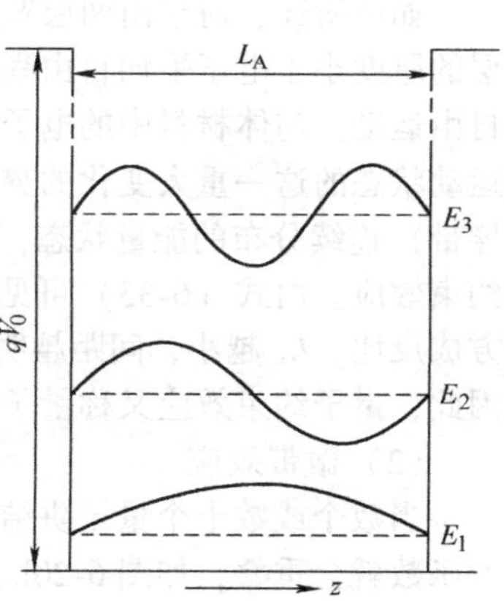

图 6-19 电子在一维无限深势阱中的状态

波函数与相应的能级画在一起的做法有些牵强，但这似乎已成习惯，而且从未引起误会。

这时，电子的总能量相应地变为

$$E=E_z+E_{xy}=\frac{h^2}{8m^*}\left(\frac{n}{L_A}\right)^2+\frac{h^2}{8\pi^2m^*}(k_x^2+k_y^2) \tag{6-34}$$

在实际问题中，势垒高度 $qV_0=\Delta E_C$，为有限大小。以上薛定谔方程的解相应地变为 qV_0 的函数，且波函数在阱外的势垒层中不为零，但随着渗出深度的增加而指数衰减。即当 z 的绝对值不小于 $L_A/2$ 时，波函数变为

$$\psi_B=C\exp\left[-\frac{2\pi\sqrt{2m^*(qV_0+E)}}{h}\left(|z|-\frac{L_A}{2}\right)\right] \tag{6-35}$$

式中，C 为常数。

上式表明，电子具有隧穿有限高势垒的能力，即当势阱深度有限时，会发生电子出现在势阱之外的事件，即量子力学中著名的隧穿效应。

对多量子阱，若势垒层厚度 L_B 仍为无限大（实际上只需大于20nm），势垒足够高（一般指 $\Delta E_C>0.5\text{eV}$），其电子的状态有如单量子阱中的电子，相邻量子阱中电子的波函数不会发生重叠，如图6-20a所示。但若势垒层逐渐变窄，多量子阱变成超晶格，则相邻量子阱中电子的波函数就会因隧穿效应而逐渐有所交叠，电子在 z 方向受到的约束就会消失，如图6-20b所示。

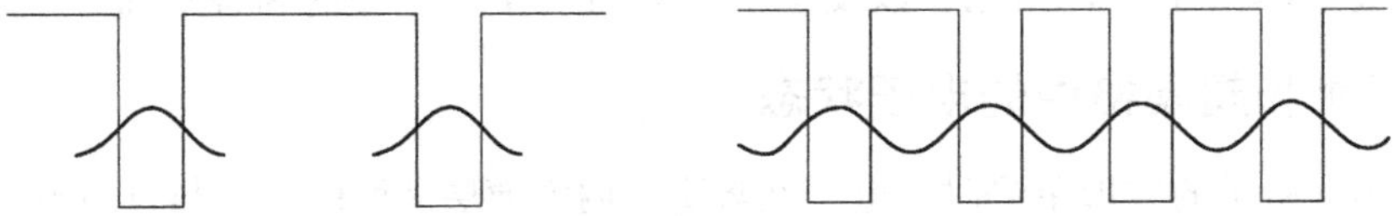

a) 多量子阱　　b) 超晶格

图6-20　势垒高度有限的多量子阱和超晶格中电子的波函数

6.3.3　量子阱效应和超晶格效应

电子波函数在量子阱和超晶格中的变化，使具有量子阱或超晶格这类纳米结构的半导体获得了一些非此结构不会出现的特殊物理现象。这些跟势阱的形成及其尺寸有关的效应，即被称为量子阱效应或超晶格效应。

（1）量子约束效应

如前所述，对于由两层宽禁带材料和夹在其间的窄禁带材料薄层构成的量子阱，当窄禁带薄层的厚度小于电子平均自由程时，电子在薄层法线方向上的运动将受到限制，只能在薄层平面内自由运动。与体材料中的电子相比，这种运动是一种二维运动，至少是准二维运动。受约束电子运动状态的这一重大变化的突出表现，是其能量的量子化。即原本在三维材料某一范围内（如导带）连续分布的能量状态，在二维薄层内变为一系列分立能级，如图6-19所示。这就是量子约束效应。由式（6-33）可见，表征能量量子化的能级间距 $\Delta E_n=E_{n+1}-E_n$ 与势阱宽度 L_A 的平方成反比，L_A 越小，间距越明显。这就是说，只有足够窄的量子阱中才会出现量子约束效应。因此，量子约束效应又称量子尺寸效应。

（2）微带效应

当数个或数十个量子阱结合成超晶格，由于超晶格中各量子阱之间的势垒很薄，阱中电子的波函数就会重叠，如图6-20b所示。相应地，阱中电子的分立能级就会因相互间的耦合而分裂成带。这种情况类似于孤立原子结合成晶体时，能级向能带的转变。事实上，图6-20b很容易让人联想到固体物理学中著名的克龙尼格-潘纳模型。这个模型是讨论固体中能带形成过程的基础，

是针对固体中原子的周期性排列而抽象出来的一个最简单的理想化一维周期势。这个模型所反映的一维周期势在提出这个模型的当时显然是不现实的，却在几十年后由超晶格使其变为现实。当然，与这个模型十分贴切的也仅仅是第1类超晶格，但这是最典型的超晶格。

第1章已指出，微带效应对能带结构的改变并不仅仅是能带分裂，还有第一子能带带底的提升，这将使禁带展宽。同时，第一子能带的带顶还为电子提供了一个能量变化较小的负有效质量状态。

(3) 负阻效应和布洛赫振荡

微带与宏观晶体的能带有很大区别。首先，微带很窄，且是一维的，相应的布里渊区也很小。这些特点使得某些在普通固体中观察不到的物理现象，如布洛赫振荡，能够在超晶格中观察到。

如果对超晶格沿 z 方向加一个外加电场 $\mathcal{E}$，按照半经典理论，电子运动应满足下列方程：

$$\hbar\frac{\mathrm{d}k}{\mathrm{d}t}=-q\mathcal{E} \tag{6-36}$$

在这个电场的作用下，子能带中的电子将作定向运动，并在两次散射之间从电场获取并积累能量。如果电子在两次散射之间的自由时间足够长，就有可能依靠积累的能量到达该子能带所属小布里渊区边界 $k=\pm\pi/d$ 的附近。由于 $E(k)$ 曲线在小布里渊区的边界附近趋近于极大值，而电子在能带极大值附近的有效质量为负数，因此，电子在这种情况下的漂移速度将随着电场 $\mathcal{E}$ 的进一步升高而下降，出现负阻效应。在电场作用下到达布里渊区边界的电子，要回到等价的另一个边界重新开始在电场作用下的运动。这种运动形态在实空间中表现为来回振荡，即布洛赫振荡，其频率为 $q\mathcal{E}d/h$，属于微波频率的上段。因此，采用超晶格材料可制作频率特性很高的微波器件。

(4) 共振隧穿效应

为了研究电子在超晶格中的输运问题，Chomette 等人在超晶格的底部设计了一个很宽的单量子阱，并用能量高于势阱层禁带宽度而低于势垒层禁带宽度的光在超晶格的顶部注入额外电子和空穴，结果在底部的宽量子阱中观察到电子和空穴的辐射复合，如图6-21所示，从而证明了超晶格中存在着电子和空穴的垂直输运，亦即电子和空穴对超晶格中周期性出现的薄势垒的隧穿。

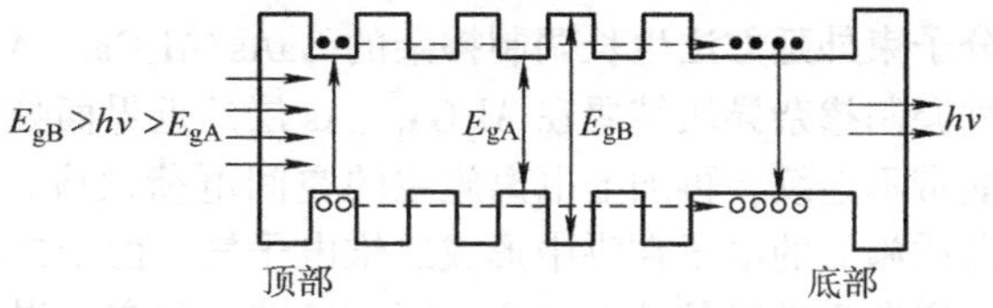

图6-21 验证超晶格中电子共振隧穿的示意图

能够隧穿势垒的只是势阱层中被微带包含的允许能级上的电子，能量不在这些能量范围内的电子会被势垒壁反射回来。因此这种效应又称为**共振隧穿**。这可以从超晶格底部通过辐射复合发射出来的光子的能量 $h\nu'$ 得到证实。

(5) 声子约束效应

在量子阱或超晶格中，声子态也有类似于电子态的量子约束效应。对于声学声子，由于超晶格的两种组成材料的声子谱差别不大，超晶格的声学声子谱基本上由体材料的声子谱在布里渊区中“折叠”而成。如果两种材料的声子谱有差别，声子频率在布里渊区边界就会发生分裂。对于光学声子，由于两种组成材料的频率范围一般不相重合，“折叠”概念不再适用，“约束”效应占主要地位。点阵原子的光学振动主要被约束在各自的材料中，相应的声子谱分裂成一系列离散的声子频率，除界面模外，基本上与波矢 $\boldsymbol{q}$ 无关，因而在布里渊区无色散。

Sood 等人首先用拉曼光谱在 GaAs/AlAs 超晶格中观察到受约束的光学声子模，其频率都分别在 GaAs 和 AlAs 声子谱的频率范围内。他们还研究了拉曼散射的偏振选择定则，由该选择定则，在边界上必须等于零的是约束声子模的振幅而不是静电势。这个结论与当时用连续介电模型所能预言的结果是矛盾的。

除约束光学声子模外，在实验上还观察到一类静电界面模，这是一种沿平行于界面方向传播的具有平行波矢 $\boldsymbol{q}$ 的长波 LO 和 TO 模。这种界面模和约束模有什么关系，在理论上如何作统一的考虑，这在当时也是一个需要解决的问题。

为此，黄昆与朱邦芬教授发表了他们的微观晶格动力学模型，指出连续介电模型的问题在于忽略了体光学声子频率的色散，以至于各级模之间完全简并，$n=1$，2，… 时，模的区分就变成是完全任意的。在该微观模型中，他们利用声子的色散性质消除了这种任意性，就得到了与实验完全一致的结果。该模型还澄清了界面模的性质，认为它不是“附加的”振动模，而是超晶格振动模式中的一支，由长程库仑静电场引起，具有与约束光学模不同的色散关系。

（6）二维电子气和量子霍尔效应

二维电子气最初是在 Si 场效应晶体管中实现的。在一个 P 型 Si-SiO_2 系统的 Si 表面上形成的反型层，对电子来说就是一个势阱，电子只能在反型层平面内运动。反型层费米能级的位置受栅电压的控制，电子浓度可在 $10^{11} \sim 10^{13} cm^{-2}$ 范围内变化，因此这是一个研究多电子效应的理想系统。

自 1966 年起，人们即对二维电子气在磁场下的量子输运进行了大量实验与理论的研究，发现磁导率（或磁阻）随栅电压周期变化，这种现象称为舒布尼科夫–德·哈斯（Shubnikov-de Haas）振荡。为此，Ando 等人发展了二维量子输运理论，预言在磁导率等于零的栅压下，霍尔电阻应等于 $h/(nq^2)$（n 是整数）。1980 年，Von Klitzing 等人在测量一些 MOS 样品反型层中二维电子气的霍尔电阻时，发现在霍尔电阻随栅压变化的曲线上有一系列平台，这些平台所对应的霍尔电阻正好都等于 $h/(nq^2)$，而与样品无关。例如，所有样品第四个平台的霍尔电阻总是 6450Ω，等于 $h/(4q^2)$。这就是量子霍尔效应。这项工作具有深远的理论意义和实际意义。在理论上，是它首先证明了量子霍尔效应的存在，并指出该效应不仅与电子填充朗道能级有关，也与缺陷等引起的局域化效应有关；在实用上，该工作提供了精确确定精细结构常数 h/q^2 的方法和电阻的标准。Von Klitzing 为此获得 1985 年度诺贝尔物理学奖。

由于 P 型 Si 的反型层中电子的迁移率较小，h/q^2 值的测量精度被限制在 1.3×10^{-6}左右。用分子束外延方法生长调制掺杂的 $GaAs/Al_xGa_{1-x}As$ 异质结，可得到迁移率很高的二维电子气。这种调制掺杂异质结要在 $Al_xGa_{1-x}As$ 层的近界面处掺杂施主杂质 Si。由于 $GaAs/Al_xGa_{1-x}As$ 的界面能带不连续，再加上电离施主的空间电荷效应，在 GaAs 层靠近界面处就会形成电子的量子阱，杂质施放的电子在阱中形成二维电子气。由于二维电子气中电子与电离杂质的空间分离，电子受电离杂质散射的几率很小，因而迁移率很高。崔琦等人首先采用这种结构对量子霍尔效应进行了测量，使 h/q^2 的测量精度达到 10^{-8}。接着他们又用品质更好的样品，在更强的磁场和更低的温度下发现了分数量子霍尔效应。这种效应与电子–电子相互作用的多体效应有关，后来成为基础研究的一个重要方向。

（7）调制掺杂效应

在量子阱和超晶格中还能观察到的一个有趣效应，是热平衡载流子密度较高的重掺杂势垒层会向未掺杂或轻掺杂的高迁移率势阱层转移载流子，从而构成一种高密度、高迁移率的载流子输运环境。例如对 $GaAs/Ga_xAl_{1-x}As$ 超晶格，如果在生长时只对宽禁带 $Ga_xAl_{1-x}As$ 层实行高掺杂（如掺 N 型杂质 Si），而将 GaAs 层保持在高纯状态，由于 GaAs 导带底比 $Ga_xAl_{1-x}As$ 的导带底低，高掺杂 N 型 $Ga_xAl_{1-x}As$ 层中的电子将受异质结自建电场的牵引而转移到高纯 GaAs 的导带中去，使 GaAs 虽未掺杂而有很高的电子密度，如图6-22所示。由于高纯 GaAs 中电离杂质散射中心极少，

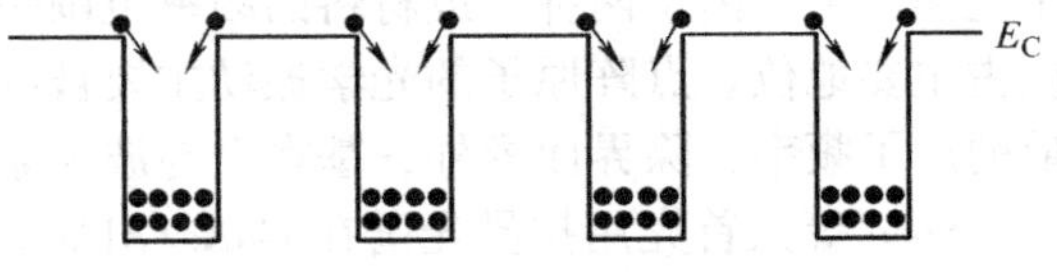

图 6-22 用重掺杂势垒层提高未掺杂势阱层电子密度

晶格的完整性也未受到外来原子的破坏，故在晶格散射作用不大的较低温度下，势阱层中的电子迁移率可以很高。用这种方法可使势阱层既有很高的载流子密度，又可免于使其载流子迁移率受杂质散射和晶格畸变的影响，有利于研制高速低功耗器件。

习　题

6-1　试讨论用窄禁带 N 型半导体和宽禁带 P 型半导体构成的反型异质结中的能带弯曲情况，画出能带图。

6-2　仿照第 4 章对 PN 同质结的讨论方法，完成突变 PN 异质结接触电势差表达式（6-5）和势垒区宽度表达式（6-7）的推导过程。

6-3　仿照第 4 章对 PN 同质结的讨论方法，完成突变 PN 异质结微分势垒比电容表达式（6-8）的推导过程。

6-4　已知纤锌矿型结构 GaN 和 AlN 的电子亲和能分别为 4.1eV 和 0.6eV，禁带宽度分别为 3.39eV 和 6.2eV。设固溶体 $Al_xGa_{1-x}N$ 的电子亲和能和禁带宽度随组分比 x 线性变化，试按安德森定则求 NN-GaN/$Al_{0.2}Ga_{0.8}N$ 同型异质结的 ΔE_C 和 ΔE_V，并画出能带示意图。

6-5　用安德森定则计算一个用 N 型 Ge 与 P 型 GaAs 形成的异质结在室温下的 ΔE_C，ΔE_V 和 V_D。已知 Ge 和 GaAs 的电子亲和能分别为 4.13eV 和 4.07eV，掺杂浓度均为 $10^{16}cm^{-3}$，Ge 在 300K 时的 $n_i = 2.4 \times 10^{13}cm^{-3}$。

6-6　对用受主浓度为 $1 \times 10^{15}cm^{-3}$的 P 型 Ge 和施主浓度为 $1 \times 10^{14}cm^{-3}$的 N 型 Si 构成的反型异质结，求其在室温热平衡状态下的接触电势差 V_D 和势垒区总宽度 X 及其在两边的分配（V_{D1}、X_1 和 V_{D2}、X_2），并据此画出能带图。已知 Ge 和 Si 的电子亲和能分别为 4.13eV 和 4.05eV，室温下杂质完全电离。

6-7　大致绘出 $Al_{0.3}Ga_{0.7}As$/GaAs 突变异质结在下列情况下的能带图：①N^+ 型 AlGaAs 与本征 GaAs；②N^+ 型 AlGaAs 与 P 型 GaAs；③P^+ 型 AlGaAs 与 N^+ 型 GaAs。假定 $Al_{0.3}Ga_{0.7}As$ 的 $E_g = 1.85eV$，ΔE_C 等于 ΔE_g 的 2/3。

6-8　GaAs 和 GaP 的晶格常数分别为 0.56531nm 和 0.54505nm，试计算以 GaAs 为衬底外延 GaP 薄膜时的晶格失配率和 GaP 应变膜的临界厚度。

6-9　习题 6-8 中，计算 GaAs 衬底为（100）晶面时，GaP/GaAs 异质结界面的悬挂键密度。

6-10　对以 N 型 $Ga_{0.5}In_{0.5}P$ 和 P 型 GaP 构成的晶体管发射结，当 GaP 的受主浓度为 $2 \times 10^{19}cm^{-3}$、$Ga_{0.5}In_{0.5}P$ 的施主浓度为 $4 \times 10^{17}cm^{-3}$时，求其室温下的注入比和发射效率。

6-11　试证明以 d 为薄层重复周期的超晶格的小简约布里渊区的边界为 $k = \pm \pi/d$。

6-12　试画出用同种半导体按 N-i-P-i 方式掺杂构成的超晶格的能带图。

| 第7章 |

半导体表面与MIS结构

本教材的前面几章已数次提到半导体的表面，知道表面态会加速额外载流子的复合，会改变半导体的功函数，从而影响材料和金属-半导体接触的性能。但另一方面也可看到，外加电压能通过金属-半导体接触改变半导体表面的电场，使表面附近的能带发生不同程度的弯曲。以后我们会知道，利用这样的表面电场效应可以做成各种各样的元器件。因此，研究半导体的表面现象，发展相关理论，对于改善元器件性能、提高元器件的工作稳定性，以及开发新型元器件都具有十分重要的意义。

7.1 半导体表面与表面态

表面态是怎么产生的呢？众所周知，晶格不完整会在半导体的禁带中引入能级。表面实际是对晶格周期势场的终止，表面原子具有至少一个未饱和悬挂键，而且很容易接收电荷或吸附杂质，所有这些都有可能在禁带中引入晶体的非本征能级。不过，为了简单明晰，本节还是先从一个简单的理想化表面模型入手，证明周期势场的终止本身就是表面态的成因。

7.1.1 理想晶体表面模型及其解

1. 一维理想晶体

图7-1所示的半无限周期性势场模型可以用来描述一个具有单一表面的一维晶体。图中 $x=0$ 处为晶体表面；$x\geqslant 0$ 的区域为晶体内部，其中有一个以 a 为周期随 x 变化的周期势场 $V(x)$；$x\leqslant 0$ 的区域表示晶体之外，其中的势能 V_0 为一常数，这相当于一个深度为 V_0 的势阱。在这样一个由半无限周期势场和半无限宽势阱组成的环境中，电子波函数满足的薛定谔方程按不同区域表示为

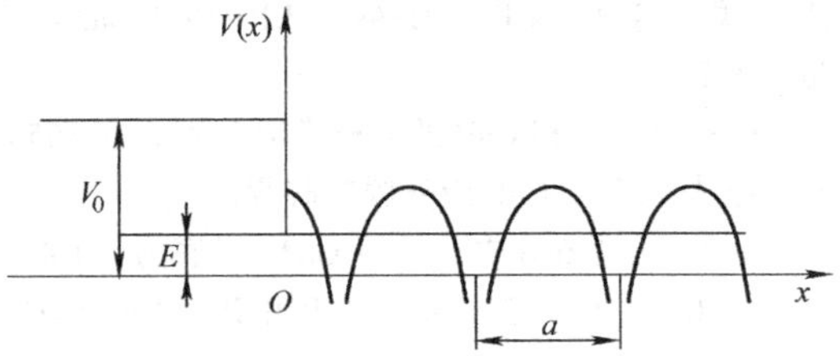

图7-1 一维半无限晶体的周期性势场模型

$$\frac{-\hbar^2}{2m_0}\frac{\mathrm{d}^2\phi}{\mathrm{d}x}+V_0\phi=E\phi \qquad (x\leqslant 0) \qquad (7\text{-}1)$$

$$\frac{-\hbar^2}{2m_0}\frac{\mathrm{d}^2\phi}{\mathrm{d}x}+V(x)\phi=E\phi \qquad (x\geqslant 0) \qquad (7\text{-}2)$$

式中，$V(x)$ 作为一个周期势场，满足 $V(x+a)=V(x)$ 的周期函数关系。

对能量 $E<V_0$ 的电子，薛定谔方程式（7-1）的通解为

$$\phi_1(x)=A\exp\left[\frac{\sqrt{2m_0(V_0-E)}}{\hbar}x\right]+B\exp\left[\frac{-\sqrt{2m_0(V_0-E)}}{\hbar}x\right]$$

由此知电子在 $x\leqslant 0$ 区域的波函数为

$$\phi_1(x)=A\exp\left[\frac{\sqrt{2m_0(V_0-E)}}{\hbar}x\right] \qquad (7\text{-}3)$$

该式表明：在晶体外部，电子波函数集中在 $x=0$ 的表面处，随着离开表面距离的增加，波函数按照指数形式衰减。

而对 $x \geqslant 0$ 的半无限周期势场中的电子，薛定谔方程（7-2）的通解为

$$\phi_2(x) = A_1 u_k(x) e^{ikx} + A_2 u_{-k}(x) e^{-ikx} \tag{7-4}$$

式中，当波数 k 取实数时，系数 A_1 和 A_2 可以同时不为零，即方程式（7-2）满足边界条件 $\phi_1(0) = \phi_2(0)$ 和 $\phi_1'(0) = \phi_2'(0)$ 的实数解也就是一维无限周期势场的解，这些解所描述的就是电子在导带和价带中的允许状态。但是，当 k 取复数 $k = k' + ik''$ 时（k' 和 k'' 皆为实数），式（7-4）变成

$$\phi_2(x) = A_1 u_k(x) e^{ik'x} e^{-k''x} + A_2 u_{-k}(x) e^{-ik'x} e^{k''x} \tag{7-5}$$

该式的解在 $x \to \infty$ 或 $-\infty$ 时总有一项趋于无穷大，不符合波函数有限的原则，说明无限周期势场不能有复数解。但若 A_1 和 A_2 任有一个为零，不为零的系数所引领的项就会在 $x \to \infty$ 或 $-\infty$ 时仍能使波函数 $\phi_2(0)$ 为有限值。也就是说，对半无限周期势场，电子的薛定谔方程有一个 k 取复数的解。对以上设定的 x 可趋于 $+\infty$ 的半无限周期势场，须令 $A_2 = 0$。于是其 k 取复数的解为

$$\phi_2(x) = A_1 u_k(x) e^{ik'x} e^{-k''x} \tag{7-6}$$

该式在 k'' 取正值时满足 $x \to \infty$，仍能使波函数取有限值的条件。相应的能量本征值

$$E = V_0 - \frac{\hbar^2}{2m_0}\left[\frac{u_k'(0)}{u_k(0)} + ik\right] \tag{7-7}$$

电子能量应为实数，而上式中 $u_k'(0)/u_k(0)$ 一般为复数，故其虚部应与 $i2\pi k$ 中的虚部抵消。

以上结果表明：**在一维半无限周期场中存在波数 k 取复数的电子状态，其波函数在 $x = 0$ 的两边按指数衰减。这表明占据这一附加能级的电子主要集中在 $x = 0$ 处，即电子被局限在表面上。因此，这种电子状态被称为表面态，对应的能级称为表面能级，亦称达姆能级。**

2. 三维理想晶体的表面态

以上理想模型的实际意义在于证明了三维理想晶体的表面上每个原子都会在禁带中产生一个附加能级。众所周知，大多数结晶半导体的原子密度在 $10^{22}cm^{-3}$ 量级。按此推算，单位面积表面的表面态数应在 10^{15} 量级。数目如此巨大的表面能级实际已构成了一个能带。

通过前面两章有关界面态对金-半接触特性和异质结特性影响的讨论，我们已经知道表面态本质上与表面原子的未饱和键，即悬挂键有关。表面取向不同，其悬挂键的密度也有所不同。表面态也有施主和受主之分。通常将空态呈中性而被电子占据后带负电的表面态称为受主型表面态；将空态带正电而被电子占据后呈中性的表面态称为施主型表面态。

表面态能够与体内交换电子或空穴，引起半导体表面能带的弯曲，产生耗尽层甚至反型层。当外加偏压使半导体表面电势发生变化时，表面态中的电荷分布也随之变化，即表面态随外加偏压的变化而充放电。根据与体内交换电子所需时间的长短，可将表面态分为快态和慢态。快态交换电子只需毫秒或更短的时间，而慢态则需要毫秒以上直至数小时或更长。

7.1.2 实际半导体表面

以上讨论的是“理想表面”。理想表面就是指表面层中原子排列的对称性与体内原子完全相同，且不附着任何原子或分子。这种理想表面实际上并不存在。因为理想表面的悬挂键密度很高，而悬挂键的形成能又比较大（如 Si 约为 2eV）。所以，从能量的角度看，表面原子倾向于通过应变，即通过原子排列的变通尽可能使悬挂键密度降低。表面物理学中将这种情况称为**表面重构**。所以，就同一族晶面的原子排列二维平移对称性而言，实际晶体的表面与体内会有很大差别。若以 $\boldsymbol{a}_1$、$\boldsymbol{a}_2$ 表示体内晶面的平移基矢，则表面层原子的平移基矢 $\boldsymbol{a}_1'$、$\boldsymbol{a}_2'$ 在无旋转重构的情况下一般可表示为 $\boldsymbol{a}_1' = p\boldsymbol{a}_1$、$\boldsymbol{a}_2' = q\boldsymbol{a}_2$。相应的表面重构即记做

$$R\{hkl\}p \times q$$

式中，R 表示晶体的化学符号，如 Si；$\{hkl\}$ 表示晶面的密勒指数，如 $\{111\}$。如果重构时基矢

有转角 L，表面有吸附原子 D，则记为 $R\{hkl\}p\times q$-L-D。

人们目前已通过许多超高真空实验观察到了半导体的表面重构现象，如图 7-2 所示的 Si{111}7×7 表面重构。图 7-2a 表示 Si{111}7×7 表面重构的 DAS（Dimer-Atatom-Stacking fault）模型，图 7-2b 表示无重构的理想表面模型。每一个图的上面部分是俯视图，下面部分是侧视图。两相比较可见，受降低表面自由能这个自然法则的驱使，表面重构使 Si 晶体实际表面的原子排列比理想表面复杂得多，但带悬挂键的原子密度大为降低。图中还标出了重构表面和理想表面的平移基矢。对比可见，7×7 表示的是前者相对于后者的倍数，而非表面重复单元的原子个数。

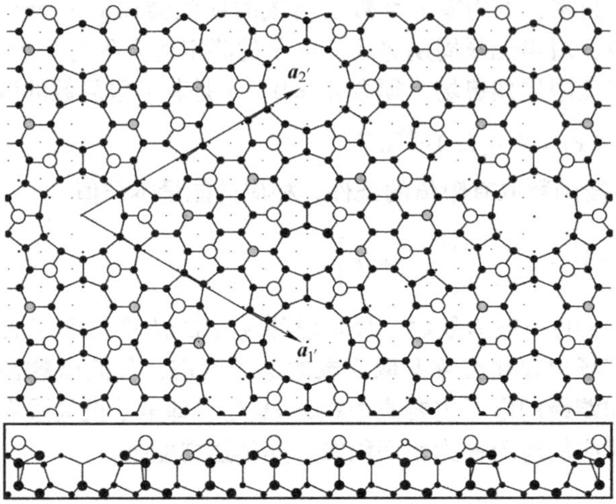

a)Si{111}7×7重构表面的DAS模型

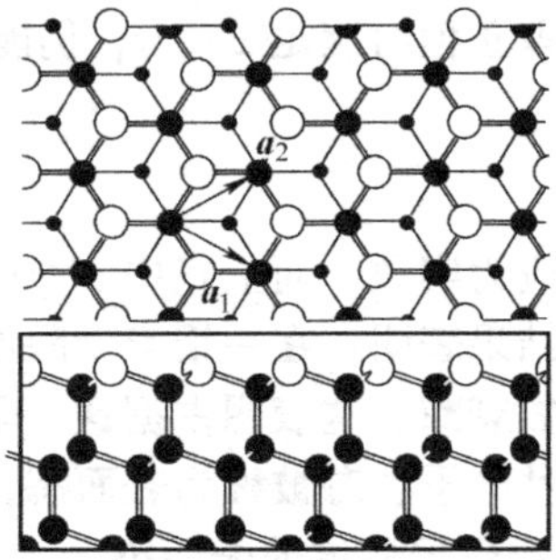

b)无表面重构的Si{111}1×1模型

图 7-2 Si 晶体的重构表面和无重构表面模型⊖

还需要指出的是，任何晶体的清洁表面，即使在 10^{-8}Pa 以上的超高真空中，也只能在短时间内保持不附着任何原子或分子。吸附原子或分子也是自由表面为了降低悬挂键密度、降低表面能量的一种本能。因此，Si 晶体的清洁表面数小时后就会自然氧化，大部分悬挂键被氧原子饱和。由于这些缘故，实验测出的表面态密度通常在 $10^{10}\sim10^{12}\text{cm}^{-2}$之间，比理论值低得多。

表面态常常是一些器件性能欠佳的直接原因，因而工程上常常采取一些特殊方法来饱和更多悬挂键，这就是表面钝化。在 Si 表面生长或淀积 SiO_2 是 Si 工艺中常用的钝化方式。

除了达姆能级，半导体表面还存在由晶格缺陷或吸附原子等引起的表面态。这种表面态的特点是密度与表面所经历的处理过程有关，而达姆表面态对给定的晶体为一定值。

7.1.3 Si-SiO_2 系统的性质及其优化处理

除了表面钝化常常在 Si 器件表面生长或淀积一层 SiO_2 之外，作为产生场效应的一个重要手段，Si-SiO_2 系统还是 MOS（金属–氧化物–半导体）型 Si 场效应器件的主要构成元素。因此，不管是为了有效降低 Si 器件的表面态密度，还是为了充分发挥场效应器件的功能，都需要对 Si-SiO_2 系统的性质，特别是其本身所包含的各种电荷和能量状态进行透彻的了解。

1. Si-SiO_2 系统中的电荷和能量状态

如图 7-3 所示，在 Si-SiO_2 系统中存在着以下 4 种基本形式的电荷或能量状态：

⊖ 转引自参考文献［7］。

(1) SiO_2 层中的可动离子

SiO_2 中的可动离子包括 Na^+、K^+、H^+ 等，其中 Na^+ 的存在最普遍，对器件性能的危害也最大。Na^+ 在 SiO_2 中的扩散系数远高于其他离子，在一定的温度和偏压下可在 SiO_2 层中移动。Na^+ 普遍存在于一般环境中，除工艺中使用的化学试剂、器皿和高温器材外，人体是最主要的 Na^+ 源。所以，在未经严格控制的工艺中生成的 SiO_2，其 Na^+ 的密度可达 $10^{12}cm^{-2}$ 以上。

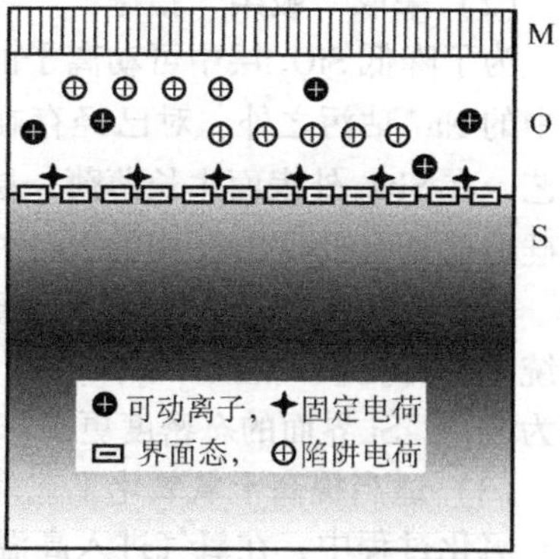

图 7-3 Si-SiO_2 系统中的能态和电荷

(2) SiO_2 层中的固定表面电荷

MOS 器件中的 Si-SiO_2 系统通常采用热氧化法直接由 Si 表面生成。按照共价键配位数的 $8-N$ 法则，O 的配位数为 2，即一个 O 只和两个 Si 成键，俗称“搭桥氧”。氧化过程中，O 原子通过高温扩散由表及里逐渐与 Si 原子成键，将 SiO_2-Si 界面向里推进。由于 Si 的配位数是 4，在 Si-SiO_2 界面附近必然会存在一些具有未饱和键的 Si 原子。这些 Si 原子被剩余的共价键固定在晶格中，在适当的条件下很容易失去其未成键电子而电离，成为固定正电荷。这说明，Si 的氧化固然能使 Si 表面的一些悬键饱和，但在 Si-SiO_2 界面仍会不同程度地产生由 Si 离子形成固定正电荷。这些固定电荷一般位于 SiO_2 中距 Si-SiO_2 界面 20nm 左右的范围内，不能与界面以外的 Si 层交换电荷，也不容易漂移。固定电荷密度对氧化条件、退火条件和 Si 单晶的晶向十分敏感，而与氧化层厚度、Si 的杂质类型和浓度以及表面势等关系不大。

(3) Si-SiO_2 界面中的界面态

Si-SiO_2 界面上的晶格缺陷（如未饱和 Si 原子等）和机械加工损伤等直接生成了 Si 禁带中准连续分布的深能级，因其位于 Si-SiO_2 界面而称为界面态。当外加电压导致 Si 体内载流子分布改变时，这些界面态能与 Si 快速交换载流子，因而属于快态。称其为“快态”是为了与存在于 SiO_2 外表面的电子态相区别。这些电子态由吸附于 SiO_2 外表面的分子或原子引入，与 Si 交换载流子时，因受 SiO_2 层的阻隔，需要很长时间。也就是说，SiO_2 与其氛围之间的界面态是慢态。

(4) SiO_2 中的陷阱电荷

由热氧化生成的 SiO_2 是一种能隙很宽（约 8.1eV）的无定形（玻璃）材料，其禁带中分布着较高密度的陷阱能级。其中的空穴陷阱捕获空穴后带正电，释放空穴后保持中性状态。当 X 射线、γ 射线或高能电子射线等在 SiO_2 中激发出自由的电子-空穴对时，如果不存在电场，这些电子-空穴对会很快通过复合而消失，不会产生净电荷。如果这时恰好存在电场，电子因在 SiO_2 中有较高迁移率而被电场扫出 SiO_2 层，被金属电极或 Si 层吸收；空穴则因迁移率太低而被陷阱俘获，从而在 SiO_2 中产生正的空间电荷。由于这些电荷的存在离不开陷阱，因而称为陷阱电荷。

2. Si-SiO_2 系统的优化处理

稍后会看到，Si-SiO_2 系统中的界面态和各种电荷对其性能存在很明显的消极影响，需要尽可能降低界面态的密度和单位面积 Si-SiO_2 系统中各种电荷的数量。工程中通常采取的优化 Si-SiO_2 系统性质的方法有：

(1) 正确选择 Si 片的晶向

Si-SiO_2 界面态（快态）和固定电荷的密度都与 Si 晶体的取向有关，而且都按（111）、（110）、（100）次序递减，即与原子面密度的大小关系一致。因此，为了降低 Si-SiO_2 界面态和界面附近固定电荷的密度，在 MOS 器件和集成电路的生产中常选用［100］晶向的 Si 单晶为原料。

(2) 采取“吸杂”措施

为了降低 SiO_2 层中可动离子的影响，除了尽一切可能严格控制、努力避免器件制造工艺过程中的 Na^+ 玷污之外，对已经存在于 SiO_2 中的 Na^+ 应设法减少其可动性。采用所谓“磷处理”工艺，在 SiO_2 外表面生长薄薄一层磷硅玻璃吸收 Na^+，是一种经过实践检验的行之有效的方法。磷硅玻璃具有吸收 SiO_2 中的 Na^+ 并阻挡外界 Na^+ 玷污 SiO_2 的双重作用。

此外，Si_3N_4 具有比磷硅玻璃更强的阻挡外来 Na^+ 和吸收 SiO_2 中已有 Na^+ 的作用。在 Si-SiO_2 系统之外再淀积一层 Si_3N_4，做成 Si_3N_4-Si-SiO_2 三层结构，比直接用 Si_3N_4 替换 SiO_2 效果要好，因为 Si_3N_4-Si 界面的态密度更高。

(3) 适当提高干氧氧化工艺的比重

氧化过程中，在氧气进入高温氧化炉前令其从纯水中穿过的做法叫湿氧氧化，令其从分子筛经过而脱水的做法叫干氧氧化。湿氧氧化的氧化速率高，但生长的 SiO_2 致密性差；干氧氧化的氧化速率较低但生长的 SiO_2 致密性好，固定电荷密度低。工程上常常采取干、湿氧化交替进行的方法兼顾氧化速率和氧化膜的质量。因此，适当增加干氧氧化的时间比例、降低 SiO_2 的生长速率，可以降低固定电荷密度。

(4) 退火处理

将已经形成的 Si-SiO_2 系统在 400 ~ 450℃ 的 H 或含 H 的 N 气氛中退火，用 H 原子去饱和 Si-SiO_2 界面中的悬挂键；或在较高温度下的惰性气体中退火，通过 Si 原子位置的微调使相邻的悬挂键相互饱和，都可使界面态和固定电荷的密度明显降低。

7.2 表面电场效应与 MIS 结构

本节首先简略介绍在半导体表面引入电场的方法，然后详细讨论表面电场在不同外加电压下的变化及其对理想 MIS 结构电荷分布的影响。

7.2.1 表面电场的产生与应用

在半导体表面层内产生电场的办法很多。在半导体技术中最常见的方法有两种，一种是利用本教材第 5 章介绍的肖特基势垒型金属–半导体（MES）结构，另一种就是本章重点介绍的 MIS 结构。这种结构通常由中间以绝缘层隔开的金属膜和半导体组成，如图 7-4 所示。最典型的 MIS 结构就是前面提到 MOS 系统。无论是 MIS 结构还是 MES 结构，只要在金属和半导体间施加电压，即可在半导体表面层中产生垂直于表面的电场。

利用 MOS 结构或 MES 结构引入表面电场效应执行开关功能的半导体器件分别称为 MOSFET 和 MESFET，其基本结构如图 7-5 所示。其中，图 7-5a 所示 MOSFET 是一个常关型器件，因为无论加在源极 S 和漏极 D 之间的电压方向如何，其间总有一个 PN 结处于反偏状态。但是，若在其类似于平行板电容器的 MOS 结构单元的金属栅 G 上施加电压 U_G，绝缘层两边就会感应出正、负电荷。U_G 为正时在靠近绝缘层的 P 型半导体表面感应出负电荷。P 型半导体中的负电荷只有电离受主和作为少数载流子的自由电子。电离受主不导电，但感应电子会导电，且其密度会随着正电压 U_G 的升高而升高，在 U_G 足够高时甚至会超过该 P 型半导体的热平衡空穴密度而成为多数载流子，即 P 型半导体的表面反型为 N 型，形成 N 型导电沟道，将 S 与 D 接通，使器件从关态进入开态。图 7-5b 所示的 MESFET 是一个常开型器件，但是通过对金属栅 G 施加反向电压，可使肖特基势垒接触的空间电荷区在 S 与 D 之间的导电通道中展宽，直至将其完全夹断，使器件从开态进入关态。这说明，利用表面电场效应可以实现对器件工作状态的灵巧控制。

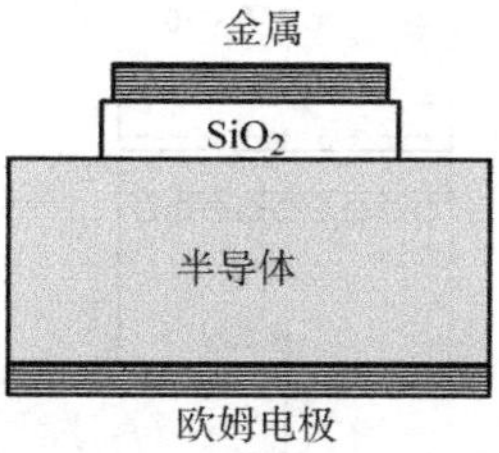

图 7-4 MIS 结构图

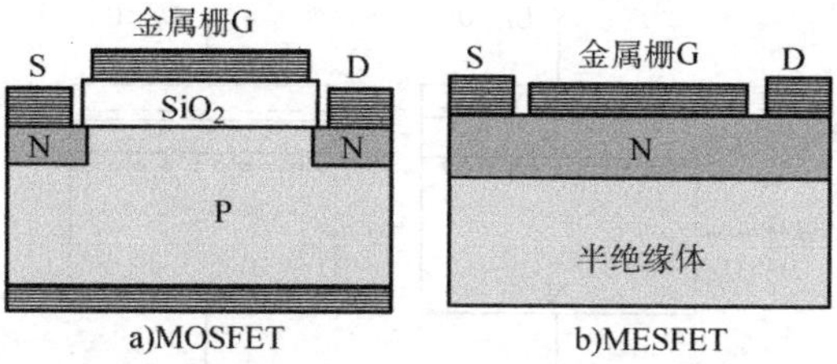

图 7-5 MOSFET 与 MESFET 结构示意图

7.2.2 理想 MIS 结构及其表面电场效应

1. 理想 MIS 结构

如果构成 MIS 系统的金属和半导体的功函数不同，或绝缘层中存在带电离子，或绝缘层与半导体间存在界面态，MIS 结构的表面电场效应问题会变得很复杂。因此，本节先讨论满足以下条件的理想 MIS 结构：

1）金属与半导体的功函数差为零。

2）在绝缘层内没有任何电荷且绝缘层完全不导电。

3）绝缘层与半导体界面处不存在任何界面态。

2. 理想 MIS 结构的表面电场效应

众所周知，当一个导体靠近一个带电体时，在导体表面会产生符号相反的感应电荷。感生电荷效应在半导体表面问题中起着十分重要的作用。图 7-4 所示的 MIS 结构就是用来在半导体表面产生感应电荷的常用结构。由于 MIS 结构实际就是一个电容器，中间的绝缘层即是电容器的电介质，因此当在金属与半导体之间加有电压 U_G 时，MIS 电容就会被充电，绝缘层就会产生极化现象，在金属和半导体与绝缘体相邻的两个面上就要产生大小相等、符号相反的感应电荷，但二者的电荷密度和分布却很不相同。由于金属中自由电子的态密度很高，感生电荷基本上分布在表面附近一个原子层的厚度内；而在半导体中，由于自由载流子的态密度比金属低得多，电荷必须分布在表面附近一定厚度的范围内。这个带电的表面层跟肖特基势垒接触的半导体表面层一样，也被称为空间电荷区。

图 7-6 示意地表现了不同外加电压在 MIS 结构上产生感应电荷的四种情况。图 7-6a 和图7-6b 分别表示外加电压在 N 型半导体表面感生负电荷和在 P 型半导体表面感生正电荷的情况。因为 N 型半导体中只有电子是负电荷，P 型半导体中只有空穴是正电荷，所以这两种情况有一个共同点，那就是感应电荷都是被吸引到表面上来的多数载流子，半导体表面层变化不大，仅仅是多数载流子密度有所增加而已。但在 N 型半导体 MIS 结构的金属板上加负电压（见图 7-6c）和在 P 型半导体 MIS 结构的金属板上加正电压（见图 7-6d）的情形就不一样了。在这种情况下，负电压在 N 型半导体表面感生正电荷，而 N 型半导体中有空穴和电离施主两种正电荷。当负电压的绝对值不太高时，感应正电荷主要是因电子被排斥而露出的电离施主，这时的感应电荷层即耗尽层。由于掺杂浓度有限，电离施主的数量在负电压绝对值较高时不足以与金属板上的负电荷保持平衡，空穴将加入到表面的感应正电荷中来。而且，由于空穴是可动的而电离施主是不可动的，空穴将向表面集中。当表面附近的空穴密度超过电离施主浓度时，该层实质上已变成 P 型，因而称之为反型层。类似地，正电压也会在 P 型半导体表面形成以电离受主为主的耗尽层和以电子为主的反型层。

感应电荷的产生使半导体表面出现电场。以图 7-6d 所示情形为例，因半导体表面有最高密度的负空间电荷，而体内保持电中性，所以半导体中的电场只集中在表面空间电荷区内，表面最

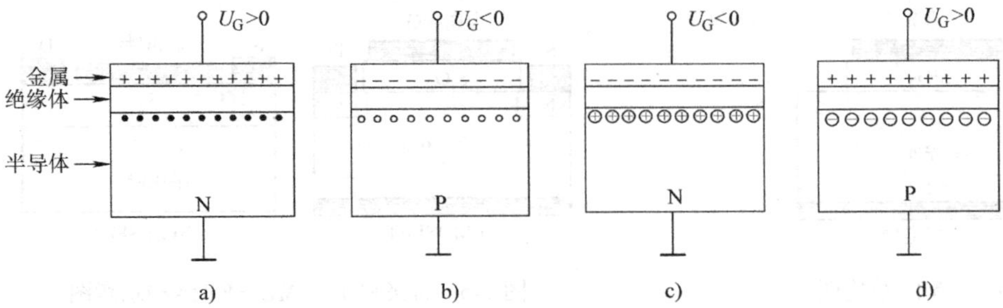

图 7-6　MIS 结构产生感应电荷的四种情况

高，到其内界即降为零。因此，表面空间电荷层对半导体内层起着屏蔽外电场的作用。由于电场在半导体空间电荷层中由表向里逐渐衰减，其中自然伴随有电势的相应变化，即半导体表面相对于体内就会有电势差，能带就会在表面层内发生弯曲。能带的弯曲程度与表面层内电荷的分布情况有关。因此，考察能带的弯曲情况，可以帮助我们量化半导体表面以至整个 MIS 结构中的电荷分布情况。

7.2.3　理想 MIS 结构的空间电荷层与表面势

下面以 P 型半导体的理想 MIS 结构为例讨论外加电压下半导体表面的能带弯曲及其中电荷分布的变化，首先以在表面形成耗尽层的情况为例说明表面势与外加电压的关系。

1. 表面耗尽层与表面势

如图 7-7 所示，以半导体表面为坐标系原点，令 x 轴与表面垂直，x_d 表示耗尽层的边界。按照前面分析 PN 突变结电场的耗尽层近似法，可将耗尽层中沿 x 方向的电场强度表示为

$$\mathcal{E}(x)=\frac{(x_d-x)N_Aq}{\varepsilon_0\varepsilon} \tag{7-8}$$

式中，N_A 为受主杂质浓度；ε 为半导体的介电常数。

从 x 到 x_d 对电场积分，得势函数：

$$V(x_d)-V(x)=\int_x^{x_d}\mathcal{E}(x)\mathrm{d}x=-\frac{1}{2}\frac{N_Aq(x_d-x)^2}{\varepsilon_0\varepsilon} \tag{7-9}$$

半导体表面的电势（在 MIS 结构中即半导体–绝缘体界面的电势）称为表面势，常用 V_S 表示。为使问题简化，以半导体内部电势为 0，即 $V(x_d)=0$，如图 7-7 所示。由式 (7-9) 知表面势为

$$V_S=\frac{1}{2}\frac{N_Aqx_d^2}{\varepsilon_0\varepsilon} \tag{7-10}$$

规定 $V(x_d)=0$ 后，V_S 实际代表的是耗尽层两端的电势差。通常规定表面电势比半导体内部电势高时，V_S 取正值，反之取负值。相应地，耗尽层中的电场强度即为

$$\mathcal{E}_S=\frac{N_Aqx_d}{\varepsilon_0\varepsilon} \tag{7-11}$$

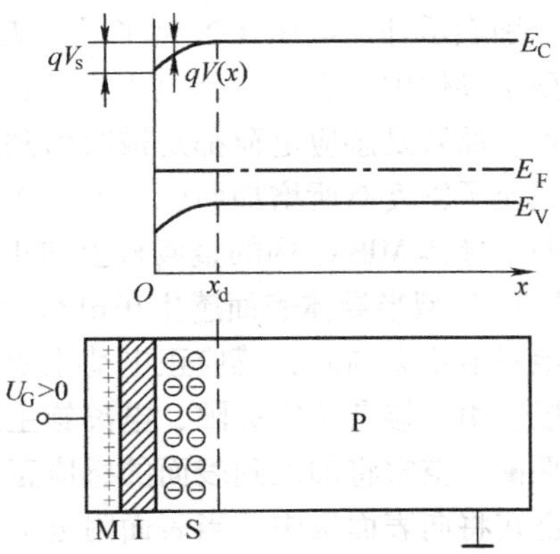

图 7-7　表面空间电荷区及其能带弯曲

在 MIS 结构中，耗尽层受电压 U_G 的控制，表面势 V_S 和耗尽层厚度 x_d 都是电压 U_G 的函数。因为 U_G 降落在金属电极和半导体内部之间，可以看成是绝缘层上的电势差 V_i 和半导体耗尽层上的电势差 V_S 之和。在

绝缘层电场均匀的前提下，若其强度为 $\mathcal{E}_i$，绝缘层厚度为 d_i，则 $V_i=\mathcal{E}_i d_i$。按照电位移连续性原理，在绝缘层与半导体的界面，即 $x=0$ 处应有 $\varepsilon_i\mathcal{E}_i=\varepsilon\mathcal{E}_S$。这里，$\varepsilon_i$ 是绝缘层的介电常数。这样，V_i 可直接利用式（7-11）表示成

$$V_i=\frac{N_A q x_d}{\varepsilon_0\varepsilon_i}d_i \tag{7-12}$$

不难看出，V_i 正是一个以绝缘层为电介质的平板电容器上的电压。该电容器的比电容 $C_i=\varepsilon\varepsilon_i/d_i$。因此，

$$U_G=V_i+V_S=\frac{N_A q x_d}{C_i}+V_S \tag{7-13}$$

为了求得 U_G 与 V_S 之间的关系，由式（7-10）解出 x_d 代入式（7-13），得

$$U_G=\frac{N_A q}{C_i}\left(\frac{2\varepsilon_0\varepsilon V_S}{N_A q}\right)^{1/2}+V_S=\left(\frac{2\varepsilon_0\varepsilon N_A q}{C_i^2}V_S\right)^{1/2}+V_S \tag{7-14}$$

在式（7-14）中令

$$\frac{\varepsilon_0\varepsilon N_A q}{C_i^2}=V_0 \tag{7-15}$$

于是由式（7-14）可以解得

$$V_S^{1/2}=\frac{\sqrt{2V_0}}{2}\left(\sqrt{1+\frac{2U_G}{V_0}}-1\right) \tag{7-16}$$

结合式（7-13）不难看出，V_0 其实就是耗尽层厚度 $x_d=d_i\varepsilon_0/\varepsilon_i$ 时的 V_i，是一与 U_G 无关的常数。将式（7-16）代入式（7-13）解得

$$x_d=\frac{\varepsilon_0\varepsilon}{C_i}\left(\sqrt{1+\frac{2U_G}{V_0}}-1\right) \tag{7-17}$$

式（7-16）和式（7-17）表明，表面势与耗尽层宽度随 U_G 的变化而变化，同时引起半导体表面感应电荷密度的相应变化。

2. 不同 U_G 下的表面空间电荷层与表面势

如前所述，外加电压因其极性和高低的不同，不仅会在MIS结构的半导体表面形成耗尽层，也会形成令多数载流子密度升高的载流子累积层和令少子密度升高并最终变为多子的反型层。下面仍以P型半导体为例进一步讨论理想MIS结构在这些不同情形中的能带弯曲情况和感应电荷的分布及其变化情况。

（1）多数载流子堆积

当金属与P型半导体间所加电压 $U_G<0$（即金属接负）时，其表面势 V_S 为负值，即能带在表面附近向上弯曲，如图7-8a所示。由于费米能级在热平衡条件下保持不变，能带弯曲使价带顶 E_V 在表面附近逐渐上移，与费米能级 E_F 的距离缩小，甚至高过费米能级。这样，表面层内空穴密度随着 U_G 绝对值的升高而增高。由于电离杂质的分布并不因 U_G 而改变，过量空穴的积累使半导体表面层带正电。表面空穴密度因表面势 V_S 而升高的情况可用下式表示：

$$p_S=N_V\exp\left(-\frac{E_F-E_V-q|V_S|}{kT}\right)=P_0\exp\left(\frac{q|V_S|}{kT}\right) \tag{7-18}$$

式（7-18）表明，表面空穴密度随表面势 V_S 呈指数变化，能带略有弯曲就会引起表面空穴密度相对体内明显升高（如表面能带上弯增加0.06eV，空穴密度就增加10倍），并且电荷增量集中于半导体表面。这就是说，U_G 的变化，强烈地影响着半导体表面感应电荷的变化，而对体内几乎没有影响，即表面感应电荷对半导体内部起着屏蔽外场的作用。

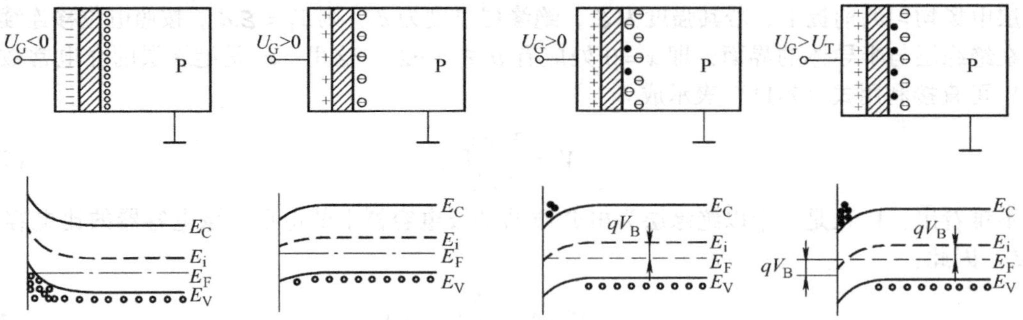

a)多子积累　b)多子耗尽　c)表面弱反型　d)表面强反型

图 7-8　由 P 型半导体构成的理想 MIS 结构在各种 U_G 下的空间电荷分布和能带图

（2）多数载流子耗尽

当金属与 P 型半导体间所加电压 $U_G>0$（即金属接正）时，半导体表面首先出现空穴的耗尽区，表面势 V_S 为正值，能带在表面附近向下弯曲，形成高度为 qV_S 的空穴势垒，价带顶随着 U_G 的增大而在表面附近逐渐远离费米能级，表面空穴浓度随之降低，如图 7-8b 所示。这时，表面空穴密度的统计公式变为

$$p_S = N_V \exp\left[-\frac{(E_F - E_V) + qV_S}{kT}\right] = p_0 \exp\left(-\frac{qV_S}{kT}\right) \tag{7-19}$$

该式表明，表面空穴密度随 V_S 指数衰减。如果表面势垒 qV_S 足够高，耗尽近似能够成立，则此时耗尽层内的电场、电势分布和能带弯曲的情形跟单边突变 PN^+ 结中 P 型一侧空间电荷区的情形完全相同。因此，只要找到适当的对应关系，第 4 章中关于单边突变结的讨论结果都可以在这里直接应用，即 P 型半导体 MIS 结构处于耗尽状态时的耗尽层宽度 X_D、表面电荷密度（单位面积耗尽层中的电荷数）Q_S、表面势 V_S 和表面电容 C_S 即可分别表示为

$$X_d = \left(\frac{2\varepsilon\varepsilon_0 V_S}{qN_A}\right)^{1/2} \tag{7-20}$$

$$Q_S = -qN_A x_d = -(2\varepsilon\varepsilon_0 qN_A V_S)^{1/2} \tag{7-21}$$

$$V_S = \frac{qN_A x_d^2}{2\varepsilon\varepsilon_0} \tag{7-22}$$

$$C_S = \frac{\varepsilon\varepsilon_0}{x_d} = \left(\frac{\varepsilon\varepsilon_0 qN_A}{2V_S}\right)^{1/2} \tag{7-23}$$

（3）少子变多子的反型状态

U_G 进一步增大时，表面处能带相对于体内将进一步向下弯曲，能带的严重弯曲有可能在表面将禁带中央降低到费米能级以下，使表面附近的导带底比价带顶更靠近费米能级，如图 7-8c、d 所示。这时，电子在表面附近的密度开始超过空穴而成为多数载流子，即形成反型层。从图 7-8c、d不难看出，在表面反型层与半导体内层之间还夹着一个多数载流子的耗尽层，因而此时的空间电荷层由耗尽层中的电离受主和反型层中的电子两种负电荷组成。

此时，表面处的电子密度为

$$n_S = n_i \exp\left(\frac{E_F - E_{is}}{kT}\right) = n_i \exp\left[\frac{E_F - (E_i - qV_S)}{kT}\right] = n_0 \exp\left(\frac{qV_S}{kT}\right) = \frac{n_i^2}{p_0}\exp\left(\frac{qV_S}{kT}\right) \tag{7-24}$$

式中，E_{is} 和 E_i 分别表示半导体表面和半导体体内的本征费米能级；n_0 是半导体体内的热平衡电子密度。若以 $n_S = n_i$ 作为临界反型状态的表征，则由式（7-24）可知临界反型条件为

$$qV_S = E_i - E_F = qV_B \tag{7-25}$$

式中，qV_B 表示半导体内层本征费米能级 E_i 与费米能级 E_F 之差。显然

$$V_B = \frac{kT}{q}\ln\frac{N_A}{n_i} \tag{7-26}$$

此时，在表面处的电子与空穴密度相等。若 U_G 继续升高，能带继续下弯而使 V_S 增大，表面处电子密度就要开始超过空穴密度，但超过不多时并不足以同体内空穴密度相比拟，这种情况称为弱反型，如图7-8c 所示。式（7-25）即表示弱反型的临界条件。

当 n_S 随着 V_S 的增大使得表面电子的密度升高到等于体内空穴的密度，即 $n_S = p_0$ 时，半导体表面进入临界强反型状态。由式（7-24）可知此时应是

$$\frac{p_0}{n_i} = \exp\left(\frac{E_F - E_i + qV_S}{kT}\right) = \exp\left(\frac{qV_S}{2kT}\right)$$

由此知强反型临界条件为

$$V_S = \frac{2(E_i - E_F)}{q} = 2V_B \tag{7-27}$$

综上所述，可将强反型条件和弱反型条件分别表示为：$V_S > 2V_B$；$2V_B > V_S > V_B$。

临界强反型时的能带结构如图7-8d 所示。满足强反型临界条件 $V_S = 2V_B$ 的电压习惯上称作MIS 栅的开启电压或阈值电压，以 U_T 表示。将式（7-27）代入式（7-14）并利用式（7-15），得

$$U_T = 2\left[\sqrt{V_0 V_B} + V_B\right] \tag{7-28}$$

反型条件表明，半导体掺杂浓度越高，U_T 越高。需要指出的是，当电压 U_G 达到阈值 U_T 而使表面强反型后，如果再进一步提高 U_G，半导体内感生电荷的变化就主要是反型层载流子的增加，由电离受主构成的耗尽层电荷基本上不再增加，耗尽层的宽度也不再明显展宽。这是因为，一旦强反型后，如果能带稍微进一步弯曲，反型载流子的密度就会随着 qV_S 的上升而急剧增大，对外电场的屏蔽主要依靠反型层中累积的电子，耗尽层宽度和空间电荷的密度都达到其极大值 $x_{d,max}$ 和 $Q_{A,max}$。

将临界条件 $V_S = 2V_B$ 代入耗尽层宽度的相应公式，即得

$$x_{d,max} = \left(\frac{4\varepsilon\varepsilon_0 V_B}{qN_A}\right)^{1/2} = \left[\frac{4\varepsilon\varepsilon_0 kT}{q^2 N_A}\ln\left(\frac{N_A}{n_i}\right)\right]^{1/2} \tag{7-29}$$

上式表明，$x_{d,max}$ 由半导体材料的性质和掺杂浓度确定。对一定的材料，掺杂浓度越大，$x_{d,max}$ 越小。对于一定的杂质浓度 N_A，禁带越宽的材料，n_i 值越小，$x_{d,max}$ 越大。图7-9 为 Ge、Si、GaAs 三种材料的掺杂浓度与最大耗尽层宽度 $x_{d,max}$ 的关系。图中可见，对于 Si，在 $10^{14} \sim 10^{17}\text{cm}^{-3}$ 的掺杂浓度范围内，$x_{d,max}$ 在几个微米到零点几微米间变动；但反型层要薄得多，通常只有 1 ~ 10nm。与 PN 结耗尽层不同，表面耗尽层的厚度达到最大值 $x_{d,max}$ 后便基本不再增加。

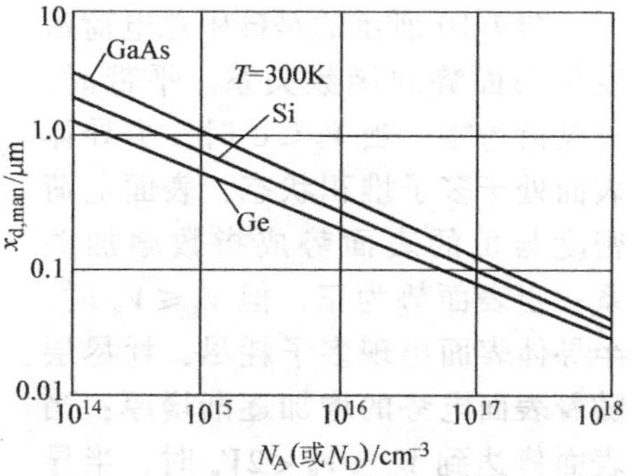

图7-9 强反型条件下的 $x_{d,max}$ 与 $N_A(N_D)$ 的关系

N 型半导体 MIS 结构在不同 U_G 下的表面电荷层情况与此类似，但电压极性相反。即当 U_G 为正时，表面层内形成电子累积；当 U_G 为负但不太高时，半导体表面形成电子耗尽层；当负 U_G 进一步增大时，半导体表面形成空穴密度高于电子密度的 P 型反型层。

3. 表面电荷密度与表面电势之间的关系

半导体内电场、电荷分布与表面势的关系可以通过求解泊松方程得到。取 x 轴由半导体表面指向半导体内部，并规定表面处为坐标原点。半导体内的电荷由四部分组成，即

$$\rho(x) = q[p(x) - n(x) + N_D^+(x) - N_A^-(x)] \tag{7-30}$$

代入泊松方程，得

$$\frac{d^2V(x)}{dx^2} = -\frac{q}{\varepsilon\varepsilon_0}[p(x) - n(x) + N_D^+(x) - N_A^-(x)] \tag{7-31}$$

考虑到半导体中电离杂质浓度与电势无关以及半导体内的电中性条件

$$N_D^+(x) - N_A^-(x) = -N_A + \frac{n_i^2}{N_A} \tag{7-32}$$

可得

$$p(x) = N_A \exp\left(-\frac{qV_x}{kT}\right) \tag{7-33}$$

$$n(x) = \frac{n_i^2}{N_A}\exp\left(\frac{qV_x}{kT}\right) \tag{7-34}$$

于是，可将泊松方程改写为

$$\frac{d^2V(x)}{dx^2} = -\frac{q}{\varepsilon\varepsilon_0}\left[N_A(e^{-\frac{qV}{kT}} - 1) - \frac{n_i^2}{N_A}(e^{\frac{qV}{kT}} - 1)\right] \tag{7-35}$$

即

$$\int_0^{dV/dx} \frac{dV}{dx} d\left[\frac{dV}{dx}\right] = -\frac{q}{\varepsilon\varepsilon_0}\int_0^V \left[N_A(e^{-\frac{qV}{kT}} - 1) - \frac{n_i^2}{N_A}(e^{\frac{qV}{kT}} - 1)\right]dV \tag{7-36}$$

根据 $E = -dV/dx$，求得

$$\frac{1}{2}\left(\frac{dV}{dx}\right)^2 = \frac{kTN_A}{\varepsilon\varepsilon_0}\left[\left(e^{-\frac{qV}{kT}} + \frac{qV}{kT} - 1\right) + \frac{n_i^2}{N_A^2}\left(e^{\frac{qV}{kT}} - \frac{qV}{kT} - 1\right)\right] \tag{7-37}$$

利用边界条件：$x=0$，$V=V_S$，$E=E_S$，可以得到表面电荷密度：

$$Q_S = -\varepsilon\varepsilon_0 E_S = \pm\sqrt{2\varepsilon\varepsilon_0 kTN_A}\left[\left(e^{-\frac{qV_S}{kT}} + \frac{qV_S}{kT} - 1\right) + \frac{n_i^2}{N_A^2}\left(e^{\frac{qV_S}{kT}} - \frac{qV_S}{kT} - 1\right)\right]^{1/2} \tag{7-38}$$

图7-10所示的是硅中总电荷密度与表面势的函数关系。平带时，总电荷为零，当 $V_S \leqslant 0$ 时，半导体表面处于多子堆积状态，表面电荷密度与负的表面势成指数增加关系；当表面势为正，但 $V_S \leqslant V_B$ 时，半导体表面出现多子耗尽，耗尽层随着表面电势的增加逐渐增厚；当表面势达到 $V_B < V_S < 2V_B$ 时，半导体表面出现反型电荷，反型层逐渐形成，但尚未达到强反型；当 $V_S \geqslant 2V_B$ 时，半导体表面强反型层形成。随着表面势的增加，反型电荷密度迅速增大。

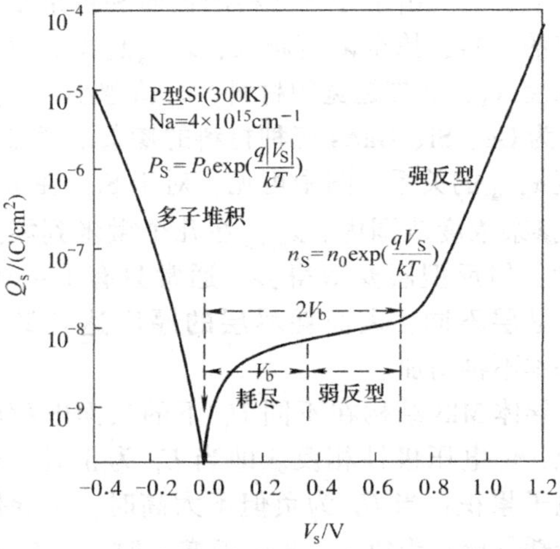

图7-10 硅中总电荷密度与表面势的函数关系

7.3 MIS 结构的电容–电压特性

可将 MIS 结构视为平板电容器，即 MIS 电容器，金属和半导体是它的两个极板。7.2 节讨论的表面空间电荷层随 U_G 的变化，实质上就是 MIS 电容器的充放电过程。不过，MIS 电容器和一般电容器不同，其电容值与 U_G 有关而不固定。本节将根据半导体表面电荷的变化规律和空间电荷区及反型层的形成机理，首先讨论理想 MIS 结构的小信号电容随外加偏压变化的规律，即所谓电容–电压特性（C-U 特性），然后再考虑功函数差及绝缘层内电荷对 C-U 特性的影响。

7.3.1 理想 MIS 结构的电容–电压特性

1. 理想 MIS 结构的电压分配及其电容

（1）电压分配

如前所述，加在 MIS 结构上的电压 U_G 由绝缘层和半导体表面分担，按式（7-13），并利用关系 $Q_M = -Q_S$，也可将其表示为

$$U_G = -\frac{Q_S}{C_i} + V_S \tag{7-39}$$

式中，C_i 为绝缘层电容。这里 Q_M 和 Q_S 分别表示单位面积金属层和半导体表面层中电荷数。

（2）等效电容

可将 MIS 结构看成分别以绝缘层和半导体空间电荷层为介质的两个平板电容器的串联，如图 7-11 所示。分别以 C_i 和 C_S 表示这两个电容器的比电容，则 MIS 结构的等效比电容为

$$\frac{1}{C} = \frac{dU_G}{dQ} = \frac{d(U_i + U_S)}{dQ} = \frac{1}{C_i} + \frac{1}{C_S} \tag{7-40}$$

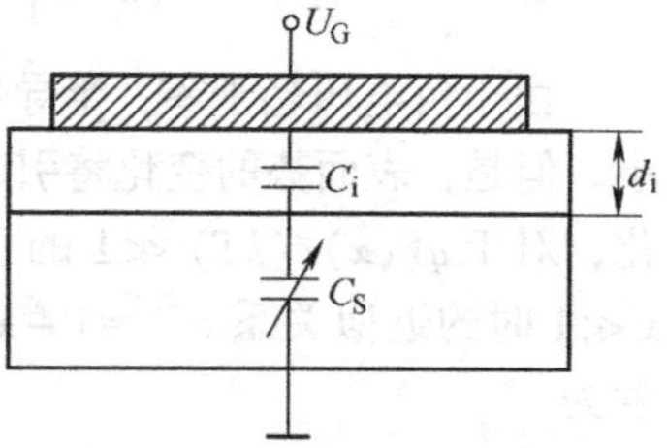

图 7-11 MIS 结构的等效电路

式中，绝缘层电容 C_i 在结构参数确定之后是一常数，因而常用其对总电容作归一化处理，用归一化等效比电容

$$\frac{C}{C_i} = \frac{1}{1 + C_i/C_S} \tag{7-41}$$

来讨论 MIS 结构的电容、电压关系。

2. 理想 MIS 结构各状态下的电容–电压特性

（1）多子累积状态

仍考虑 P 型半导体的 MIS 结构。

当 $U_G < 0$ 时，特别是其绝对值较大时，半导体表面处于空穴高密度累积状态，从半导体内部到表面完全导通，整个半导体相当于平板电容器的一个极板。这样，负电压在 MIS 电容器中产生的正、负电荷，跟平板电容器中的情形一样，分别聚集在绝缘层两边的金属和半导体表面，电荷随电压变化的充放电也完全在这两个平面上，如图 7-12a 所示。在这种情况下，MIS 结构的总电容基本上就是绝缘层电容 C_i，它不随电压 U_G 变化，如图 7-13 中曲线 AB 段所示。但是，随着反向电压 U_G 的下降，累积空穴的密度就会随之减小，电容 C_S 在 MIS 电容中的串联作用逐渐变得不可忽略，归一化电容开始缩小，如图 7-13 中曲线 BC 段所示。

（2）平带状态

当金属板上的负偏压逐渐减小并趋于零时，半导体表面势 V_S 也趋于零，表面能带由弯曲逐渐趋于平直。当 $U_G = 0$ 时，理想 MIS 结构的表面势 $V_S = 0$，半导体表面能带不再弯曲，MIS 系统进入平带状态。但这并不意味着平带状态下半导体表面空间电荷层电容 C_{SFB} 的贡献为零。从图 7-13中可以看到，$U_G = 0$ 时的归一化平带电容 C_{FB}/C_i 并不等于 1。实际上，半导体表面在趋于

平带状态时仍有一定深度的电荷分布。作为一种微分电容，C_{SFB}需要从表面电荷 Q_S 在 U_G 趋于零时随电压变化的规律来确定。为此，需首先建立 U_G 趋于零时 Q_S 随表面电势变化的关系式。

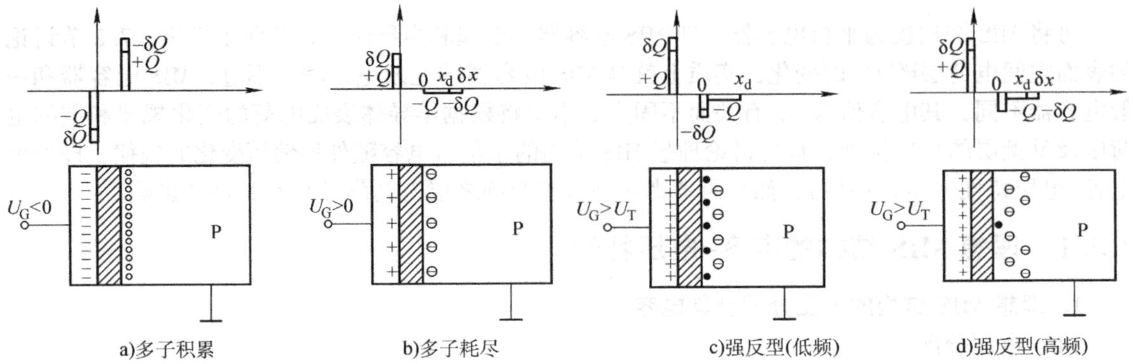

图 7-12 理想 MIS 结构的充放电

前面已说明，在半导体表面存在表面势的情况下，表面层中空穴的分布遵从

$$p(x) = p_0 \exp\left[-\frac{qV(x)}{kT}\right] \tag{7-42}$$

由于负电压趋于零，半导体表面累积电荷的密度很小。但是，表面势的变化将引起表面累积电荷密度的变化，对于 $qV(x)/(kT) \ll 1$ 的小信号条件，根据适用于 $x \ll 1$ 时的近似关系 $e^{-x} \approx 1 - x$，半导体表面电荷的密度为

$$\rho(x) = q(p - p_0) = qp_0\left\{\exp\left[-\frac{qV(x)}{kT}\right] - 1\right\} \approx qp_0\frac{qV(x)}{kT} \tag{7-43}$$

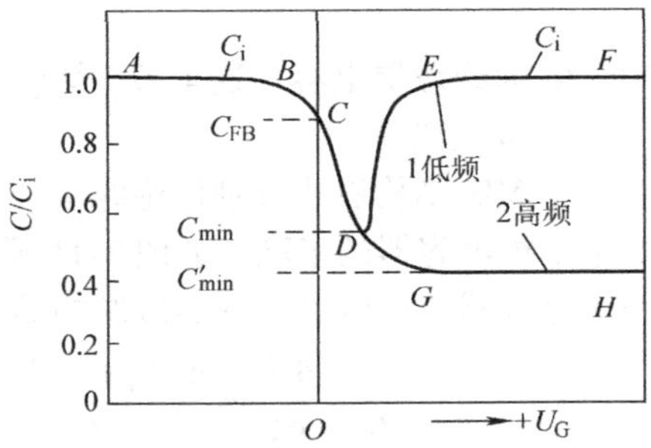

图 7-13 理想 MIS 结构的电容-电压曲线

于是，泊松方程变成

$$\frac{d^2V(x)}{dx^2} = -\frac{\rho(x)}{\varepsilon\varepsilon_0} = -\frac{q^2p_0}{\varepsilon\varepsilon_0 kT}V(x) \tag{7-44}$$

此方程满足边界条件 $x \to \infty$时 $V \to 0$，$x = 0$ 时 $V = V_S$ 的解为

$$V(x) = V_S \exp\left(-\frac{x}{L_D}\right) \tag{7-45}$$

式中，L_D 称为德拜长度，代表表面屏蔽电荷的分布范围，其值为

$$L_D = \left(\frac{\varepsilon\varepsilon_0 kT}{q^2p_0}\right)^{1/2} \tag{7-46}$$

将式（7-45）代入式（7-44），得负电压趋于零时半导体表面的累积电荷分布

$$\rho(x) = -\frac{q^2P_0}{kT}V_S \exp\left(-\frac{x}{L_D}\right) \tag{7-47}$$

式（7-47）表明，表面屏蔽电荷大致分布在一个德拜长度之内。由此可将 C_{SFB} 表示成

$$C_{SFB} = \frac{dQ}{dV_S} = \int_0^\infty \frac{d\rho(x)}{dV_S}dx = -\frac{q^2p_0}{kT}\int_0^\infty e^{-x/L_D}dx = \frac{\varepsilon\varepsilon_0}{L_D} \tag{7-48}$$

可见，平带电容等效于介质厚度为德拜长度的平板电容器的电容。

相应的归一化 MIS 结构平带电容为

$$\frac{C_{FB}}{C_i}=\frac{1}{1+C_i/C_{SFB}}=\left(1+\frac{\varepsilon_i}{\varepsilon}\frac{L_D}{d_i}\right)^{-1} \tag{7-49}$$

式（7-49）表明，在 $U_G=0$ 时，MIS 结构的电容既不等于 C_i，也不等于零。C_{SFB} 可与 C_i 相差较大，这取决于德拜长度，多数载流子密度越低、介质越薄，这种差别就越大。

（3）耗尽状态

当 $U_G>0$，但不足以使半导体表面反型时，空间电荷区处于耗尽状态，电容器 C_S 的充放电反映在耗尽层厚度的变化上，如图 7-12b 所示。这种情况与 PN^+ 结的势垒电容类似，因而可借用 PN^+ 结的耗尽层势垒电容式将 C_S 表示为

$$C_S=\frac{\varepsilon\varepsilon_0}{x_d}=\left(\frac{\varepsilon\varepsilon_0 qN_A}{2V_S}\right)^{1/2} \tag{7-50}$$

于是得

$$\left(\frac{C_i}{C_S}\right)^2=\frac{2V_SC_i^2}{\varepsilon\varepsilon_0 qN_A}=\frac{2V_S}{V_0} \tag{7-51}$$

式中，V_0 是由式（7-15）定义的常数。将式（7-16）代入式（7-51），得

$$\frac{C_i}{C_S}=\sqrt{1+\frac{2U_G}{V_0}}-1 \tag{7-52}$$

将此结果代入定义式（7-41），即得耗尽状态下归一化等效比电容随 U_G 变化的方程式

$$\frac{C}{C_i}=\left(1+\frac{2U_G}{V_0}\right)^{-1/2} \tag{7-53}$$

该式表明，在耗尽状态下，C/C_i 随 U_G 的升高而减小。这是因为耗尽层随偏压 U_G 升高而展宽，而耗尽层越宽，耗尽层电容 C_S 越小，C/C_i 也越小，直到耗尽层展宽到极大值 $x_{d,max}$ 时，C/C_i 下降到极小值 C_{min}/C_i。

C/C_i 在耗尽状态下随 U_G 变化的情况如图 7-13 中曲线 CD 段所示。弱反型情况也是这样。

（4）强反型状态

1）低频状态。当偏压 U_G 超过阈值并增大到使表面势 $V_S>2V_B$ 时，半导体表面进入强反型状态，MIS 电容器的充放电再一次发生质的变化。前面已经指出，反型层一旦形成，耗尽层的空间电荷区基本不再随 U_G 的升高而改变，其宽度保持在极大值 $x_{d,max}$。跟 $U_G<0$ 时的多子累积状态相似，大量电子聚集在半导体表面，与金属表面的大量正电荷一起分布在绝缘层两边，这个 MIS 结构如同只有绝缘层电容 C_i 一样。这时 U_G 的变化只能引起反型层中电荷的增减，即充放电主要在表面反型层中进行，如图 7-12c 所示。这时，耗尽层空间电荷对 MIS 电容的贡献完全被表面反型层屏蔽掉，MIS 电容器再一次跟平板电容器一样，其等效电容即绝缘层电容，归一化比电容为 1，如图 7-13 中曲线的 EF 段所示。

注意，以上分析只适合于信号频率较低的场合。由于低频信号变化较慢，反型层中的费米能级有足够时间保持在本征费米能级之上，载流子的产生-复合过程也就有足够的时间向导带底提供足够数量的电子，使半导体表面维持在强反型状态。但对变化过快的高频信号，反型层有可能缺乏足够的时间来形成并加以维持。这样，C_S 就会重新在 MIS 电容中起减小总电容的作用，归一化等效比电容不再趋于 1。

2）高频状态。如前所述，当 U_G 频率极高，以至在其过短的作用时间内，反型层中电子的产生远远满足不了形成强反型层对电荷量的需要，那么即使 U_G 已超过 U_T，也不能在半导体表面

形成强反型层，这时对半导体起屏蔽作用的只能是耗尽层，电压增量引起的电荷增量仍需通过耗尽层的扩展来提供，而在反型层中没有相应的电量变化，如图7-12d所示。**这种因提高 U_G 的频率而出现的耗尽层继续扩展现象叫深耗尽。**伴随着深耗尽现象而出现的是归一化电容 C/C_i 的继续下降，直到耗尽层不再展宽，宽度达到深耗尽状态下的最大值 $x'_{d,max}$ 为止。这时，耗尽层电容 C_S 也缩小到与 $x'_{d,max}$ 对应的最小值，归一化电容 C/C_i 也就保持在最小值 C'_{min}/C_i 而不再随 U_G 变化，如图7-13中曲线的 GH 段所示。由于高频深耗尽状态下的耗尽层最大宽度 $x'_{d,max}$ 大于低频强反型状态下的耗尽层最大宽度 $x_{d,max}$，因此，深耗尽状态下的最小归一化电容 C'_{min}/C_i 必然小于低频强反型状态下的最小归一化电容 C_{min}/C_i。当然，因为 $x'_{d,max}$ 的大小与频率有关，C'_{min}/C_i 也与频率密切相关。

3）C'_{min}/C_i 的测试及其应用。在高频信号电压的作用下，由于反型层中来不及产生相应的电量变化，半导体表面空间电荷区只能在其耗尽层末端产生一个由电离受主构成的负电荷增量 dQ_S 与金属表面的等量正电荷增量 dQ_G 保持平衡。这时，MIS结构的电容就是绝缘层电容 C_i 和对应于最大耗尽层宽度 $x'_{d,max}$ 的耗尽层电容 C_S 的串联组合。其中，$C_S=\varepsilon\varepsilon_0/x'_{d,max}$，而绝缘层电容 $C_i=\varepsilon_i\varepsilon_0/d_i$，将它们代入归一化电容的表达式，得

$$\frac{C'_{min}}{C_i}=\left(1+\frac{\varepsilon_i x'_{d,max}}{\varepsilon d_i}\right)^{-1} \tag{7-54}$$

再将表达最大耗尽层宽度的式（7-28）代入上式，则得

$$\frac{C'_{min}}{C_i}=\left[1+\frac{2\varepsilon_i}{q\varepsilon d_i}\sqrt{\frac{\varepsilon\varepsilon_0 kT}{N_A}\ln\left(\frac{N_A}{n_i}\right)}\right]^{-1} \tag{7-55}$$

式（7-55）表明，对用同一种半导体做成的MIS结构，当温度一定时，其高频条件下的最小归一化电容 C'_{min}/C_i 的大小是绝缘层厚度 d_i 及半导体掺杂浓度 N_A 的函数。当 d_i 一定时，N_A 越大，C'_{min}/C_i 就越大。图7-14是根据式(7-55)绘制的、以 N_A 作为参变数的 C'_{min}/C_i 随绝缘层厚度变化的曲线。利用高频 C-U 测试测得一个MIS结构的最小归一化电容，即可利用这组曲线或式（7-55）由绝缘层厚度确定半导体的掺杂浓度，或由掺杂浓度确定绝缘层的厚度。由于用这种方法测出的是绝缘层下半导体表面的真实杂质浓度，因此，对于高温热氧化引起的Si表面杂质再分布的检测，这种测量方法无疑是最方便、最准确的。

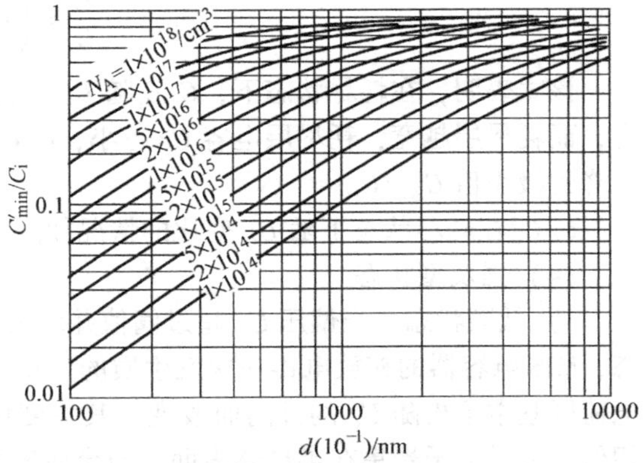

图7-14 高频条件下理想MIS结构 C'_{min}/C_i 与 d_i 的关系㊀

3. MIS结构电容-电压特性的多变性

以上讨论表明，MIS结构的电容不仅是电压的函数，也是电压变化频率的函数。不过，前面只重点分析了电压频率对强反型状态下 C_S 的影响，而事实上，受频率影响的并不仅此一段。图7-15是同一MIS结构在不同测试频率下的 C-U 特性曲线。图中可见，除多子累积以外的所有状态下的 C-U 特性都有频率相关性。也就是说，只要 C_S 在MIS电容串联组合中的作用不可忽略，MIS电容对频率的依赖就客观存在。这说明频率依赖是由 C_S 引起的。从前面的分析可以看出，C_S 的作用主要体现在耗尽层中，耗尽层电容不起作用时，MIS电容就等同于绝缘层电容，C/C_i 即为1。所以，C/C_i 对频率的依赖实际上就是耗

㊀ 转引自参考文献［5］。

尽层电容对频率的依赖，因为耗尽层中载流子的产生与复合正是 C_S 充放电的物理根源。即便在反型层已经形成的情况下，反型层电荷的充放同样受耗尽层电子-空穴对的产生与复合的影响，耗尽层每产生一个电子-空穴对，就会有一个电子流向反型层。因此，反型层的充放电需要耗尽层的辅助，这个过程更需要一定时间，*C-U* 特性也因此对电压信号的频率非常敏感。

同样的原因，温度和光照等可影响载流子产生复合过程的因素，也会引起 MIS 结构 *C-U* 特性的变化。例如，提高温度或用适当波长的光照可以提高载流子的产生率，缩短耗尽层的充放电时间。因此，在信号频率一定的情况下，升温或光照也有可能使高频 *C-U* 特性具有低频 *C-U* 特性的特征。

对于用 N 型半导体构成的 MIS 结构（即 P 沟道 MOS），仿照前面对 N 沟道 MOS 的讨论和分析，可知其具有如图 7-16 所示的 *C-U* 特性。与图 7-13 相比，这种特性正好是 P 型半导体 MIS 结构 *C-U* 特性的反演。

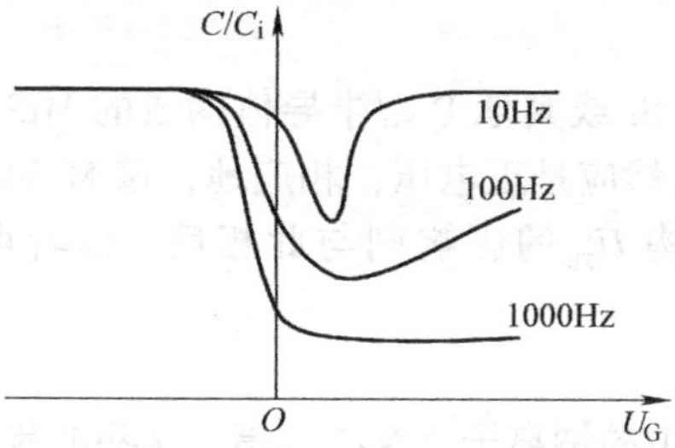

图 7-15　测量频率对 *C-U* 特性的影响

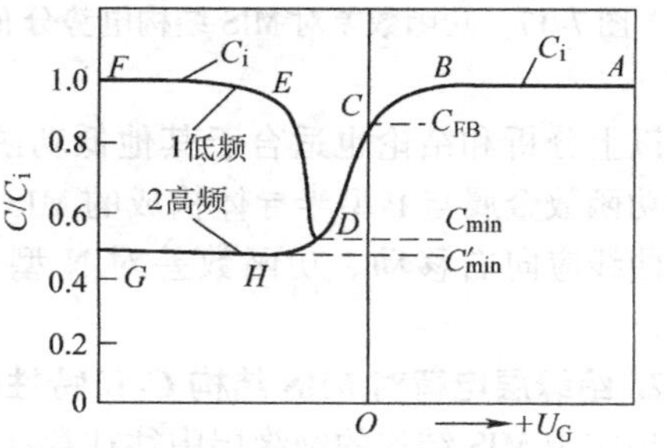

图 7-16　N 型半导体 MIS 结构的 *C-U* 曲线

以上讨论的是理想 MIS 结构的 *C-U* 特性。在实际情况中，金属和半导体的功函数差、半导体和绝缘层之间的界面态以及绝缘层中的各种电荷等多种因素都会对 MIS 结构的 *C-U* 特性产生显著影响，使其在 $U_G=0$ 时并不处于平带状态，而与平带电容相对应的电压 U_G 和与强反型状态相对应的开启电压 U_T 更是千差万别。

7.3.2　实际 MIS 结构的电容-电压特性

下面以 P 型 Si 与 Al 和 SiO_2 组成的 MOS 结构为例，着重讨论金属和半导体的功函数差以及绝缘层中的电荷等因素对 MIS 结构 *C-U* 特性的影响，并对多晶 Si-SiO_2-Si 系统的电容问题作简略介绍。

1. 功函数差对 MIS 结构电容-电压特性的影响

由于 P 型 Si 的功函数 W_S 一般比 Al 的功函数 W_M 大，当二者通过 SiO_2 连接成一个 MIS 系统时，为使费米能级一致，Si 的费米能级要向上提，直至与金属费米能级相平而达到平衡。这就使 Si 的表面层能带向下弯曲 $qV_{MS}=W_S-W_M$，形成耗尽层，如图 7-17a 所示。

这表明，由于金属与半导体之间有功函数差，虽然外加电压为零，但半导体表面层的能带并不像理想情况中那样处于平带状态。为了恢复到平带状态，必须在 Al 与 Si 之间加一定的负电压，以抵消由功函数差产生的自建电场和能带弯曲，如图 7-17b 所示。这个为了恢复平带状态所需要施加的电压叫做平带电压，用 U_{FB} 表示。不难看出：

$$U_{FB}=-V_{MS}=\frac{W_M-W_S}{q} \tag{7-56}$$

这就是说，功函数差使理想 MIS 结构的 *C-U* 特性曲线平行于电压轴平移了一段距离 U_{FB}，平带点由 $U_G=0$ 变为 $U_G=U_{FB}$，如图 7-18 所示。图中，曲线 1 为理想 MIS 结构的 *C-U* 曲线，曲线 2

为金属与半导体之间有功函数差时的 C-U 曲线。从曲线 1 的 C_{FB} 处引与电压轴平行的直线，该直线与曲线 2 的交点在电压轴上的坐标即是 U_{FB}。

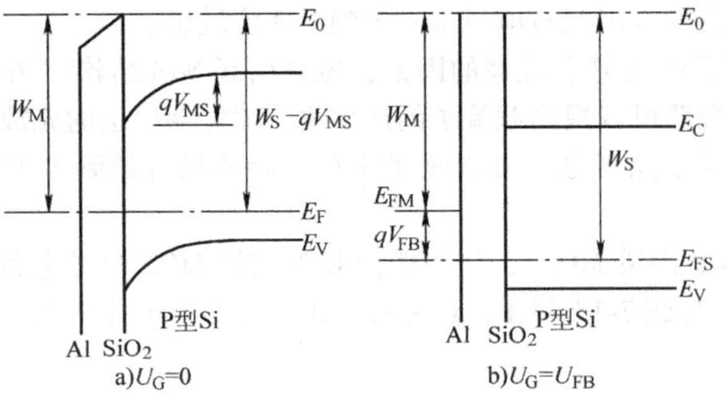

图 7-17 功函数差对 MIS 结构电势分布的影响

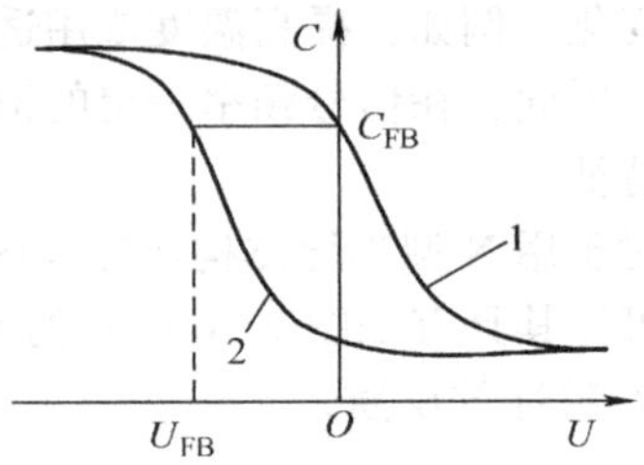

图 7-18 功函数差对 C-U 曲线的影响

以上分析和结论也适合于其他低功函数金属与 P 型 Si 或其他 P 型半导体构成的 MIS 结构。对高功函数金属与 P 型半导体构成的 MIS 结构，其 U_{FB} 显然应是正电压；相应地，该 MIS 结构的 C-U 曲线应向右移动。功函数差对 N 型半导体 MIS 结构 U_{FB} 的影响则与此相反，读者可自行分析。

2. 绝缘层电荷对 MIS 结构 C-U 特性的影响

现实中 MIS 结构的绝缘层中往往存在电荷，如 SiO_2 中的钠离子（Na^+）等。这些电荷对 MIS 结构的 C-U 特性会产生不良影响。下面以正电荷为例讨论它们在绝缘层中的不同位置对 MIS 结构 C-U 特性的影响。

设绝缘层中有一薄层正电荷，其单位面积薄层所含电量（即面密度）为 Q，离金属界面的距离为 x。在无外加电压时，这薄层电荷将分别在金属表面和半导体表面层中感应出总量相等的负电荷，如图 7-19a 所示。由于这些电荷的存在，在半导体表面空间电荷层内将有电场产生，能带将发生弯曲。为了恢复平带状态，同样需在金属板上加一定的电压。

由绝缘层正电荷在半导体表面感应出的负电荷，对 P 型半导体则为耗尽层，对 N 型半导体则为积累层。因此，绝缘层正电荷的作用犹如在金属电极上加了一个正电压。对用 P 型半导体构成的 MIS 结构，绝缘层正电荷使半导体表层的能带向下弯曲。因此，要想恢复到平带状态，就需在金属板上加一负电压，引入更多负电荷，使其电荷面密度正好等于绝缘层中正电荷的面密度 Q。这样，由绝缘层正电荷发出的电力线将完全被吸引到金属表面，不再有电力线进入半导体，半导体内就没有电场存在，表面能带就会恢复到平带状态。这时，电场集中在金属表面与薄层电荷之间，如图 7-19b 所示。不妨把这种情况下的金属表面与薄层电荷之间的部分视为一个平板电容器，其极间距为 x，比电容 $C_x=\varepsilon_i\varepsilon_0/x$，极间电压即为平带电压 U_{FB}。这样，求解平带电压问题就归结为求这个等效电容器在电荷面密度为 Q 时的极间电压，即

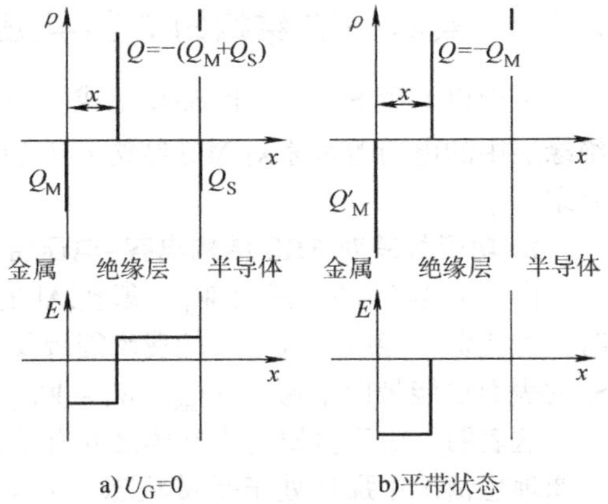

图 7-19 绝缘层中薄层电荷的影响

$$U_{FB}=\frac{-Q}{C_x}=\frac{-Q}{\varepsilon_i\varepsilon_0/x}=\frac{-xQ}{\varepsilon_i\varepsilon_0 d_i/d_i}=\frac{-xQ}{d_iC_i} \tag{7-57}$$

由上式可以看出，当薄层电荷贴近半导体，即当 $x=d_i$ 时，U_{FB} 取其最大值 $-Q/C_i$；反之，当薄层电荷贴近金属表面，即 $x=0$ 时，$U_{FB}=0$。这就是说，绝缘层电荷越接近半导体表面，C-U 特性受其影响越大；越接近金属，其影响越小，位于金属与绝缘层界面上的电荷对 MIS 电容的 C-U 特性没有影响。

如果在绝缘层中存在的电荷是某种体电荷分布，可以把它按照无数薄层电荷的组合看待，用积分的方式求出平带电压。设坐标原点位于金属与绝缘层的交界面处，坐标 x 处的电荷密度为 $\rho(x)$。那么，在坐标 x 与 $x+\mathrm{d}x$ 之间的单位面积薄层内的电荷即为 $\rho(x)\mathrm{d}x$。根据式（7-57），为抵消这薄层电荷的影响而需要施加的平带电压为

$$\mathrm{d}V_{FB}=-\frac{x\rho(x)}{d_iC_i}\mathrm{d}x \tag{7-58}$$

对上式积分，即可得到为抵消整个绝缘层内全部电荷的影响所需要施加的平带电压，即

$$U_{FB}=-\frac{1}{C}\int_0^{d_i}x\frac{\rho(x)}{d_i}\mathrm{d}x \tag{7-59}$$

由以上讨论可知，当 MIS 结构的绝缘层中存在电荷时，其 C-U 特性曲线同样会沿电压轴平移 U_{FB}。式（7-59）反映了 U_{FB} 与绝缘层中电荷的关系。从中可以看到，U_{FB} 的高低与绝缘层中电荷的分布情况有关。因此，如果绝缘层中存在可动离子之类的移动电荷，由于它们在绝缘层中的移动会改变电荷的空间分布，引起 U_{FB} 的相应变化，C-U 曲线就会沿电压轴平移。这就是一些 MIS 器件性能不够稳定的可能原因。

3. 实际 MIS 结构的平带电压和特性

根据以上分析，MIS 结构在金属–半导体功函数差和绝缘层电荷两种因素都存在时的平带电压

$$U_{FB}=-V_{MS}-\frac{1}{C}\int_0^{d_i}x\frac{\rho(x)}{d_i}\mathrm{d}x \tag{7-60}$$

一个实际 MIS 系统的平带电压可根据平带电容来确定。为此，首先测量并绘制该 MIS 的 C-U 曲线，然后根据绝缘层电容 C_i 和半导体热平衡载流子浓度 p_0 的测量值由式(7-49)及其相关的式（7-46）和式（7-48）计算出平带电容 C_{FB}，在 C-U 曲线的电容轴上定出 C_{FB} 的坐标，由此坐标点引水平线与 C-U 曲线相交，此交点的横坐标就是平带电压，如图 7-20 所示。

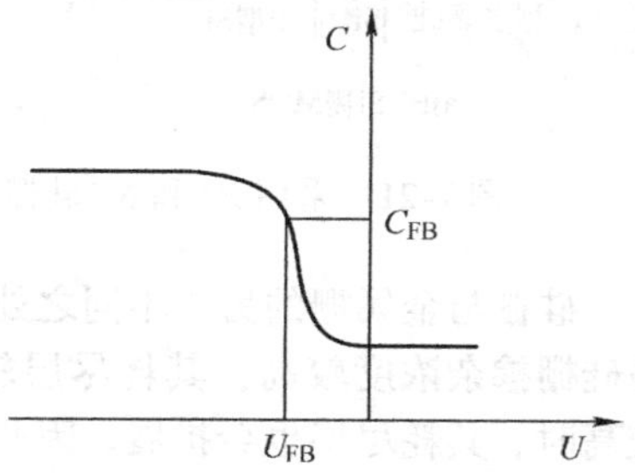

图 7-20 由平带电容确定平带电压

对于实际 MIS 结构的特性描述，只要将此前针对理想 MIS 结构导出的所有公式中的 U_G（或 U）替换为 U_G-U_{FB}，则全部适用。因此称 U_G-U_{FB} 为有效栅压。其意思是说：在有金属–半导体功函数差和绝缘层电荷的情况下，栅压的一部分（U_{FB}）用于使系统恢复平带状态，只有剩余部分 U_G-U_{FB} 才能起相当于理想 $C-U$ 关系中 U_G 的作用。于是实际 MIS 结构的栅压与其主要特征参数之间的关系，即由理想 MIS 结构的式（7-39）变为

$$U_G=U_{FB}-\frac{Q_S}{C_i}+V_S \tag{7-61}$$

代入强反型条件 $V_S=2V_B$，即得实际 MIS 结构的开启电压为

$$U_T'=U_{FB}-\frac{Q_S}{C_i}+2V_B=U_{FB}+U_T \tag{7-62}$$

实际 MIS 结构的归一化耗尽层电容也可相应地表示为

$$\frac{C}{C_i}=\left[1+\frac{2(U_G-U_{FB})}{V_0}\right]^{-1/2} \tag{7-63}$$

式中，$V_0=\varepsilon\varepsilon_0 qN_A/C_i^2$，为一常数。

4. 多晶硅栅 MOS

在集成电路中，MOS 器件的金属栅用重掺杂多晶硅代替，称为多晶硅栅或硅栅。采用多晶硅栅的好处之一是其功函数可以通过掺杂来调节，有助于通过平带电压的改变调整 MOS 器件的开启电压。作为电极，多晶硅栅的电阻率通常在 $10^{-3}\Omega\cdot cm$ 量级。在这种掺杂程度下，P^+多晶硅和 N^+多晶硅的费米能级分别在价带顶和导带底附近，二者的功函数差相当于 E_g。对于 N 沟道 MOS，由于 Al 比一般 P 型 Si 的功函数小，因而铝栅 N 沟道 MOS 的 U_{FB}为负电压。换成多晶硅栅后，若多晶硅为 P^+型，其功函数比 P 型 Si 还要大一些，功函数差的正负关系就会倒过来，U_{FB}由负变正，U_T 升高；若多晶硅为 N^+型，其功函数比 Al 的功函数还小，栅材料与沟道材料的功函数相差更大，U_{FB}负得更多，U_T 甚至为负值，如图 7-21a、c 与图 7-21b 的对比所示。因此，太大的功函数差使这种多晶硅栅 MOS 在 $U_G=0$ 时即已形成强反型导电沟道。这种无栅压就开通的 MOSFET 属于耗尽型场效应器件，反之属于增强型场效应器件。耗尽型场效应器件要用栅压使半导体表面进入并维持在耗尽状态才能将器件关断。在 MOS 制造工艺中，硅栅的掺杂常常同源、漏接触区的掺杂同时进行，因此 N 沟道 MOS 常用 N^+多晶硅栅，P 沟道 MOS 常用 P^+多晶硅栅。

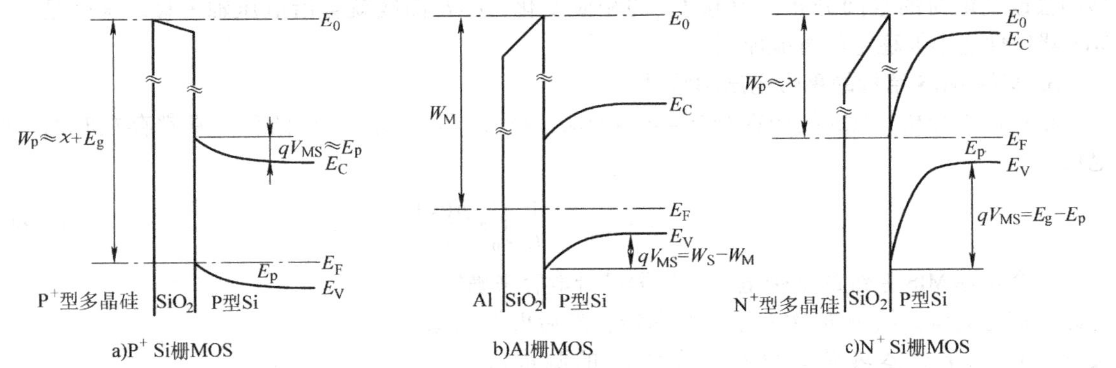

图 7-21 采用 P^+和 N^+硅栅的 N 沟道 MOS 与铝栅 N 沟道 MOS 在零栅压下的能带图比较

硅栅与金属栅的另一不同之处在于栅电压也会令其产生表面电场和能带弯曲。不过，由于多晶硅栅掺杂浓度较高，其耗尽层较窄，因而比电容大。但在 U_G 较高时，其耗尽层也会扩展。因此，多晶硅栅 MIS 结构的 C-U 特性要比金属栅 MIS 结构复杂一些。在多晶硅栅 MIS 结构中观察到反型状态下的比电容下降现象，就与其表面耗尽层展宽有关。

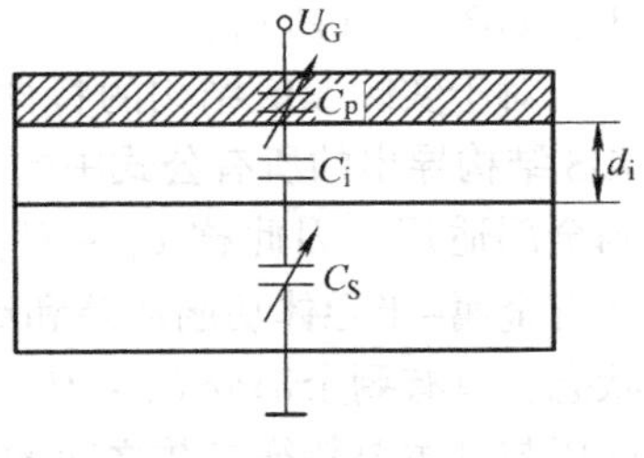

图 7-22 多晶硅栅 MIS 电容

考虑到多晶硅耗尽层电容的影响，多晶硅栅 MIS 结构的电容就应是多晶硅耗尽层电容 C_p、氧化层电容 C_i 和 Si 的耗尽层电容 C_S 的串联组合，如图 7-22 所示，其等效电容的倒数为

$$\frac{1}{C}=\frac{dV_G}{dQ}=\frac{d(V_p+V_i+V_S)}{dQ}=\frac{1}{C_p}+\frac{1}{C_i}+\frac{1}{C_S} \tag{7-64}$$

其中，多晶硅耗尽层电容 C_p 可在耗尽近似下按下式求得：

$$C_p=\frac{\varepsilon_p\varepsilon_0}{x_p}=\frac{\varepsilon_p\varepsilon_0}{\dfrac{Q_p}{qN_p}}=\frac{\varepsilon_p\varepsilon_0 qN_p}{Q_p} \tag{7-65}$$

将式（7-65）代入式（7-64），可得

$$\frac{1}{C}=\frac{Q_p}{\varepsilon_p\varepsilon_0 qN_p}+\frac{1}{C_i}+\frac{1}{C_S} \tag{7-66}$$

当 U_G 升高时，多晶硅中的耗尽层因电场增强而展宽，单位面积耗尽层中的电荷量 Q_p 随之增加。由于多晶硅耗尽层电容是硅栅 MOS 总电容中的一个串联分量，当其值 C_p 因 Q_p 增大而下降时，MOS 电容即随 U_G 的升高而下降，与 Si 耗尽层所起的作用相似。当 U_G 绝对值较高时，多晶硅耗尽层的宽度也将达到其最大宽度，耗尽层电容出现极小值，但这极小值比同等情况下铝栅 MOS 结构的电容极小值更小。

【例 7-1】 用 $N_A=10^{16}\text{cm}^{-3}$ 的 P 型 Si 制成一个无功函数差的 MOSFET，其 SiO_2 层厚 0.2μm，求：①无界面电荷时的开启电压；②Si-SiO_2 界面上有一层恰使 Si 表面在 $U_G=0$ 时进入本征态的固定正电荷时的开启电压。

解：1）按式（7-52），理想 MOS 结构的开启电压为

$$U_T=\frac{-Q_S}{C_i}+2V_B=\frac{qN_A}{C_i}\sqrt{\frac{4\varepsilon_0\varepsilon kT\ln(N_A/n_i)}{q^2N_A}}+2V_B$$

为求其值，首先算出 $V_B=\frac{kT}{q}\ln\left(\frac{N_A}{n_i}\right)=0.0259\ln\left(\frac{10^{16}}{1.5\times10^{10}}\right)\text{V}=0.347\text{V}$

$$C_i=\frac{\varepsilon_0\varepsilon_{SiO_2}}{d_i}=\frac{8.85\times10^{-14}\times3.9}{0.2\times10^{-4}}\text{F/cm}^2=1.72\times10^{-8}\text{F/cm}^2$$

$$Q_S=-qN_Ax_{d,\max}=-1.6\times10^{-13}\times10^{16}\times0.3\times10^{-4}\text{C/cm}^2=-4.80\times10^{-8}\text{C/cm}^2$$

其中
$$x_{d,\max}=\sqrt{\frac{2\varepsilon_0\varepsilon_{Si}V_S}{qN_A}}=\sqrt{\frac{4\varepsilon_0\varepsilon_{Si}V_B}{qN_A}}$$

$$=\sqrt{\frac{4\times8.85\times10^{-14}\times11.9\times0.347}{1.6\times10^{-19}\times10^{16}}}\text{cm}=0.30\times10^{-4}\text{cm}$$

由此算得
$$U_T=\frac{-Q_S}{C_i}+2V_B=\left(\frac{4.80\times10^{-8}}{1.72\times10^{-8}}+2\times0.347\right)\text{V}=3.48\text{V}$$

2）为求非理想情况下的开启电压需先求平带电压，为求平带电压需知该固定界面电荷的面密度 $Q=-Q_S$。因为该界面电荷的存在恰使 Si 表面进入本征态，所以 Q_S 应等于 $V_S=V_B=0.0347\text{V}$ 时单位面积耗尽层中的空间电荷数 qN_Ax_d，为此先求出

$$x_d=\sqrt{\frac{2\varepsilon_0\varepsilon_{Si}V_S}{qN_A}}=\sqrt{\frac{2\times8.85\times10^{-14}\times11.9\times0.347}{1.6\times10^{-19}\times10^{16}}}\text{cm}=2.1\times10^{-5}\text{cm}$$

于是代入数据算得

$$Q_S=-qN_Ax_d=-1.6\times10^{-13}\times10^{16}\times2.1\times10^{-5}\text{C/cm}^2=-3.41\times10^{-8}\text{C/cm}^2$$

平带电压按式（7-57）算得
$$U_{FB}=-\frac{Q}{C_i}=-\frac{3.41}{1.72}\text{V}=-1.99\text{V}$$

开启电压按式（7-62）算得
$$U_T'=U_{FB}+U_T=-1.99\text{V}+3.48\text{V}=1.49\text{V}$$

7.4 表面电导与表面迁移率

表面电导指局限在半导体表面层内沿平行于表面方向的电导问题。表面电导的大小同样取决于表面层内载流子的密度及其迁移率。如果在表面层内存在电场而形成表面势 V_S，其载流子密

度必将随 V_S 改变，从而表面电导亦随之改变。这就是说，垂直于表面方向的电场对表面电导起着控制作用，MOS 场效应晶体管正是利用这种效应制成的。另一方面，运动于表面附近的载流子，其迁移率受表面散射机构的额外限制，一般比体内载流子的迁移率小。因此，研究表面电导问题，对 MOSFET 之类的器件具有特殊意义。

7.4.1 表面电导

1. 表面电导随表面势 V_S 的变化

若表面电场在每单位面积表面层中产生的额外载流子数分别为 Δp 和 Δn，而 μ_{pS} 和 μ_{nS} 分别表示表面层中空穴和电子的有效迁移率，则表面层因额外载流子的注入而获得的附加薄层电导即可表示为

$$\Delta\sigma_S = q(\mu_{pS}\Delta p + \mu_{nS}\Delta n) \tag{7-67}$$

薄层电导又称方块电导，表示单位面积薄层的导电能力，单位为西门子(S)。工程中常用其倒数薄层电阻（方块电阻），其单位为欧姆(Ω)。

式 7-67 中的附加薄层电导相对于平带情况而言。若以 $\sigma_S(0)$ 表示半导体表面处于平带状态时的薄层电导，则其表面势 V_S 下的总薄层电导即为

$$\sigma_S(V_S) = \sigma_S(0) + q(\mu_{pS}\Delta p + \mu_{nS}\Delta n) \tag{7-68}$$

对 P 型半导体而言，当垂直于表面的外加电场令其表面势为负时，表面层内形成多数载流子空穴的累积，表面电导因 Δp 随 $|V_S|$ 值的上升而增大。但当外加电场反向而使其 V_S 为正值时，若 V_S 数值不大，表面会处于耗尽状态，此时表面电导较小，并随着 V_S 的上升而趋于其极小值，然后开始回升，这意味着表面开始反型。反型后，表面电导即因反型层中电子密度的增加而随着 V_S 的上升而增大。

2. 环境对表面电导的影响

环境可以改变半导体表面的吸附情况，从而改变半导体表面的悬挂键密度，而悬挂键总是通过与半导体近表面层交换载流子而在半导体表面产生电场，产生表面势，引起附加表面电导。

图 7-23 给出了一个 N 型 Ge 样品表面电导随真空度变化的实验结果。实验中所使用的 N 型 Ge 样品的电阻率为 20Ω·cm（这样电阻率样品的体电阻可以略去，这便于求得表面电导），样品放在 1.33×10^{-7}Pa 以上的高真空中首先用 Ar 离子轰击并加热退火以获得洁净表面，然后保持样品在真空室内，并观察样品的表面电导随真空内氧分压变化的情况。实验结果表明，在氧分压较低的高真空段，表面电导保持较低的定值，但比轰击前高。当氧分压增加到 1.33×10^{-6}Pa 时，表面电导开始随氧分压的升高而增加，到 1.33×10^{-4}Pa 时达到极大值，然后又随氧分压的增加而下降到与轰击前相当的低值。

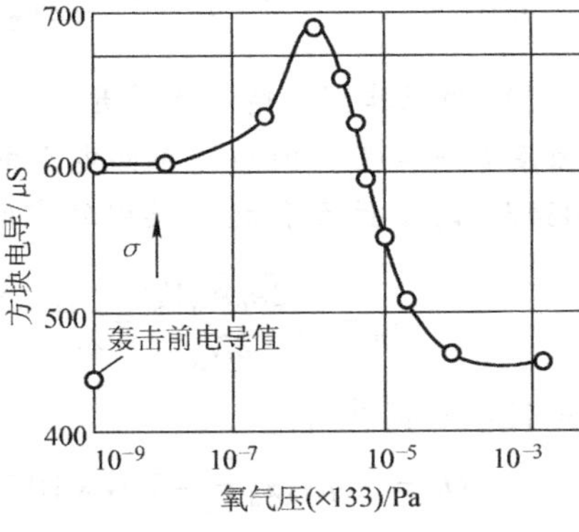

图 7-23 表面电导随真空度的变化[⊖]

仔细分析样品所处的环境差异就不难理解上述实验结果。在表面清洁之前，半导体表面因大量吸附外来原子而使悬挂键大量饱和，剩余的悬挂键吸收近表面层的电子（对 N 型而言）而使近表面层处于耗尽状态，表面电导极小。Ar 离子轰击使表面吸附被清除，高温退火促使表面原子重构。表面重构使半导体表面在高真空下处于悬挂键密度较低但完全裸露的状态，因而倾向于从体内接受电子而饱和，使近表面层处于一个新的电子耗

⊖ 转引自参考文献 [5]。

尽状态，表面电导保持在一个较高的定值，一直到氧分压升高到 1.33×10^{-6}Pa。这时表面重构受到破坏，表面悬挂键密度逐渐升高，近表面层因表面负电荷的增加而渐趋反型，Δp 逐渐增大，表面电导随着氧分压的升高而升高，到 1.33×10^{-4}Pa 时达到极大值。其后，搭桥氧对表面悬挂键的钝化作用随着氧分压的进一步升高而逐渐增强，表面电荷逐渐减少，到氧分压升高到 1.33×10^{-2}Pa 以上时，钝化效果最佳，悬挂键密度最低，表面电导达到最小值。

7.4.2 表面散射与表面载流子的有效迁移率

在半导体的近表面层中，界面对载流子的散射作用不可忽略，因而表面附近或半导体薄层中的载流子相对于体内载流子而言，其迁移率较低。这个问题在讨论 MOSFET 和半导体超晶格等的载流子输运问题时尤其重要。

1. 表面散射机构

对于 MOSFET 的导电沟道，运动于其中的载流子不仅要受沟道层中电离杂质与晶格振动的散射，也要受沟道边界的散射；对这些载流子迁移率的计算，不仅需要考虑强电场效应，有时也需要考虑量子尺寸效应，这要视具体情况而定。一般讲，当我们所考虑的载流子输运问题是针对一个表面面积与体积之比较大的半导体样品时，表面散射一般不能忽略，有时甚至会上升到决定迁移率大小的主导地位。这时，电离杂质与晶格振动对载流子的散射作用反而变得不甚重要。

表面导电沟道中散射机构主要有氧化层中的固定电荷和氧化层-半导体界面上的界面态束缚电荷。表面本身以及表面的粗糙不平使晶格振动在近表面区域发生畸变，也跟这些电荷的库仑势场一样对载流子的运动起散射作用。正确估计这些附加散射机构对在沟道中运动的载流子的迁移率的影响，对正确分析和模拟 MOSFET 的工作特性起着关键作用。

2. 表面层中载流子的等效迁移率

反型层中自由载流子的密度并不是均匀分布的，它们的迁移率也不相同，因为只存在于表面或界面及其附近的散射机构，显然对运动于反型层中不同深度的自由载流子所起的散射作用不同。越是靠近表面的自由载流子，其所受散射越强。

既然表面散射对载流子的作用是随深度变化的，那就有必要利用积分的办法来定义一个平均迁移率，或称等效迁移率或表面迁移率。

对于自由载流子密度随深度变化的 MOSFET 在导通状态下的工作特性，作为其反型层导电沟道的一个量度，定义等效迁移率为

$$\mu_{\text{eff}}=\frac{\int_0^{x_i}\mu(x)n(x)\,\mathrm{d}x}{\int_0^{x_i}n(x)\,\mathrm{d}x}\tag{7-69}$$

式中，x_i 表示表面层的深度；$\mu(x)$ 和 $n(x)$ 分别表示不同深度载流子的迁移率和密度。

了解 $\mu(x)$ 的具体函数形式是很困难的。实际情况中，等效迁移率 μ_{eff} 可通过实验来测定。通过实验可以发现影响 μ_{eff} 大小的各种因素，并由此建立 μ_{eff} 与这些因素的函数关系。

7.4.3 影响表面迁移率的主要因素

1. 界面电荷对 μ_{eff} 的影响

实验发现，N 沟道 MOSFET 表面反型层中电子的等效迁移率 $\mu_{\text{e,eff}}$ 在氧化层界面电荷密度 Q_S 超过 10^{11}cm^{-2} 后，随着 Q_S 的增加而下降的幅度很大。如果用 μ_0 表示除界面电荷以外的其他散射机构决定的迁移率，并假定仅由界面电荷散射决定的迁移率与电荷密度 Q_S 成反比，比例系数用 μ_0/α 表示，则按求解多种散射机构同时决定迁移率大小的规则，反型层中电子的最大等效迁移率即可表示为

$$\mu_{e,max}=\left(\frac{1}{\mu_0}+\frac{\alpha Q_S}{\mu_0}\right)^{-1}=\frac{\mu_0}{1+\alpha Q_S} \tag{7-70}$$

上式可看成一个半经验公式，而μ_0和α作为该式的拟合参数。式中，界面电荷密度Q_S可以是$Si\text{-}SiO_2$界面态电荷与氧化层固定电荷等几种电荷的密度之和，也可以只是其中占主导地位的某一种电荷的密度。不过，在实际情况中，氧化层内距界面5nm以外的电荷对等效迁移率的影响基本可忽略不计。

室温下，对P型Si反型层中电子的μ_0和α可分别表示为

$$\mu_0=3490-164\lg N_A$$

$$\alpha=-0.104+0.0193\lg N_A$$

式中，N_A表示材料的受主浓度。注意，按以上两式确定μ_0和α值时，式（7-70）中的Q_S以$10^{11}cm^{-2}$为单位。

P型Si表面反型层中电子的最大等效迁移率随$Si\text{-}SiO_2$界面电荷密度Q_S以及受主杂质浓度N_A而变化的情形如图7-24所示。为了进行比较，图中同时给出了体材料中电子迁移率随掺杂浓度的变化情况。图中可见，界面电荷对载流子迁移率的影响是十分明显的，特别是在掺杂浓度较高但尚未严重影响到载流子迁移率大小的材料表面。图7-24似乎说明表面迁移率也受电离杂质浓度的影响，其实不然。反型层中载流子的等效迁移率随着材料掺杂浓度的提高而下降，其实并不是电离杂质对载流子散射作用增强的结果。由于反型层厚度一般只有10nm左右，即便在掺杂浓度高达$10^{16}cm^{-3}$的情况下，单位面积反型层中的电离杂质也最多只有10^{10}个，仍比表面电荷密度的典型值少一个数量级，其散射作用仍不会很显著，可予忽略。实验中之所以能够观察到反型层中载流子的等效迁移率随着材料掺杂浓度的提高而下降，直接原因其实是反型层中垂直电场因材料杂质浓度的提高而增强。因为材料掺杂浓度越高，为产生同样厚度的反型层就必须施加更强的表面垂直电场。对于运动于半导体表面区域的载流子来说，垂直于其运动方向的电场对其迁移率的影响是十分严重的。

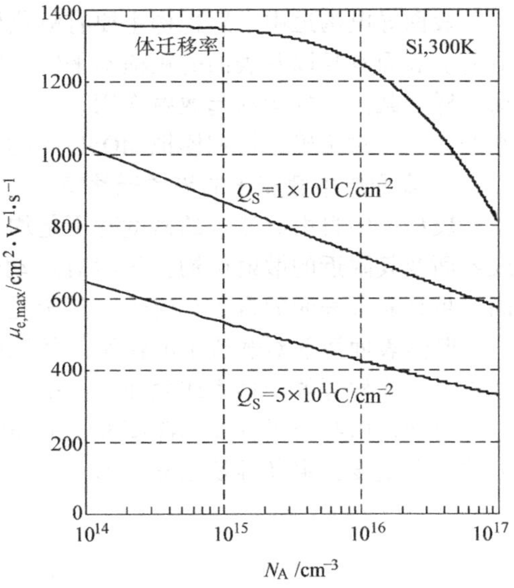

图7-24 Si表面反型层中$\mu_{e,max}$对界面电荷和受主浓度的依赖性[⊖]

2. 表面电场对μ_{eff}的影响

垂直施加在半导体表面上的电场是影响μ_{eff}大小的首要因素。实验发现，当施加在MOS结构反型层上的垂直电场较弱而只能使其进入弱反型状态时，μ_{eff}随电场增强而呈急剧上升的趋势，但在升至极值$\mu_{e,max}$后就转而随着表面电场的继续增强而下降。这时，反型层进入强反型状态。精确表示垂直施加在MOS结构反型层中的表面电场不太容易。由于反型层中自由载流子浓度随深度的分布是非均匀的，其中的垂直电场也会随深度而变化，从半导体–氧化物界面上的峰值逐渐向耗尽层中递减。不过，实际情况表明，在某个给定的温度条件下，μ_{eff}仅仅是反型层内垂直电场平均值的函数：

$$\mu_{eff}=\frac{\mu_0'}{1+\beta\mathcal{E}} \tag{7-71}$$

⊖ 转引自参考文献［10］。

这里，μ_0'和β仍被视为拟合参数，大小随温度而定。在实际工作中，室温下 Si 的μ_0'约为其体迁移率的一半，β约为0.025μm/V。

3. 表面晶向对μ_{eff}的影响

由于半导体中载流子的电导率有效质量是各向异性的，且不同晶向表面的表面态密度不同，因而半导体表面的载流子等效迁移率一般也都具有各向异性的特点，并且不仅与半导体表面的晶向有关，也与电流矢量的方向有关。

实验发现，表面晶向对电子等效迁移率的影响与表面态密度的大小没有完全一致的关系。电子表面迁移率的最高晶面取向也不一定是空穴等效迁移率的最高取向。例如，电子在（100）Si反型层中等效迁移率最高，其次是（111）Si 反型层，然后是（110）Si 反型层；而空穴等效迁移率的优选晶向顺序恰好相反，其由高到低的顺序为（110）、（111）和（100），且无论材料是N型还是P型。

考虑到等效迁移率对表面晶向的敏感性，Si N 沟道 MOSFET 使用（100）硅片制造，而 P 沟道 MOSFET 则使用（110）硅片来制造。

7.4.4 表面迁移率模型与载流子的表面饱和漂移速度

1. 表面迁移率模型

载流子迁移率在表面附近的下降，常常是多种因素共同作用的结果，包括除上述因素以外的其他因素，如表面粗糙度对载流子散射的影响等。

在分析和模拟表面迁移率的时候，单独考虑一种散射因素对了解其物理机制是方便的，但往往不够精确。Selberherr 等人曾建立了一个非常概念化的公式来描述表面散射使表面区域内的载流子迁移率$\mu_{Sn,p}$随表面深度下降的情形：

$$\mu_{Sn,p}=\mu_{Bn,p}\frac{x+x_{n,p}}{x+b_{n,p}x_{n,p}} \tag{7-72}$$

式中，x表示至表面的垂直距离；$\mu_{Bn,p}$表示电子和空穴的体迁移率；$x_{n,p}$和$b_{n,p}$是两个拟合参数，分别具有描述表面散射的作用范围和作用强度的物理意义，因而都是电场的函数。表面迁移率与电场的函数关系即由这两个拟合参数来反映。

在实际工作中，如在模拟 MOS 器件导电沟道中的载流子输运时，也常常采用如下直接反映电场作用的经验公式来计算半导体表面附近的载流子迁移率：

$$\mu_{Sn,p}=\frac{\mu_{n,p}}{\sqrt{1+\delta_{n,p}\mathcal{E}_\perp}} \tag{7-73}$$

式中，$\mu_{n,p}$表示考虑了除表面垂直电场$\mathcal{E}_\perp$以外的其他散射机构的电子迁移率和空穴迁移率。

在这个经验公式中，拟合参数只有一个，即$\delta_{n,p}$。对 N 沟道中的电子，$\delta_n=1.5\times10^{-5}$cm/V；对 P 沟道中的空穴，$\delta_p=5.35\times10^{-5}$cm/V。式中，平行于电流方向的横向电场对载流子迁移率的影响已包含在$\mu_{n,p}$中。

2. 表面电子的饱和漂移速度

载流子在半导体表面沿平行于表面的电场作漂移运动时，其漂移速度也会随着电场强度的升高而趋于饱和，但饱和速度值要比体材料的相应值低，且不同晶向表面的载流子饱和速度值不同。对于 Si 反型层中的电子，实验发现其饱和速度随温度改变的规律也与体材料中的情形有所不同，与温度T保持线性函数的关系，即

$$v_{n,sat}=v_0-\delta T \tag{7-74}$$

式中，温度系数$\delta=7\times10^3$cm/(s·K)，与 Si 表面晶向无关；v_0代表外推至0K 时的 Si 反型层电子饱和速度，其值与 Si 表面晶向有关。对不同结晶取向硅片表面的反型层，v_0的取值分别为

$$v_{0(100)}=8.9\times10^6\text{cm/s},\ v_{0(111)}=7.4\times10^6\text{cm/s},\ v_{0(110)}=6.2\times10^6\text{cm/s}$$

习　题

7-1　讨论并导出N型半导体表面因表面垂直电场而恰为本征状态时的表面电场强度、表面电荷密度、表面空间电荷区宽度和表面比电容的表达式。

7-2　用$N_A=3\times10^{16}\text{cm}^{-3}$的P型Si构成一个理想MIS结构，求室温下表面势$V_S=0.25\text{V}$时的耗尽层宽度。

7-3　习题7-2中，求$d_i=20\text{nm}$、$U_G=-0.65\text{V}$时绝缘层中的电场强度、Si表面的空穴密度和表面势。

7-4　习题7-3中，求使半导体表面恰为本征状态时的U_G和耗尽层宽度，该Si表面层的最大空间电荷区宽度是多少？

7-5　对由$N_D=3\times10^{16}\text{cm}^{-3}$的N型Si构成的理想MIS结构，求$d_i=20\text{nm}$时的开启电压$U_T$和$U_G=1.1U_T$时的表面电荷密度。

7-6　习题7-5中，求其绝缘层电容、平带电容和最小耗尽层电容。

7-7　导出理想MIS结构开启电压随温度变化的关系式。

7-8　画出Al与P型Si构成的MOS系统在$U_G=0$时的能带图，并求$N_A=3\times10^{16}\text{cm}^{-3}$、$d_i=50\text{nm}$时的平带电压。

7-9　习题7-8中，画出分别采用N^+多晶硅栅和P^+多晶硅栅时的能带图，计算相应的平带电压。

7-10　对$N_A=3\times10^{16}\text{cm}^{-3}$、$d_i=50\text{nm}$的无金属-半导体功函数差的MOS系统，求Si-$SiO_2$界面上有$Q=8\times10^{10}\text{cm}^{-2}$的固定正电荷时的平带电压和开启电压。

7-11　讨论有功函数差（$W_M>W_S$）而无绝缘层电荷的N型Si MIS系统的C-U特性并导出平带电压表达式。

7-12　讨论绝缘层中有正电荷而无金属-半导体功函数差的N型Si MIS系统的C-U特性并导出平带电压表达式。

7-13　一个MOS电容器的高频特性曲线及相关参数如图7-25所示。器件面积为$2\times10^{-3}\text{cm}^2$，金属-半导体功函数差$W_{MS}=-0.5\text{eV}$，半导体掺杂浓度为$2\times10^{16}\text{cm}^{-3}$。求：①判断半导体的导电类型；②氧化层厚度和氧化层界面电荷密度；③平带电容；④说明图7-25中各点所代表的是该MIS结构的什么状态。

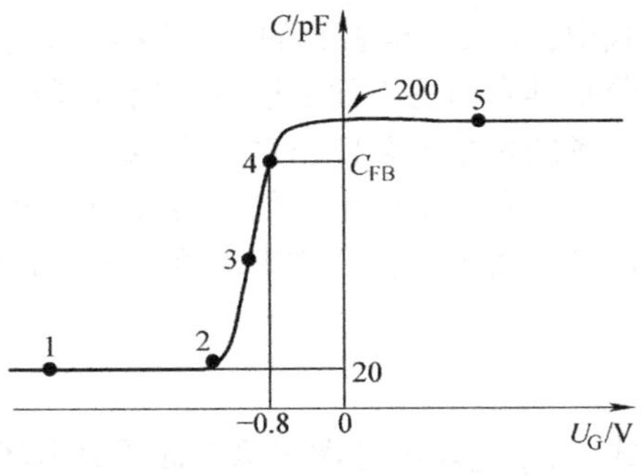

图7-25　习题7-13图

7-14　设一MOSFET单位面积氧化层中的正电荷总数为10^{12}cm^{-2}，氧化层厚度为0.2μm，$\varepsilon_i=3.9$，求下列情况下的平带电压：①电荷在氧化层中均匀分布；②电荷呈三角形分布，但在金属-SiO_2界面上最高，在SiO_2-Si界面上为零；③电荷呈三角形分布，但在金属-SiO_2界面上为零，在SiO_2-Si界面上最高。

7-15　根据式（7-72）绘制无电场和表面垂直电场$\mathcal{E}_\perp=5\times10^4\text{V/cm}$时Si中电子和空穴迁移率距表面深度变化的曲线，深度范围取1～1000nm。式中$\mu_{Bn}=1350\text{cm}^2/(\text{V}\cdot\text{s})$、$\mu_{Bp}=480\text{cm}^2/(\text{V}\cdot\text{s})$、$x_n=5\times10^{-7}\text{cm}$、$x_p=4\times10^{-7}\text{cm}$，而$b_{n,p}=2+\mathcal{E}_\perp/\mathcal{E}_{n,p}$（其中$\mathcal{E}_n=1.8\times10^5\text{V/cm}$，$\mathcal{E}_p=3.8\times10^5\text{V/cm}$）。

第8章

半导体效应

半导体的导电性受外界影响很大，不同的外界因素会使半导体的导电性呈现出不同的特点，产生很多半导体效应。此前已经介绍了强场效应、霍尔效应、光电导效应、光伏效应、发光效应、表面电场效应等，除此之外，半导体的热电效应和磁阻、压阻效应等也有很重要的物理意义和实用价值。

8.1 热电效应

热电效应（Thermoelectric Effect）是指物体中的电子或空穴在温度梯度的驱使下由高温区向低温区移动时形成电流或电动势，或因电流而产生温度差的一类现象。典型的热电效应主要包括塞贝克效应、珀耳帖效应和汤姆逊效应。若要严格讨论这些效应，需要在电场与温度梯度同时存在的条件下求解玻耳兹曼方程，涉及到较多的数学计算。本节重点分析热电效应的物理机理及其内在联系，并简要介绍热电效应的主要应用。

8.1.1 塞贝克效应

如图 8-1a 所示，当两种不同的导体或半导体 a 和 b 两端相接组成一闭合回路时，若两个接头 1 和 2 具有不同的温度，回路中就有电流和电动势产生。该电动势称为温差电动势，其数值一般只与两个接头的温度有关。这个现象最先被德国物理学家塞贝克（T. J. Seeback）所发现，因此称为塞贝克效应（Seebeck Effect）。

1. 金属的温差电动势

在讨论温差电动势时，常令系统处于开路状态，如图 8-1b 所示。设接头 1 和 2 的温度分别为 T_1 和 T_2，将金属 b（或金属 a）从中断开并接入电位差计，就可测得这个电动势 $\mathscr{E}_{ab}$，它的大小与两接头的温差和材料有关。$\mathscr{E}_{ab}$ 与材料的关系可以用单位温差产生的塞贝克电动势，即温差电动势率（塞贝克系数）来描述，其定义为

$$\alpha_{ab} = \frac{d\mathscr{E}_{ab}}{dT} \tag{8-1}$$

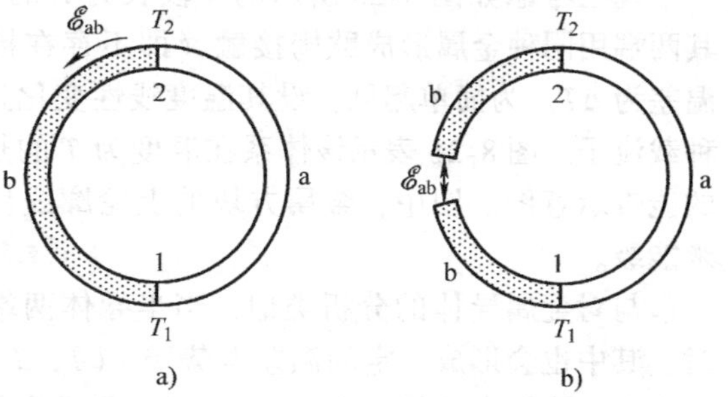

图 8-1　塞贝克效应示意图

选用不同材料构成温差电偶，会有不同的温差电动势率 α_{ab}。对于两种确定的材料，只要两接头间的温差 $\Delta T = T_1 - T_2$ 不是很大，温差电动势就与温差 $T_1 - T_2$ 成正比，即

$$\mathscr{E}_{ab} = \alpha_{ab}(T_1 - T_2) \tag{8-2}$$

可见，温差电动势 $\mathscr{E}_{ab}$ 的正负取决于温度梯度的方向和塞贝克系数的正负。通常规定：若电流在接头 1（热接头）处由金属 a 流入金属 b，其塞贝克系数 α_{ab} 就为正；而在同一接头处，若电流由金属 b 流入金属 a，则塞贝克系数 α_{ab} 就为负。显然，塞贝克系数的数值及其正负取决于所用金属 a、b 的温差电特性，而与温度梯度的大小和方向无关。

若两接头间的温差较大，$\mathscr{E}_{ab}$ 与温差 $T_1 - T_2$ 的关系可表示成下面的一般形式：

$$\mathscr{E}_{ab}=\alpha_{ab}(T_1-T_2)+\frac{1}{2}\beta(T_1-T_2)+\cdots \tag{8-3}$$

式中，β 为另一系数。

塞贝克效应的产生是因为接头两边的材料有功函数差。因为功函数有差别实际就是费米能级有差别，所以电子将会从功函数小（费米能级高）的一边流向功函数大（费米能级低）的一边，直到接头两边的费米能级持平为止。这时，接头两端就形成了稳定的接触电势差：

$$V_{ab}=\frac{W_b-W_a}{q}=V_b-V_a \tag{8-4}$$

式中，V_a 和 V_b 分别表示金属 a 和 b 的逸出势 W_a/q 和 W_b/q。该式表明，因功函数不同而形成的接触电势差 V_{ab} 等于两种接触材料的逸出势之差。平衡时，每个导体都是等势体，故接触电势差 V_{ab} 是两个金属导体在接头处的电势跃变。

如果两个接头的温度 $T_1=T_2$，则两接头的电势差大小相同、方向相反，图 8-1a 所示整个回路的总电动势必为零；但如果 $T_1\neq T_2$，由于材料的功函数或逸出势与温度有关，所以金属 a、b 在两接头处的接触电势差就不一定相等，即回路的总接触电势差不一定为零。此外，两接头点的温度差还会在导体中形成温度梯度，导致电子自高温端向低温端的扩散而形成净电子流。此电子流使电子在低温端堆积带负电，高温端因缺少电子带正电，由此产生了阻止电子进一步流动的温差电场，在金属两端形成电势差。为与接触电势差相区别，姑且称之为温差电势差。设稳定时金属 a、b 两端的温差电势差分别为 $V_a(T_1,T_2)$ 和 $V_b(T_1,\ T_2)$。对于整个回路来说，$V_a(T_1,T_2)$ 和 $V_b(T_1,\ T_2)$ 方向相反；但由于材料不同，即使温差相同，二者也不会互相抵消。这样，回路的总温差电动势即为接触电势差与温差电势差之和，即

$$\mathscr{E}_{ab}=V_{ab}(T_1)-V_{ab}(T_2)+V_b(T_1,T_2)-V_a(T_1,T_2) \tag{8-5}$$

式中，前两项是两接头的接触电势差的差；后两项为两金属导体上的温差电势差的差。

2. 半导体的温差电动势

现在考虑如图 8-2a 所示的一段长为 L 的 N 型半导体，其两端用同种金属形成欧姆接触（即不存在接触电势差），温差为 ΔT。为简单起见，设其温度线性变化且只有电子一种载流子。图 8-2b 表示该体系在温度为 T 的热平衡状态下的能带示意图。图中，金属方块的上轮廓线代表金属的费米能级。

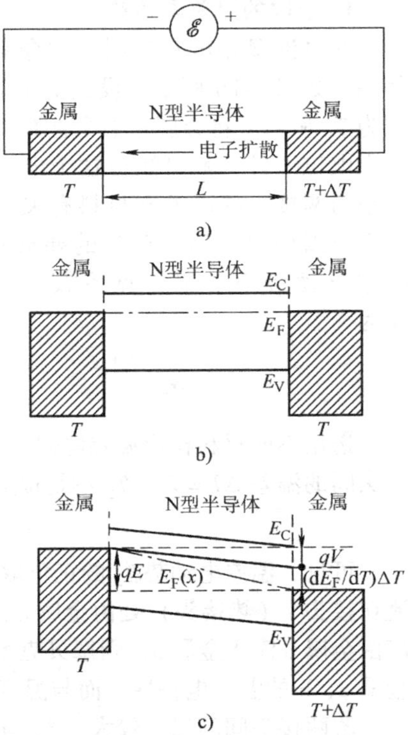

图 8-2 半导体中的塞贝克效应

与对金属导体的分析类似，当半导体两端存在温度差时，其中也会形成一定的温差电势差 $V(T,\ T+\Delta T)$，并由此产生一附加电势能 $qV(T,\ T+\Delta T)$，导致半导体能带的倾斜。同时，由于费米能级会随着温度的升高向禁带中部靠拢，冷热两端费米能级至导带底的距离会不相同，即费米能级也会倾斜，其两端之差除以电荷 q 就是温差电动势 $\mathscr{E}$。但应注意，电场和温度梯度都会导致半导体费米能级倾斜，所以半导体费米能级的倾斜程度和能带的倾斜程度并不相同，如图 8-2c 所示。$q\mathscr{E}$ 的大小为

$$q\mathscr{E}=qV+\frac{dE_F}{dT}\Delta T \tag{8-6}$$

在稳定状态下，因电子密度梯度所引起的扩散电流与电场引起的漂移电流大小相等方向相反。假定 x 点的电子

密度为 $n(x)$，电子扩散系数为 D_n，迁移率为 μ_n，则有

$$-qD_n\frac{dn(x)}{dx}=-qn(x)\mu_n\left(-\frac{dV}{dx}\right) \tag{8-7}$$

为简单起见，假定半导体内的温度梯度与电场方向相同，且 $dT/dx=\Delta T/L$、$dV/dx=V/L$，利用爱因斯坦关系式 $D_n/\mu_n=kT/q$ 和关系式 $dn/dx=(dn/dT)(dT/dx)$，可得

$$V=-\frac{kT\Delta T}{qn}\frac{dn}{dT} \tag{8-8}$$

对非简并半导体

$$n=N_C\exp\left(-\frac{E_C-E_F}{kT}\right)=2\frac{(2\pi m_n^* kT)^{3/2}}{h^3}\exp\left(-\frac{E_C-E_F}{kT}\right)$$

利用 $(1/n)(dn/dT)=d(\ln n)/dT$，则式（8-8）变为

$$V=-\left(\frac{E_C-E_F}{qT}+\frac{3}{2}\frac{k}{q}+\frac{1}{q}\frac{dE_F}{dT}\right)\Delta T \tag{8-9}$$

将上式代入式（8-6）可得

$$\mathscr{E}=-\frac{k}{q}\left(\frac{E_C-E_F}{kT}+\frac{3}{2}\right)\Delta T \tag{8-10}$$

上式即为N型半导体中的温差电动势。对于P型半导体，从高温端向低温端扩散的载流子是空穴，因而形成的温差电动势与N型半导体的温差电动势方向相反。因此，可以由温差电动势的方向来判断半导体的导电类型。

图8-3为用热探针法判断半导体导电类型的实验装置示意图。将半导体样品置于冷金属板上，电烙铁的热端与样品表面接触。在热端与冷端之间连接一电压表，由电压表指针偏转的方向即可判断出导电类型：若为N型样品，温差电动势正负如图所示；若为P型样品则相反。

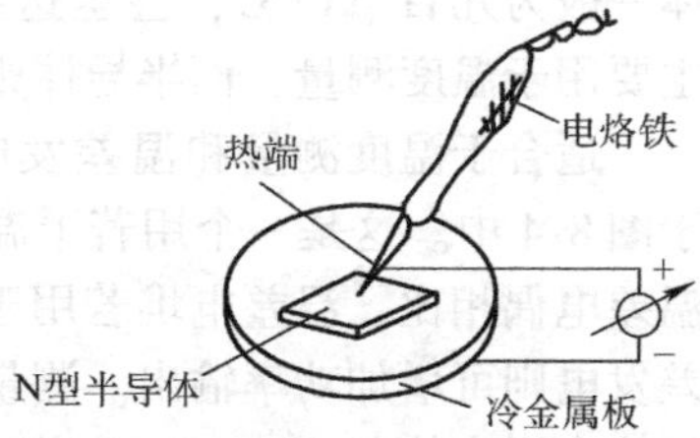

图8-3 热探针法判断导电类型

若施主浓度为 N_D 且 $n_0=N_D$，则可由式（8-1）求得N型半导体的温差电动势率为：

$$\alpha_n=-\frac{k}{q}\left(\frac{E_C-E_F}{kT}+\frac{3}{2}\right)=-\frac{k}{q}\left(\ln\frac{N_C}{N_D}+\frac{3}{2}\right) \tag{8-11}$$

用同样方法可求得P型半导体的温差电动势率为

$$\alpha_p=\frac{k}{q}\left(\frac{E_F-E_V}{kT}+\frac{3}{2}\right)=\frac{k}{q}\left(\ln\frac{N_V}{N_A}+\frac{3}{2}\right) \tag{8-12}$$

需要注意的是，以上分析未考虑载流子分布函数会因温度梯度和电场而变化。考虑到这个变化就需求解玻耳兹曼方程。对具有球形等能面的非简并半导体，式（8-11）和式（8-12）在考虑了温度梯度和电场对分布函数的影响时应修正为

$$\alpha_n=-\frac{k}{q}\left[\frac{E_C-E_F}{kT}+\left(\frac{5}{2}+\gamma\right)\right]=-\frac{k}{q}\left[\ln\frac{N_C}{N_D}+\left(\frac{5}{2}+\gamma\right)\right] \tag{8-13}$$

$$\alpha_p=\frac{k}{q}\left[\frac{E_F-E_V}{kT}+\left(\frac{5}{2}+\gamma\right)\right]=\frac{k}{q}\left[\ln\frac{N_V}{N_A}+\left(\frac{5}{2}+\gamma\right)\right] \tag{8-14}$$

对于声学波散射，$\gamma=-\frac{1}{2}$。

从上面所得结果可见，对于非简并半导体，费米能级与导带底或价带顶的能量间隔越小（即掺杂浓度越大），温差电动势率越小，所以本征半导体较之掺杂半导体的电动势率稍大。对

于本征半导体或近本征半导体，由于两种载流子密度相当，若存在温差，高温端的电子与空穴密度都比较大，两种载流子就会一起向低温端扩散，由扩散所引起的电场将使电子和空穴产生与扩散流反方向的漂移运动，当两种运动可以相互抵消时，半导体就具有确定的温差电动势。针对电子和空穴密度相当的近本征材料所作的分析表明，其温差电动势率为

$$\alpha_s=\frac{p\mu_p\alpha_p+n\mu_n\alpha_n}{p\mu_p+n\mu_n}=\frac{\alpha_p\sigma_p+\alpha_n\sigma_n}{\sigma} \tag{8-15}$$

式中，α_n 和 α_p 分别按式（8-13）和式（8-14）算出。

式（8-15）中的 α_s 被称为一种半导体的绝对温差电动势率。两种材料的相对温差电动势率 α_{ab} 由这两种材料的绝对温差电动势率之差决定，即 $\alpha_{ab}=\alpha_b-\alpha_a$。如果样品 a 和 b 为同一半导体且都是 N 型，但掺杂浓度不相等，即电子密度分别为 n_a 和 n_b，则由式（8-11）可得

$$\alpha_{ab}=\alpha_b-\alpha_a=\frac{k}{q}\ln\frac{n_b}{n_a} \tag{8-16}$$

若 a 和 b 为掺杂浓度不同的 P 型同种半导体材料，则

$$\alpha_{ab}=\alpha_b-\alpha_a=\frac{k}{q}\ln\frac{p_a}{p_b} \tag{8-17}$$

若 a 为金属，b 为半导体，则

$$\alpha_{ab}=\alpha_{半}-\alpha_{金}\approx\alpha_{半} \tag{8-18}$$

半导体的塞贝克效应一般比金属显著得多。一般金属的温差电动势率约为几 μV/℃，而半导体一般为几百 μV/℃，甚至达到几 mV/℃。因此金属的塞贝克效应主要用于温度测量，而半导体则可用于温差发电。

适合于温度测量和温差发电的一个基本热电转换系统简略地示于图 8-4 中。这是一个用若干温差电偶串联而成的温差电堆。与单个温差电偶相比，温差电堆若用于温度测量可以提高灵敏度，若用于温差发电则可增加功率输出。测量温度时，温度 T_L 是固定的标准温度，如冰水混合体的 0℃，T_H 为待测温度；而装置 D 为可测量塞贝克电动势的电位差计。若用于发电，温度 T_L 和 T_H 则分别代表两个热源的温度，D 则表示负载，A 和 B 分别代表 P 型和 N 型半导体。

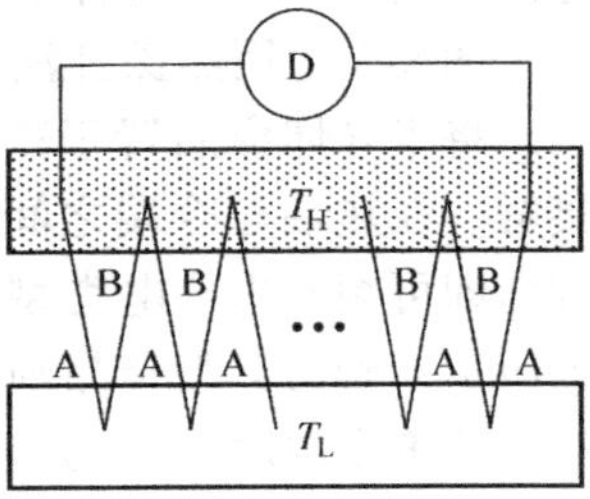

图 8-4 温差电堆示意图

【例 8-1】 对具有球形等能面的非简并半导体，试求电子与空穴混合导电时材料的温差电动势率，并证明在本征情况下的温差电动势率为

$$\alpha_i(T)=-\frac{k}{q}\frac{b-1}{b+1}\left[2+\frac{E_g}{2kT}\right]$$

解: 由式(8-13)和式(8-14)知

$$\alpha_n=-\frac{k}{q}\left[\frac{E_C-E_F}{kT}+\left(\frac{5}{2}+\gamma\right)\right]\qquad\alpha_p=\frac{k}{q}\left[\frac{E_F-E_V}{kT}+\left(\frac{5}{2}+\gamma\right)\right]$$

将其代入式(8-15)得

$$\alpha_s=\frac{p\mu_p\alpha_p+n\mu_n\alpha_n}{p\mu_p+n\mu_n}=\frac{p\mu_p}{p\mu_p+n\mu_n}\frac{k}{q}\left[\frac{E_F-E_V}{kT}+\left(\frac{5}{2}+\gamma\right)\right]-\frac{n\mu_n}{p\mu_p+n\mu_n}\frac{k}{q}\left[\frac{E_C-E_F}{kT}+\left(\frac{5}{2}+\gamma\right)\right]$$

若为晶格散射为主，即取 $\gamma=-1/2$，即

$$\alpha_s=\frac{p}{p+nb}\frac{k}{q}\left(\frac{E_F-E_V}{kT}+2\right)-\frac{nb}{p+nb}\frac{k}{q}\left(\frac{E_C-E_F}{kT}+2\right)$$

由于

$$n = N_{\mathrm{C}}\exp\left(-\frac{E_{\mathrm{C}}-E_{\mathrm{F}}}{kT}\right) \qquad p = N_{\mathrm{V}}\exp\left(-\frac{E_{\mathrm{F}}-E_{\mathrm{V}}}{kT}\right)$$

所以

$$\alpha_{\mathrm{s}} = \frac{k}{q(p+nb)}\left[2(nb-p) - nb\ln\frac{n}{N_{\mathrm{C}}} + p\ln\frac{p}{N_{\mathrm{V}}}\right]$$

此即电子与空穴混合导电时材料的温差电动势率。

对本征半导体，取 $N_{\mathrm{C}} \approx N_{\mathrm{V}}$、由 $n = p = n_{\mathrm{i}}$、$E_{\mathrm{C}} - E_{\mathrm{i}} = E_{\mathrm{g}}/2$ 可得

$$\alpha_{\mathrm{i}} = \frac{k(b-1)}{q(b+1)}\left(2+\frac{E_{\mathrm{C}}-E_{\mathrm{i}}}{kT}\right) = \frac{k(b-1)}{q(b+1)}\left(2+\frac{E_{\mathrm{g}}}{2kT}\right)$$

8.1.2 珀耳帖效应

1834年法国科学家帕耳帖（J. C. A. Peltier）在铜丝的两头各接一根铋丝，然后将两根铋丝分别接到直流电源的正负极上，通电后，发现一个接头变热，另一个接头变冷。这说明两种不同材料组成的电回路在有直流电通过时，两个接头处分别发生了吸/放热现象。这个现象被称为珀耳帖效应（Peltier Effect），也被称为第二热电效应，吸收或放出的热量称为珀耳帖热量。实验发现，珀耳帖热量只与两种导体的性质及接头的温度有关。仍用图8-2，若电流由导体a流向导体b，电流强度为 I，则单位时间在接头处吸收的热量为

$$\frac{\mathrm{d}Q}{\mathrm{d}t} = \pi_{\mathrm{ab}}I \tag{8-19}$$

式中，π_{ab} 称为珀耳帖系数，$\pi_{\mathrm{ab}} > 0$ 时表示吸热，$\pi_{\mathrm{ab}} < 0$ 时则为放热。

珀耳帖效应是可逆的。如果电流由导体b流向导体a，则在接头处放出相同的热量，由珀耳帖系数的定义

$$\frac{\mathrm{d}Q}{\mathrm{d}t} = -\pi_{\mathrm{ba}}I$$

因此

$$\pi_{\mathrm{ab}} = -\pi_{\mathrm{ba}} \tag{8-20}$$

显然，帕耳帖系数 π_{ab} 的物理意义是单位时间内单位电流在接头处所引起的吸收或放出的热量，其单位是W/A，因而也可以用电压的单位V表示。由于与珀耳帖效应相关的热传输量很小，且由于焦耳热和随后将要介绍的汤姆逊效应同时存在所带来的复杂性，π_{ab} 的准确测量有一定困难。

由于金属的珀耳帖效应很弱，直到发现了热电半导体碲化铋（BiTe）及其合金之后，才出现了具有实用价值的半导体电子致冷器件——热电致冷器（Thermoelectric Cooler，TEC）。

图8-5为TEC的结构示意图。当一块N型半导体和一块P型半导体结成电偶时，只要在这个电偶回路中接入一个直流电源，电偶上就会流过电流，发生能量转移，在一个接触点上放热（或吸热），在另一个接点上相反地吸热（或放热）。与风冷和水冷相比，半导体致冷片具有以下优势：

1）可以把温度降至室温以下。

2）能精确控温（使用闭环温控电路，精度可达 ±0.1℃）。

3）可靠性高（致冷组件为固体器件，无运动部件，寿命可超过20万小时，失效率低）。

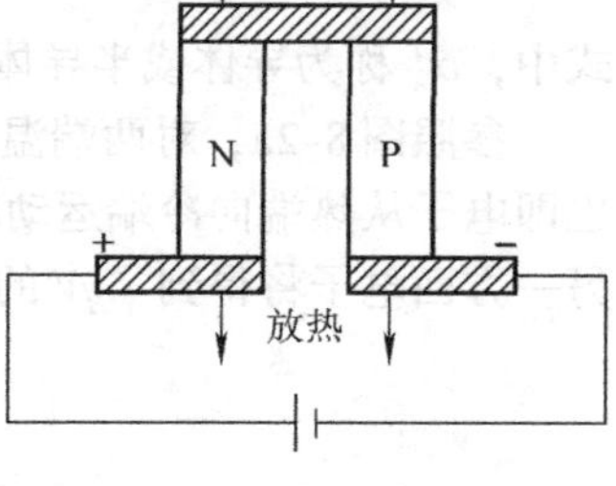

图8-5 TEC的结构示意图

4）没有工作噪声。

图 8-6 为 N 型半导体和金属接触的回路和能带示意图。设金属与半导体构成欧姆接触且二者的费米能级等高，但金属与半导体中参与导电的电子所具有的平均能量却不相等。当电流 I 流过回路时，电子要从金属流进半导体，必须具有比势垒 $E_C - E_F$ 大的能量，即要有 $E_C - E_F + 3kT/2$ 的能量（其中 $3kT/2$ 为电子的平均能量）才能在半导体体内流动。因此，电子要越过接触面必须从外界吸收能量。相反在半导体的另一端，当电子从半导体流向金属时，将放出 $E_C - E_F + 3kT/2$ 的能量给金属，固而构成了吸热或放热现象。这就是帕耳帖效应产生的原因。因此，一个电子输运的能量为

$$\Delta E = E_C - E_F + \frac{3}{2}kT \tag{8-21}$$

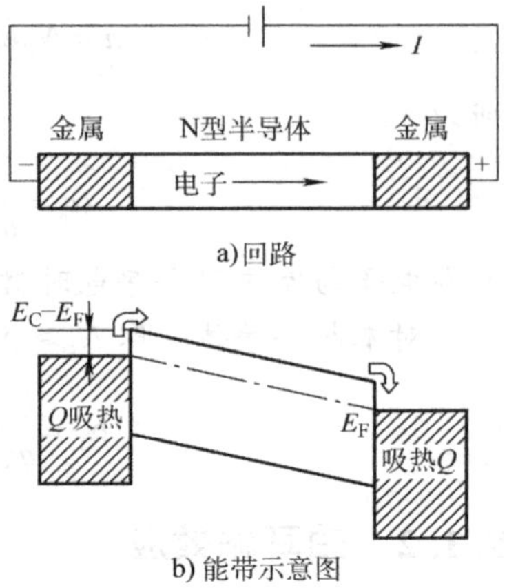

图 8-6 半导体中的珀耳帖效应

单位时间在金属–半导体接触处吸收或放出的热量即为

$$\frac{dQ}{dt} = \frac{I\Delta E}{q} = \left(\frac{E_C - E_F}{q} + \frac{3}{2}\frac{kT}{q}\right)I \tag{8-22}$$

所以，珀耳帖系数可表示成

$$\pi = \frac{E_C - E_F}{q} + \frac{3}{2}\frac{kT}{q} \tag{8-23}$$

珀耳帖效应主要应用于制冷，可作为 CPU 和 GPU 的散热器。半导体制冷器通常也做成图8-4所示的温差电堆形式，以提高产冷量，这时的装置 D 为一外接电源。如果电流方向适当，处于 T_H 的接头处将发热，而处于 T_L 的接头处将吸热。这样，就可通过电能的作用不断地把热量从 T_L 处转移到 T_H 处。目前的半导体制冷技术可使温差最高达 150℃。虽然这种制冷器的效率在冷端容积超过几十升时不及压缩循环式制冷机，但适合于各种小型恒温器以及要求无声、无干扰、无污染等特殊场合，如宇宙飞行器和人造卫星、高真空系统的冷阱、红外探测器的冷却器，以及各种低温医疗设备等。

利用珀耳帖效应也可致热，倒转电流方向的制冷器便是一个加热器。

8.1.3 汤姆逊效应

当电流通过有温度梯度的导体或半导体时，导体或半导体中除产生和电阻有关的焦耳热之外，还要吸收或放出热量，这种现象称为汤姆逊效应（Thomson Effect），亦称第三热电效应。吸收或放出的热量称为汤姆逊热量。实验发现，在单位时间、单位体积内吸收或放出的热量与电流密度及温度梯度成比例，即

$$\frac{dQ_V}{dt} = \sigma_a^T J_x \frac{dT}{dx} \tag{8-24}$$

式中，σ_a^T 称为导体或半导体 a 的汤姆逊系数，单位为 V/K，其值因材料与温度不同而异。

参照图 8-2a，对两端温度分别为 T 和 $T + \Delta T$ 的半导体，若有电流从其低温端流向高温端，也即电子从热端向冷端运动时，一方面多出的一部分能量 $3k\Delta T/2$ 通过碰撞被交给周围的晶格，另一方面电子将得到 $-qV$ 的能量，两者的代数和为

$$-qV - \frac{3}{2}k\Delta T \tag{8-25}$$

这就是电子从 $T + \Delta T$ 端运动到 T 端所得到的净能量，即汤姆逊热量。若净能量为正，表示

从晶格中吸收能量；反之是向晶格放出能量。若 ΔT 很小，则 $\mathrm{d}T/\mathrm{d}x \approx \Delta T/L$，由式（8-24）可知电子从 $T+\Delta T$ 端运动到 T 端所吸收的汤姆逊热量为 $q\sigma_{\mathrm{n}}^{T}\Delta T$，与式（8-25）比较得

$$\sigma_{\mathrm{n}}^{T} = -\frac{3}{2}\frac{k}{q} - \frac{V}{\Delta T} \tag{8-26}$$

将式（8-9）代入上式，得

$$\sigma_{\mathrm{n}}^{T} = \frac{1}{q}\frac{\mathrm{d}E_{\mathrm{F}}}{\mathrm{d}T} + \frac{E_{\mathrm{C}} - E_{\mathrm{F}}}{qT} \tag{8-27}$$

对 P 型半导体，用同样的方法可得

$$\sigma_{\mathrm{p}}^{T} = \frac{1}{q}\frac{\mathrm{d}E_{\mathrm{F}}}{\mathrm{d}T} - \frac{E_{\mathrm{F}} - E_{\mathrm{V}}}{qT} \tag{8-28}$$

当图 8-2a 中的电流反向，即电子从低温端向高温端迁移时，汤姆逊热量与上述情况反号。

8.1.4 塞贝克系数、珀耳帖系数和汤姆逊系数间的关系

1856 年，汤姆逊利用他所创立的热力学原理对塞贝克效应和珀耳帖效应进行了全面分析，并在本来互不相干的塞贝克系数和珀耳帖系数之间建立了联系。汤姆逊认为，在绝对零度时，珀耳帖系数与塞贝克系数之间存在简单的倍数关系。

由热力学定律可以求出 3 个系数 α_{ab}、π_{ab} 和 σ_{a}^{T} 间的关系。以两个不同的导体组成的闭合线路为例，如图 8-1a 所示，设两接头处温度分别为 T_1 和 T_2，当有电流流过时，这是一个可逆循环过程。根据热力学第一定律，经过一个循环过程，系统吸收的热量会全部转变为对外界做的功，而系统的内能不变，即

$$\sum \Delta U = \sum (Q + W) = 0 \tag{8-29}$$

式中，ΔU 为循环过程中每一段内能的改变；W 为外界所做的功；Q 为接头处的珀耳帖热量以及在线路上所吸收或放出的汤姆逊热量。

设想电荷 q 由导体 a 经过温度为 T_2 的接头到导体 b，再经过温度为 T_1 的接头回到导体 a，此时 q 对外界做的功是 $q\mathscr{E}_{\mathrm{ab}}$，或者说外界所做的功是 $-q\mathscr{E}_{\mathrm{ab}}$。

由式（8-19）可知单位时间所吸收的珀耳帖热量等于珀耳帖系数乘以电流强度，因此当电荷 q 经过温度为 T_2 的接头时，所吸收的热量是

$$q\pi_{\mathrm{ab},T_2} \tag{8-30}$$

设导体截面积为 S，电流在导体 b 中流过 $\mathrm{d}x$ 距离后，单位时间在体积 $S\mathrm{d}x$ 中所吸收的汤姆逊热量为

$$\frac{\mathrm{d}Q_{\mathrm{V}}}{\mathrm{d}t}S\mathrm{d}x = \sigma_{\mathrm{b}}^{T}J_x\frac{\mathrm{d}T}{\mathrm{d}x}S\mathrm{d}x = \sigma_{\mathrm{b}}^{T}I_x\mathrm{d}T$$

因此，当电荷 q 在导体 b 中自温度为 T_2 的接头处流到温度为 T_1 的接头处时，吸收的汤姆逊热量为

$$q\int_{T_2}^{T_1}\sigma_{\mathrm{b}}^{T}\mathrm{d}T \tag{8-31}$$

同理，q 在温度为 T_1 的接头处吸收的珀耳帖热量为

$$q\pi_{\mathrm{ba},T_1} = -q\pi_{\mathrm{ab},T_1} \tag{8-32}$$

q 在导体 a 中吸收的汤姆逊热量为

$$q\int_{T_1}^{T_2}\sigma_{\mathrm{a}}^{T}\mathrm{d}T = -q\int_{T_2}^{T_1}\sigma_{\mathrm{a}}^{T}\mathrm{d}T \tag{8-33}$$

因此，根据式（8-29），得

$$-q\mathscr{E}_{ab}+q\pi_{ab,T_2}-q\pi_{ab,T_1}+q\int_{T_2}^{T_1}(\sigma_b^T-\sigma_a^T)\mathrm{d}t=0$$

即

$$\mathscr{E}_{ab}=\pi_{ab,T_2}-\pi_{ab,T_1}+\int_{T_2}^{T_1}(\sigma_b^T-\sigma_a^T)\mathrm{d}T \tag{8-34}$$

如令 T_1 保持不变，将上式对 T 求微商，得

$$\alpha_{ab}=\frac{\mathrm{d}\mathscr{E}_{ab}}{\mathrm{d}T}=\frac{\mathrm{d}\pi_{ab}}{\mathrm{d}T}+\sigma_a^T-\sigma_b^T \tag{8-35}$$

按热力学定律，在整个可逆过程中，熵的总变化应该为零，即

$$\sum\Delta S=\sum\frac{Q}{T}=0 \tag{8-36}$$

所以

$$\frac{\pi_{ab,T_2}}{T}-\frac{\pi_{ab,T_1}}{T}+\int_{T_2}^{T_1}\frac{\sigma_b^T-\sigma_a^T}{T}\mathrm{d}T=0 \tag{8-37}$$

令 T_1 保持不变，对 T 求微商，得

$$\frac{\mathrm{d}}{\mathrm{d}T}\left[\frac{\pi_{ab,T_2}}{T}\right]+\frac{\sigma_a^T-\sigma_b^T}{T}=0 \tag{8-38}$$

由式（8-35）和式（8-38）联立可得

$$\pi_{ab}=T\frac{\mathrm{d}\mathscr{E}_{ab}}{\mathrm{d}T}=\alpha_{ab}T \tag{8-39}$$

代入式（8-38），得

$$\sigma_a^T-\sigma_b^T=-T\frac{\mathrm{d}}{\mathrm{d}T}\left(\frac{\pi_{ab}}{T}\right)=-T\frac{\mathrm{d}\alpha_{ab}}{\mathrm{d}T}=-T\frac{\mathrm{d}^2\mathscr{E}_{ab}}{\mathrm{d}T^2}$$

即

$$\frac{\mathrm{d}\alpha_{ab}}{\mathrm{d}T}=\frac{\sigma_b^T-\sigma_a^T}{T} \tag{8-40}$$

式（8-39）和式（8-40）称为开耳芬关系式，由此二式即可由一个热电系数求出另外两个。

8.2 霍尔效应

电阻率是半导体导电能力的直接表征，且可以直接测量，但测量结果反映的是载流子密度与迁移率的乘积，而不能分别给出二者各自的大小。要想分别测出载流子的密度和迁移率，可以利用霍尔效应。而且，根据霍尔效应的测试结果，还能轻而易举地判断半导体的导电极性。不仅如此，霍尔效应还对深入了解半导体的输运性质有很重要的基础理论价值，并在电磁领域具有非常重要的实用价值，如制作磁场探测器和电流检测器等。

8.2.1 霍尔效应原理

1. 概述

在相互垂直的电磁场中，导体或半导体因运动载流子被洛仑兹力改变运动方向，而在垂直于电磁场平面的方向上形成电荷积累，产生横向附加电场的现象被称为霍尔效应。

若在图 8-7 所示的矩形实验样片中沿 x 方向通以电流，电流密度为 J_x，同时在 z 方向施加一

个均匀磁场，磁感应强度为 B_z，则在垂直于电场和磁场的 $+y$ 或 $-y$ 方向（视样片的导电类型而定）就会产生一个横向电场 $\mathcal{E}_y$。称此电场为霍尔电场，其值与 J_x 和 B_z 成正比，即

$$\mathcal{E}_y = R_{\mathrm{H}} J_x B_z \tag{8-41}$$

式中，比例系数 R_{H} 称为霍尔系数，其单位为 m^3/C。

通过下面的分析可知，R_{H} 的大小与载流子的密度和迁移率的乘积有关，并因载流子极性不同而分正负，因而可根据霍尔系数的正负判断样片的导电类型。

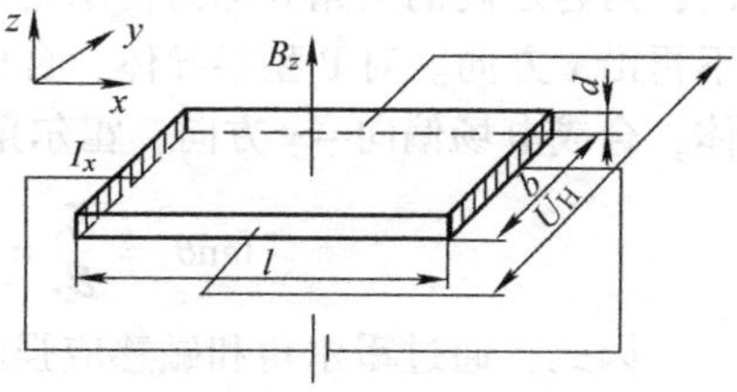

图 8-7 霍尔效应实验样品示意图

2. 一种载流子的霍尔系数

在下面的讨论中假定样品温度是均匀的，而且为简单起见，暂不考虑载流子的速度分布。

（1）P 型半导体

按照图 8-7 所示的坐标系对一块 P 型半导体样片沿 x 方向施加电场 $\mathcal{E}_x$，样片中的空穴就会以漂移速度 v_x 沿电场方向运动，电流密度 $J_x = pqv_x$。在垂直磁场 B_z 的作用下，空穴受到的洛伦兹力即为 $qv \times \boldsymbol{B}$，方向沿 $-y$ 方向，大小为 qv_xB_z。空穴在洛伦兹力作用下向 $-y$ 方向偏转，如同附加一个横向电流，因而在样片的前后两端面产生电荷累积，前端面累积正电荷空穴，后端面累积负电荷电离受主，于是在 $+y$ 方向产生横向电场 $\mathcal{E}_y$。当 $\mathcal{E}_y$ 对空穴的作用与洛伦兹力作用相抵消时，系统达到稳定状态。因此，$\mathcal{E}_y$ 的大小应满足方程

$$q\mathcal{E}_y - qv_xB_z = 0 \tag{8-42}$$

即

$$\mathcal{E}_y = v_xB_z = \frac{1}{pq}J_xB_z \tag{8-43}$$

与式（8-41）相对照，即可知 P 型半导体的霍尔系数表达式为

$$R_{\mathrm{H}} = \frac{1}{pq} > 0 \tag{8-44}$$

（2）N 型半导体

在同样的坐标系、同样的电场 $\mathcal{E}_x$ 和磁场 B_z 的作用下，N 型半导体样片中的多数载流子电子将沿 $-x$ 方向漂移，洛伦兹力为 $-q\boldsymbol{v} \times \boldsymbol{B}$，仍沿 $-y$ 方向，这就使样片的前端面积累电子，霍尔电场沿 $-y$ 方向。稳定时，霍尔电场 $\mathcal{E}_y$ 满足方程

$$-q\mathcal{E}_y - qv_xB_z = 0 \tag{8-45}$$

由此得 N 型半导体的霍尔系数为

$$R_{\mathrm{H}} = -\frac{1}{nq} < 0 \tag{8-46}$$

由此看出，N 型半导体和 P 型半导体的霍尔电场 $\mathcal{E}_y$ 方向相反，霍尔系数的符号也相反。

参照图 8-7，实验中只需测出样片前后两端面之间的距离 b 及其间的电压降 U_{H}（霍尔电压），即可算出霍尔电场 $\mathcal{E}_y$ 的大小，测出实验电流 I_x 和样片的厚度 d 即可算出电流密度 J_x。将 $\mathcal{E}_y = U_{\mathrm{H}}/b$ 和 $J_x = I_x/(bd)$ 代入式（8-41）即可求出霍尔系数：

$$R_{\mathrm{H}} = \frac{U_{\mathrm{H}}d}{I_xB_z} \tag{8-47}$$

R_{H} 的正负由对霍尔电压的测试决定，由此判断样片的导电类型。将按式（8-47）算出的霍尔系数值代入式（8-44）或式（8-45）即可算出相应的载流子密度。

3. 霍尔角

横向霍尔电场的出现说明，在垂直于外施电场的方向施加磁场时，电流与电场不再有同一方向，两者之间的夹角 θ 称为霍尔角。稳定时，y 方向没有电流，电流仍沿 x 方向，但是合成电场不再沿 x 方向。对 P 型半导体，合成电场偏向 $+y$ 方向，霍尔角为正，用 θ_p 表示；对于 N 型半导体，合成电场偏向 $-y$ 方向，霍尔角为负，用 θ_n 表示。不难得出

$$\tan\theta_p = \frac{\mathcal{E}_y}{\mathcal{E}_x} = \frac{v_x B_z}{\mathcal{E}_x} = \mu_p B_z,\quad \tan\theta_n = -\frac{\mathcal{E}_y}{\mathcal{E}_x} = \frac{v_x B_z}{\mathcal{E}_x} = \mu_n B_z \tag{8-48}$$

因此，通过霍尔角和磁感应强度的测量就可算出载流子的迁移率。

8.2.2 霍尔迁移率

以上分析没有考虑载流子速度的统计分布，如果考虑载流子速度的统计分布，必须求解玻耳兹曼方程（详见参考文献［1］），对于 P 型半导体，其结果为

$$\mathcal{E}_y = \frac{1}{pq}\frac{<\tau^2 v^2><v^2>}{<\tau v^2>^2} J_x B_z \tag{8-49}$$

霍尔系数相应地变为

$$R_H = \frac{1}{pq}\frac{<\tau^2 v^2><v^2>}{<\tau v^2>^2} \tag{8-50}$$

同样，考虑载流子速度的统计分布后，N 型半导体的霍尔系数变为

$$R_H = -\frac{1}{nq}\frac{<\tau^2 v^2><v^2>}{<\tau v^2>^2} \tag{8-51}$$

式中，τ为平均自由时间；v 为载流子漂移速度；$<\tau^2 v^2>$、$<v^2>$、$<\tau v^2>$分别表示$\tau^2 v^2$、v^2 和τv^2的统计平均值。

考虑载流子速度的统计分布之后，电子和空穴的迁移率分别为

$$\mu_n = \frac{q<\tau v^2>}{m_n^* <v^2>},\qquad \mu_p = \frac{q<\tau v^2>}{m_p^* <v^2>} \tag{8-52}$$

将其分别代入 $\sigma_n = qn\mu_n$ 和 $\sigma_p = qp\mu_p$，并与 R_H 相乘可得

$$\begin{cases} |R_H\sigma_p| = \dfrac{q}{m_p^*}\dfrac{<\tau^2 v^2>}{<\tau v^2>} = (\mu_H)_p \\ |R_H\sigma_n| = \dfrac{q}{m_n^*}\dfrac{<\tau^2 v^2>}{<\tau v^2>} = (\mu_H)_n \end{cases} \tag{8-53}$$

式中，μ_H 称为霍尔迁移率。霍尔迁移率与电导迁移率之比为

$$\begin{cases} \left(\dfrac{\mu_H}{\mu}\right)_p = \dfrac{<\tau_p^2 v^2><v^2>}{<\tau_p v^2>^2} \\ \left(\dfrac{\mu_H}{\mu}\right)_n = \dfrac{<\tau_n^2 v^2><v^2>}{<\tau_n v^2>^2} \end{cases} \tag{8-54}$$

为进一步区别，电子和空穴的平均自由时间分别用τ_n 和τ_p 表示。引进 μ_H/μ 后，P 型和 N 型半导体的霍尔系数分别为

$$R_H = \left(\frac{\mu_H}{\mu}\right)_p \frac{1}{pq},\qquad R_H = -\left(\frac{\mu_H}{\mu}\right)_n \frac{1}{nq} \tag{8-55}$$

霍尔角变为

$$\tan\theta = \mu_H B_z \tag{8-56}$$

对能带结构比较简单的球形等能面非简并半导体，其电子和空穴的霍尔迁移率与电导迁移率之比没有差别，即$(\mu_H/\mu)_p=(\mu_H/\mu)_n$，其值因散射过程而异。对长声学波散射，$\mu_H/\mu=3\pi/8\approx1.18$；对电离杂质散射，$\mu_H/\mu=315\pi/512\approx1.93$；对高度简并化的半导体，$\mu_H/\mu=1$，霍尔系数的大小与不考虑速度分布的值相同，即等于载流子密度与电子电量乘积的倒数。

以上讨论的是磁场不太强的情况。当磁场非常强时，霍尔系数仍与式（8-44）和式(8-46)相同。磁场的强弱可根据霍尔角的大小来区分。当$\tan\theta\ll1$，即$\mu_H B_z\ll1$时为弱磁场；当$\tan\theta\gg1$，即$\mu_H B_z\gg1$时为强磁场。室温时，N型Si的$\mu_n=1350\text{cm}^2/(\text{V·s})$，当$B_z$小于1T（$10^4$G）时仍属弱磁场范围；但对InSb，其$\mu_n=75000\text{cm}^2/(\text{V·s})$，$B_z$超过0.1T时已不属弱磁场范围。

8.2.3 霍尔系数

1. 两种载流子的霍尔系数

同时考虑半导体中的两种载流子，在相同的外加电场$\mathcal{E}_x$和磁场B_z的作用下，电子和空穴在洛仑兹力的作用下向同一侧偏转，产生方向相反、大小也不相同的霍尔电场，其合成总电场$\mathcal{E}_y$的方向设为沿$+y$。稳定时横向电流应为零，但横向空穴电流和横向电子电流分别不为零。横向空穴电流和横向电子电流各自包含两部分，分别由洛伦兹力和总的霍尔电场引起。

由洛伦兹力引起的横向空穴电流沿$-y$方向，电流密度值为$-qp\mu_p v_{px}B_z$或记为$-qp\mu_p^2\mathcal{E}_x B_z$；由总霍尔电场引起的横向空穴电流沿$+y$方向，电流密度值为$qp\mu_p\mathcal{E}_y$。于是，总的横向空穴电流密度为

$$J_{py}=qp\mu_p\mathcal{E}_y-qp\mu_p^2\mathcal{E}_x B_z \tag{8-57}$$

同理，由洛伦兹力引起的横向电子电流沿$+y$方向，电流密度值为$qn\mu_n v_{nx}B_z$或记为$qp\mu_p^2\mathcal{E}_x B_z$；由总霍尔电场引起的横向电子电流也沿$+y$方向，电流密度值为$qn\mu_n\mathcal{E}_y$。于是，总的横向电子电流密度为

$$J_{ny}=qn\mu_n\mathcal{E}_y+qn\mu_n^2\mathcal{E}_x B_z \tag{8-58}$$

稳定时，$J_y=J_{py}+J_{ny}=0$，即

$$(n\mu_n+p\mu_p)\mathcal{E}_y+(n\mu_n^2-p\mu_p^2)\mathcal{E}_x B_z=0 \tag{8-59}$$

由此得

$$\mathcal{E}_y=\frac{p\mu_p^2-n\mu_n^2}{p\mu_p+n\mu_n}\mathcal{E}_x B_z \tag{8-60}$$

将$J_x=q(p\mu_p+n\mu_n)\mathcal{E}_x$代入上式，得

$$\mathcal{E}_y=\frac{1}{q}\frac{p\mu_p^2-n\mu_n^2}{(p\mu_p+n\mu_n)^2}J_x B_z \tag{8-61}$$

参照式（8-43）可知，当两种载流子密度相当时，霍尔系数变为

$$R_H=\frac{1}{q}\frac{p\mu_p^2-n\mu_n^2}{(p\mu_p+n\mu_n)^2}=\frac{1}{q}\frac{p-nb^2}{(p+nb^2)} \tag{8-62}$$

式中，$b=\mu_n/\mu_p$。

如果考虑载流子速度的统计分布，参照式（8-55），可将两种载流子的霍尔系数表示为

$$R_H=\frac{\mu_H}{\mu}\frac{1}{q}\frac{p-nb^2}{(p+nb)^2} \tag{8-63}$$

2. 不同掺杂状态半导体的霍尔系数

对大多数半导体，电子的迁移率都比空穴高，故下面的讨论都设$b>1$。

(1) 本征状态

对纯净半导体或是温度在本征范围内的杂质半导体，因其 $n=p$，式 (8-63) 变成

$$R_H=\frac{\mu_H}{\mu}\frac{1}{q}\frac{1-b^2}{p(1+b)^2} \tag{8-64}$$

因 $b>1$，可知 $R_H<0$，**即本征半导体的霍尔系数为负值**，且由于 p 随着温度的升高而增大，R_H 的绝对值在高温下会减小。

(2) P 型半导体

在杂质导电的温区，P 型半导体中的电子密度 n 很低，式 (8-63) 中必是 $p>nb^2$，因此 $R_H>0$，即 P 型半导体的霍尔系数为正值。温度升高后，本征激发使电子密度逐渐升高，当 n 升高到 $nb^2=p$ 时，$R_H=0$；温度继续升高到 $nb^2>p$ 时即有 $R_H<0$。所以，**P 型半导体在温度从杂质导电温区过渡到接近本征激发温区时，霍尔系数由正值变为负值**。

(3) N 型半导体

不管在什么温度，N 型半导体中空穴密度总不会高于电子密度，所以总会是 $nb^2>p$，$R_H<0$，**即N 型半导体的霍尔系数总为负数**。

以上对霍尔系数变化规律的分析可以用实验来验证。图 8-8 是 InSb 在不同掺杂浓度下的霍尔系数随温度变化的一组实验曲线，其纵坐标表示霍尔系数的绝对值，其值是正是负由曲线旁边的正负号表示。图中可见，两个 N 型半导体样品各只有一条带负号的曲线，其绝对值随着温度的升高而降低；而两个 P 型半导体样品的曲线都分为两支：右面（低温范围）的一支为正值，其值随着温度的升高而降低；左面（高温范围）的一支为负值，其绝对值随着温度的升高先升后降，与式 (8-64) 的预期相同。

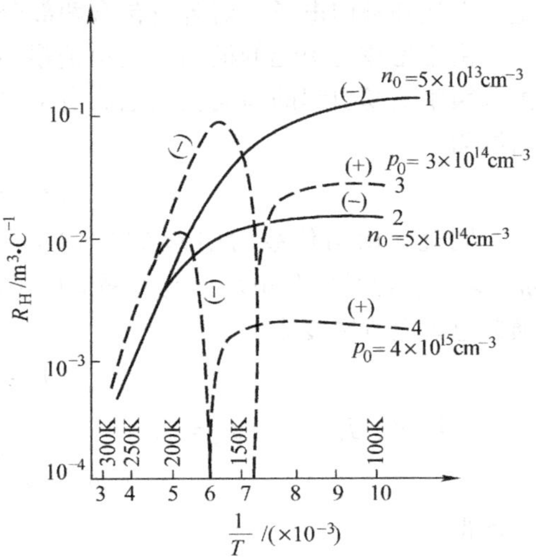

图 8-8 InSb 霍尔系数与温度的关系[⊖]

【例 8-2】 有一 P 型长条状霍尔测试样片，其长度 $L=30\text{mm}$，宽度 $W=5\text{mm}$，厚度 $D=0.6\text{mm}$，在其长度两头加 5V 电压时，电流为 10mA，在垂直于样品平面的方向加 0.5T 磁场时，测得霍尔电压为 5mV。求该样品的热平衡空穴密度和空穴的霍尔迁移率。

解： 由式 (8-41) 知

$$\frac{U_y}{W}=\frac{1}{qp_0}\frac{I_xB_z}{WD}$$

$$\therefore \quad p_0=\frac{I_xB_z}{qU_yD}=\frac{0.01\times0.5\times10^{-6}}{1.6\times10^{-19}\times5\times10^{-3}\times0.6\times10^{-3}}\text{m}^{-3}\approx1\times10^{16}\text{m}^{-3}$$

又由样片纵向电阻为 $\frac{U_x}{I_x}=\rho\frac{L}{WD}$，可知样片电导率 $\sigma=\frac{LI_x}{WDU_x}$。

$$\therefore \quad \mu_H=R_H\sigma=\frac{LI_x}{qp_0WDU_x}=\frac{3\times0.01}{1.6\times10^{-19}\times10^{16}\times0.5\times0.06\times5}\text{cm}^2/(\text{V}\cdot\text{s})=111\text{cm}^2/(\text{V}\cdot\text{s})$$

⊖ 转引自参考文献 [5]。

8.3 磁阻与压阻效应

金属或半导体在磁场中电阻率增大的现象称为磁阻效应，而在应力场中电阻率增大的现象称为压阻效应。半导体的磁阻效应和压阻效应一般都比金属明显，是制造磁敏元器件和力敏元器件的理想材料。

8.3.1 磁阻效应

在分析霍尔效应时，假定半导体的电导率不因磁场存在而变化。但实验发现，在与电流垂直的方向加磁场后，沿外加电场方向的电流密度有所降低，即磁场的存在可以导致半导体的电阻率增大，此现象称为磁致电阻变化效应，简称磁阻效应。磁场与外电场垂直时所产生的磁阻称为横向磁阻，磁场平行于外电场时所产生的磁阻称为纵向磁阻。由于横向磁阻效应比纵向磁阻效应更明显，本节只讨论横向磁场效应。

产生磁阻效应的主要原因是磁场改变了载流子的漂移路径，致使与外加电场同方向的电流分量减小，等价于电阻增大。常用电阻率的相对改变来描述磁阻，即若 ρ_0 表示材料在零磁场下的电阻率，ρ_B 为其在磁场 B_z 作用下的电阻率，则磁阻定义为 $(\rho_B-\rho_0)/\rho_0=\Delta\rho/\rho_0$。若用电导率表示磁阻，则为 $-(\sigma_B-\sigma_0)/\sigma_0=-\Delta\sigma/\sigma_0$。在 $\Delta\sigma$ 不大时，$\Delta\rho/\rho_0\approx-\Delta\sigma/\sigma_0$。

根据电阻 $R=\rho l/S$，一个半导体样品在磁场中电阻增大的原因，不外乎是磁场导致材料电阻率 ρ 增大（称为物理磁阻效应），或者是磁场导致电流路径 l 增长或电流通道截面积 S 减小（称为几何磁阻效应）。因此，称前者为物理磁阻效应，称后者为几何磁阻效应。

1. 物理磁阻效应

首先考虑只有一种载流子导电的情况，并且不考虑载流子速度的统计分布，即认为所有载流子皆以平均漂移速度在电磁场中运动。通过对霍尔效应的讨论可以知道，当一个通电的矩形半导体样品被置于磁场之中时，在与外加电场矢量 $\mathscr{E}_x$ 和磁场矢量 $\boldsymbol{B}_z$ 所在平面相垂直的方向上将产生一个霍尔电场 $\mathscr{E}_y$。对图 8-9 中定义的坐标系和电、磁场方向，若样品为 N 型，则霍尔电场 $\mathscr{E}_y$ 使其左侧带正电、右侧带负电，如图 8-9a 所示。在外加电场 $\mathscr{E}_x$ 作用下本应竖直地从上向下漂移的电子，受此横向电场的作用，其运动方向就会向左偏转，但电流方向由下向上不会改变，因而可形象地认为电子在电、磁场共同作用下的运动轨迹是如图 8-9 所示的弧圈形。这就是说，磁场使电子的散射几率增大、迁移率下降，于是半导体的电阻率升高，这就是物理磁阻效应。对于 P 型半导体，空穴作如图 8-9b 所示的弧圈形运动，虽然绕行的方向不同，但基本情况类似。不过，理论计算表明：若不考虑速度分布，这样引起的电阻率变化其实很小，可忽略不计。但物理磁阻效应确实存在，而且对很多半导体都非常明显，这说明载流子速度的统计分布对计算半导体的物理磁阻效应十分重要。

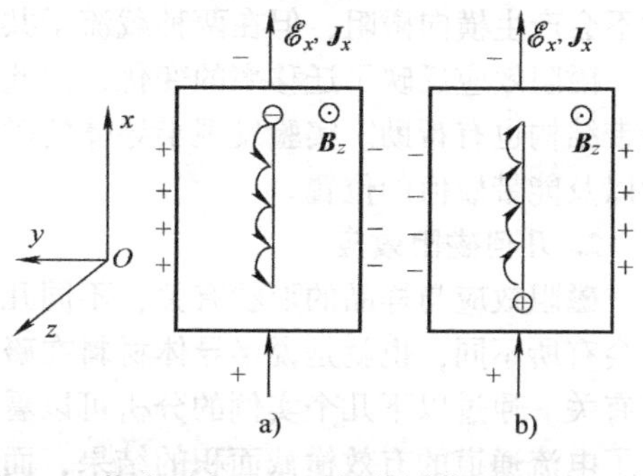

图 8-9 载流子在电、磁场共同作用下的运动

如果考虑载流子速度的统计分布，情况会有所不同。在稳定状态下，横向电场 $\mathscr{E}_y$ 的大小是确定的，因而对速度不同的载流子影响不会相同。若电场力 $q\mathscr{E}_y$ 刚好抵消速度为 v_0 的载流子所受的洛仑兹力，则这些载流子的运动方向将不因磁场的出现而偏转，而速度小于 v_0 的载流子就会沿 $q\mathscr{E}_y$ 的方向偏转，大于 v_0 的载流子则会沿 $q\mathscr{E}_y$ 的反方向偏转，如图 8-10 所示。这样，沿电场方向运动的载流子数目就会显著减少，导致电阻率增大。可见，若计入载流子速度的统计分布，即使只存在一种载流子，也将产生磁阻。

对于半导体中含有两种载流子的情况，即使不考虑载流子速度的统计分布也会产生明显磁阻。参照图8-11，在电场$\mathscr{E}_x$的作用下两种载流子导电的总电流$\boldsymbol{J}=\boldsymbol{J}_n+\boldsymbol{J}_p$。当$B_z=0$时，$\boldsymbol{J}_n$和$\boldsymbol{J}_p$都不偏转且方向相同，其和最大，如图8-11a所示；当$B_z\neq0$时，$\boldsymbol{J}_n$和$\boldsymbol{J}_p$向相反方向偏转，$\boldsymbol{J}$为其几何和，其值较小，如图8-11b所示。

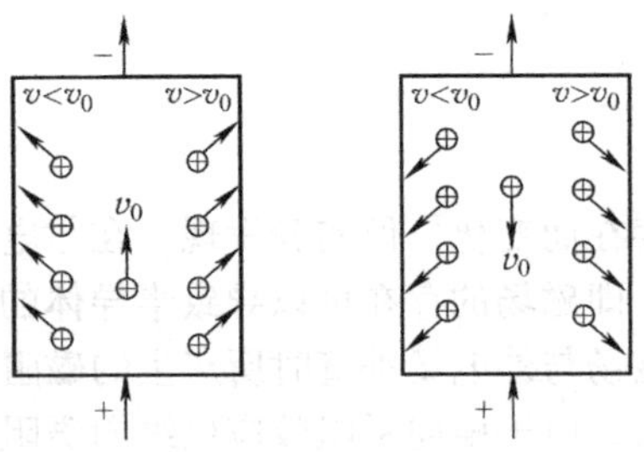

图8-10 不同速度载流子的偏转示意图

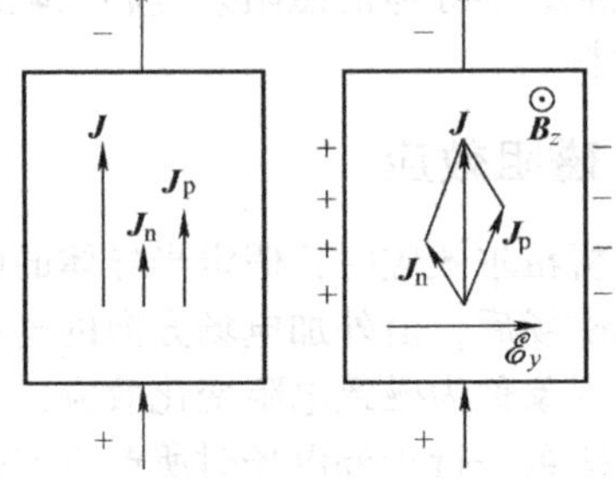

图8-11 两种载流子的运动

一般来讲物理磁阻效应不太显著，特别是当霍尔角$\tan\theta=\mu_H B_z\ll1$的弱磁场情况下可以不考虑物理磁阻的影响，但当磁场增强到一定的程度，物理磁阻就不能忽略。通常取$\tan\theta=\mu_H B_z=1$作为物理磁阻明显与否的临界值，这时$B_z=1/\mu_H$，即迁移率越高，产生磁阻的磁感应强度越低。由于不同半导体材料的μ_H不同，故观察物理磁阻所需要的磁感应强度也不相同。

对具有球形等能面的非简并半导体，当磁场不太强时（即$\mu_H B_z\ll1$），由理论分析可得

$$\frac{\Delta\rho}{\rho_0}=\xi R_{H0}^2\sigma_0^2B_z^2=\xi\mu_H^2B_z^2 \tag{8-65}$$

式中，R_{H0}为弱场霍尔系数；σ_0为零场电导率；ξ为横向磁阻系数，其值为

$$\xi=\frac{npb(1+b)^2}{(nb^2-p)^2} \tag{8-66}$$

式中，$b=\mu_n/\mu_p$。当$n=0$或$p=0$时，$\xi=0$。此结果进一步说明，当半导体中只含有一种载流子时不会产生横向磁阻，但在两种载流子共同导电时就会产生磁阻。

磁阻效应反映了迁移率的变化，因此通过对磁阻的研究可以了解半导体的散射机构，对研究能带结构也有帮助。实验发现半导体的磁阻具有各向异性，由此可以研究能带结构的各向异性行为以及能带极值的位置。

2. 几何磁阻效应

磁阻效应与样品的形状有关，不同几何形状的样品，在同样大小的磁场作用下，其电阻的改变会有所不同，也就是说半导体材料在磁场作用下电阻率的增加与用于磁阻测试的实验样品的形状有关。通过以下几个实例的分析可以看到，这是磁场延长了载流子在两电极间渡越的路程或缩小了电流通道的有效横截面积的结果，而不同几何形状的样品在相同磁场下的路程和横截面积的改变量会很不相同。

图8-12中画出了三种不同形状的半导体样品中的电流分布情况，其中图8-12a、b为矩形样品，图8-12c为圆盘形样品。每种样品的上图表示未加磁场时的电流分布情况，下图为磁场下的电流分布情况。对两个矩形样品，欧姆电极做在上、下两个面上；而对圆盘形样品，欧姆电极做在内、外两个同心圆柱面上。在样品的两电极间加上电压，样品中即产生垂直于电极的电场，并出现电流。不加磁场时，电流密度矢量与外加电场方向一致，对矩形样品即与样品侧面平行，对圆盘样品则呈辐射状，但都与电极垂直。加磁场后，由于产生了横向电场，电流密度与合成电场方向就会不一致，二者之间需保持一定角度，即霍尔角θ。由于电流总是尽可能走最短距离，而

电场只需在金属电极附近与电极平面垂直，因此，对图 8-12a 所示霍尔效应比较显著的长条形样品，其中段相当长的区域中电流密度矢量仍保持无磁场时与电极垂直的方向，只是合成电场的方向偏转了 θ 角，如图 8-12d 中部所示。但是，在金属电极附近，由于电场需与金属电极表面垂直，所以电极附近只能是电流方向发生偏转，以与合成电场保持 θ 角，如图 8-12d 底部所示。这样，在磁场作用下，电流通过的路程就会延长。这在图 8-12a 所示 $l/b \gg 1$ 的长条形样品中并不明显，但在图 8-12b 所示 $l/b \ll 1$的扁条形样品中就很明显，因其两个电极的距离很短。由于 $l/b \ll 1$ 的样品霍尔效应很不明显，因此也可以说霍尔效应显著的样品磁阻小，反之则磁阻大。图 8-12c 所示圆盘形样品的几何磁阻效应特别明显，因为加在这种样品两同心圆柱面上的电压所产生的是辐射状的电场，从圆盘中心圆柱面流出的电流，在到达外围圆柱面电极之前，为与电场方向保持霍尔角 θ，就会形成如图 8-12c 下图所示的螺旋形路径，有效 l 大大延长，电极间电阻显著增大。这种样品称为科比诺圆盘（Corbino Disk），其相对磁阻为

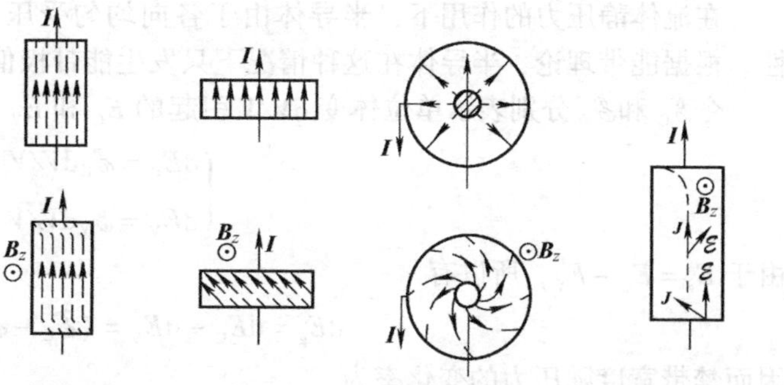

图 8-12 不同几何形状的半导体中的电流分布

$$\frac{R_B}{R_0} = \frac{\rho_B}{\rho_0}(1 + \tan^2\theta) \tag{8-67}$$

式中，R_B 和 R_0 分别表示样品在有磁场和无磁场条件下的电阻。

由式（8-65）和式（8-67）可以看到，物理磁阻效应和几何磁阻效应都与霍尔角（$\tan\theta = \mu_H B_z$）的大小有关。霍尔角越大，磁阻效应越显著，而迁移率高的材料霍尔角就大，因此高迁移率半导体是利用磁阻效应制造磁敏元器件的理想材料。其中，N 型 InSb 在室温下的电子迁移率高达 $7.8\text{m}^2/(\text{V}\cdot\text{s})$，$B = 1\text{T}$ 时的霍尔角大于 80°，常被用来制作磁敏电阻。图 8-13 是具有栅格结构和迷宫结构的高灵敏度磁敏电阻示意图。栅格结构就是将若干如图 8-12b 所示的强磁阻元件通过金属膜欧姆电极串接在一起，构成一个长方形的磁敏电阻，其灵敏度很高。迷宫结构同样是一层磁阻材料一层欧姆电极周期性地串叠起来的。采用这种结构之后，串叠单元可以增加很多，因而零场电阻较大。

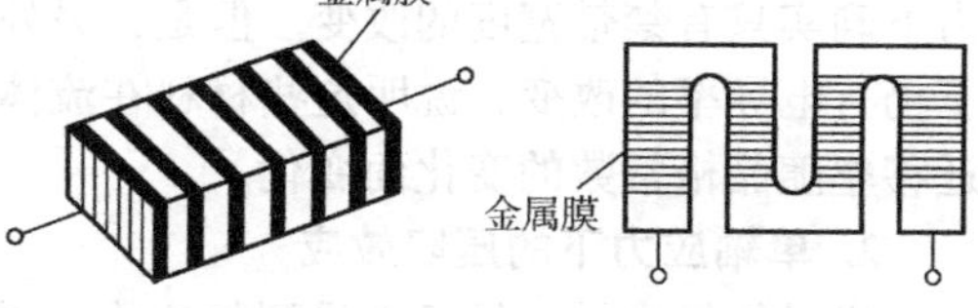

图 8-13 磁敏电阻

若将磁敏电阻置于磁场之中的不同位置，根据其电阻的不同变化，即可测得磁场分布。磁敏电阻只有两个端子，比霍尔元件少一半，结构相对简单，且灵敏度高，因而常用于磁场检测或制成无接触电位器、磁卡识别器和无接触开关等，在位移测量、转速测量、速度测量和定位等方面有广泛的应用。

8.3.2 压阻效应

众所周知，半导体的禁带宽度是压力的函数，同时应力可引起晶格畸变，成为散射中心，降低载流子的迁移率。这些以及其他一些与力有关的因素都有可能改变半导体的电阻率，因而压阻效应的机理很复杂。这里重点讨论压力对半导体能带结构的改变，从而导致其电阻率变化的物理

过程。

对晶体施力有两种简单方法：一是将晶体置于流体之中，对流体加压，使晶体各向均匀地承受流体的静压力；二是在某一方向对晶体施以压力或拉力。

1. 流体静压力下的压阻效应

在流体静压力的作用下，半导体由于各向均匀受压，其晶格间距缩小而不改变其晶体对称性。根据能带理论，半导体在这种情况下只发生能带极值的相对移动，即禁带宽度发生变化。

令$\mathscr{E}_C$和$\mathscr{E}_V$分别表示单位体变 dV/V 引起的 E_C 和 E_V 的变化，则

$$\begin{cases} dE_C = \mathscr{E}_C dV/V \\ dE_V = \mathscr{E}_V dV/V \end{cases} \tag{8-68}$$

由于 $E_g = E_C - E_V$，所以有

$$dE_g = dE_C - dE_V = (\mathscr{E}_C - \mathscr{E}_V) dV/V \tag{8-69}$$

因而禁带宽度随压力的变化率为

$$\frac{dE_g}{dP} = (\mathscr{E}_C - \mathscr{E}_V)\frac{1}{V}\frac{dV}{dP} = -(\mathscr{E}_C - \mathscr{E}_V)\chi \tag{8-70}$$

式中，χ 表示单位体变 dV/V 随压力 P 的变化率，称为晶体的压缩系数。对 Ge，$\chi = 1.285 \times 10^{-11} Pa^{-1}$；对 Si，$\chi = 1.02 \times 10^{-11} Pa^{-1}$；对 GaAs，$\chi = 1.326 \times 10^{-11} Pa^{-1}$。

Ge 和 GaAs 的 dE_g/dP 分别为 5×10^{-11} eV/Pa 和 9×10^{-11} eV/Pa，即其 E_g 随着流体静压力的增大而展宽；而 Si 则相反，其 dE_g/dP 值为 -2.4×10^{-11} eV/Pa，即其 E_g 随着流体静压力的增大而变窄。

对本征半导体，若迁移率不随压强改变，则由本征载流子密度 n_i 与 E_g 的关系不难得出

$$\frac{d\ln\sigma_i}{dP} = \frac{d\ln n_i}{dP} = -\frac{1}{2kT}\frac{dE_g}{dP} = -\frac{\mathscr{E}_C - \mathscr{E}_V}{2kT}\chi \tag{8-71}$$

以上分析表明：如果流体静压力只改变半导体的禁带宽度，那么只有本征半导体才能在流体静压力下表现出压阻效应；掺杂半导体在进入本征激发占优势的高温状态之前，不会在流体静压力的作用下改变其电导率。这在某些半导体，如 InSb 中已得到证实，说明这些材料在流体静压力下确实只有禁带宽度的改变。但是，另外一些半导体，如 Ge 和 Si，它们在流体静压力的作用下仍有电导率的改变，说明这些材料在流体静压力的作用下不仅有禁带宽度的变化，也有载流子迁移率随晶格常数的变化而变化。

2. 单轴应力下的压阻效应

半导体最容易、最经常受到的应力，是沿某特定方向的单向拉伸力或压缩力，统称单轴应力。单轴应力使晶体沿受力方向伸长或缩短，同时在垂直于力的方向上变窄或展宽，从而使晶体的对称性发生改变，引起能带结构的变化。对导带最小值不在布里渊区中心、等能面为旋转椭球面的多能谷半导体 Si 和 Ge 等，单轴应力作用下的能带结构变化特别显著。因此，这类材料具有很强的各向异性的压阻效应。下面以 N 型 Si 为例进行简要说明。

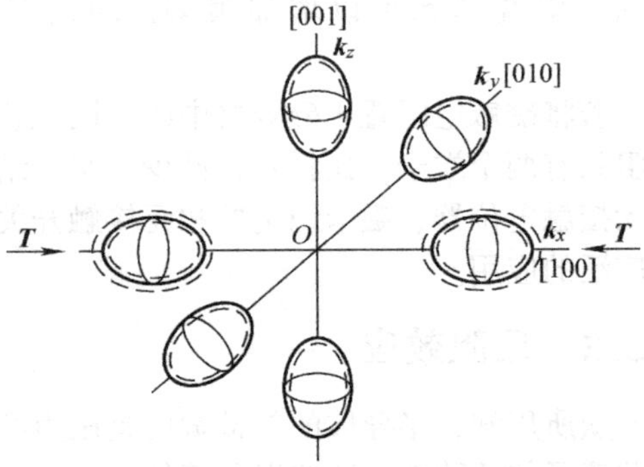

图 8-14 单轴应力作用下 Si 的等能面变化示意图

Si 的六个等价导带极小值的位置及其附近的等能面形状如图 8-14 所示。当沿其［100］晶向施加压应力 T 时，Si 晶体在［100］方向上被压

缩，晶格间距缩短；同时在［010］和［001］方向上膨胀，晶格间距增大。由于Si的禁带随着晶格间距的缩短而变窄，因而正负［100］方向上的两个导带底的能量会下降，即由零应力时的 E_C 变为 $E_C-\Delta E_1$；而沿正负［010］和［001］方向上的四个导带底的能量就会升高，由 E_C 变为 $E_C+\Delta E_2$。若图8-14中的六个实线椭球面表示导带底附近某个确定能量 E 在没有受到应力作用时的等能面，那么在［100］单轴压应力的作用下，由于［100］方向上的两个导带底能量下降了 ΔE_1，能量 E 相对于新导带底的能量差就会增大 ΔE_1；而对［010］和［001］方向上能量升高了 ΔE_2 的四个导带底而言，能量 E 相对于它们的差值就会减小 ΔE_2。因此，不同晶向上能量为 E 的等能面在有应力情况下的大小不再相同，如图8-14中的虚线椭球面所示。

在无应力作用时，Si 中的自由电子均分在六个等能量的导带底中，如图8-15a所示（图中省略了每根晶轴负方向上的等价能谷，下同）。在应力作用下，［100］方向上的导带底下降了 ΔE_1，［010］和［001］方向上的导带底升高了 ΔE_2，如图8-15b所示。由于电子总是要占据能量低的状态，所以［010］和［001］方向导带底中的电子要向［100］方向导带底转移，直至所有导带底中电子的最高填充能级都为 E，如图8-15c所示。这样，［100］导带底中的电子密度就会增高，而［010］和［001］导带底中的电子密度必然降低。

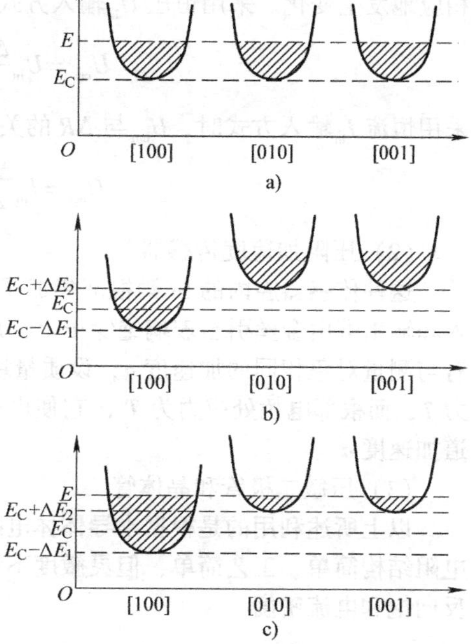

图8-15　应力作用下能谷中的电子转移示意图

电子在各个导带底中的重新分配必然引起电导率的改变。假设室温下N型非简并半导体中的杂质已全部电离，且载流子密度不被应力所改变。由于电子纵向有效质量 m_l 大于横向有效质量 m_t，所以纵向迁移率 μ_l 小于横向迁移率 μ_t。如果使电子作漂移运动的电场方向与施加压应力的方向相同，从［010］和［001］方向的四个较高导带底转移到［100］方向的两个较低导带底的电子密度为 Δn，这些电子在原来能谷中对［100］方向电导率的贡献为 $\Delta nq\mu_t$，而转移到［100］导带底后对电导率的贡献就会变为 $\Delta nq\mu_l$。所以，纵向电导率的改变可表示为

$$\Delta\sigma_l=\Delta nq(\mu_l-\mu_t) \tag{8-72}$$

因为 $\mu_l<\mu_t$，所以电导率降低、电阻率增大。

若仍沿［100］施加电场，而沿［010］施加压缩应力，由其他4个能谷转移到两个［010］方向能谷的电子密度为 Δn，这些电子在原来能谷中对［100］方向电导率的贡献为 $(\Delta nq\mu_t/2+\Delta nq\mu_l/2)$，转移到［010］能谷后对［100］方向电导率的贡献为 $\Delta nq\mu_t$。所以，横向电导率的改变为

$$\Delta\sigma_t=\Delta nqu_t-\left(\frac{\Delta n}{2}q\mu_t+\frac{\Delta n}{2}q\mu_l\right)=\frac{\Delta n}{2}(\mu_t-\mu_l) \tag{8-73}$$

由于 $\mu_t>\mu_l$，所以电导率增大、电阻率减小。

以上只着重考虑了应力作用下电子在各等价能谷中的重新分配引起的电导率变化，没有考虑应力是否会改变载流子的迁移率。事实上，电子在能谷之间的转移必然伴随有能量和准动量的变化，伴随有相应的散射过程，使迁移率有所改变。因此，应力事实上对迁移率也是有影响的。实验事实表明，应力对迁移率的改变在电导率变化中所起的作用与能带结构的改变所起的作用是一

致的，二者相互加强。

3. 压阻效应的应用

上面的分析说明，研究半导体的压阻效应有助于认识半导体的复杂能带结构。同时，利用压阻效应还可制成各种力敏元器件，用来把压力、应力、应变、速度、加速度等力学量变成电学量。其中，压敏电阻是结构最简单的一种，而在应用电路中，用压敏电阻构成的压阻桥是压力传感器的基本设计方式。

（1）压阻桥

所谓压阻桥就是用力敏电阻构成的惠斯顿电桥，如图 8-16 所示。当四个电阻 R 中的某一个因受力而有阻值变化 ΔR 时，其输出电压 U_{out} 就会相应地发生变化。采用恒压 U_{in} 输入方式时，U_{out} 与 ΔR 的关系可表示为

$$U_{out}=U_{in}\frac{\Delta R}{R}$$

采用恒流 I_{in} 输入方式时，U_{out} 与 ΔR 的关系变为

$$U_{out}=I_{in}\frac{\Delta R}{4}$$

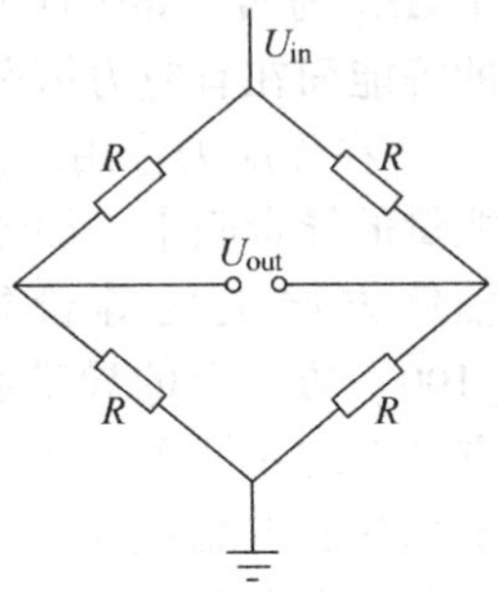

图 8-16　压阻桥

（2）压阻加速度传感器

这种传感器腔内的 Si 梁根部集成了压阻桥，并被固定在基座上，另一端悬挂着质量块。输入和输出端由金丝引至玻璃绝缘子上，从而引出内腔。当传感器随测量对象运动时，传感器就具有与测量对象相同的加速度 a，设质量块质量为 m，则受力为 ma。该力作用在 Si 梁上，产生张力 T，而根部电桥处应力为 T'，它使电桥的电阻发生变化，产生输出电压 U_{out}，测出 U_{out} 就可知道加速度 a。

（3）压敏二极管和晶体管

以上所述利用的是根据半导体体电阻随应力变化的原理制成的压敏元件，即压敏电阻。压敏电阻结构简单、工艺简单，但灵敏度不够高。既然应力可以改变半导体的禁带宽度，而 PN 结的反向饱和电流密度

$$J_S=\left(\frac{qD_p}{L_pN_D}+\frac{qD_n}{L_nN_A}\right)n_i^2$$

其值因与本征载流子密度 n_i 的平方成正比而对禁带宽度十分敏感，所以 PN 结的伏安特性也会随压力变化，而且其相对变化比体电阻大。因此，用压敏材料制成 PN 结压敏二极管，特别是具有电流放大功能的压敏晶体管，对微小检测信号会有更高的灵敏度。

半导体压力传感器已广泛应用于航空、航海、化工、医疗和动力等领域，它有下述特点：

1）灵敏度高、精度高。

2）体积小，易于小型化、集成化，特别适合于在微机电系统（MEMS）中应用。

3）结构简单、工作可靠，经几十万次疲劳试验，性能毫无变化。

4）动态特性好、频率响应宽（$10^3\sim10^5$Hz）。

习　题

8-1　试证明金属的温差电动势率为

$$\alpha_M=-\frac{\pi^2k^2T}{qE_F}$$

8-2　求室温下载流子浓度为 10^{16}cm^{-3} 的 N 型 Ge 和 P 型 Ge 的温差电动势率。

8-3　图 8-17 是用热探针法判断半导体导电类型的实验示意图。试根据图中的提示在电流表上标出电

流方向。

8-4 若两种N型半导体的电导率之比是1∶1.6，试计算用这两种半导体组成温差电偶时的温差电动势率（假设二者的电子迁移率相同）。

8-5 一温差电路中含有一受主浓度为$10^{16}cm^{-3}$的P型Si。设冷端为0℃，热端为50℃，求塞贝克电压的大小。

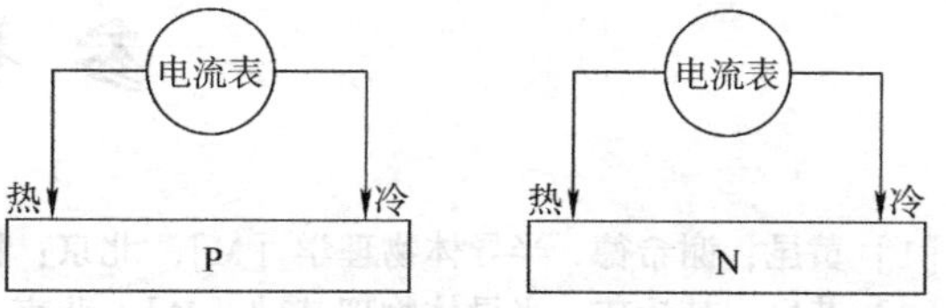

图8-17 习题8-3图

8-6 空穴密度为$10^{16}cm^{-3}$的P型Ge，室温下与金属连接并通以1A的电流，求接头处吸收或放出的珀耳帖热量（设其主要散射机构为长声学波晶格振动）。

8-7 电导率为2000S/cm的N型PbTe，其电子迁移率为$6000cm^2/(V\cdot s)$，电子有效质量为$0.29m_0$。设其晶格振动以长声学波为主，求室温下的温差电动势率及珀耳帖系数。

8-8 已知某半导体的电导率和霍尔系数分别为1Ω · cm和$-1250cm^2/C$，只含一种载流子，求其密度与迁移率。

8-9 已知InSb的$\mu_n=75000cm^2/(V\cdot s)$，$\mu_p=780cm^2/(V\cdot s)$，本征载流子密度为$1.6\times10^{16}cm^{-3}$，求300K时本征InSb的霍尔系数和霍尔系数为零时的载流子浓度。

8-10 若在N型Si样品的［100］方向上施加一压应力，该样品电子总数的10%将由［010］和［001］方向的4个等价导带底转移到［100］方向的两个能谷中，试求样品的电导率变化。设电子的纵有效质量与横有效质量之比为5∶11。

8-11 参照对Si的单轴应力压阻效应的分析过程，分析Ge在［111］方向受到压应力时的电导率变化情况，并仿照式（8-69）和式（8-70）导出适合于Ge的$\Delta\sigma_1$和$\Delta\sigma_t$的表达式。

参 考 文 献

[1] 黄昆，谢希德．半导体物理学 [M]．北京：科学出版社，1958.
[2] 黄昆，韩汝琦．半导体物理基础 [M]．北京：科学出版社，1979.
[3] 叶良修．半导体物理学（上）[M]．2 版．北京：高等教育出版社，2007.
[4] S M Sze，Kwork K Ng．Physics of Semiconductor Devices [M]．3rd ed．New Jersey：John Wiley and Sons，2007.
[5] 刘恩科，朱秉升，罗晋生．半导体物理学 [M]．7 版．北京：电子工业出版社，2008.
[6] Sheng S Li．Semiconductor Physical Electronics [M]．2nd ed．Berlin：Springer Science，Business Media，2006.
[7] 李名复．半导体物理学 [M]．北京：科学出版社，1998.
[8] 夏建白，朱邦芬．半导体超晶格物理 [M]．上海：上海科学技术出版社，1995.
[9] 虞丽生．半导体异质结物理 [M]．2 版．北京：科学出版社，2006.
[10] 陈治明，王建农．半导体器件的材料物理学基础 [M]．北京：科学出版社，1999.
[11] Robert F Pierret．Semiconductor Device Fundamentals [M]．New Jersey：Addison-Wesley，1996.
[12] Dona H Neamen．Semiconductor Physics and Devices：Basic Principles [M]．3rd ed．New York：McGraw-Hill，2003.